21世纪普通高等教育立体化规划教材

高等数学（下册）

（第二版）

主　编：陈　芸　胡　芳

副主编：邓敏英　徐国安

李志刚　熊　奔

华中师范大学出版社

内容提要

本书根据《普通高等学校本科专业类教学质量国家标准》，以"弱化证明、掌握概念、强化应用和计算"为原则进行编写。主要内容包括：向量代数与空间解析几何、多元函数微分学及其应用、重积分、曲线积分与曲面积分、常微分方程简介、无穷级数等。本书结构完整、逻辑清晰、叙述详细、通俗易懂，每一小节后都配有课后习题，每一章后都安排有章节测试题和拓展练习题。习题由易到难，逐步深入。

本书可作为应用型本科院校理、工、农、医、经管等专业的高等数学课程教材，还可作为相关科技工作者及考研学生的参考用书。

新出图证(鄂)字10号

图书在版编目(CIP)数据

高等数学. 下册/陈芸，胡芳主编. —2版. —武汉：华中师范大学出版社，2024.1
ISBN 978-7-5769-0324-9

Ⅰ.①高… Ⅱ.①陈… ②胡… Ⅲ.①高等数学-高等学校-教材 Ⅳ.①O13

中国国家版本馆CIP数据核字(2023)第196745号

高等数学(下册)(第二版)

©陈 芸 胡 芳 主编

责任编辑：袁正科 **责任校对：**王 炜 **封面设计：**胡 灿
编 辑 室：高教分社 **电 话：**027-67867364
出版发行：华中师范大学出版社
社 址：湖北省武汉市珞喻路152号 **邮 编：**430079 **销售电话：**027-67861549
网 址：http://press.ccnu.edu.cn **电子信箱：**press@mail.ccnu.edu.cn
印 刷：湖北新华印务有限公司 **督 印：**刘 敏
开 本：787mm×1092mm 1/16 **印 张：**18.75 **字 数：**430千字
版 次：2024年1月第2版 **印 次：**2024年1月第1次印刷
印 数：1—3000 **定 价：**49.80元

欢迎上网查询、购书

前　言

教育部全面推进“四新”建设，全面实施“双万计划”，这对应用型高校的教学改革提出了更迫切、更高标准的要求。课程思政如何与信息化教学手段深度融合已成为高校教育工作者必须思考和解决的重要问题。2020 年，武汉生物工程学院的高等数学课程被湖北省教育厅认定为省级线上线下混合式一流课程，大学数学教研室以这次课程建设为契机，策划并启动了高等数学教材的编写工作。

本套教材面向应用型高等院校，能够适应国家对高等教育的新要求，并有效结合课程思政，充分体现了大学数学的通识性教学定位，以及与其他学科的交叉性特点。本套教材可作为应用型本科院校理、工、农、医、经管等专业的高等数学课程教材，还可作为相关科技工作者及考研学生的参考用书。

本套教材分为上、下两册，本书为下册，主要内容包括向量代数与空间解析几何、多元函数微分学及其应用、重积分、曲线积分与曲面积分、常微分方程简介、无穷级数等。本书参考了国内外优秀教材的编写思路，体例简明清晰，内容由易到难，逐步深入。主要特色如下：

第一，融入课程思政小资料。在介绍世界著名数学家成长经历及其研究成果时，倡导科学探索精神，帮助学生树立正确的人生观和价值观，激发他们的学习兴趣；还介绍了社会生活中的数学问题，并引导学生用数学工具解决这些问题。

第二，支持分层级教学。首先是知识难度分层级，本书紧贴教学大纲，同时兼顾考研学生需求，对超出教学大纲的内容、难度较大的知识点以“*”标记；其次是课后习题难度分层级，A 类习题为基础题，B 类习题为提高题。同时，为了不局限考研学生知识备考范围，引导学生更多地思考知识架构之间的关联，例题及习题中出现的考研真题均未标注考研类别，只标注年份。

第三，支持混合式教学。本书内容呈现形式多样，除基本理论知识、习题外，还有章思维导图、章节测试题(标准化考试卷)、章拓展练习题等内容；另外，本书电子资源配置也很丰富，包含：教学课件(PPT)、课程思政小资料、微课视频、习题参考答案等，学生可通过微信扫码观看。

本书由武汉生物工程学院组织编写，陈芸、胡芳任主编，邓敏英、徐国安、李志刚、熊奔任副主编。全书的统稿、定稿工作由陈芸完成。丰洪才教授、何穗教授在本书的总体设计和规划方面提出了很多富有建设性的意见，在此对他们表示衷心感谢。

由于编者水平有限，书中不妥之处在所难免，敬请广大专家、读者批评指正。

编　者

2023 年 9 月

目　　录

第六章　向量代数与空间解析几何

解析几何的基本思想是用代数的方法研究几何问题，使“数”与“形”密切地结合起来，而这种结合的基本做法是通过用坐标法建立点与有序数组的对应、图形与方程的对应来实现的。平面解析几何用代数方法来研究平面几何问题，使一元函数微积分有了直观的几何意义。类似地，也可以用代数方法研究空间立体几何问题，如曲面、空间曲线等。空间解析几何是学习多元函数微积分的基础。空间向量是研究空间解析几何最有效的工具，它在物理学、力学及工程技术中有着广泛的应用。

本章将在空间直角坐标系和向量知识的基础上，以向量为工具讨论平面与空间直线方程及位置关系，建立空间曲面和曲线的概念，并介绍几种常见的曲面，为多元函数微积分的学习打下必要的基础。

第一节　向量及其运算

一、空间直角坐标系

为确定空间中点的位置，引入空间直角坐标系。如图 6.1，以空间一定点 O 为原点，过定点 O 作三个互相垂直的数轴构成的坐标系，称为**空间直角坐标系**。点 O 称为**坐标原点**。

三个互相垂直的数轴分别称为 x **轴**（**横轴**）、y **轴**（**纵轴**）、z **轴**（**竖轴**），统称为**坐标轴**。通常把 x 轴、y 轴配置在水平面上，而 z 轴则是铅垂线，它们的正方向符合**右手法则**，即以右手握住 z 轴，当右手的四个指头从 x 轴的正向以 $\frac{\pi}{2}$ 角度转向 y 轴正向时，大拇指的指向就是 z 轴正向，如图 6.1。

三个坐标轴任意两条可以确定一个平面，称为**坐标平面**，由 x 轴与 y 轴所决定的坐标面称为 xOy **面**，由 y 轴与 z 轴所决定的坐标面称为 yOz **面**，由 x 轴与 z 轴所决定的坐标面称为 zOx **面**。所以，空间直角坐标系又称为 $Oxyz$ **直角系**。

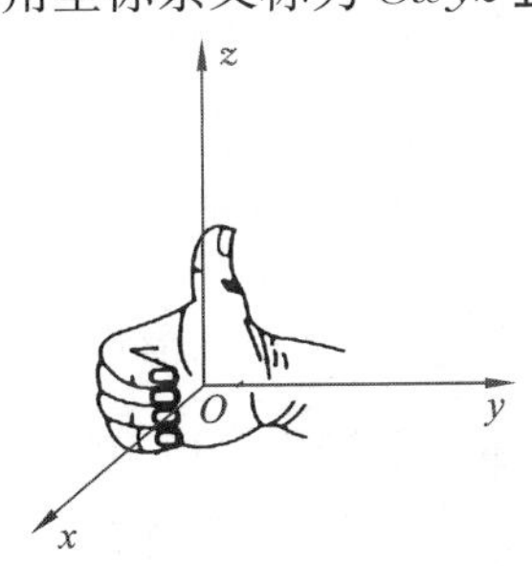

图 6.1

说明　本章在没有特别说明的情况下，讨论向量、空间平面及直线、空间曲面及曲线，均在空间直角坐标系 $Oxyz$ 中。

三个坐标平面将空间分为 8 个部分，每一部分称为一个**卦限**，分别记为Ⅰ、Ⅱ、Ⅲ、Ⅳ、Ⅴ、Ⅵ、Ⅶ、Ⅷ卦限。如图 6.2 所示，在 xOy 面上方且 yOz 面前方、zOx 面右方的那个卦限称为**第一卦限**，记为Ⅰ卦限，同理，xOy 面上方的 3 个卦限按照逆时针方向每转动角度 $\frac{\pi}{2}$，分别记为Ⅱ、Ⅲ、Ⅳ卦限，xOy 面的下方的 4 个卦限按照逆时针方向每转动角度 $\frac{\pi}{2}$，分别记为Ⅴ、Ⅵ、Ⅶ、Ⅷ卦限。

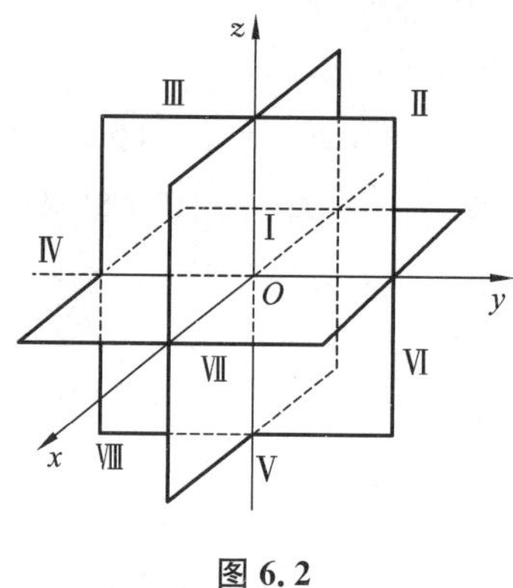

图 6.2

在平面解析几何中，平面上的点与二维有序数组之间建立了一一对应关系。类似地，在空间解析几何中，空间中的点与三维有序数组之间可以建立一一对应关系。

设 M 为空间中的一点，如图 6.3 所示，过点 M 作三个平面分别垂直于 x 轴，y 轴，z 轴，垂足依次为 P,Q,R 三点。若 P,Q,R 三点在 x 轴，y 轴，z 轴上的坐标分别为 x,y,z，则 M 就唯一确定了一个三元有序数组 (x,y,z)。

反之，已知有序数组 (x,y,z)，依次在 x 轴，y 轴，z 轴上找出坐标为 x,y,z 的三点 P,Q,R，过 P,Q,R 分别作平面垂直于该点所在的轴，这三个平面就唯一确定了一个点 M，则三元有序数组 (x,y,z) 唯一对应空间一点 M。由此可见，空间中的任意一点 M 都与三元有序数组 (x,y,z) 一一对应，该三元有序数组 (x,y,z) 称为点 M 的**坐标**，其中 x,y,z 分别称为点 M 的**横坐标**，**纵坐标**和**竖坐标**。

如图 6.3，原点 O 坐标为 $(0,0,0)$。三个坐标轴上的点 P,Q,R 坐标分别为 $(x,0,0)$，$(0,y,0)$ 和 $(0,0,z)$。三个坐标面上的点 N,K,H 坐标分别为 $(x,y,0)$，$(0,y,z)$ 和 $(x,0,z)$。点 N,K,H 称为点 M 在三个坐标平面 xOy，yOz，zOx 上的**投影**。

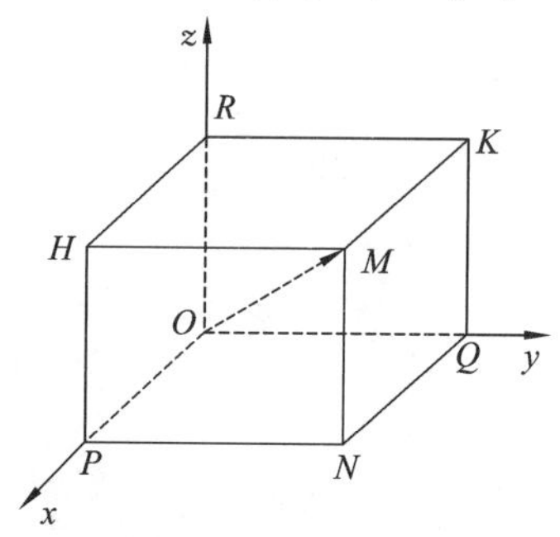

图 6.3

在空间直角坐标系下，坐标轴及坐标平面上的点的三元有序数组坐标形式都具有一定的特征，总结如下：

(1)原点的坐标为$O(0,0,0)$；

(2)x轴、y轴、z轴上点的坐标形式分别为$(x,0,0)$、$(0,y,0)$、$(0,0,z)$；

(3)xOy面、yOz面、zOx面上各点的坐标形式分别为$(x,y,0)$、$(0,y,z)$、$(x,0,z)$。

例1　求点$A(3,2,1)$关于各坐标面对称的点的坐标。

解　$A(3,2,1)$关于xOy坐标面对称的点的坐标为$A_1(3,2,-1)$，$A(3,2,1)$关于yOz坐标面对称的点的坐标为$A_2(-3,2,1)$，$A(3,2,1)$关于zOx坐标面对称的点的坐标为$A_3(3,-2,1)$。

例2　求点$A(3,3,2)$到xOy坐标面的距离。

解　点$A(3,3,2)$到xOy坐标面的距离即为点A的竖坐标的绝对值，故A到xOy坐标面的距离为2。

二、空间两点间的距离

在平面解析几何中，点$M(x_1,y_1)$与点$N(x_2,y_2)$两点间的距离公式为

$$d=\sqrt{(x_1-x_2)^2+(y_1-y_2)^2}。$$

类似地，在空间解析几何中，设点$M(x_1,y_1,z_1)$与点$N(x_2,y_2,z_2)$为空间两点，则M与N两点间的距离公式为

$$d=\sqrt{(x_1-x_2)^2+(y_1-y_2)^2+(z_1-z_2)^2}。$$

事实上，如图6.4所示，过点M与N分别作垂直于坐标轴的平面，围成以MN为对角线的长方体，M,P,Q在xOy平面的投影分别为M_1,P_1,Q_1。由勾股定理可得

$$\begin{aligned}|MN|&=\sqrt{|MQ|^2+|QN|^2}=\sqrt{|MP|^2+|PQ|^2+|QN|^2}\\&=\sqrt{|M_1P_1|^2+|P_1Q_1|^2+|QN|^2}\\&=\sqrt{(x_1-x_2)^2+(y_1-y_2)^2+(z_1-z_2)^2}。\end{aligned}$$

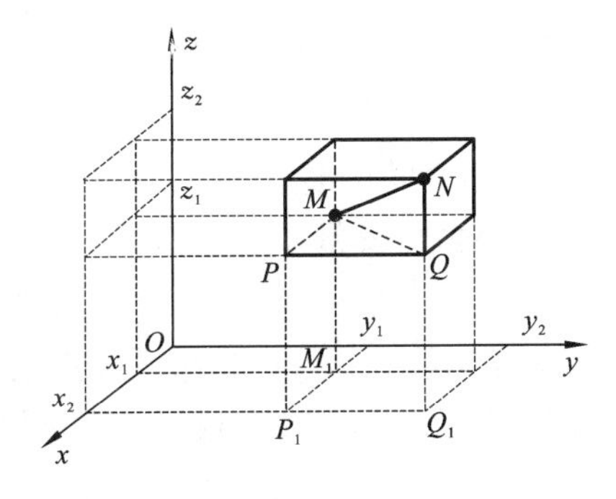

图6.4

例 3　设 $A(1,1,1)$ 与 $B(2,3,4)$ 为空间两点,求 A 与 B 两点间的距离。

解　由两点间的距离公式得

$$|AB|=\sqrt{(x_1-x_2)^2+(y_1-y_2)^2+(z_1-z_2)^2}=\sqrt{(1-2)^2+(1-3)^2+(1-4)^2}=\sqrt{14}。$$

例 4　在 z 轴上求与 $A(-4,1,7)$ 和 $B(3,5,-2)$ 等距离的点。

解　设所求点为 $M(0,0,z)$,满足 $|MA|=|MB|$,即得

$$\sqrt{[0-(-4)]^2+(0-1)^2+(z-7)^2}=\sqrt{(0-3)^2+(0-5)^2+[z-(-2)]^2},$$

解得 $z=\frac{14}{9}$,因此所求点为 $M\left(0,0,\frac{14}{9}\right)$。

三、向量的概念

物理学中力、位移、速度、加速度、力矩等,不仅有大小,还有方向,称这种既有大小又有方向的量为向量或矢量。

在数学上,我们用有向线段$\overrightarrow{AB}$来表示向量,A 称为向量的**起点**,B 称为向量的**终点**,用有向线段的长度表示向量的大小,有向线段的方向表示向量的方向,通常用黑体字母 $\boldsymbol{r}$、$\boldsymbol{v}$、$\boldsymbol{F}$ 或加上箭头的书写体字母 $\vec{r}$、$\vec{v}$、$\vec{F}$ 来表示向量。

向量的大小称为向量的**模**。向量 $\boldsymbol{a}$、$\vec{a}$、$\overrightarrow{AB}$的模分别记作 $|\boldsymbol{a}|$、$|\vec{a}|$、$|\overrightarrow{AB}|$。模为 1 的向量称为**单位向量**。模为 0 的向量称为**零向量**,记作 $\boldsymbol{0}$ 或 $\vec{0}$。零向量的起点与终点重合,方向可以是任意的。

如果两个向量 $\boldsymbol{a}$ 和 $\boldsymbol{b}$ 的大小相等,且方向相同,称向量 $\boldsymbol{a}$ 和 $\boldsymbol{b}$ 为**相等向量**,记作 $\boldsymbol{a}=\boldsymbol{b}$。相等的向量经过平移后可以完全重合。

与向量 $\boldsymbol{a}$ 的大小相等而方向相反的向量称为 $\boldsymbol{a}$ 的**负向量**(或**反向量**),记作 $-\boldsymbol{a}$。

若两个非零向量 $\boldsymbol{a}$ 与 $\boldsymbol{b}$ 的方向相同或相反,则称 $\boldsymbol{a}$ 与 $\boldsymbol{b}$ **平行**,又称 $\boldsymbol{a}$ 与 $\boldsymbol{b}$ **共线**,记作 $\boldsymbol{a}//\boldsymbol{b}$。零向量与任何向量都平行。

类似地,设有 $k(k\geqslant 3)$ 个向量,当它们的起点放在同一点时,如果 k 个终点和公共起点在一个平面上,则称这 k 个**向量共面**。

四、向量的线性运算

向量的加法、减法及数乘称为向量的**线性运算**。

1. 向量的加法

对向量 $\boldsymbol{a}$ 与 $\boldsymbol{b}$,平移 $\boldsymbol{b}$ 使其起点与 $\boldsymbol{a}$ 的终点重合,如图 6.5 所示,此时从 $\boldsymbol{a}$ 的起点到 $\boldsymbol{b}$ 的终点的向量 $\boldsymbol{c}$ 称为**向量 $\boldsymbol{a}$ 与 $\boldsymbol{b}$ 的和**,记作 $\boldsymbol{c}=\boldsymbol{a}+\boldsymbol{b}$。该法则称为向量加法的**三角形法则**。

当向量 $\boldsymbol{a}$ 与 $\boldsymbol{b}$ 不平行时,平移向量使 $\boldsymbol{a}$ 与 $\boldsymbol{b}$ 的起点重合,以 $\boldsymbol{a}$、$\boldsymbol{b}$ 为邻边作一个平行四边形,如图 6.6 所示,从公共起点到对角顶点的向量 $\boldsymbol{c}$ 就是向量 $\boldsymbol{a}$ 与 $\boldsymbol{b}$ 的和。该法则称为向量加法的**平行四边形法则**。

说明　若向量 $\boldsymbol{a}=\overrightarrow{OA}$,$\boldsymbol{b}=\overrightarrow{OB}$在同一直线上,则有:

(1)当$\overrightarrow{OA}$与 $\overrightarrow{OB}$指向相同时,和向量的方向与原来向量的方向相同,其模等于两向量的模之和;

(2)当$\overrightarrow{OA}$与$\overrightarrow{OB}$的指向相反时，和向量的方向与模较大的向量方向相同，而模等于较大模与较小模之差。

图 6.5　　　　图 6.6

向量的加法满足以下运算法则：

(1)交换律：$\boldsymbol{a}+\boldsymbol{b}=\boldsymbol{b}+\boldsymbol{a}$；

(2)结合律：$(\boldsymbol{a}+\boldsymbol{b})+\boldsymbol{c}=\boldsymbol{a}+(\boldsymbol{b}+\boldsymbol{c})$(如图 6.7 所示)。

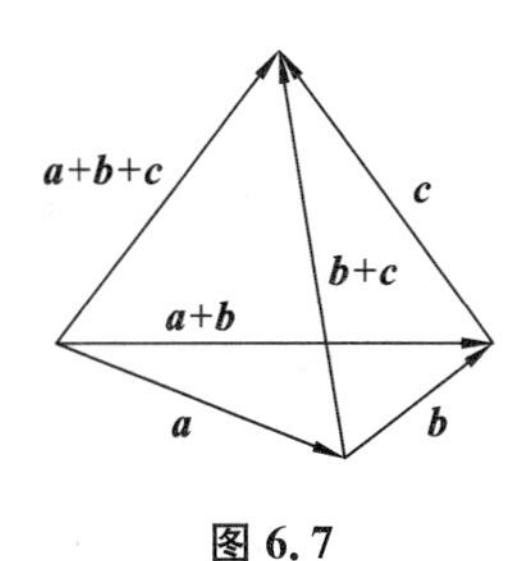

图 6.7

(3)$\boldsymbol{a}+\boldsymbol{0}=\boldsymbol{a}$。

由于向量的加法符合交换律与结合律，故 n 个向量 $\boldsymbol{a}_1,\boldsymbol{a}_2,\cdots,\boldsymbol{a}_n(n\geqslant 3)$相加可写成

$$\boldsymbol{a}_1+\boldsymbol{a}_2+\cdots+\boldsymbol{a}_n,$$

并按向量相加的三角形法则，可得 n 个向量相加的法则如下：使前一向量的终点作为次一向量的起点，相继作向量 $\boldsymbol{a}_1,\boldsymbol{a}_2,\cdots,\boldsymbol{a}_n$，再以第一个向量的起点为起点，最后一个向量的终点为终点作一向量，这个向量即为所求的和 $\boldsymbol{s}$。如图 6.8，有

$$\boldsymbol{s}=\boldsymbol{a}_1+\boldsymbol{a}_2+\boldsymbol{a}_3+\boldsymbol{a}_4+\boldsymbol{a}_5。$$

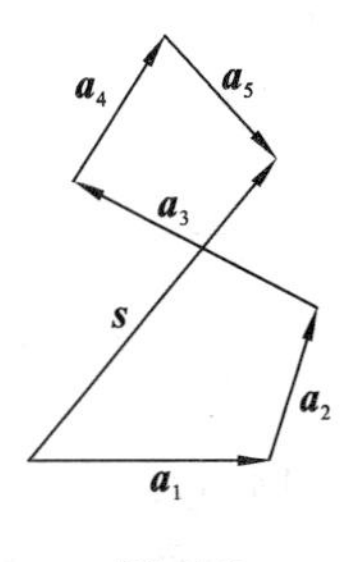

图 6.8

2. 向量的减法

如图 6.9，称向量 $\boldsymbol{b}$ 与 $\boldsymbol{a}$ 的负向量 $-\boldsymbol{a}$ 之和为**向量 $\boldsymbol{b}$ 与 $\boldsymbol{a}$ 的差**，即

$$\boldsymbol{b}-\boldsymbol{a}=\boldsymbol{b}+(-\boldsymbol{a}),$$

特别地，当 $\boldsymbol{b}=\boldsymbol{a}$ 时，有 $\boldsymbol{a}-\boldsymbol{a}=\boldsymbol{a}+(-\boldsymbol{a})=\boldsymbol{0}$。

显然，任给向量$\overrightarrow{AB}$及点 O，有

$$\overrightarrow{AB}=\overrightarrow{AO}+\overrightarrow{OB}=\overrightarrow{OB}-\overrightarrow{OA}。$$

因此,若把向量 $\boldsymbol{a}$ 与 $\boldsymbol{b}$ 移到同一起点 O,则从 $\boldsymbol{a}$ 的终点 A 向 $\boldsymbol{b}$ 的终点 B 所引向量$\overrightarrow{AB}$便是向量 $\boldsymbol{b}$ 与 $\boldsymbol{a}$ 的差 $\boldsymbol{b}-\boldsymbol{a}$,见图 6.10。

由三角形两边之和大于第三边,可得

$$|\boldsymbol{a}+\boldsymbol{b}|\leqslant|\boldsymbol{a}|+|\boldsymbol{b}|,|\boldsymbol{a}-\boldsymbol{b}|\leqslant|\boldsymbol{a}|+|\boldsymbol{b}|,$$

其中,等号在 $\boldsymbol{b}$ 与 $\boldsymbol{a}$ 同向或反向时成立。

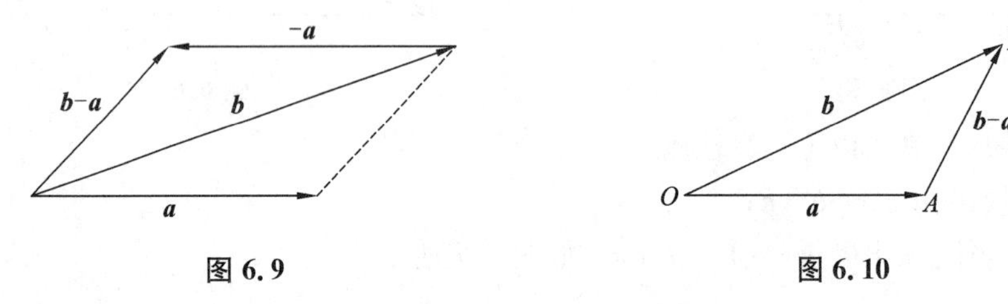

图 6.9　　图 6.10

3. 向量的数乘

向量 $\boldsymbol{a}$ 与实数 λ 的乘积是一个向量,称为**数乘向量**,记作 $\lambda\boldsymbol{a}$。

$\lambda\boldsymbol{a}$ 的模是 $|\lambda\boldsymbol{a}|$,有 $|\lambda\boldsymbol{a}|=|\lambda||\boldsymbol{a}|$。

$\lambda\boldsymbol{a}$ 的方向:当 $\lambda>0$ 时,$\lambda\boldsymbol{a}$ 与 $\boldsymbol{a}$ 同向,当 $\lambda<0$ 时,$\lambda\boldsymbol{a}$ 与 $\boldsymbol{a}$ 反向,当 $\lambda=0$ 时,$\lambda\boldsymbol{a}=\boldsymbol{0}$。

说明　(1)当 $\lambda=0$ 时,$|\lambda\boldsymbol{a}|=0$,即 $\lambda\boldsymbol{a}$ 为零向量,其方向可以是任意的。

(2)当 $\lambda=\pm1$ 时,有 $1\boldsymbol{a}=\boldsymbol{a}$,$(-1)\boldsymbol{a}=-\boldsymbol{a}$。

向量的数乘满足下列运算法则:

(1)结合律:$\lambda(\mu\boldsymbol{a})=\mu(\lambda\boldsymbol{a})=(\lambda\mu)\boldsymbol{a}$;

(2)分配律:$(\lambda+\mu)\boldsymbol{a}=\lambda\boldsymbol{a}+\mu\boldsymbol{a}$;$\lambda(\boldsymbol{a}+\boldsymbol{b})=\lambda\boldsymbol{a}+\lambda\boldsymbol{b}$;

其中 λ,μ 为实数。

例 5　如图 6.11 所示,在平行四边形 $ABCD$ 中,设$\overrightarrow{AB}=\boldsymbol{a}$,$\overrightarrow{AD}=\boldsymbol{b}$,请用 $\boldsymbol{a}$ 和 $\boldsymbol{b}$ 表示向量$\overrightarrow{MA}$,$\overrightarrow{MB}$,$\overrightarrow{MC}$及$\overrightarrow{MD}$,其中 M 是平行四边形对角线的交点。

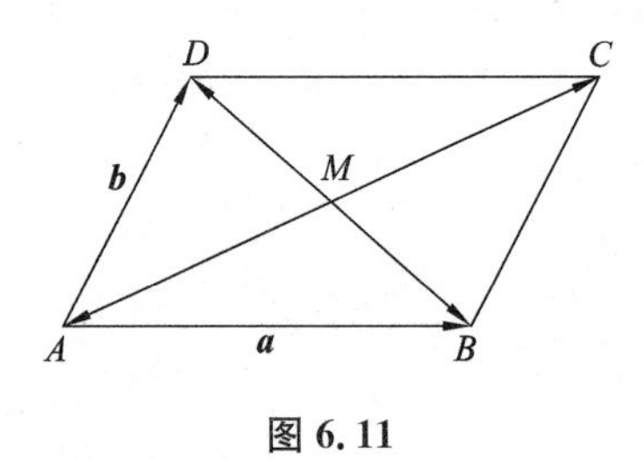

图 6.11

解　由于平行四边形的对角线互相平分,所以

$$\boldsymbol{a}+\boldsymbol{b}=\overrightarrow{AC}=2\overrightarrow{AM},$$

即

$$-(\boldsymbol{a}+\boldsymbol{b})=2\overrightarrow{MA},$$

于是

$$\overrightarrow{MA}=-\frac{1}{2}(\boldsymbol{a}+\boldsymbol{b})。$$

因为$\overrightarrow{MC}=-\overrightarrow{MA}$,所以$\overrightarrow{MC}=\frac{1}{2}(\boldsymbol{a}+\boldsymbol{b})$。

又因$-\boldsymbol{a}+\boldsymbol{b}=\overrightarrow{BD}=2\overrightarrow{MD}$,所以$\overrightarrow{MD}=\frac{1}{2}(\boldsymbol{b}-\boldsymbol{a})$。

由于$\overrightarrow{MB}=-\overrightarrow{MD}$，所以$\overrightarrow{MB}=\frac{1}{2}(\boldsymbol{a}-\boldsymbol{b})$。

特别地，与非零向量 $\boldsymbol{a}$ 同方向的单位向量记为 $\boldsymbol{e}_a$，则有 $\boldsymbol{e}_a=\frac{\boldsymbol{a}}{|\boldsymbol{a}|}$。

由于向量 $\lambda\boldsymbol{a}$ 与 $\boldsymbol{a}$ 平行，因此我们常用数与向量的乘积来说明两个向量的平行关系。

定理 6.1　向量 $\boldsymbol{b}$ 与非零向量 $\boldsymbol{a}$ 平行的充要条件是：存在唯一的实数 λ，使得 $\boldsymbol{b}=\lambda\boldsymbol{a}$。

证明　条件的充分性是显然的，下面证明条件的必要性。

设 $\boldsymbol{b}/\!/\boldsymbol{a}$，取 $|\lambda|=\frac{|\boldsymbol{b}|}{|\boldsymbol{a}|}$，当 $\boldsymbol{b}$ 与 $\boldsymbol{a}$ 同向时，λ 取正值；当 $\boldsymbol{b}$ 与 $\boldsymbol{a}$ 反向时，λ 取负值，即 $\boldsymbol{b}=\lambda\boldsymbol{a}$。这是因为此时 $\boldsymbol{b}$ 与 $\lambda\boldsymbol{a}$ 同向，且

$$|\lambda\boldsymbol{a}|=|\lambda|\,|\boldsymbol{a}|=\frac{|\boldsymbol{b}|}{|\boldsymbol{a}|}|\boldsymbol{a}|=|\boldsymbol{b}|。$$

再证明数 λ 的唯一性。

设 $\boldsymbol{b}=\lambda\boldsymbol{a}$，又设 $\boldsymbol{b}=\mu\boldsymbol{a}$，两式相减，便得

$$(\lambda-\mu)\boldsymbol{a}=\boldsymbol{0},$$

即

$$|\lambda-\mu|\,|\boldsymbol{a}|=0。$$

因 $|\boldsymbol{a}|\neq0$，故 $|\lambda-\mu|=0$，即 $\lambda=\mu$。

五、向量的坐标

由于一个单位向量既确定了方向，又确定了单位长度，因此，给定一个点及一个单位向量就确定了一条数轴。设点 O 及单位向量 $\boldsymbol{i}$ 确定了数轴 Ox（图 6.12），对于轴上任一点 P，对应一个向量$\overrightarrow{OP}$，由于$\overrightarrow{OP}/\!/\boldsymbol{i}$，则有$\overrightarrow{OP}=x\boldsymbol{i}$，即$\overrightarrow{OP}$与实数 x 一一对应，于是

$$\text{点 } P \leftrightarrow \text{向量}\overrightarrow{OP}=x\boldsymbol{i} \leftrightarrow \text{实数 } x,$$

从而，数轴上的点 P 与实数 x 有一一对应的关系。据此，定义实数 x 为数轴上点 P 的坐标。

由此可知，数轴上点 P 的坐标为 x 的充分必要条件是$\overrightarrow{OP}=x\boldsymbol{i}$。

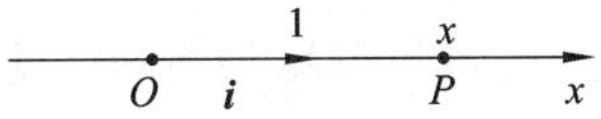

图 6.12

如图 6.13 所示，在空间直角坐标系 $Oxyz$ 中，在 x 轴，y 轴，z 轴上各取一个与坐标轴同向的单位向量，依次记为 $\boldsymbol{i},\boldsymbol{j},\boldsymbol{k}$，称其为**基本单位向量**（或**基向量**）。

任何向量都可以唯一地表示为 $\boldsymbol{i},\boldsymbol{j},\boldsymbol{k}$ 数乘之和。

任给向量 $\boldsymbol{r}$，有对应点 $M(x,y,z)$，使得$\overrightarrow{OM}=\boldsymbol{r}$。以 OM 为对角线，三条坐标轴为棱作长方体，如图 6.14 所示，有

$$\boldsymbol{r}=\overrightarrow{OM}=\overrightarrow{OP}+\overrightarrow{PN}+\overrightarrow{NM}=\overrightarrow{OP}+\overrightarrow{OQ}+\overrightarrow{OR},$$

设$\overrightarrow{OP}=x\boldsymbol{i}$，$\overrightarrow{OQ}=y\boldsymbol{j}$，$\overrightarrow{OR}=z\boldsymbol{k}$，则 $\boldsymbol{r}=\overrightarrow{OM}=x\boldsymbol{i}+y\boldsymbol{j}+z\boldsymbol{k}$。

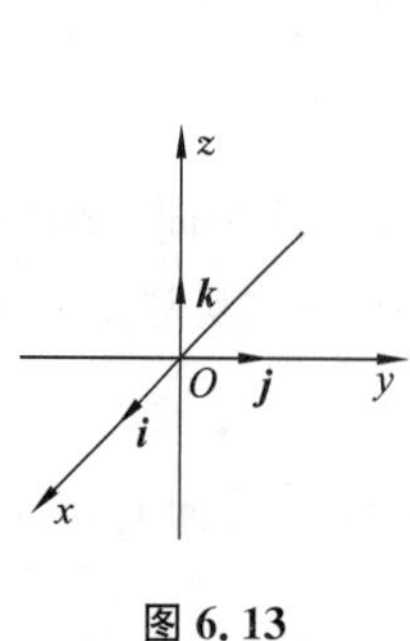

图 6.13

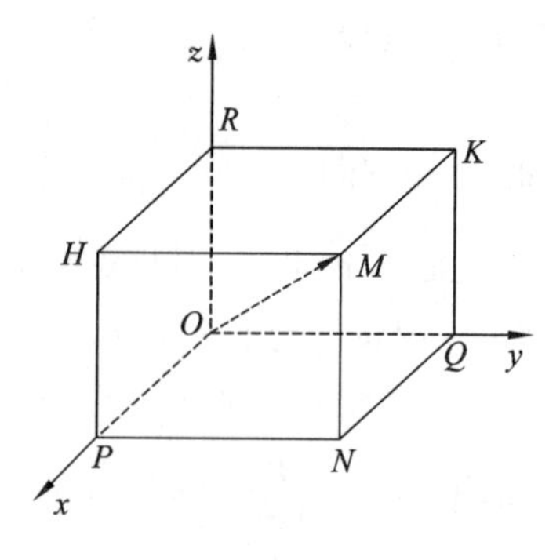

图 6.14

我们称向量 $\boldsymbol{r}=\overrightarrow{OM}$ 为点 M 关于原点 O 的**向径**。称 $\boldsymbol{r}=x\boldsymbol{i}+y\boldsymbol{j}+z\boldsymbol{k}$ 为向量 $\boldsymbol{r}$ 的**坐标分解式**,$x\boldsymbol{i}$,$y\boldsymbol{j}$ 和 $z\boldsymbol{k}$ 称为向量 $\boldsymbol{r}$ 沿三个坐标轴方向的**分向量**。x,y 和 z 系数组成的有序数组(x,y,z)称为向量 $\boldsymbol{r}$ 的坐标,记为 $\boldsymbol{r}=\overrightarrow{OM}=\{x,y,z\}$。在本教材中,若无特殊说明,为区别向量的坐标和点的坐标,对向量的坐标形式用花括号表示,而点的坐标用圆括号表示,如点 $M(x,y,z)$,点 $M_1(x_1,y_1,z_1)$,向量 $\overrightarrow{OM}=\{x,y,z\}$,$\overrightarrow{OM_1}=\{x_1,y_1,z_1\}$。

显然,点 M、向量 $\boldsymbol{r}$ 与三个有序数 x,y 和 z 之间有一一对应的关系

$$M\leftrightarrow\boldsymbol{r}=\overrightarrow{OM}=x\boldsymbol{i}+y\boldsymbol{j}+z\boldsymbol{k}\leftrightarrow\{x,y,z\}。$$

设 $\boldsymbol{r}=\overrightarrow{M_1M_2}$ 是起点为 $M_1(x_1,y_1,z_1)$,终点为 $M_2(x_2,y_2,z_2)$ 的任一向量,则

$$\begin{aligned}\boldsymbol{r}&=\overrightarrow{M_1M_2}=\overrightarrow{OM_2}-\overrightarrow{OM_1}=(x_2\boldsymbol{i}+y_2\boldsymbol{j}+z_2\boldsymbol{k})-(x_1\boldsymbol{i}+y_1\boldsymbol{j}+z_1\boldsymbol{k})\\&=(x_2-x_1)\boldsymbol{i}+(y_2-y_1)\boldsymbol{j}+(z_2-z_1)\boldsymbol{k},\end{aligned}$$

即

$$\boldsymbol{r}=(x_2-x_1)\boldsymbol{i}+(y_2-y_1)\boldsymbol{j}+(z_2-z_1)\boldsymbol{k}。$$

特别地,$\boldsymbol{0}=\{0,0,0\}$,$\boldsymbol{i}=\{1,0,0\}$,$\boldsymbol{j}=\{0,1,0\}$,$\boldsymbol{k}=\{0,0,1\}$。

设 $\boldsymbol{a}=\{a_x,a_y,a_z\}$,$\boldsymbol{b}=\{b_x,b_y,b_z\}$,则由向量的线性运算性质可知:

$$\boldsymbol{a}+\boldsymbol{b}=(a_x+b_x)\boldsymbol{i}+(a_y+b_y)\boldsymbol{j}+(a_z+b_z)\boldsymbol{k}=\{a_x+b_x,a_y+b_y,a_z+b_z\};$$

$$\boldsymbol{a}-\boldsymbol{b}=(a_x-b_x)\boldsymbol{i}+(a_y-b_y)\boldsymbol{j}+(a_z-b_z)\boldsymbol{k}=\{a_x-b_x,a_y-b_y,a_z-b_z\};$$

$$\lambda\boldsymbol{a}=(\lambda a_x)\boldsymbol{i}+(\lambda a_y)\boldsymbol{j}+(\lambda a_z)\boldsymbol{k}=\{\lambda a_x,\lambda a_y,\lambda a_z\}。$$

利用向量的坐标表示,向量的线性运算就归结为数的运算。

定理 6.2 (坐标形式)向量 $\boldsymbol{b}$ 与非零向量 $\boldsymbol{a}$ 平行的充要条件是:存在唯一的实数 λ,使得 $\boldsymbol{b}=\lambda\boldsymbol{a}$,即$\{b_x,b_y,b_z\}=\lambda\{a_x,a_y,a_z\}$,也即是

$$\frac{b_x}{a_x}=\frac{b_y}{a_y}=\frac{b_z}{a_z}。\tag{6.1}$$

当 a_x、a_y、a_z 仅有一个为零时,不妨设 $a_x=0$,$a_y\neq0$,$a_z\neq0$,(6.1)式应理解为

$$\begin{cases}b_x=0,\\ \dfrac{b_y}{a_y}=\dfrac{b_z}{a_z}。\end{cases}$$

当 a_x、a_y、a_z 仅有两个为零时,不妨设 $a_x=a_y=0$,$a_z\neq0$,(6.1)式应理解为

$$\begin{cases}b_x=0,\\ b_y=0。\end{cases}$$

例 6 设点 $M=(4,3,2)$,$N=(5,4,3)$,求向量 $\overrightarrow{MN}$ 和 $\overrightarrow{NM}$。

解　$\overrightarrow{MN}=\overrightarrow{ON}-\overrightarrow{OM}=\{5-4,4-3,3-2\}=\{1,1,1\}$；

$\overrightarrow{NM}=\overrightarrow{OM}-\overrightarrow{ON}=\{4-5,3-4,2-3\}=\{-1,-1,-1\}$。

例 7　求满足线性方程组$\begin{cases}5\boldsymbol{x}-3\boldsymbol{y}=\boldsymbol{a},\\3\boldsymbol{x}-2\boldsymbol{y}=\boldsymbol{b}\end{cases}$的向量$\boldsymbol{x},\boldsymbol{y}$，其中$\boldsymbol{a}=\{2,1,2\},\boldsymbol{b}=\{-1,1,-2\}$。

解　类似实数解的二元一次线性方程组求解，利用高斯消元法，可得$\boldsymbol{x}=2\boldsymbol{a}-3\boldsymbol{b}$，$\boldsymbol{y}=3\boldsymbol{a}-5\boldsymbol{b}$，将$\boldsymbol{a}$、$\boldsymbol{b}$的坐标代入，即得

$$\boldsymbol{x}=2\boldsymbol{a}-3\boldsymbol{b}=2\{2,1,2\}-3\{-1,1,-2\}=\{7,-1,10\},$$

$$\boldsymbol{y}=3\boldsymbol{a}-5\boldsymbol{b}=3\{2,1,2\}-5\{-1,1,-2\}=\{11,-2,16\}。$$

例 8　（定比分点公式）已知两点$A(x_1,y_1,z_1)$和$B(x_2,y_2,z_2)$及实数$\lambda\neq-1$，在直线AB上求点$M(x,y,z)$，使$\overrightarrow{AM}=\lambda\overrightarrow{MB}$。

解　由于$\overrightarrow{AM}=\lambda\overrightarrow{MB}$，$\overrightarrow{AM}=\{x-x_1,y-y_1,z-z_1\}$，$\overrightarrow{MB}=\{x_2-x,y_2-y,z_2-z\}$，如图 6.15 所示，即

$$\{x-x_1,y-y_1,z-z_1\}=\lambda\{x_2-x,y_2-y,z_2-z\},$$

得

$$x-x_1=\lambda(x_2-x),y-y_1=\lambda(y_2-y),z-z_1=\lambda(z_2-z),$$

所以

$$x=\frac{x_1+\lambda x_2}{1+\lambda},y=\frac{y_1+\lambda y_2}{1+\lambda},z=\frac{z_1+\lambda z_2}{1+\lambda},$$

求得点$M\left(\frac{x_1+\lambda x_2}{1+\lambda},\frac{y_1+\lambda y_2}{1+\lambda},\frac{z_1+\lambda z_2}{1+\lambda}\right)$。

点M叫作有向线段$\overrightarrow{AB}$的**定比分点**。

特别地，当$\lambda=1$，点M为有向线段$\overrightarrow{AB}$的中点，可得中点坐标$M\left(\frac{x_1+x_2}{2},\frac{y_1+y_2}{2},\frac{z_1+z_2}{2}\right)$。

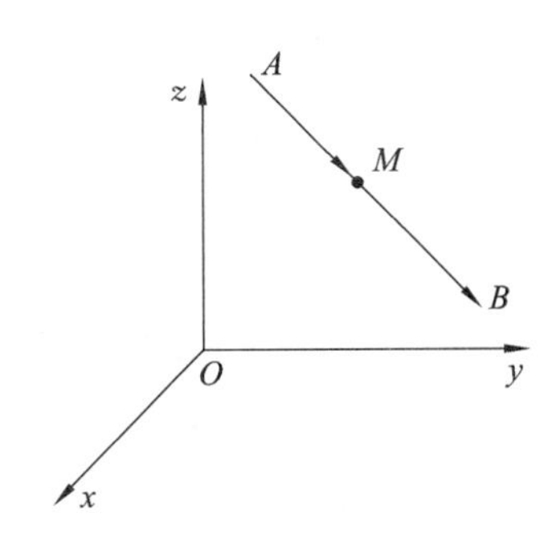

图 6.15

六、向量的模、方向角及投影

向量可由坐标表出，下面来介绍向量的模和方向如何由坐标确定。

1. 向量的模

设向量$\boldsymbol{r}=\{x,y,z\}$，作向量$\overrightarrow{OM}=\boldsymbol{r}=\{x,y,z\}$。由空间两点间的距离公式，可得向量$\boldsymbol{r}$的模为$|\boldsymbol{r}|=\sqrt{x^2+y^2+z^2}$。

说明　(1)向量$\boldsymbol{r}$的模就是点M到原点O的距离。

(2)若向量$\boldsymbol{r}=\{x,y,z\}$为非零向量，则与$\boldsymbol{r}$同方向的单位向量$\boldsymbol{e}_r=\frac{\boldsymbol{r}}{|\boldsymbol{r}|}$，即

$$e_r=\left\{\frac{x}{\sqrt{x^2+y^2+z^2}},\ \frac{y}{\sqrt{x^2+y^2+z^2}},\ \frac{z}{\sqrt{x^2+y^2+z^2}}\right\}。$$

例 9 已知两点 $A(4,0,5)$ 和 $B(7,1,3)$,求与 $\overrightarrow{AB}$ 同方向的单位向量 $e_{\overrightarrow{AB}}$。

解 因为 $\overrightarrow{AB}=\overrightarrow{OB}-\overrightarrow{OA}=\{7,1,3\}-\{4,0,5\}=\{3,1,-2\}$,

所以
$$|\overrightarrow{AB}|=\sqrt{3^2+1^2+(-2)^2}=\sqrt{14},$$

则有
$$e_{\overrightarrow{AB}}=\frac{\overrightarrow{AB}}{|\overrightarrow{AB}|}=\left\{\frac{3}{\sqrt{14}},\quad \frac{1}{\sqrt{14}},\quad \frac{-2}{\sqrt{14}}\right\}。$$

例 10 求证以 $M_1(4,3,1)$、$M_2(7,1,2)$、$M_3(5,2,3)$ 为顶点的三角形为等腰三角形。

证明 因为
$$|\overrightarrow{M_1M_2}|=\sqrt{(7-4)^2+(1-3)^2+(2-1)^2}=\sqrt{14},$$
$$|\overrightarrow{M_2M_3}|=\sqrt{(5-7)^2+(2-1)^2+(3-2)^2}=\sqrt{6},$$
$$|\overrightarrow{M_1M_3}|=\sqrt{(5-4)^2+(2-3)^2+(3-1)^2}=\sqrt{6},$$

得 $|M_2M_3|=|M_1M_3|$,即 $\triangle M_1M_2M_3$ 为等腰三角形。

2. 方向角和方向余弦

两非零向量 $\boldsymbol{a}$ 与 $\boldsymbol{b}$ 平移到同一起点时,如图 6.16 所示,两个向量之间的不超过 π 的夹角称为向量 $\boldsymbol{a}$ 与 $\boldsymbol{b}$ 的夹角,记作 $(\widehat{\boldsymbol{a},\boldsymbol{b}})$ 或 $(\widehat{\boldsymbol{b},\boldsymbol{a}})$。

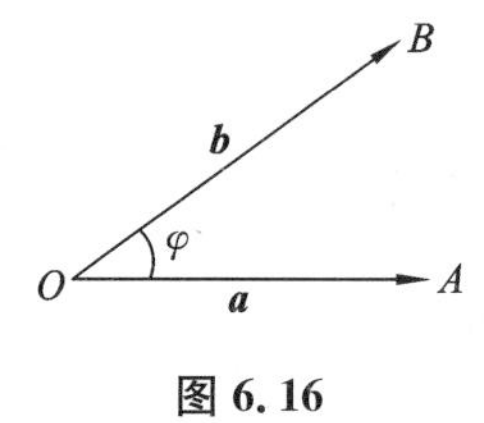

图 6.16

说明 若向量 $\boldsymbol{a}$ 与 $\boldsymbol{b}$ 中有一个是零向量,则规定 $\boldsymbol{a}$ 与 $\boldsymbol{b}$ 的夹角可在 0 与 π 之间任意取值。

类似地,可以规定向量与坐标轴的夹角。

设非零向量 $\boldsymbol{r}=\{x,y,z\}$,作向量 $\overrightarrow{OM}=\boldsymbol{r}=\{x,y,z\}$。如图 6.17,$\overrightarrow{OM}$ 与 x 轴,y 轴,z 轴正向的夹角分别为 $\alpha,\beta,\gamma(0\leqslant\alpha\leqslant\pi,0\leqslant\beta\leqslant\pi,0\leqslant\gamma\leqslant\pi)$,称 α,β,γ 为向量 $\boldsymbol{r}$ 的方向角。称 $\cos\alpha$、$\cos\beta$、$\cos\gamma$ 为向量 $\boldsymbol{r}$ 的方向余弦。

设非零向量 $\boldsymbol{r}=\{x,y,z\}$,$|\boldsymbol{r}|=\sqrt{x^2+y^2+z^2}$,则
$$x=|\boldsymbol{r}|\cos\alpha,y=|\boldsymbol{r}|\cos\beta,z=|\boldsymbol{r}|\cos\gamma,$$

且有
$$\cos\alpha=\frac{x}{|\boldsymbol{r}|}=\frac{x}{\sqrt{x^2+y^2+z^2}},\cos\beta=\frac{y}{|\boldsymbol{r}|}=\frac{y}{\sqrt{x^2+y^2+z^2}},\cos\gamma=\frac{z}{|\boldsymbol{r}|}=\frac{z}{\sqrt{x^2+y^2+z^2}},$$
$$\cos^2\alpha+\cos^2\beta+\cos^2\gamma=\frac{x^2+y^2+z^2}{(\sqrt{x^2+y^2+z^2})^2}=1。$$

说明 (1)与非零向量 $\boldsymbol{r}$ 同方向的单位向量 $\boldsymbol{e}_r$ 可表示为
$$\boldsymbol{e}_r=\frac{\boldsymbol{r}}{|\boldsymbol{r}|}=\left\{\frac{x}{\sqrt{x^2+y^2+z^2}},\ \frac{y}{\sqrt{x^2+y^2+z^2}},\ \frac{z}{\sqrt{x^2+y^2+z^2}}\right\}=\{\cos\alpha,\cos\beta,\cos\gamma\}。$$

(2)任何一个非零向量 r 的方向余弦的平方和都等于 1。

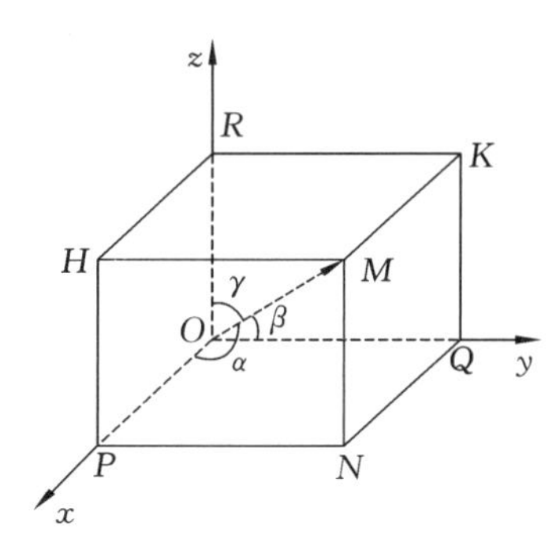

图 6.17

例 11　已知 $\boldsymbol{a}=\{2,-2\sqrt{2},-2\}$，求 $\boldsymbol{a}$ 的模、方向余弦及方向角。

解　$\boldsymbol{a}$ 的模为 $|\boldsymbol{a}|=\sqrt{2^2+(-2\sqrt{2})^2+(-2)^2}=\sqrt{16}=4$，

$$\cos\alpha=\frac{2}{4}=\frac{1}{2},\cos\beta=\frac{-2\sqrt{2}}{4}=-\frac{\sqrt{2}}{2},\cos\gamma=\frac{-2}{4}=-\frac{1}{2},$$

在方向角的规定范围内得到

$$\alpha=\frac{\pi}{3},\beta=\frac{3\pi}{4},\gamma=\frac{2\pi}{3}。$$

3. 向量在轴上的投影

如图 6.18 所示，任一非零向量 $\boldsymbol{r}=\overrightarrow{OM}$，$\varphi$ 为$\overrightarrow{OM}$与 u 轴的夹角，则把 $|\overrightarrow{OM}|\cos\varphi$ 称为$\overrightarrow{OM}$在 u 轴上的投影，记为$\mathrm{Prj}_u\boldsymbol{r}$ 或$(\boldsymbol{r})_u$，即$\mathrm{Prj}_u\boldsymbol{r}=(\boldsymbol{r})_u=|\overrightarrow{OM}|\cos\varphi$。

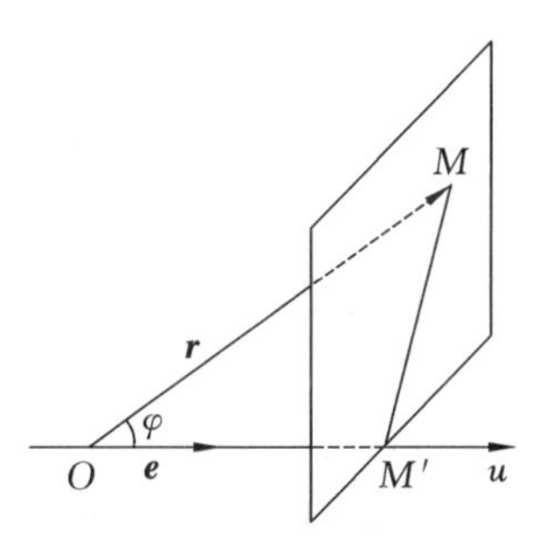

图 6.18

$\overrightarrow{OM}$在 u 轴上的投影是有向线段 OM' 的值，当$\overrightarrow{OM}$与 u 轴的夹角 φ 为锐角时，OM' 的值为正；φ 为钝角时，OM' 的值为负。

由此，向量 $\boldsymbol{r}$ 在直角坐标系 $Oxyz$ 中的坐标 x,y,z 就是 $\boldsymbol{r}$ 在三条坐标轴上的投影，即

$$x=\mathrm{Prj}_x\boldsymbol{r},\quad y=\mathrm{Prj}_y\boldsymbol{r},\quad z=\mathrm{Prj}_z\boldsymbol{r},$$

或记作

$$x=(\boldsymbol{r})_x,\quad y=(\boldsymbol{r})_y,\quad z=(\boldsymbol{r})_z。$$

说明　向量的投影具有以下性质：

(1) $\mathrm{Prj}_u\boldsymbol{r}=|\boldsymbol{r}|\cos\varphi$（即$(\boldsymbol{r})_u=|\boldsymbol{r}|\cos\varphi$），其中 φ 为向量 $\boldsymbol{r}$ 与 u 轴的夹角；

(2) $\mathrm{Prj}_u(\boldsymbol{r}_1+\boldsymbol{r}_2)=\mathrm{Prj}_u\boldsymbol{r}_1+\mathrm{Prj}_u\boldsymbol{r}_2$[即$(\boldsymbol{a}+\boldsymbol{b})_u=(\boldsymbol{a})_u+(\boldsymbol{b})_u$]；

(3) $\mathrm{Prj}_u(\lambda\boldsymbol{r})=\lambda\,\mathrm{Prj}_u\boldsymbol{r}$[即$(\lambda\boldsymbol{r})_u=\lambda(\boldsymbol{r})_u$]。

例 12　如图 6.19 所示,设正方体的一条对角线为OM,一条棱为OA,且$|\overrightarrow{OA}|=a$,求$\overrightarrow{OA}$在$\overrightarrow{OM}$上的投影$\mathrm{Prj}_{\overrightarrow{OM}}\overrightarrow{OA}$。

解　由正方体中的垂直关系$\overrightarrow{OA}\perp\overrightarrow{AM}$,得$\overrightarrow{OA}$与$\overrightarrow{OM}$的夹角为$\varphi=\angle MOA$,且$\cos\varphi=\dfrac{|\overrightarrow{OA}|}{|\overrightarrow{OM}|}=\dfrac{1}{\sqrt{3}}$,故$\mathrm{Prj}_{\overrightarrow{OM}}\overrightarrow{OA}=|\overrightarrow{OA}|\cdot\cos\varphi=\dfrac{a}{\sqrt{3}}$。

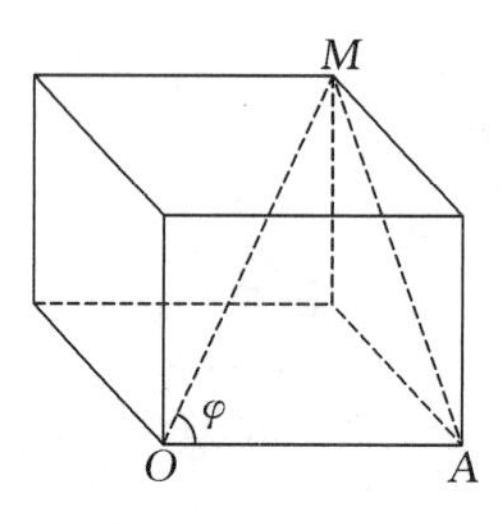

图 6.19

习题 6.1(A)

1. 说明以下各点分别在直角坐标系 $Oxyz$ 中的位置。

(1)$A(2,0,0)$;　　(2)$B(0,2,5)$;

(3)$C(0,0,1)$;　　(4)$D(-3,0,2)$。

2. 指出下列各点在空间直角坐标系 $Oxyz$ 各在第几卦限。

(1)$A(1,3,2)$;　　(2)$B(1,4,-2)$;

(3)$C(3,-3,3)$;　　(4)$D(-3,2,-5)$。

3. 点(x,y,z)关于 xOz 面的对称点是________,关于 y 轴的对称点是________,关于坐标原点的对称点是________。

4. 自点(x,y,z)分别作各坐标面的垂线,写出各垂足的坐标。

5. 已知点 $A(0,1,2)$与点 $B(1,-1,0)$,则向量$\overrightarrow{AB}$坐标表示为________,$\overrightarrow{AB}$分解式表示为________,$-2\overrightarrow{AB}=$________。

6. 已知向量 $\boldsymbol{a}=\{4,-1,3\}$,$\boldsymbol{b}=\{5,2,-2\}$,则 $\boldsymbol{a}+\boldsymbol{b}=$________,$\boldsymbol{a}-\boldsymbol{b}=$________,$2\boldsymbol{a}-3\boldsymbol{b}=$________。

7. 在 y 轴上且与点 $A(1,-4,7)$和 $B(5,6,5)$等距离的点是________。

8. 平行于向量 $\boldsymbol{a}=\{6,7,-6\}$的单位向量是________。

9. 已知两点 $A(2,2,\sqrt{2})$和 $B(1,3,0)$,求向量$\overrightarrow{AB}$的模、方向余弦及方向角。

10. 设向量 $\boldsymbol{r}$ 的模是 4,它与 u 轴的夹角是$\dfrac{\pi}{3}$,则 $\boldsymbol{r}$ 在 u 轴上的投影是________。

11. 求证:以 $A(4,1,9)$、$B(10,-1,6)$和 $C(2,4,3)$为顶点的三角形是等腰直角三角形。

习题 6.1(B)

1. 已知向量 $\boldsymbol{b}$ 与 $\boldsymbol{a}$ 平行,方向相反,且$|\boldsymbol{b}|=2|\boldsymbol{a}|$,则 $\boldsymbol{b}$ 可由 $\boldsymbol{a}$ 表示为________。

2. 求点 $P(4,-3,5)$ 到各坐标轴的距离。

3. 设 M,N,P 分别为 $\triangle ABC$ 的三条边 AB、BC、CA 的中点，已知 $\overrightarrow{AB}=\boldsymbol{a}$，$\overrightarrow{BC}=\boldsymbol{b}$，$\overrightarrow{CA}=\boldsymbol{c}$，则 $\overrightarrow{AN}=$________，$\overrightarrow{BP}=$________，$\overrightarrow{CM}=$________。

4. 在 yOz 面上，求与三个已知点 $A(3,1,2)$，$B(4,-2,-2)$ 和 $C(0,5,1)$ 等距离的点。

5. 已知向量 $\boldsymbol{a}=\boldsymbol{i}+\boldsymbol{j}+\boldsymbol{k}$，$\boldsymbol{b}=2\boldsymbol{i}-3\boldsymbol{j}+5\boldsymbol{k}$，试用分别平行于 $\boldsymbol{a}$，$\boldsymbol{b}$ 的单位向量 $\boldsymbol{e}_a$，$\boldsymbol{e}_b$ 表示向量 $\boldsymbol{a}$，$\boldsymbol{b}$。

6. 一向量的终点为点 $B(2,-1,7)$，它在 x 轴、y 轴和 z 轴上的投影分别为 4、-4 和 7，求该向量的起点 A 的坐标。

7. 设 $\boldsymbol{m}=3\boldsymbol{i}+5\boldsymbol{j}+8\boldsymbol{k}$，$\boldsymbol{n}=2\boldsymbol{i}-4\boldsymbol{j}-7\boldsymbol{k}$ 和 $\boldsymbol{p}=5\boldsymbol{i}+\boldsymbol{j}-4\boldsymbol{k}$，求向量 $\boldsymbol{a}=4\boldsymbol{m}+3\boldsymbol{n}-\boldsymbol{p}$ 在 x 轴上的投影及在 y 轴上的分向量。

扫码查看
习题参考答案

第二节　数量积、向量积、* 混合积

向量的积有数量积、向量积和混合积三种，下面逐一介绍。

一、向量的数量积

一质点在恒力 $\vec{F}$ 的作用下，从点 M_1 沿直线移动到 M_2，如图 6.20 所示，用 $\boldsymbol{r}$ 表示位移向量 $\overline{M_1M_2}$，用 θ 表示 $\vec{F}$ 与 $\boldsymbol{r}$ 的夹角，记 $\theta=\langle\vec{F},\boldsymbol{r}\rangle$，则力 $\vec{F}$ 所做的功为

$$\boldsymbol{W}=|\vec{F}|\,|\boldsymbol{r}|\cos\theta。$$

图 6.20　　　　图 6.21

这个数 $\boldsymbol{W}$ 可看成是力向量 $\vec{F}$ 和位移向量 $\boldsymbol{r}$ 按照上式运算得到的结果。由此引出向量的数量积的概念。

定义 6.1　向量 $\boldsymbol{a}$ 和 $\boldsymbol{b}$ 的模 $|\boldsymbol{a}|$，$|\boldsymbol{b}|$ 及 $\boldsymbol{a}$ 和 $\boldsymbol{b}$ 两向量的夹角 θ（规定 $0\leqslant\theta\leqslant\pi$）的余弦的乘积，称为向量 $\boldsymbol{a}$ 与 $\boldsymbol{b}$ 的数量积（也称内积或点积），记作 $\boldsymbol{a}\cdot\boldsymbol{b}$，即

$$\boldsymbol{a}\cdot\boldsymbol{b}=|\boldsymbol{a}|\ |\boldsymbol{b}|\ \cos\theta。$$

于是，质点在力 $\vec{F}$ 的作用下产生的位移 $\boldsymbol{r}$ 所做的功可表示为 $\boldsymbol{W}=\vec{F}\cdot\boldsymbol{r}$。

说明　(1)两向量 $\boldsymbol{a}$ 和 $\boldsymbol{b}$ 的数量积 $\boldsymbol{a}\cdot\boldsymbol{b}$ 是一个数；

(2)由于 $|\boldsymbol{b}|\cos\theta=|\boldsymbol{b}|\cos\langle\boldsymbol{a},\boldsymbol{b}\rangle$，如图 6.21 所示，当 $\boldsymbol{a}\neq\boldsymbol{0}$ 时，$|\boldsymbol{b}|\cos\langle\boldsymbol{a},\boldsymbol{b}\rangle$ 为向量 $\boldsymbol{b}$ 在向量 $\boldsymbol{a}$ 的方向上的投影，于是

$$\boldsymbol{a}\cdot\boldsymbol{b}=|\boldsymbol{a}|\,\mathrm{Prj}_{\boldsymbol{a}}\boldsymbol{b}。$$

同理，当 $\boldsymbol{b}\neq\boldsymbol{0}$ 时，有

$$\boldsymbol{a}\cdot\boldsymbol{b}=|\boldsymbol{b}|\,\mathrm{Prj}_{\boldsymbol{b}}\boldsymbol{a}。$$

向量的数量积满足如下运算性质：

(1)$\boldsymbol{a}\cdot\boldsymbol{a}=|\boldsymbol{a}|^2$;

(2)$\boldsymbol{a}\cdot\boldsymbol{b}=0\Leftrightarrow\boldsymbol{a}\perp\boldsymbol{b}$;

(3)$|\boldsymbol{a}\cdot\boldsymbol{b}|\leqslant|\boldsymbol{a}|\cdot|\boldsymbol{b}|$;

(4)交换律:$\boldsymbol{a}\cdot\boldsymbol{b}=\boldsymbol{b}\cdot\boldsymbol{a}$;

(5)分配律:$(\boldsymbol{a}+\boldsymbol{b})\cdot\boldsymbol{c}=\boldsymbol{a}\cdot\boldsymbol{c}+\boldsymbol{b}\cdot\boldsymbol{c}$;

(6)结合律:$(\lambda\boldsymbol{a})\cdot\boldsymbol{b}=\boldsymbol{a}\cdot(\lambda\boldsymbol{b})=\lambda(\boldsymbol{a}\cdot\boldsymbol{b})$,$(\lambda\boldsymbol{a})\cdot(\mu\boldsymbol{b})=\lambda\mu(\boldsymbol{a}\cdot\boldsymbol{b})$,其中 λ,μ 为常数。

例 1 试用向量证明三角形的余弦定理。

证明 如图 6.22 所示,在$\triangle ABC$中,设$\angle BCA=\theta$,$|CB|=a$,$|CA|=b$,$|AB|=c$,即要证

$$c^2=a^2+b^2-2ab\cos\theta。$$

记$\overrightarrow{CB}=\boldsymbol{a}$,$\overrightarrow{CA}=\boldsymbol{b}$,$\overrightarrow{AB}=\boldsymbol{c}$,则有 $\boldsymbol{c}=\boldsymbol{a}-\boldsymbol{b}$,从而

$$|\boldsymbol{c}|^2=\boldsymbol{c}\cdot\boldsymbol{c}=(\boldsymbol{a}-\boldsymbol{b})\cdot(\boldsymbol{a}-\boldsymbol{b})=\boldsymbol{a}\cdot\boldsymbol{a}+\boldsymbol{b}\cdot\boldsymbol{b}-2\boldsymbol{a}\cdot\boldsymbol{b}=|\boldsymbol{a}|^2+|\boldsymbol{b}|^2-2|\boldsymbol{a}||\boldsymbol{b}|\cos(\widehat{\boldsymbol{a},\boldsymbol{b}}),$$

即

$$c^2=a^2+b^2-2ab\cos\theta。$$

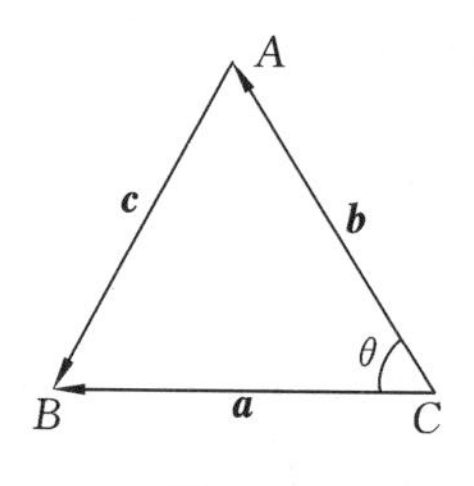

图 6.22

特别地,对两两互相垂直的单位向量 $\boldsymbol{i}$、$\boldsymbol{j}$、$\boldsymbol{k}$,有

$$\boldsymbol{i}\cdot\boldsymbol{j}=\boldsymbol{j}\cdot\boldsymbol{k}=\boldsymbol{k}\cdot\boldsymbol{i}=0,\boldsymbol{i}\cdot\boldsymbol{i}=\boldsymbol{j}\cdot\boldsymbol{j}=\boldsymbol{k}\cdot\boldsymbol{k}=1。$$

若向量 $\boldsymbol{a}=(a_x,a_y,a_z)$,$\boldsymbol{b}=(b_x,b_y,b_z)$,由数量积的运算性质直接计算得

$$\boldsymbol{a}\cdot\boldsymbol{b}=(a_x\boldsymbol{i}+a_y\boldsymbol{j}+a_z\boldsymbol{k})\cdot(b_x\boldsymbol{i}+b_y\boldsymbol{j}+b_z\boldsymbol{k})=a_xb_x+a_yb_y+a_zb_z。$$

这表明,**两向量的数量积等于它们对应坐标分量的乘积之和**。

下面利用向量的直角坐标给出向量的模、两向量的夹角公式以及两向量垂直的充要条件。

设非零向量 $\boldsymbol{a}=(a_x,a_y,a_z)$,$\boldsymbol{b}=(b_x,b_y,b_z)$,则

(1)向量的模:$|\boldsymbol{a}|=\sqrt{\boldsymbol{a}\cdot\boldsymbol{a}}=\sqrt{a_x^2+a_y^2+a_z^2}$;

(2)两向量的夹角公式:

$$\cos\langle\boldsymbol{a},\boldsymbol{b}\rangle=\frac{\boldsymbol{a}\cdot\boldsymbol{b}}{|\boldsymbol{a}||\boldsymbol{b}|}=\frac{a_xb_x+a_yb_y+a_zb_z}{\sqrt{a_x^2+a_y^2+a_z^2}\cdot\sqrt{b_x^2+b_y^2+b_z^2}}。$$

(3)$\boldsymbol{a}\perp\boldsymbol{b}\Leftrightarrow a_xb_x+a_yb_y+a_zb_z=0$。

例 2 已知向量 $\boldsymbol{a}=\{3,-1,-2\}$,$\boldsymbol{b}=\{1,2,-1\}$,求 $\boldsymbol{a}\cdot\boldsymbol{b}$ 及 $\boldsymbol{a},\boldsymbol{b}$ 夹角的余弦值 $\cos\langle\boldsymbol{a},\boldsymbol{b}\rangle$。

解 由题意可知

$$\boldsymbol{a}\cdot\boldsymbol{b}=3\times1+(-1)\times2+(-2)\times(-1)=3,$$

$$|\boldsymbol{a}|=\sqrt{3^2+(-1)^2+(-2)^2}=\sqrt{14},|\boldsymbol{b}|=\sqrt{1^2+2^2+(-1)^2}=\sqrt{6}。$$

则
$$\cos\langle \boldsymbol{a},\boldsymbol{b}\rangle=\frac{\boldsymbol{a}\cdot\boldsymbol{b}}{|\boldsymbol{a}||\boldsymbol{b}|}=\frac{3}{\sqrt{14}\cdot\sqrt{6}}=\frac{\sqrt{21}}{14}。$$

二、向量的向量积

在日常生活中，用扳手拧紧或拧松一个螺母时，螺母转动的效果与用力的大小、扳手手柄的长短及转动的方向有关，在力学中，用力矩这个概念来描述这个转动效果。

如图 6.23(a)所示，力 $\vec{F}$ 作用于扳手上点 P 处，$\vec{F}$ 与扳手$\overrightarrow{OP}$的夹角为 θ，则扳手在力 $\vec{F}$ 的作用下绕 O 转动，此时，对点 O 的力矩可用一个向量 $\boldsymbol{M}$ 来表示，向量 $\boldsymbol{M}$ 的大小为
$$|\boldsymbol{M}|=|\overrightarrow{OP}|\cdot|\vec{F}|\sin\theta,$$
其中 $\boldsymbol{M}$ 的方向与$\overrightarrow{OP}$及 $\vec{F}$ 都垂直，即垂直于$\overrightarrow{OP}$与 $\vec{F}$ 所确定的平面，且$\overrightarrow{OP}$，$\vec{F}$，$\boldsymbol{M}$ 符合右手法则，如图 6.23(b)所示。

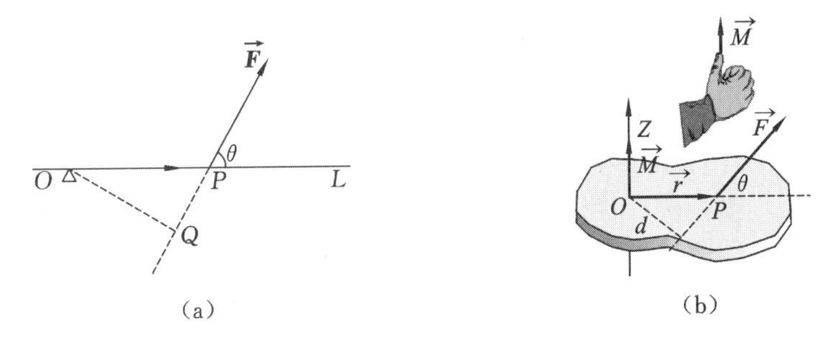

图 6.23

这个实例说明，$\overrightarrow{OP}$与力 $\vec{F}$ 可以确定一个新向量 $\boldsymbol{M}$。这种由两个已知向量来确定另一个向量的情况，在其他工程技术问题中经常遇到。抽去其实际意义，我们引入两向量的向量积的概念。

定义 6.2　设由两向量 $\boldsymbol{a}$，$\boldsymbol{b}$ 的向量积确定一个新向量 $\boldsymbol{c}$，向量 $\boldsymbol{c}$ 满足以下条件：

(1)$\boldsymbol{c}$ 的模：$|\boldsymbol{c}|=|\boldsymbol{a}||\boldsymbol{b}|\sin\langle \boldsymbol{a},\boldsymbol{b}\rangle$；

(2)$\boldsymbol{c}$ 同时垂直于向量 $\boldsymbol{a}$ 与 $\boldsymbol{b}$，即 $\boldsymbol{c}$ 垂直于 $\boldsymbol{a}$ 与 $\boldsymbol{b}$ 所确定的平面；

(3)$\boldsymbol{c}$ 的方向：按顺序 $\boldsymbol{a}$，$\boldsymbol{b}$，$\boldsymbol{c}$ 符合右手法则，如图 6.24 所示。

向量 $\boldsymbol{a}$ 与 $\boldsymbol{b}$ 的**向量积**(也称**外积**或**叉积**)，记作 $\boldsymbol{a}\times\boldsymbol{b}$，即 $\boldsymbol{c}=\boldsymbol{a}\times\boldsymbol{b}$。

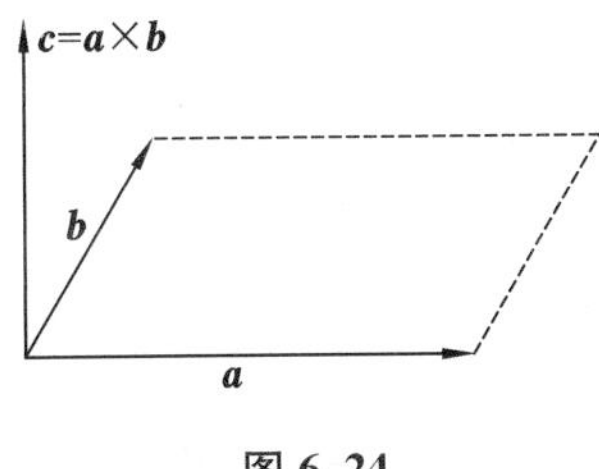

图 6.24

说明　(1)向量 $\boldsymbol{a}$ 与 $\boldsymbol{b}$ 的向量积 $\boldsymbol{a}\times\boldsymbol{b}$ 是一个向量；

(2)$\boldsymbol{a}\times\boldsymbol{b}$ 的模为 $|\boldsymbol{a}||\boldsymbol{b}|\sin\langle \boldsymbol{a},\boldsymbol{b}\rangle$，其几何意义是以 $\boldsymbol{a}$，$\boldsymbol{b}$ 为邻边的平行四边形的面积，$\boldsymbol{a}\times\boldsymbol{b}$ 的方向垂直于这个平行四边形所在的平面。

(3)力 $\vec{F}$ 对支点 O 的力矩 M 可表示为 $M=\overrightarrow{OP}\times\vec{F}$。

向量的向量积满足如下运算性质：

(1)$\boldsymbol{a}\times\boldsymbol{a}=\boldsymbol{0}$。

(2)反交换律：$\boldsymbol{a}\times\boldsymbol{b}=-\boldsymbol{b}\times\boldsymbol{a}$。

(3)分配律：$(\boldsymbol{a}+\boldsymbol{b})\times\boldsymbol{c}=\boldsymbol{a}\times\boldsymbol{c}+\boldsymbol{b}\times\boldsymbol{c}$。

(4)与数乘的结合律：$(\lambda\boldsymbol{a})\times\boldsymbol{b}=\boldsymbol{a}\times(\lambda\boldsymbol{b})=\lambda(\boldsymbol{a}\times\boldsymbol{b})$，$\lambda$ 为常数。

(5)对于两个非零向量 $\boldsymbol{a},\boldsymbol{b}$，有 $\boldsymbol{a}\times\boldsymbol{b}=\boldsymbol{0}\Leftrightarrow\boldsymbol{a}//\boldsymbol{b}$。

特别地，对两两互相垂直的单位向量 $\boldsymbol{i}$、$\boldsymbol{j}$、$\boldsymbol{k}$，有

$$\boldsymbol{i}\times\boldsymbol{j}=\boldsymbol{k},\boldsymbol{j}\times\boldsymbol{k}=\boldsymbol{i},\boldsymbol{k}\times\boldsymbol{i}=\boldsymbol{j},\boldsymbol{j}\times\boldsymbol{i}=-\boldsymbol{k},\boldsymbol{k}\times\boldsymbol{j}=-\boldsymbol{i},\boldsymbol{i}\times\boldsymbol{k}=-\boldsymbol{j},$$
$$\boldsymbol{i}\times\boldsymbol{i}=\boldsymbol{j}\times\boldsymbol{j}=\boldsymbol{k}\times\boldsymbol{k}=\boldsymbol{0}。$$

下面利用向量的直角坐标给出向量积的运算及两向量平行的充要条件。

若向量 $\boldsymbol{a}=\{a_x,a_y,a_z\}$，$\boldsymbol{b}=\{b_x,b_y,b_z\}$，则

$$\begin{aligned}\boldsymbol{a}\times\boldsymbol{b}&=(a_x\boldsymbol{i}+a_y\boldsymbol{j}+a_z\boldsymbol{k})\times(b_x\boldsymbol{i}+b_y\boldsymbol{j}+b_z\boldsymbol{k})\\&=a_xb_x\boldsymbol{i}\times\boldsymbol{i}+a_xb_y\boldsymbol{i}\times\boldsymbol{j}+a_xb_z\boldsymbol{i}\times\boldsymbol{k}+a_yb_x\boldsymbol{j}\times\boldsymbol{i}+a_yb_y\boldsymbol{j}\times\boldsymbol{j}\\&\quad+a_yb_z\boldsymbol{j}\times\boldsymbol{k}+a_zb_x\boldsymbol{k}\times\boldsymbol{i}+a_zb_y\boldsymbol{k}\times\boldsymbol{j}+a_zb_z\boldsymbol{k}\times\boldsymbol{k}\\&=(a_yb_z-a_zb_y)\boldsymbol{i}+(a_zb_x-a_xb_z)\boldsymbol{j}+(a_xb_y-a_yb_x)\boldsymbol{k}。\end{aligned}$$

为了便于记忆，借助线性代数中的二阶行列式及三阶行列式，将上式表示为

$$\boldsymbol{a}\times\boldsymbol{b}=\begin{vmatrix}a_y&a_z\\b_y&b_z\end{vmatrix}\boldsymbol{i}-\begin{vmatrix}a_x&a_z\\b_x&b_z\end{vmatrix}\boldsymbol{j}+\begin{vmatrix}a_x&a_y\\b_x&b_y\end{vmatrix}\boldsymbol{k}=\begin{vmatrix}\boldsymbol{i}&\boldsymbol{j}&\boldsymbol{k}\\a_x&a_y&a_z\\b_x&b_y&b_z\end{vmatrix}。$$

这表明，**两向量的向量积等于它们对应坐标分量之间的特殊乘积运算作成的分量向量**。

说明 设两非零向量 $\boldsymbol{a}=\{a_x,a_y,a_z\}$，$\boldsymbol{b}=\{b_x,b_y,b_z\}$，则

$$\boldsymbol{a}//\boldsymbol{b}\Leftrightarrow\boldsymbol{a}\times\boldsymbol{b}=\boldsymbol{0}\Leftrightarrow\frac{a_x}{b_x}=\frac{a_y}{b_y}=\frac{a_z}{b_z}。$$

例 3 设 $\boldsymbol{a}=\{2,1,-1\}$，$\boldsymbol{b}=\{1,-1,2\}$，计算 $\boldsymbol{a}\times\boldsymbol{b}$。

解 $$\boldsymbol{a}\times\boldsymbol{b}=\begin{vmatrix}\boldsymbol{i}&\boldsymbol{j}&\boldsymbol{k}\\2&1&-1\\1&-1&2\end{vmatrix}=\begin{vmatrix}1&-1\\-1&2\end{vmatrix}\boldsymbol{i}-\begin{vmatrix}2&-1\\1&2\end{vmatrix}\boldsymbol{j}+\begin{vmatrix}2&1\\1&-1\end{vmatrix}\boldsymbol{k}=\boldsymbol{i}-5\boldsymbol{j}-3\boldsymbol{k}。$$

例 4 已知$\triangle ABC$ 的顶点分别是 $A(1,2,3)$、$B(3,4,5)$、$C(2,4,7)$，求$\triangle ABC$ 的面积。

解 由题意知，$\overrightarrow{AB}=\{2,2,2\}$，$\overrightarrow{AC}=\{1,2,4\}$，则有

$$\overrightarrow{AB}\times\overrightarrow{AC}=\begin{vmatrix}\boldsymbol{i}&\boldsymbol{j}&\boldsymbol{k}\\2&2&2\\1&2&4\end{vmatrix}=4\boldsymbol{i}-6\boldsymbol{j}+2\boldsymbol{k},$$

$$|\overrightarrow{AB}\times\overrightarrow{AC}|=\sqrt{4^2+(-6)^2+2^2}=2\sqrt{14},$$

由向量积模的几何意义知，$\triangle ABC$ 的面积为

$$S_{\triangle ABC}=\frac{1}{2}|\overrightarrow{AB}\times\overrightarrow{AC}|=\sqrt{14}。$$

*三、向量的混合积

定义 6.3　给定空间三个向量 $\boldsymbol{a},\boldsymbol{b},\boldsymbol{c}$，如果先作前两个向量 $\boldsymbol{a}$ 与 $\boldsymbol{b}$ 的向量积 $\boldsymbol{a}\times\boldsymbol{b}$，再作所得的向量与第三个向量 $\boldsymbol{c}$ 的数量积 $(\boldsymbol{a}\times\boldsymbol{b})\cdot\boldsymbol{c}$，称所得的数量为向量 $\boldsymbol{a},\boldsymbol{b},\boldsymbol{c}$ 的**混合积**，记为 $[\boldsymbol{a}\ \boldsymbol{b}\ \boldsymbol{c}]$，即 $(\boldsymbol{a}\times\boldsymbol{b})\cdot\boldsymbol{c}=[\boldsymbol{a}\ \boldsymbol{b}\ \boldsymbol{c}]$。

设 $\boldsymbol{a}=\{a_x,a_y,a_z\},\boldsymbol{b}=\{b_x,b_y,b_z\},\boldsymbol{c}=\{c_x,c_y,c_z\}$，因为

$$\boldsymbol{a}\times\boldsymbol{b}=\begin{vmatrix}\boldsymbol{i} & \boldsymbol{j} & \boldsymbol{k}\\ a_x & a_y & a_z\\ b_x & b_y & b_z\end{vmatrix}=\begin{vmatrix}a_y & a_z\\ b_y & b_z\end{vmatrix}\boldsymbol{i}-\begin{vmatrix}a_x & a_z\\ b_x & b_z\end{vmatrix}\boldsymbol{j}+\begin{vmatrix}a_x & a_y\\ b_x & b_y\end{vmatrix}\boldsymbol{k},$$

再按两向量的数量积的坐标表达式，便得

$$[\boldsymbol{abc}]=(\boldsymbol{a}\times\boldsymbol{b})\cdot\boldsymbol{c}=\begin{vmatrix}a_y & a_z\\ b_y & b_z\end{vmatrix}c_x-\begin{vmatrix}a_x & a_z\\ b_x & b_z\end{vmatrix}c_y+\begin{vmatrix}a_x & a_y\\ b_x & b_y\end{vmatrix}c_z=\begin{vmatrix}a_x & a_y & a_z\\ b_x & b_y & b_z\\ c_x & c_y & c_z\end{vmatrix}。$$

同理可得

$$[\boldsymbol{bca}]=(\boldsymbol{b}\times\boldsymbol{c})\cdot\boldsymbol{a}=\begin{vmatrix}b_x & b_y & b_z\\ c_x & c_y & c_z\\ a_x & a_y & a_z\end{vmatrix},$$

$$[\boldsymbol{cab}]=(\boldsymbol{c}\times\boldsymbol{a})\cdot\boldsymbol{b}=\begin{vmatrix}c_x & c_y & c_z\\ a_x & a_y & a_z\\ b_x & b_y & b_z\end{vmatrix},$$

由行列式的计算知，混合积具有轮换性，即 $[\boldsymbol{abc}]=[\boldsymbol{bca}]=[\boldsymbol{cab}]$。

说明　(1)向量 $\boldsymbol{a},\boldsymbol{b},\boldsymbol{c}$ 的混合积是一个数量。

(2)向量 $\boldsymbol{a},\boldsymbol{b},\boldsymbol{c}$ 的混合积 $[\boldsymbol{a}\ \boldsymbol{b}\ \boldsymbol{c}]$ 如图 6.25 所示。令 $\boldsymbol{f}=\boldsymbol{a}\times\boldsymbol{b}$，$|\boldsymbol{f}|=|\boldsymbol{a}\times\boldsymbol{b}|$ 是以 $\boldsymbol{a},\boldsymbol{b}$ 为邻边的平行四边形的面积，$|\boldsymbol{c}|\cos\langle\boldsymbol{f},\boldsymbol{c}\rangle$ 是向量 $\boldsymbol{c}$ 在向量 $\boldsymbol{f}$ 上的投影，其绝对值恰好是该六面体的高，由混合积的定义 $(\boldsymbol{a}\times\boldsymbol{b})\cdot\boldsymbol{c}=\boldsymbol{f}\cdot\boldsymbol{c}=|\boldsymbol{f}||\boldsymbol{c}|\cos\langle\boldsymbol{f},\boldsymbol{c}\rangle$，则其绝对值 $|(\boldsymbol{a}\times\boldsymbol{b})\cdot\boldsymbol{c}|$ 在几何上可表示以 $\boldsymbol{a},\boldsymbol{b},\boldsymbol{c}$ 为棱的平行六面体的体积。

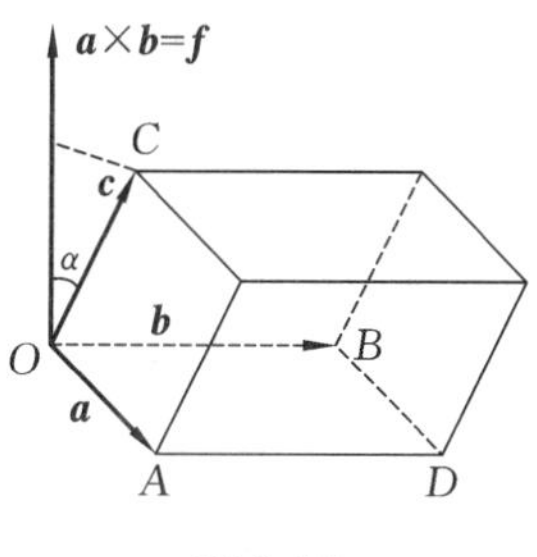

图 6.25

(3)若 $\boldsymbol{a},\boldsymbol{b},\boldsymbol{c}$ 组成右手系(即 $\boldsymbol{c}$ 的指向按右手法则从 $\boldsymbol{a}$ 转向 $\boldsymbol{b}$ 来确定)，则 $[\boldsymbol{a}\ \boldsymbol{b}\ \boldsymbol{c}]$ 的值为正；若 $\boldsymbol{a},\boldsymbol{b},\boldsymbol{c}$ 组成左手系(即 $\boldsymbol{c}$ 的指向按左手法则从 $\boldsymbol{a}$ 转向 $\boldsymbol{b}$ 来确定)，则 $[\boldsymbol{a}\ \boldsymbol{b}\ \boldsymbol{c}]$ 的值为负。

(4)若 $[\boldsymbol{a}\ \boldsymbol{b}\ \boldsymbol{c}]\neq0$，则能以 $\boldsymbol{a},\boldsymbol{b},\boldsymbol{c}$ 三向量为棱构成平行六面体，从而 $\boldsymbol{a},\boldsymbol{b},\boldsymbol{c}$ 三向量不共面；反之，若 $\boldsymbol{a},\boldsymbol{b},\boldsymbol{c}$ 三向量不共面，则必能以 $\boldsymbol{a},\boldsymbol{b},\boldsymbol{c}$ 三向量为棱构成平行六面体，

则$[\boldsymbol{a}\ \boldsymbol{b}\ \boldsymbol{c}]\neq 0$。

即

$$\boldsymbol{a},\boldsymbol{b},\boldsymbol{c}\text{ 共面}\Leftrightarrow[\boldsymbol{a}\ \boldsymbol{b}\ \boldsymbol{c}]=0\Leftrightarrow\begin{vmatrix} a_x & a_y & a_z \\ b_x & b_y & b_z \\ c_x & c_y & c_z \end{vmatrix}=0。$$

例 5 四面体的顶点为$A(x_1,y_1,z_1)$,$B(x_2,y_2,z_2)$,$C(x_3,y_3,z_3)$,$D(x_4,y_4,z_4)$,求四面体$ABCD$的体积。

解 由立体几何知识可得,四面体的体积V等于以向量$\overrightarrow{AB}$、$\overrightarrow{AC}$和$\overrightarrow{AD}$为棱的平行六面体的体积的$\frac{1}{6}$,

又因为

$$\overrightarrow{AB}=(x_2-x_1,y_2-y_1,z_2-z_1),$$
$$\overrightarrow{AC}=(x_3-x_1,y_3-y_1,z_3-z_1),$$
$$\overrightarrow{AD}=(x_4-x_1,y_4-y_1,z_4-z_1),$$

所以

$$V=\frac{1}{6}\left|[\overrightarrow{AB}\ \overrightarrow{AC}\ \overrightarrow{AD}]\right|=\frac{1}{6}\left\|\begin{matrix} x_2-x_1 & y_2-y_1 & z_2-z_1 \\ x_3-x_1 & y_3-y_1 & z_3-z_1 \\ x_4-x_1 & y_4-y_1 & z_4-z_1 \end{matrix}\right\|。$$

习题 6.2(A)

1. 已知$\boldsymbol{a}=2\boldsymbol{i}-\boldsymbol{j}-2\boldsymbol{k}$,$\boldsymbol{b}=\boldsymbol{i}+\boldsymbol{j}-4\boldsymbol{k}$,求:

(1)$\boldsymbol{a}\cdot\boldsymbol{b}$; (2)$\langle\boldsymbol{a},\boldsymbol{b}\rangle$; (3)$\mathrm{Prj}_{\boldsymbol{a}}\boldsymbol{b}$; (4)$\boldsymbol{a}\times\boldsymbol{b}$。

2. 设$\boldsymbol{a}=\{3,2,1\}$,$\boldsymbol{b}=\left\{2,\frac{4}{3},k\right\}$。(1)若$\boldsymbol{a}\perp\boldsymbol{b}$,求$k$的值;(2)若$\boldsymbol{a}/\!/\boldsymbol{b}$,求$k$的值。

3. 已知$\overrightarrow{OA}=\boldsymbol{i}+3\boldsymbol{k}$,$\overrightarrow{OB}=\boldsymbol{j}+3\boldsymbol{k}$,求$\triangle OAB$的面积。

4. 已知点$M_1(1,-1,2)$,$M_2(3,3,1)$及$M_3(3,1,3)$,求同时垂直于$\overrightarrow{M_1M_2}$与$\overrightarrow{M_2M_3}$的单位向量。

5. 四面体的顶点为$A(0,0,0)$,$B(3,4,1)$,$C(2,3,5)$,$D(6,0,-3)$,求四面体$ABCD$的体积。

6. 求证:向量$\boldsymbol{a}=\{-1,3,2\}$,$\boldsymbol{b}=\{2,-3,-4\}$及$\boldsymbol{c}=\{-3,12,6\}$在同一平面上。

7. 力$\vec{F}=\{3,1,2\}$作用在物体上的一点$A(1,-1,2)$,求力$\vec{F}$对坐标原点O的力矩。

习题 6.2(B)

1. 已知$|\boldsymbol{a}|=2$,$|\boldsymbol{b}|=3$,$\langle\boldsymbol{a},\boldsymbol{b}\rangle=\frac{2}{3}\pi$,求(1)$\boldsymbol{a}\cdot\boldsymbol{b}$; (2)$(\boldsymbol{a}-2\boldsymbol{b})\cdot(\boldsymbol{a}+\boldsymbol{b})$;

(3)$(\boldsymbol{a}-2\boldsymbol{b})\cdot(\boldsymbol{a}+\boldsymbol{b})$。

2. 已知$\boldsymbol{a}=\{2,-3,1\}$,$\boldsymbol{b}=\{1,-1,3\}$及$\boldsymbol{c}=\{1,-2,0\}$,计算:

(1)$(\boldsymbol{a}\cdot\boldsymbol{b})\boldsymbol{c}-(\boldsymbol{a}\cdot\boldsymbol{c})\boldsymbol{b}$; (2)$(\boldsymbol{a}+\boldsymbol{b})\times(\boldsymbol{b}+\boldsymbol{c})$; (3)$(\boldsymbol{a}\times\boldsymbol{b})\cdot\boldsymbol{c}$。

3. 求$[(\boldsymbol{j}+\boldsymbol{k})\ (\boldsymbol{k}+\boldsymbol{i})(\boldsymbol{i}+\boldsymbol{j})]$。

4. 若向量$\boldsymbol{a},\boldsymbol{b},\boldsymbol{c}$,其中$\boldsymbol{c}$同时垂直于$\boldsymbol{a}$和$\boldsymbol{b}$,$\langle\boldsymbol{a},\boldsymbol{b}\rangle=\frac{\pi}{6}$,且$|\boldsymbol{a}|=6$,$|\boldsymbol{b}|=|\boldsymbol{c}|=3$,求$[\boldsymbol{a}\ \boldsymbol{b}\ \boldsymbol{c}]$。

5. 以 $\boldsymbol{a}=\{2,1,-1\}$ 和 $\boldsymbol{b}=\{1,-2,1\}$ 为邻边作平行四边形，求其两对角线夹角的正弦值。

6. 设 $\boldsymbol{a},\boldsymbol{b},\boldsymbol{c}$ 为单位向量，且满足 $\boldsymbol{a}+\boldsymbol{b}+\boldsymbol{c}=\boldsymbol{0}$，求 $\boldsymbol{a}\cdot\boldsymbol{b}+\boldsymbol{b}\cdot\boldsymbol{c}+\boldsymbol{a}\cdot\boldsymbol{c}$。

7. 设非零向量 $\boldsymbol{a},\boldsymbol{b}$ 满足 $(\boldsymbol{a}+3\boldsymbol{b})\perp(7\boldsymbol{a}-5\boldsymbol{b})$ 且 $(\boldsymbol{a}-4\boldsymbol{b})\perp(7\boldsymbol{a}-2\boldsymbol{b})$，求 $\boldsymbol{a}$ 与 $\boldsymbol{b}$ 的夹角。

8. (1995 年)设 $(\boldsymbol{a}\times\boldsymbol{b})\cdot\boldsymbol{c}=2$，则 $[(\boldsymbol{a}+\boldsymbol{b})\times(\boldsymbol{b}+\boldsymbol{c})]\cdot(\boldsymbol{c}+\boldsymbol{a})=$______。

9. 已知 $|\boldsymbol{a}|=2$，$|\boldsymbol{b}|=3$，则 $(\boldsymbol{a}\times\boldsymbol{b})\cdot(\boldsymbol{a}\times\boldsymbol{b})+(\boldsymbol{a}\cdot\boldsymbol{b})(\boldsymbol{a}\cdot\boldsymbol{b})=$______。

10. 已知 $|\boldsymbol{a}|=2$，$|\boldsymbol{b}|=\sqrt{2}$，且 $\boldsymbol{a}\cdot\boldsymbol{b}=2$，则 $|\boldsymbol{a}\times\boldsymbol{b}|=$(　　)。

(A) 2　　(B) $2\sqrt{2}$　　(C) $\dfrac{\sqrt{2}}{2}$　　(D) 1

11. 设 $\boldsymbol{a},\boldsymbol{b}$ 为任意向量，求证：$|\boldsymbol{a}\times\boldsymbol{b}|^2+|\boldsymbol{a}\cdot\boldsymbol{b}|^2=|\boldsymbol{a}|^2|\boldsymbol{b}|^2$。

12. 设 $\boldsymbol{a},\boldsymbol{b}$ 为任意向量，求证：$|\boldsymbol{a}+\boldsymbol{b}|^2+|\boldsymbol{a}-\boldsymbol{b}|^2=2(|\boldsymbol{a}|^2+|\boldsymbol{b}|^2)$，并说明该等式的几何意义。

第三节　空间平面及其方程

空间平面和直线是人们经常接触与应用的几何图形，在本节和下一节中，我们将以向量为工具，建立空间平面及直线的方程，并解决有关位置关系方面的一些问题。

一、空间平面方程

在平面直角坐标系下，任何直线都对应着一个二元一次方程；反之，任何一个二元一次方程的图像都是平面内的一条直线。

类似地，在空间直角坐标系下，任何一个平面对应着一个三元一次方程；反之，任何一个三元一次方程的图像都是空间内的一个平面。下面，用向量工具研究空间平面及其方程。

1. 平面的点法式方程

垂直于平面的任何非零向量称为该平面的**法向量**。易知，法向量不唯一，且平面内任一向量都与其法向量垂直。

已知平面 π 经过一定点 $M_0(x_0,y_0,z_0)$ 且有法向量 $\boldsymbol{n}=\{A,B,C\}$，其中 A,B,C 不全为零。

下面讨论平面 π 的方程，即刻画平面上任意一点所满足的关系式。

如图 6.26 所示，在平面 π 上任取一点 $M(x,y,z)$，作向量 $\overrightarrow{M_0M}$，由法向量的定义得 $\boldsymbol{n}\perp\overrightarrow{M_0M}$，于是，有 $\boldsymbol{n}\cdot\overrightarrow{M_0M}=0$，而 $\boldsymbol{n}=\{A,B,C\}$，$\overrightarrow{M_0M}=\{x-x_0,y-y_0,z-z_0\}$，则有

$$A(x-x_0)+B(y-y_0)+C(z-z_0)=0。\tag{6.2}$$

方程(6.2)对于平面 π 上任一点都成立，对于不在平面上的点就不成立，所以方程(6.2)唯一确定了平面 π。

我们称方程 $A(x-x_0)+B(y-y_0)+C(z-z_0)=0$ 为过定点 $M_0(x_0,y_0,z_0)$，法向量为 $\boldsymbol{n}=\{A,B,C\}$ 的平面 π 的**点法式方程**。

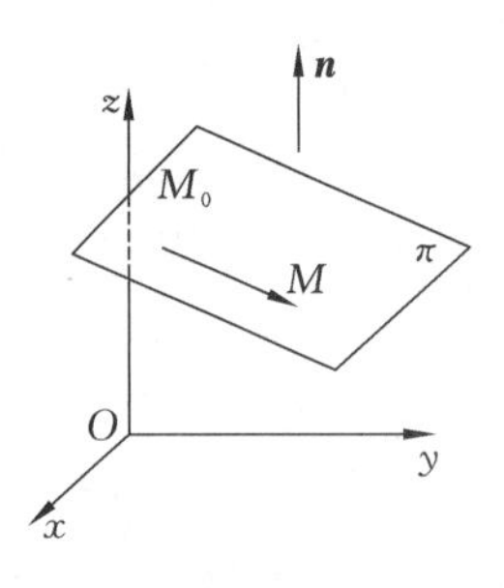

图 6.26

说明 (1)点法式方程(6.2)中的 A,B,C,x_0,y_0,z_0 均为已知数,且 A,B,C 不全为零。

(2)平面的法向量不唯一。若 $\boldsymbol{n}$ 为平面的法向量,则任一与 $\boldsymbol{n}$ 平行的非零向量 $\lambda\boldsymbol{n}(\lambda\neq0)$均为平面的法向量。

例 1 求过点(2,−3,0)且以 $\boldsymbol{n}=(1,-2,3)$为法向量的平面的方程。

解 由平面的点法式方程,得所求平面的方程为

$$1(x-2)+(-2)(y+3)+3(z-0)=0,$$

即

$$x-2y+3z-8=0。$$

2. 平面的一般方程

点法式方程(6.2)可化为 $Ax+By+Cz+(-Ax_0-By_0-Cz_0)=0$,令 $D=-Ax_0-By_0-Cz_0$,得

$$Ax+By+Cz+D=0, \tag{6.3}$$

其中 A,B,C 是不全为零的常数。方程(6.3)称为平面的一般方程。

说明 (1)空间平面和关于 x,y,z 的三元一次方程(6.3)一一对应。

(2)方程(6.3)中 x,y,z 的系数即为法向量 $\boldsymbol{n}$ 的坐标,即 $\boldsymbol{n}=\{A,B,C\}$。

例如,方程 $3x-4y+z-9=0$ 表示一个平面,$\boldsymbol{n}=\{3,-4,1\}$是该平面的一个法向量。

下面给出一些特殊的三元一次方程所表示的平面。

(1)当 $D=0$ 时,平面 $Ax+By+Cz=0$ 过原点。

(2)当 $A=0$ 时,平面 $By+Cz+D=0$ 的法向量 $\boldsymbol{n}=(0,B,C)\perp x$ 轴,该平面平行于 x 轴。特别地,若又有 $D=0$,平面 $By+Cz=0$ 表示过 x 轴的平面。

同理,平面 $Ax+Cz+D=0$ 平行于 y 轴,平面 $Ax+By+D=0$ 平行于 z 轴。

(3)当 $A=B=0$ 时,平面 $Cz+D=0$,即 $z=-\dfrac{D}{C}$,此平面既平行于 x 轴,又平行于 y 轴,即平面平行于 xOy 平面。

同理,平面 $By+D=0$ 平行于 zOx 平面。平面 $Ax+D=0$ 平行于 yOz 平面。

(4)当 $A=B=D=0$,平面 $z=0$ 即为 xOy 坐标面。

同理,平面 $x=0$ 即为 yOz 坐标面;平面 $y=0$ 即为 zOx 坐标面。

例 2 指出下列平面的位置特点,并作出草图。

(1)$2x-y+z=0$; (2)$x+z=1$; (3)$2x-y=0$ (4)$z-2=0$。

解 (1)方程 $D=0$,平面过坐标原点,如图 6.27(a)所示;

(2)方程 $B=0$，平面平行于 y 轴，如图 6.27(b)所示；

(3)方程 $C=D=0$，平面过 Z 轴，如图 6.27(c)所示；

(4)方程 $A=B=0$，平面平行于 xOy 面，如图 6.27(d)所示。

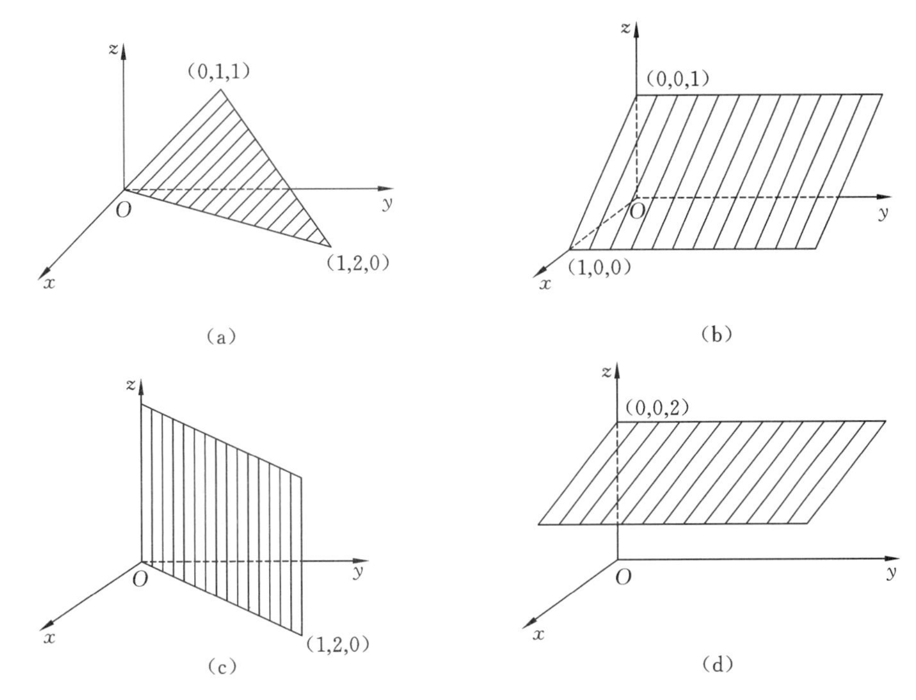

图 6.27

例 3　求通过 z 轴和点 $M(2,-1,2)$ 的平面方程。

解　设通过 z 轴的平面方程为 $Ax+By=0$，点 $M(2,-1,2)$ 在该平面上，则有 $A\cdot 2+B\cdot(-1)=0$，得 $2A=B$，不妨取 $A=1,B=2$，则平面方程为 $x+2y=0$。

例 4　求过三点 $A(2,-1,4)$，$B(-1,3,-2)$ 和 $C(0,2,3)$ 的平面方程。

解　方法 1：由于过三个已知点的平面的法向量 $\boldsymbol{n}$ 与向量 $\overrightarrow{AB}$，$\overrightarrow{AC}$ 都垂直，而 $\overrightarrow{AB}=\{-3,4,-6\}$，$\overrightarrow{AC}=\{-2,3,-1\}$，所以，可取

$$\boldsymbol{n}=\overrightarrow{AB}\times\overrightarrow{AC}=\begin{vmatrix}\boldsymbol{i} & \boldsymbol{j} & \boldsymbol{k}\\ -3 & 4 & -6\\ -2 & 3 & -1\end{vmatrix}=\{14,9,-1\},$$

由平面的点法式方程，得所求平面的方程为 $14(x-2)+9(y+1)-(z-4)=0$，化简为

$$14x+9y-z-15=0。$$

方法 2：设所求平面 π 上任意一点 $M(x,y,z)$，则三个向量 $\overrightarrow{AM}$，$\overrightarrow{AB}$，$\overrightarrow{AC}$ 共面，由共面的向量混合积等于零，可得

$$[\overrightarrow{AM}\ \overrightarrow{AB}\ \overrightarrow{AC}]=\begin{vmatrix}x-2 & y+1 & z-4\\ -3 & 4 & -6\\ -2 & 3 & -1\end{vmatrix}=0,$$

化简为

$$14x+9y-z-15=0。$$

说明 过不共线的三点 $M_1(x_1,y_1,z_1)$、$M_2(x_2,y_2,z_2)$、$M_3(x_3,y_3,z_3)$ 的平面方程为

$$\begin{vmatrix} x-x_1 & y-y_1 & z-z_1 \\ x_2-x_1 & y_2-y_1 & z_2-z_1 \\ x_3-x_1 & y_3-y_1 & z_3-z_1 \end{vmatrix}=0,$$

上式称为平面的**三点式方程**。

3. 平面的截距式方程

若平面过三点 $(a,0,0)$,$(0,b,0)$,$(0,0,c)$,其中 a,b,c 都不为零,如图 6.28 所示。根据平面方程的三点式方程得

$$\begin{vmatrix} x-a & y & z \\ -a & b & 0 \\ -a & 0 & c \end{vmatrix}=bcx+acy+abz-abc=0,$$

化简整理得

$$\frac{x}{a}+\frac{y}{b}+\frac{z}{c}=1。$$

上式称为平面的**截距式方程**,其中 a,b,c 分别称为平面在 x 轴,y 轴,z 轴上的**截距**。

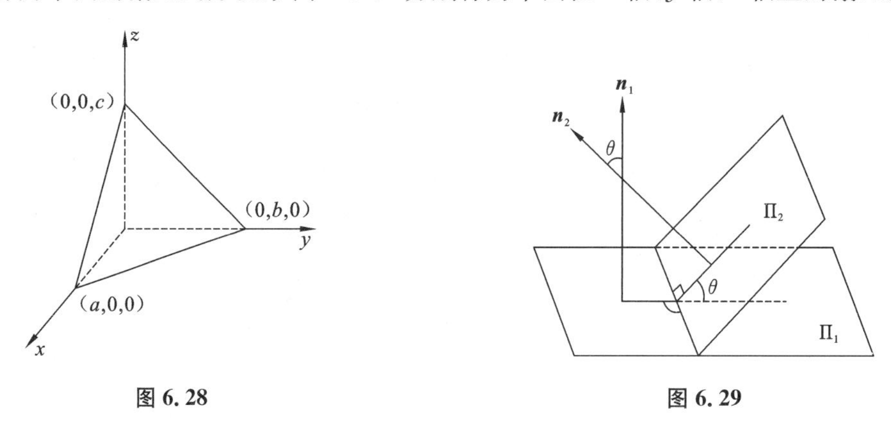

图 6.28

图 6.29

二、两平面的位置关系

两平面间的两个相邻二面角中的一个角称为空间两平面的夹角。

说明 (1)如果两平面平行,夹角可以看成是零。

(2)两个二面角中的一个角等于两平面的法向量的夹角,如图 6.29 所示。

定义 6.4 两平面法向量的夹角 θ(通常指锐角或直角)称为**两平面的夹角**。

设有两平面的方程分别为

$\Pi_1: A_1x+B_1y+C_1z+D_1=0, A_1,B_1,C_1$ 不同时为零;

$\Pi_2: A_2x+B_2y+C_2z+D_2=0, A_2,B_2,C_2$ 不同时为零;

两平面的法向量分别为 $\boldsymbol{n}_1=\{A_1,B_1,C_1\}$ 和 $\boldsymbol{n}_2=\{A_2,B_2,C_2\}$,则平面 Π_1 和 Π_2 的夹角 θ 的余弦为

$$\cos\theta=|\cos\langle\boldsymbol{n}_1,\boldsymbol{n}_2\rangle|=\frac{|\boldsymbol{n}_1\cdot\boldsymbol{n}_2|}{|\boldsymbol{n}_1||\boldsymbol{n}_2|}=\frac{|A_1A_2+B_1B_2+C_1C_2|}{\sqrt{A_1^2+B_1^2+C_1^2}\cdot\sqrt{A_2^2+B_2^2+C_2^2}},$$

上式即为**两平面夹角的公式**。

例 5　求两平面 $x-y+2z-6=0$ 和 $2x+y+z-5=0$ 的夹角。

解　$\boldsymbol{n}_1=\{1,-1,2\}$，$\boldsymbol{n}_2=\{2,1,1\}$，$\cos\theta=\dfrac{|1\times 2+(-1)\times 1+2\times 1|}{\sqrt{1^2+(-1)^2+2^2}\cdot\sqrt{2^2+1^2+1^2}}=\dfrac{1}{2}$，

因此两平面之间的夹角为 $\theta=\dfrac{\pi}{3}$。

说明　当两个平面的法向量互相垂直或者互相平行时，这两个平面就互相垂直或者互相平行。由两向量垂直或平行的充要条件，可得如下结论：

(1)平面 $\Pi_1\perp\Pi_2\Leftrightarrow\boldsymbol{n}_1\cdot\boldsymbol{n}_2=0\Leftrightarrow A_1A_2+B_1B_2+C_1C_2=0$；

(2)平面 $\Pi_1/\!/\Pi_2\Leftrightarrow\boldsymbol{n}_1/\!/\boldsymbol{n}_2\Leftrightarrow\dfrac{A_1}{A_2}=\dfrac{B_1}{B_2}=\dfrac{C_1}{C_2}\neq\dfrac{D_1}{D_2}$。

特别地，当 $\dfrac{A_1}{A_2}=\dfrac{B_1}{B_2}=\dfrac{C_1}{C_2}=\dfrac{D_1}{D_2}$ 时，Π_1 与 Π_2 重合。

例 6　判断下列各组平面的位置关系。

(1)$\Pi_1:2x-3y+z-4=0$ 和 $\Pi_2:5x+6y+8z-1=0$；

(1)$\Pi_1:2x-y+z-1=0$ 和 $\Pi_2:-4x+2y-2z-1=0$。

解　(1)$\boldsymbol{n}_1=\{2,-3,1\}$，$\boldsymbol{n}_2=\{5,6,8\}$，得 $\boldsymbol{n}_1\cdot\boldsymbol{n}_2=0$，因此 $\Pi_1\perp\Pi_2$。

(2)$\boldsymbol{n}_1=\{2,-1,1\}$，$\boldsymbol{n}_2=\{-4,2,-2\}$，得 $\dfrac{2}{-4}=\dfrac{-1}{2}=\dfrac{1}{-2}\neq\dfrac{-1}{-1}$，因此 $\Pi_1/\!/\Pi_2$。

三、点到平面的距离

设 $P_0(x_0,y_0,z_0)$ 是平面 $\Pi:Ax+By+Cz+D=0$ 外一点，为求点 P_0 到平面 Π 的距离，在平面 Π 上任取一点 P_1，如图 6.30 所示，则点 P_0 到平面 Π 的距离为

$$d=|\mathrm{Prj}_n\overrightarrow{P_1P_0}|=\frac{|\overrightarrow{P_1P_0}\cdot\boldsymbol{n}|}{|\boldsymbol{n}|}=\left|\frac{A(x_0-x_1)+B(y_0-y_1)+C(z_0-z_1)}{\sqrt{A^2+B^2+C^2}}\right|$$

$$=\frac{|Ax_0+By_0+Cz_0+D|}{\sqrt{A^2+B^2+C^2}}。$$

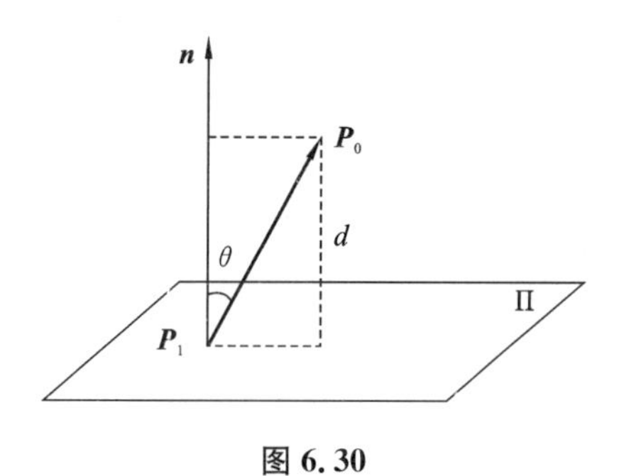

图 6.30

例 7　求点 $P(1,0,5)$ 到平面 $2x-y+z=3$ 的距离。

解　由点到平面的距离公式得

$$d=\frac{|2\times 1-1\times 0+1\times 5-3|}{\sqrt{2^2+(-1)^2+1^2}}=\frac{4}{\sqrt{6}}=\frac{2}{3}\sqrt{6}。$$

习题 6.3(A)

1. (1)平面 Π:$5x+y-3z-15=0$ 在 x 轴,y 轴,z 轴上的截距 $a=$____,$b=$____,$c=$____,平面 Π 的法向量 $\boldsymbol{n}=$________。

(2)平面 Π:$x-y+z-1=0$ 在 x 轴,y 轴,z 轴上的截距 $a=$____,$b=$____,$c=$____,平面 Π 的法向量 $\boldsymbol{n}=$________。

(3)平面 Π:$x+y+z-3=0$ 在 x 轴,y 轴,z 轴上的截距 $a=$____,$b=$____,$c=$____,平面 Π 的法向量 $\boldsymbol{n}=$________。

2. 求过点$(1,-1,0)$且以 $\boldsymbol{n}=(9,0,9)$为法向量的平面方程。

3. 求过 y 轴和点 $M(-3,1,-2)$的平面方程。

4. 求过三点 $A(1,-1,0)$、$B(2,3,-1)$、$C(-1,0,2)$的平面方程。

5. 求两平面 $2x+3y+4z+7=0$ 和 $3x+6y-6z+1=0$ 的夹角。

6. 判断平面 Π_1:$4x+6y+8z+11=0$ 和平面 Π_2:$2x+3y+4z+7=0$ 的位置关系。

7. (2006 年)点$(2,1,0)$到平面 $3x+4y+5z=0$ 的距离 $d=$________。

习题 6.3(B)

1. 求过点$(1,-2,3)$且与平面 $7x-3y+z-6=0$ 平行的平面方程。

2. 求平行于 x 轴且过点$(4,0,-2)$和$(5,1,7)$的平面方程。

3. 求经过点 $P(1,1,1)$且垂直于平面 Π_1:$x+2z=0$ 和 Π_2:$x+y+z=0$ 的平面方程。

4. 求通过点 $M_1(1,1,1)$和 $M_2(0,1,-1)$且垂直于平面 Π_0:$x+y+z=0$ 的平面方程。

5. 求平面 $2x-2y+z+5=0$ 与各坐标面的夹角的余弦。

6. (1996 年)设一平面经过原点及点 $P(6,-3,2)$,且与平面 Π_0:$4x-y+2z=8$ 垂直,则此平面方程为____________。

第四节　空间直线及其方程

一、空间直线方程

1. 空间直线的点向式方程

定义 6.5　若非零向量 $\boldsymbol{s}$ 与直线 L 平行,则称向量 $\boldsymbol{s}$ 是直线 L 的**方向向量**。任一方向向量的坐标称为该直线的一组**方向数**。向量 $\boldsymbol{s}$ 的方向余弦称为该直线的**方向余弦**。

说明　直线上任一向量都平行于该直线的方向向量。

设过点 $M_0(x_0,y_0,z_0)$的直线 L 的一方向向量为 $\boldsymbol{s}=\{m,n,p\}$,下面求直线 L 的方程。

在直线 L 上的任一点 $M(x,y,z)$,有$\overrightarrow{M_0M}=\{x-x_0,y-y_0,z-z_0\}$,如图 6.31 所示,$\overrightarrow{M_0M}//\boldsymbol{s}$,即

$$\frac{x-x_0}{m}=\frac{y-y_0}{n}=\frac{z-z_0}{p}。\tag{6.4}$$

方程(6.4)称为直线 L 的**点向式方程**(或**对称式方程**)。

说明　(1)当 m,n,p 中仅有一个为零时,不妨设 $m=0$ 且 $n,p\neq0$ 时,该方程应理解为

$$\begin{cases}x=x_0,\\ \dfrac{y-y_0}{n}=\dfrac{z-z_0}{p};\end{cases}$$

(2)当 m,n,p 中仅有两个为零,不妨设 $m=n=0$ 且 $p\neq0$ 时,该方程应理解为

$$\begin{cases}x-x_0=0,\\ y-y_0=0。\end{cases}$$

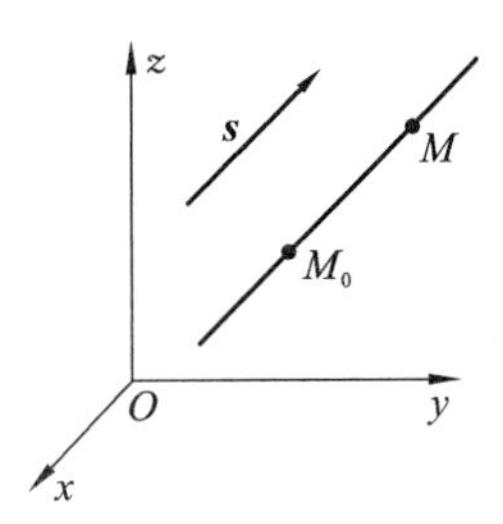

图 6.31

例 1　求过点 $M_0(4,-1,3)$且平行于直线$\frac{x-3}{2}=\frac{y}{1}=\frac{z-1}{5}$的直线方程。

解　所求直线的方向向量 $\boldsymbol{s}=\{2,1,5\}$,又过点 $M_0(4,-1,3)$,由直线的点向式方程得所求直线方程为$\frac{x-4}{2}=\frac{y+1}{1}=\frac{z-3}{5}$。

例 2　求经过两点 $M_1(x_1,y_1,z_1)$和 $M_2(x_2,y_2,z_2)$的直线方程。

解　取$\overrightarrow{M_1M_2}$为该直线的方向向量,则 $\boldsymbol{s}=\overrightarrow{M_1M_2}=(x_2-x_1,y_2-y_1,z_2-z_1)$,由直线的点向式方程,有

$$\frac{x-x_1}{x_2-x_1}=\frac{y-y_1}{y_2-y_1}=\frac{z-z_1}{z_2-z_1}。$$

说明　上式方程称为空间直线的**两点式方程**。

2. 空间直线的参数方程

由直线的点向式方程可推导出直线的参数方程。

令$\frac{x-x_0}{m}=\frac{y-y_0}{n}=\frac{z-z_0}{p}=t$,得

$$\begin{cases}x=x_0+mt,\\ y=y_0+nt,\\ z=z_0+pt。\end{cases}\tag{6.5}$$

方程组(6.5)称为空间直线的参数方程。

3. 空间直线的一般方程

如图 6.32 所示,空间直线 L 可看作是两个不平行平面 $\Pi_1: A_1x+B_1y+C_1z+D_1=0$ 和 $\Pi_2: A_2x+B_2y+C_2z+D_2=0$ 的交线,则方程组

$$\begin{cases} A_1x+B_1y+C_1z+D_1=0, \\ A_2x+B_2y+C_2z+D_2=0 \end{cases} \tag{6.6}$$

表示空间直线 L 的方程,称方程组(6.6)为直线 L 的**一般式方程(或面交式方程)**。

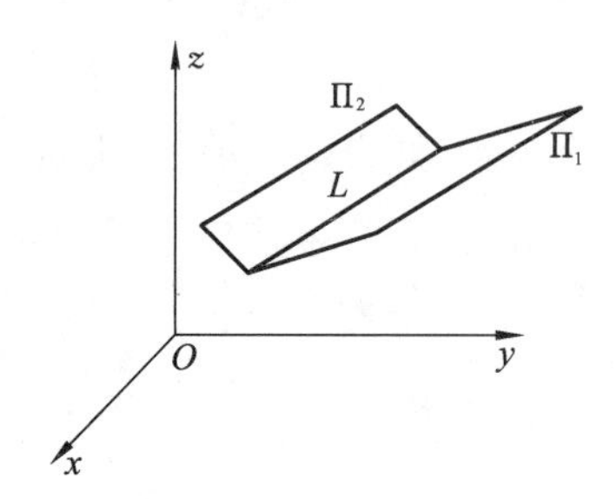

图 6.32

说明 通过空间一条直线 L 的平面有无限多个,只要在这无限多个平面中任意选取两个平面方程联立,所得方程组即为空间直线 L,因此直线的一般式方程不唯一。

例 3 将直线的一般式方程 $\begin{cases} x+y+z=-1, \\ 2x-y+3z=4 \end{cases}$ 化为点向式方程和参数方程。

解 先求直线上的一点 M_0,不妨设 $x=1$,代入方程组中得

$$\begin{cases} y+z=-2, \\ -y+3z=2, \end{cases}$$

解之得 $y=-2, z=0$,即 $M_0(1,-2,0)$为直线上的一点。

再求直线的一个方向向量 $\boldsymbol{s}$。由于直线同时垂直于两个平面的法向量 $\boldsymbol{n}_1, \boldsymbol{n}_2$,其中 $\boldsymbol{n}_1=\{1,1,1\}, \boldsymbol{n}_2=\{2,-1,3\}$,因此可用 $\boldsymbol{n}_1 \times \boldsymbol{n}_2$ 作为直线的一个方向向量 $\boldsymbol{s}$。

$$\boldsymbol{s}=\boldsymbol{n}_1 \times \boldsymbol{n}_2=\begin{vmatrix} \boldsymbol{i} & \boldsymbol{j} & \boldsymbol{k} \\ 1 & 1 & 1 \\ 2 & -1 & 3 \end{vmatrix}=4\boldsymbol{i}-\boldsymbol{j}-3\boldsymbol{k},$$

则该直线的点向式方程为 $$\frac{x-1}{4}=\frac{y+2}{-1}=\frac{z}{-3}。$$

令 $\frac{x-1}{4}=\frac{y+2}{-1}=\frac{z}{-3}=t$,得其参数方程为

$$\begin{cases} x=1+4t, \\ y=-2-t, \\ z=-3t。 \end{cases}$$

二、空间直线的平面束

定义 6.6 通过定直线的所有平面的全体称为**平面束**。

设有两个平面 Π_1：$A_1x+B_1y+C_1z+D=0$，Π_2：$A_2x+B_2y+C_2z+D=0$（其中系数 A_1,B_1,C_1 与 A_2,B_2,C_2 不成比例）相交于直线 L，则

$$(A_1x+B_1y+C_1z+D_1)+\lambda(A_2x+B_2y+C_2z+D_2)=0, \tag{6.7}$$

其中 λ 为任意常数，我们称方程(6.7)为通过直线 L 的平面束方程。如图 6.33 所示。

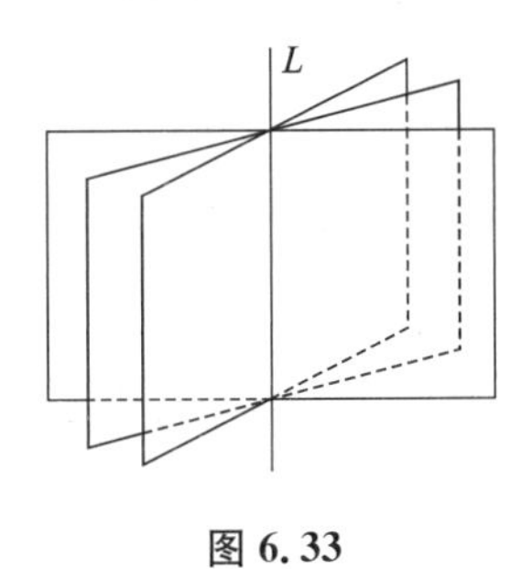

图 6.33

例 4　求经过直线 $\begin{cases}2x-y+z=2,\\x-2y-3z=1\end{cases}$ 和点 $P(1,-2,2)$ 的平面方程。

解　设平面方程为 $(2x-y+z-2)+\lambda(x-2y-3z-1)=0$，其中 λ 为待定常数，又 $P(1,-2,2)$ 在平面上，得 $\lambda=2$，即得所求平面方程为

$$(2x-y+z-2)+2(x-2y-3z-1)=0,$$

整理得

$$4x-5y-5z-4=0。$$

三、空间两直线的夹角

定义 6.7　两空间直线方向向量的夹角（通常指锐角或直角）称为**两直线的夹角**。

说明　若两条直线平行，夹角看作是零。

设直线 L_1 和 L_2 的方程分别为

$$L_1:\frac{x-x_1}{m_1}=\frac{y-y_1}{n_1}=\frac{z-z_1}{p_1},$$

$$L_2:\frac{x-x_2}{m_2}=\frac{y-y_2}{n_2}=\frac{z-z_2}{p_2},$$

它们的方向向量分别为 $\boldsymbol{s}_1=\{m_1,n_1,p_1\}$ 和 $\boldsymbol{s}_2=\{m_2,n_2,p_2\}$，设 L_1 和 L_2 的夹角为 φ，则有

$$\cos\varphi=|\cos\langle\boldsymbol{s}_1,\boldsymbol{s}_2\rangle|=\frac{|\boldsymbol{s}_1\cdot\boldsymbol{s}_2|}{|\boldsymbol{s}_1||\boldsymbol{s}_2|}=\frac{|m_1m_2+n_1n_2+p_1p_2|}{\sqrt{m_1^2+n_1^2+p_1^2}\cdot\sqrt{m_2^2+n_2^2+p_2^2}}。$$

从而可求出 φ，并由此得以下结论：

(1) $L_1\perp L_2\Leftrightarrow m_1m_2+n_1n_2+p_1p_2=0$；

(2) $L_1/\!/L_2$ 或 L_1 与 L_2 重合 $\Leftrightarrow\frac{m_1}{m_2}=\frac{n_1}{n_2}=\frac{p_1}{p_2}$。

例 5　求两直线 $L_1:\frac{x-2}{-1}=\frac{y}{4}=\frac{z-3}{-1}$ 和 $L_2:\frac{x+2}{-2}=\frac{y+2}{2}=\frac{z}{1}$ 的夹角。

解　L_1 和 L_2 的方向向量分别为 $\boldsymbol{s}_1=\{-1,4,-1\}$ 和 $\boldsymbol{s}_2=\{-2,2,1\}$，设 L_1 和 L_2 的夹角为 φ，则有

$$\cos\varphi=|\cos\langle \boldsymbol{s}_1,\boldsymbol{s}_2\rangle|=\frac{|\boldsymbol{s}_1\cdot\boldsymbol{s}_2|}{|\boldsymbol{s}_1||\boldsymbol{s}_2|}=\frac{|(-1)\times(-2)+4\times2+(-1)\times1|}{\sqrt{(-1)^2+4^2+(-1)^2}\cdot\sqrt{(-2)^2+2^2+1^2}}=\frac{\sqrt{2}}{2},$$

得两直线的夹角为 $\varphi=\frac{\pi}{4}$。

四、直线与平面的夹角

定义 6.8 当直线与平面不垂直时,直线与平面法线的夹角的余角 $\varphi(0\leqslant\varphi<\frac{\pi}{2})$称为**直线与平面的夹角**。

说明 当直线与平面垂直时,规定直线与平面的夹角为$\frac{\pi}{2}$。

已知直线 $L:\frac{x-x_0}{m}=\frac{y-y_0}{n}=\frac{z-z_0}{p}$,平面 $\Pi:Ax+By+Cz+D=0$,则直线 L 的方向向量为 $\boldsymbol{s}=\{m,n,p\}$,平面 Π 的法向量为 $\boldsymbol{n}=\{A,B,C\}$,如图 6.34 所示,直线 L 与平面 Π 的夹角为 φ,且有 $\varphi=|\frac{\pi}{2}-\langle\boldsymbol{s},\boldsymbol{n}\rangle|$,所以有

$$\sin\varphi=\cos\langle\boldsymbol{s},\boldsymbol{n}\rangle=\frac{|Am+Bn+Cp|}{\sqrt{A^2+B^2+C^2}\cdot\sqrt{m^2+n^2+p^2}}。$$

从而可求出 φ,并由此可得以下结论:

(1)$L\perp\Pi\Leftrightarrow\boldsymbol{s}/\!/\boldsymbol{n}\Leftrightarrow\boldsymbol{s}\times\boldsymbol{n}=\boldsymbol{0}\Leftrightarrow\frac{A}{m}=\frac{B}{n}=\frac{C}{p}$;

(2)$L/\!/\Pi$ 或直线 L 在平面 Π 上$\Leftrightarrow\boldsymbol{s}\perp\boldsymbol{n}\Leftrightarrow\boldsymbol{s}\cdot\boldsymbol{n}=0\Leftrightarrow Am+Bn+Cp=0$。

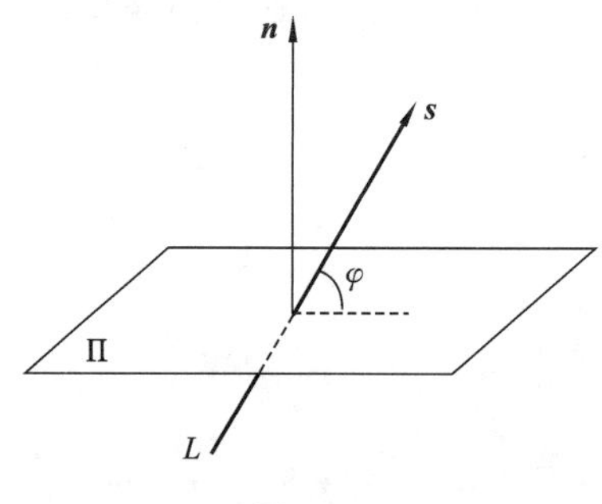

图 6.34

例 6 求过点(1,−2,4)且与平面 $2x-3y+z-4=0$ 垂直的直线方程。

解 由题意,可取已知平面的法向量为所求直线方程的方向向量,即

$$\boldsymbol{s}=\boldsymbol{n}=\{2,-3,1\}$$

则过点(1,−2,4)的直线方程为

$$\frac{x-1}{2}=\frac{y+2}{-3}=\frac{z-4}{1}。$$

例 7 判断下列各组直线与平面间的位置关系。

(1)$L:\frac{x}{3}=\frac{y}{-2}=\frac{z}{7}$和 $\Pi:3x-2y+7z=8$;

(2)L：$\begin{cases} x+y+3z=0 \\ x-y-z=0 \end{cases}$和 Π：$x-y-z+1=0$。

解　(1)直线 L 的方向向量 $\boldsymbol{s}=\{3,-2,7\}$；平面 Π 的法向量 $\boldsymbol{n}=\{3,-2,7\}$，由 $\boldsymbol{s}/\!/\boldsymbol{n}$ 可得直线 L 与平面 Π 垂直。

(2)直线 L 的方向向量 $\boldsymbol{s}=\boldsymbol{n}_1\times\boldsymbol{n}_2=\begin{vmatrix} \boldsymbol{i} & \boldsymbol{j} & \boldsymbol{k} \\ 1 & 1 & 3 \\ 1 & -1 & -1 \end{vmatrix}=\{2,4,-2\}$；平面 Π 的法向量 $\boldsymbol{n}=\{1,-1,-1\}$，由 $\boldsymbol{s}\cdot\boldsymbol{n}=0$ 得 $\boldsymbol{s}\perp\boldsymbol{n}$。又在直线 L 上取一点$(0,0,0)$，该点不在平面 Π 上，故直线 $L/\!/$平面 Π。

习题 6.4(A)

1. 求过点 $M_0(4,-1,3)$且与平面 Π：$2x-2y+3z+4=0$ 垂直的直线方程。

2. 求经过两点 $A(3,-2,1)$和 $B(-1,0,2)$的直线方程。

3. 将直线的一般式方程$\begin{cases} 2x-y+3z=1, \\ 3x+2y-z=12 \end{cases}$化为点向式方程和参数方程。

4. 求经过直线$\begin{cases} 2x-y+z=2, \\ x-2y-3z=1 \end{cases}$且垂直于平面 Π_1：$x+2y+z=0$ 的平面方程。

5. 求两直线 L_1：$\dfrac{x-2}{2}=\dfrac{y+1}{-1}=\dfrac{z-3}{1}$和 L_2：$\dfrac{x+3}{1}=\dfrac{y-2}{1}=\dfrac{z-6}{2}$的夹角。

6. 求过点$(1,1,0)$且与平面 $x-2y+3z+2=0$ 垂直的直线方程。

7. 判断下列各组直线与平面间的位置关系。

(1)L：$x=2y=4z$ 和 Π：$4x+2y+z-1=0$；

(2)L：$\dfrac{x+3}{-2}=\dfrac{y+4}{-7}=\dfrac{z}{3}$和 Π：$4x-2y-2z=3$。

习题 6.4(B)

1. (1990 年)求过点 $M(1,2,-1)$且与直线 L_1：$\begin{cases} x=-t+2, \\ y=3t-4, \\ z=t-1 \end{cases}$垂直的平面方程____________________。

2. 求直线 L_1：$\begin{cases} 5x-3y+3z-9=0, \\ 3x-2y+z-1=0 \end{cases}$与 L_2：$\begin{cases} 2x+2y-z+23=0, \\ 3x+8y+z-18=0 \end{cases}$的夹角的余弦。

3. (1993 年)设直线 L_1：$\dfrac{x-1}{1}=\dfrac{y-5}{-2}=\dfrac{z+8}{1}$与 L_2：$\begin{cases} x-y=6, \\ 2y+z=3, \end{cases}$则 L_1 与 L_2 的夹角为__________。

(A)$\dfrac{\pi}{6}$　　(B)$\dfrac{\pi}{4}$　　(C)$\dfrac{\pi}{3}$　　(D)$\dfrac{\pi}{2}$

4. 求证直线 L_1：$\begin{cases} x+2y-z=7, \\ -2x+y+z=7 \end{cases}$与 L_2：$\begin{cases} 3x+6y-3z=8, \\ 2x-y-z=0 \end{cases}$平行。

5. 求过点(0,2,4)且与两平面 $\Pi_1: x+2z-1=0$ 和 $\Pi_2: y-3z-2=0$ 平行的直线方程。

6. (1987 年)与直线 $L_1:\begin{cases}x=1,\\y=-1+t,\\z=2+t\end{cases}$ 及 $L_2:\dfrac{x+1}{1}=\dfrac{y+2}{2}=\dfrac{z-1}{1}$ 都平行,且过原点的平面方程为____________。

7. 求点 $P(3,-1,2)$ 到直线 $\begin{cases}x+y-z+1=0,\\2x-y+z-4=0\end{cases}$ 的距离。

8. 求过直线 $\begin{cases}3x-2y+2=0,\\x-2y-z+6=0\end{cases}$ 且与点(1,2,1)的距离为 1 的平面方程。

9. 求过点(1,2,3)且平行于向量 $\boldsymbol{a}=(1,-4,1)$ 的直线与平面 $x+y+z=1$ 的交点和夹角 φ。

10. 求直线 $\begin{cases}x+y-z-1=0,\\x-y+z+1=0\end{cases}$ 在平面 $x+y+z=0$ 上的投影直线方程。

11. 求过点(2,1,3)且与直线 $\dfrac{x+1}{3}=\dfrac{y-1}{2}=\dfrac{z}{-1}$ 垂直相交的直线方程。

第五节　空间曲面及其方程

第三节我们讨论了最简单的曲面——平面,建立了一些常见的平面方程的形式。由于在实践中,我们也常常会遇到各种其他的曲面,例如,汽车车灯的镜面,圆柱体的外表以及锥面等,因此,本节,我们将进一步讨论一般的曲面方程,并介绍几种类型的曲面。

一、曲面方程的概念

在平面解析几何中,我们把任何平面曲线看作点的几何轨迹,并建立了平面曲线的方程。类似地,在空间解析几何中,任何曲面也可以看作点的几何轨迹,由此可建立空间曲面的方程。

定义 6.9　若曲面 S 与方程 $F(x,y,z)=0$ 满足如下关系:

(1)曲面 S 上每一点的坐标都满足方程 $F(x,y,z)=0$;

(2)以满足方程 $F(x,y,z)=0$ 的解为坐标的点都在曲面 S 上;

则称方程 $F(x,y,z)=0$ 为**曲面 S 的方程**,而称曲面 S 为此方程的图形,如图 6.35 所示。

已知曲面的形状求曲面的方程,是研究曲面的基本问题之一。下面我们主要研究三个常见的曲面方程。

二、球面

例 1　建立球心在点 $M_0(x_0,y_0,z_0)$,半径为 R 的球面方程,如图 6.36 所示。

解　设 $M(x,y,z)$ 为球面上任一点，则 $|M_0M|=R$，即

$$\sqrt{(x-x_0)^2+(y-y_0)^2+(z-z_0)^2}=R,$$

或

$$(x-x_0)^2+(y-y_0)^2+(z-z_0)^2=R^2。\tag{6.8}$$

说明　(1)球面上任意一点的坐标都满足方程(6.8)，而不在球面上的点的坐标一定不满足方程(6.8)。

(2)特别地，以原点 $O(0,0,0)$ 为球心，以 R 为半径的球面方程为 $x^2+y^2+z^2=R^2$。

(3)将方程(6.8)展开得

$$x^2-2x_0x+x_0^2+y^2-2y_0y+y_0^2+z^2-2z_0z+z_0^2=R^2,$$

若令 $A=-2x_0,B=-2y_0,C=-2z_0,D=x_0^2+y_0^2+z_0^2-R^2$，则有

$$x^2+y^2+z^2+Ax+By+Cz+D=0。\tag{6.9}$$

方程(6.9)称为**球面的一般方程**。

(4)球面方程具有下列两个特点：①它是 x,y,z 的二次方程，且方程中缺 xy,yz,zx 项；②方程中 x^2,y^2,z^2 的系数相同且不为零。

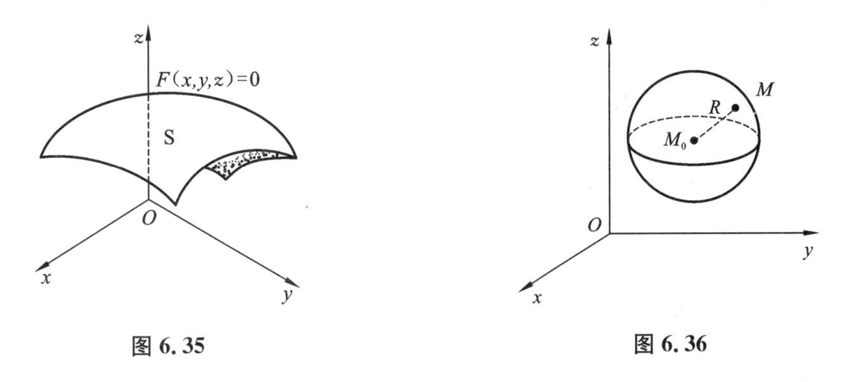

图 6.35　　图 6.36

例 2　方程 $x^2+y^2+z^2-2x+4y=0$ 表示怎样的曲面？

解　通过配方，原方程可以改写成

$$(x-1)^2+(y+2)^2+z^2=5,$$

所以方程表示球心在点$(1,-2,0)$，半径为 $R=\sqrt{5}$的球面。

三、柱面

用直线 L 沿空间一条曲线 C 平行移动所形成的曲面称为**柱面**，动直线 L 称为柱面的**母线**，定曲线 C 称为柱面的**准线**，如图 6.37 所示。

例 3　分析方程 $x^2+y^2=R^2$ 表示怎样的曲面？

解　在 xOy 平面上，方程 $x^2+y^2=R^2$ 表示圆心在原点 O，半径为 R 的圆。在空间直角坐标系中，由于方程缺少竖坐标 z，这意味着不论空间点的竖坐标 z 怎么取，只要横坐标 x 和纵坐标 y 满足方程 $x^2+y^2=R^2$ 的点都在曲面上。即凡是通过 xOy 面内圆 $x^2+y^2=R^2$上一点 $M_0(x,y,0)$，且平行于 z 轴的直线 L 都在这个曲面上。因此，这个曲面可看作以 xOy 面上的圆 $x^2+y^2=R^2$ 为准线，以平行于 z 轴的直线 L 为母线移动而形成的圆柱面，如图 6.38 所示。

说明　一般地，对于曲面方程 $F(x,y,z)=0$，当：

(1)方程中缺少 z 时,即 $F(x,y)=0$,表示准线在 xOy 面上,母线平行于 z 轴的柱面;
(2)方程中缺少 x 时,即 $F(y,z)=0$,表示准线在 yOz 面上,母线平行于 x 轴的柱面;
(3)方程中缺少 y 时,即 $F(x,z)=0$,表示准线在 xOz 面上,母线平行于 y 轴的柱面。

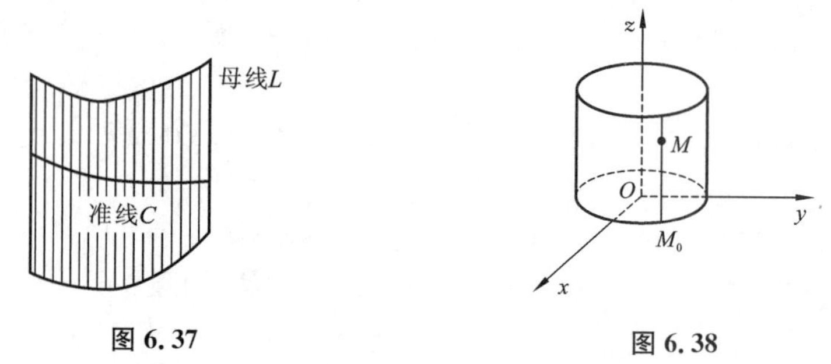

图 6.37　　图 6.38

常见的柱面除了圆柱面 $x^2+y^2=R^2$ 外,还有双曲柱面 $\frac{y^2}{b^2}-\frac{x^2}{a^2}=1(a>0,b>0)$,如图 6.39所示;抛物柱面 $x^2=2py(p>0)$,如图 6.40 所示。

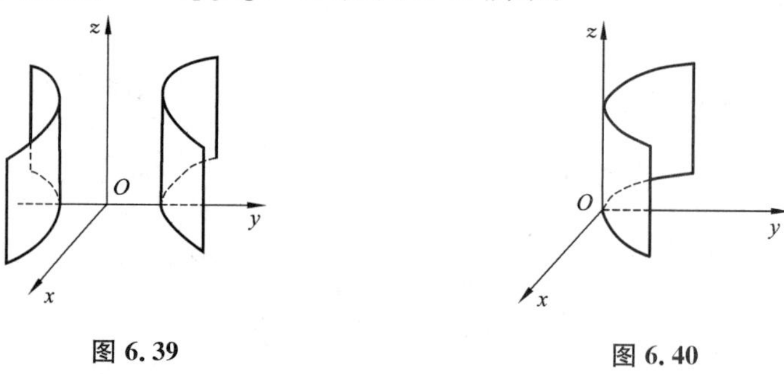

图 6.39　　图 6.40

四、旋转曲面

一条平面曲线 C 绕同一平面内的一条定直线 L 旋转一周所形成的曲面称为**旋转曲面**。曲线 C 称为旋转曲面的**母线**,定直线 L 称为旋转曲面的**旋转轴**,简称**轴**,如图 6.41 所示。

设在 yOz 面上有一已知曲线 $C:f(y,z)=0$,将其绕 z 轴旋转一周,得到一旋转曲面,如图 6.42 所示。下面我们来求这个旋转曲面的方程。

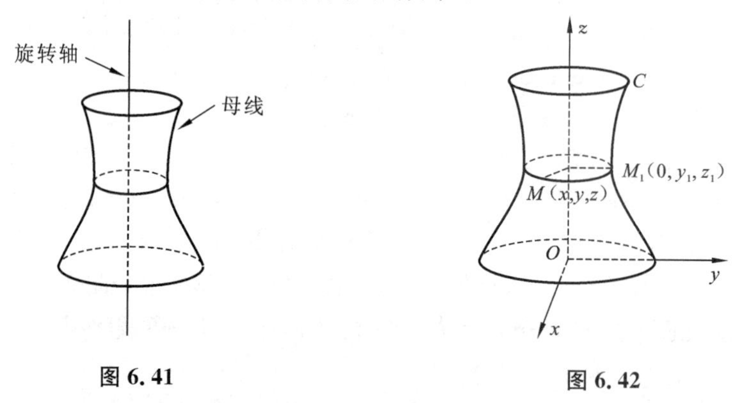

图 6.41　　图 6.42

在旋转曲面上任取一点 $M(x,y,z)$，设这点是由母线 C 上的点 $M_1(0,y_1,z_1)$ 绕 z 轴旋转一定的角度得到的，因而 $z_1=z$，且 M 到 z 轴的距离与点 M_1 到 z 轴的距离相等。而点 M 到 z 轴的距离为 $\sqrt{x^2+y^2}$，点 M_1 到 z 轴的距离为 $\sqrt{y_1^2}=|y_1|$，则 $\sqrt{x^2+y^2}=|y_1|$，即

$$y_1=\pm\sqrt{x^2+y^2}。$$

又因为点 M_1 在曲线 C 上，因而 $f(y_1,z_1)=0$，将上述 y_1,z_1 的关系式代入这个方程中，得

$$f(\pm\sqrt{x^2+y^2},z)=0。\tag{6.10}$$

方程(6.10)为所求旋转曲面的方程。

说明　(1)一个方程是否表示旋转曲面，只需看方程中是否含有两个变量的平方和；

(2)曲线 C：$f(y,z)=0$ 绕 y 轴旋转的旋转曲面方程为 $f(y,\pm\sqrt{x^2+z^2})=0$，即将 $f(y,z)=0$ 中的 z 换成 $\pm\sqrt{x^2+z^2}$；

(3)曲线 C：$f(x,y)=0$ 绕 x 轴旋转的旋转曲面方程为 $f(x,\pm\sqrt{y^2+z^2})=0$，即将 $f(x,y)=0$ 中的 y 换成 $\pm\sqrt{y^2+z^2}$；

(4)曲线 C：$f(x,z)=0$ 绕 x 轴旋转的旋转曲面方程为 $f(x,\pm\sqrt{y^2+z^2})=0$，即将 $f(x,z)=0$ 中的 z 换成 $\pm\sqrt{x^2+y^2}$。

在 yOz 平面内的椭圆 $\frac{y^2}{b^2}+\frac{z^2}{c^2}=1$ 绕 z 轴旋转所得到的旋转曲面的方程为 $\frac{x^2+y^2}{b^2}+\frac{z^2}{c^2}=1$，该曲面称为**旋转椭球面**。

例 4　将 xOy 面上的椭圆 $\frac{x^2}{a^2}+\frac{y^2}{b^2}=1(a>b)$ 分别绕 x 轴和 y 轴旋转一周，求所得旋转曲面的方程。

解　绕 x 轴旋转所生成的旋转曲面称为**长形旋转椭球面**，其方程为 $\frac{x^2}{a^2}+\frac{y^2+z^2}{b^2}=1$；绕 y 轴旋转所生成的旋转曲面叫**扁形旋转椭球面**，其方程为 $\frac{x^2+z^2}{a^2}+\frac{y^2}{b^2}=1$。

例 5　将 zOx 坐标面上的双曲线 $\frac{x^2}{a^2}-\frac{z^2}{c^2}=1$ 分别绕 x 轴和 z 轴旋转一周，求所得旋转曲面的方程。

解　绕 x 轴旋转生成的旋转曲面称为**旋转双叶双曲面**，如图 6.43 所示，其方程为

$$\frac{x^2}{a^2}-\frac{y^2+z^2}{c^2}=1;$$

绕 z 轴旋转生成的旋转曲面称为**旋转单叶双曲面**，如图 6.44 所示，其方程为

$$\frac{x^2+y^2}{a^2}-\frac{z^2}{c^2}=1。$$

直线 L 绕与其相交的另一定直线旋转一周，所得旋转曲面称为**圆锥面**。两直线的交点称为**圆锥面的顶点**，两直线的夹角 $\alpha(0<\alpha<\frac{\pi}{2})$ 称为**圆锥面的半顶角**。

例 6　试建立顶点在坐标原点 O，旋转轴为 z 轴，半顶角为 α 的圆锥面的方程。

解　在 yOz 平面上，直线 L 的方程为 $z=y\cot\alpha$，由于旋转轴为 z 轴，因此只要将方程

中的 y 改成 $\pm\sqrt{x^2+y^2}$,故得圆锥面的方程为

$$z=\pm\sqrt{x^2+y^2}\cot\alpha \text{ 或 } z^2=a^2(x^2+y^2),$$

其中 $a=\cot\alpha$,如图 6.45 所示。

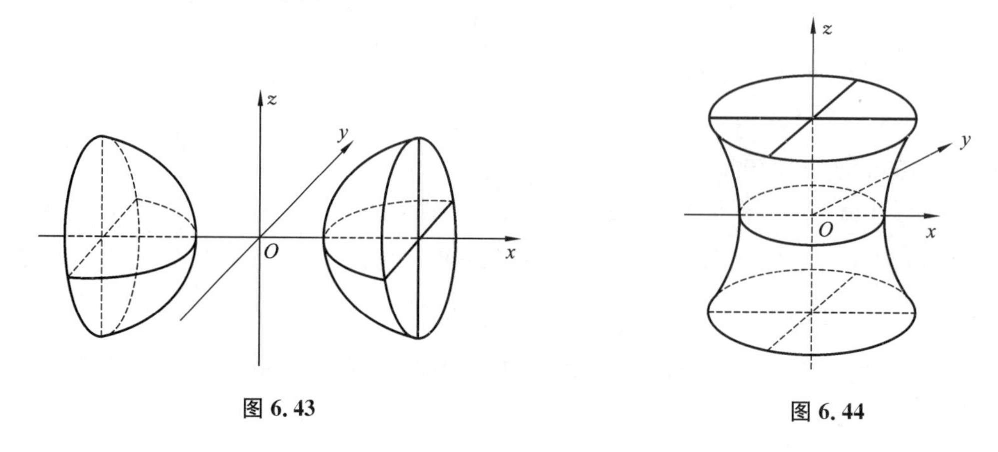

图 6.43　　图 6.44

例 7　求将 yOz 平面上的抛物线 $y^2=2pz$ 绕 z 轴旋转所生成的旋转曲面的方程。

解　绕 z 轴旋转所生成的旋转曲面称为**旋转抛物面**,如图 6.46 所示,由于旋转轴为 z 轴,因此只要将方程中的 y 改成 $\pm\sqrt{x^2+y^2}$,故得旋转抛物面的方程为

$$x^2+y^2=2pz。$$

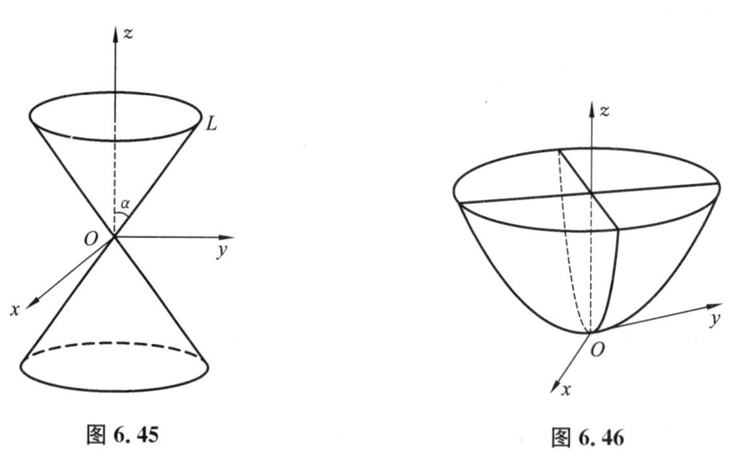

图 6.45　　图 6.46

五、二次曲面

我们把三元二次方程 $F(x,y,z)=0$ 所表示的曲面称为**二次曲面**,适当选取坐标系,可得到它们的标准方程。二次曲面有 9 种,选取适当的坐标系,可以得到它们的标准方程。前面我们已经介绍了椭圆柱面、双曲柱面、抛物柱面 3 种曲面。下面我们讨论另外 6 种二次曲面的形状。

1. 椭圆锥面

由方程 $\dfrac{x^2}{a^2}+\dfrac{y^2}{b^2}=z^2(a>0,b>0)$ 所确定的曲面称为**椭圆锥面**,如图 6.47 所示。

2. 椭球面

由方程$\frac{x^2}{a^2}+\frac{y^2}{b^2}+\frac{z^2}{c^2}=1$ $(a>0,b>0,c>0)$所确定的曲面称为**椭球面**,如图 6.48 所示。

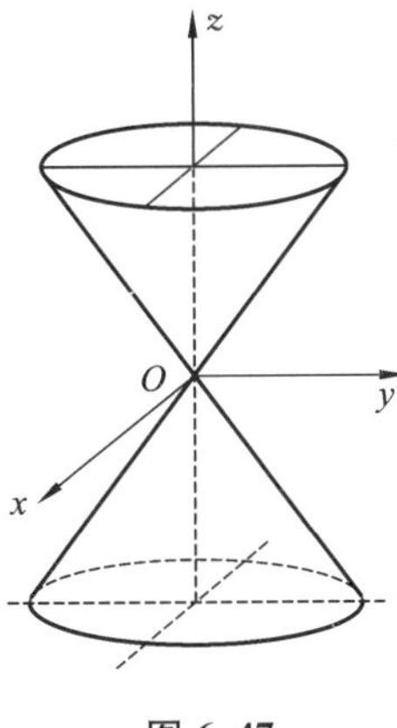

图 6.47

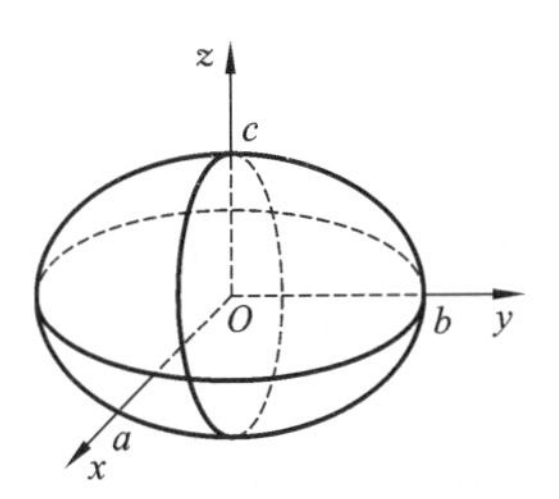

图 6.48

3. 单叶双曲面

由方程$\frac{x^2}{a^2}+\frac{y^2}{b^2}-\frac{z^2}{c^2}=1$ $(a>0,b>0,c>0)$所确定的曲面称为**单叶双曲面**,如图 6.49 所示。

4. 双叶双曲面

由方程$\frac{x^2}{a^2}-\frac{y^2}{b^2}-\frac{z^2}{c^2}=1$ $(a>0,b>0,c>0)$所确定的曲面称为**双叶双曲面**,如图 6.50 所示。

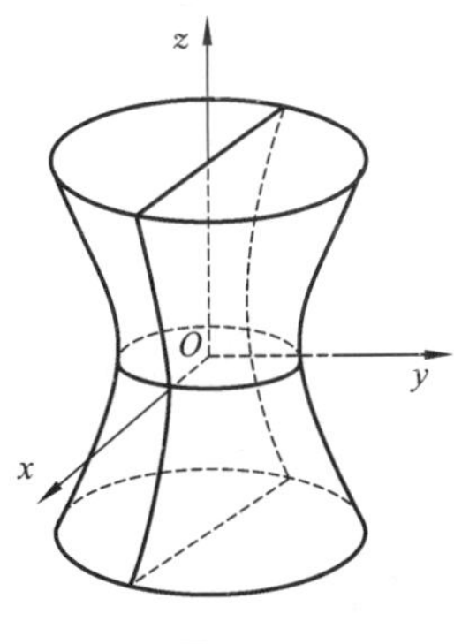

图 6.49

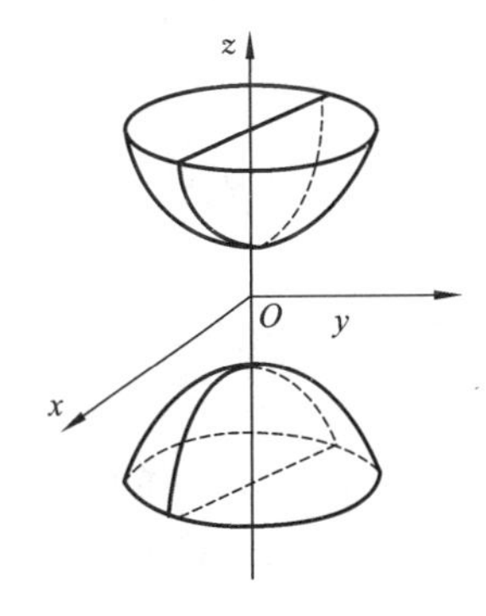

图 6.50

5. 椭圆抛物面

由方程$\frac{x^2}{a^2}+\frac{y^2}{b^2}=z$ $(a>0,b>0)$所确定的曲面称为**椭圆抛物面**,如图 6.51 所示。

6. 双曲抛物面(马鞍面)

由方程$\frac{x^2}{a^2}-\frac{y^2}{b^2}=z$ $(a>0,b>0)$所确定的曲面称为**双曲抛物面**(马鞍面),如图 6.52 所示。

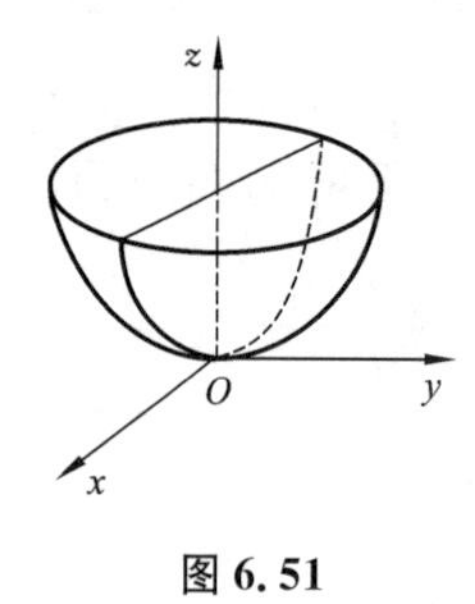

图 6.51

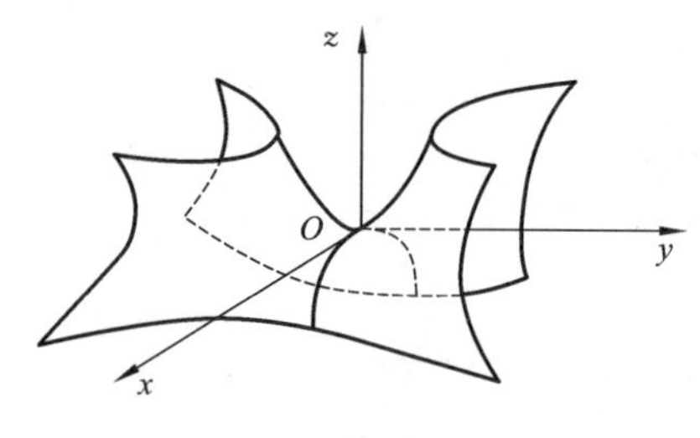

图 6.52

习题 6.5(A)

1. 建立以 $C(3,-2,5)$ 为球心,半径 $R=4$ 的球面方程。

2. 确定下列球面的球心和半径。

(1) $x^2+y^2+z^2-2x=0$; (2) $2x^2+2y^2+2z^2-5y-8=0$;

(3) $x^2+y^2+z^2-2x+4y+2z=0$。

3. 指出下列方程在平面和空间解析几何中分别表示什么图形。

(1) $x=2$; (2) $y=x+1$;

(3) $x^2+y^2=4$; (4) $x^2-y^2=1$。

4. 将 xOy 面上的椭圆 $\frac{x^2}{4}+\frac{y^2}{9}=1$ 绕 x 轴旋转一周,所得旋转曲面的方程为________________,绕 y 轴旋转一周,所得旋转曲面的方程为________________。

5. 将 xOy 面上的双曲线 $x^2-\frac{y^2}{4}=1$ 绕 x 轴旋转一周,所得旋转曲面的方程为________________,绕 y 轴旋转一周,所得旋转曲面的方程为________________。

6. 将 zOx 面上的抛物线 $z^2=5x$ 绕 x 轴旋转一周,所生成的旋转曲面的方程为________________。

7. 一动点到点 $(1,0,0)$ 的距离为其到平面 $x+4=0$ 的距离的 $\frac{\sqrt{2}}{2}$,求其轨迹方程,并指出它是什么曲面?

习题 6.5(B)

1. 判断题(对的打"√",错的打"×")。

(1) 方程 $x^2+y^2+z^2=9$ 在空间直角坐标系中是旋转曲面。 ( )

(2) 方程 $\frac{x^2}{16}+\frac{y^2}{9}+\frac{z^2}{4}=1$ 在空间直角坐标系中是旋转曲面。 ( )

(3) 方程 $\frac{x^2}{4}+\frac{y^2}{4}-\frac{z^2}{9}=1$ 在空间直角坐标系中是旋转曲面。 ( )

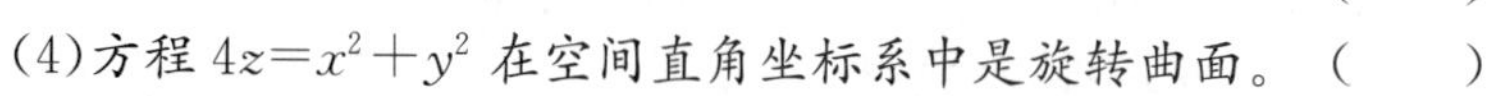

(4) 方程 $4z=x^2+y^2$ 在空间直角坐标系中是旋转曲面。 ( )

(5) 方程 $x^2=2y$ 在空间直角坐标系中是旋转曲面。 ( )

2. 求直线 $L:\frac{x-1}{0}=\frac{y}{1}=\frac{z-1}{2}$ 绕 z 轴旋转所得旋转面的方程。

3. 求直线 $L:\frac{x-3}{2}=\frac{y-1}{3}=z+1$ 绕直线 $\begin{cases}x=2,\\y=3\end{cases}$ 旋转一周所得旋转面的方程。

第六节　空间曲线及其方程

第四节我们讨论了最简单的空间曲线——直线，建立了一些常见的直线方程，空间直线是两个平面的交线。类似地，一般的空间曲线是两个曲面的交线。

一、空间曲线的一般方程

设 $F(x,y,z)=0$ 和 $G(x,y,z)=0$ 分别是两相交曲面 S_1 和 S_2 的方程，它们的交线为 C，如图 6.53 所示。

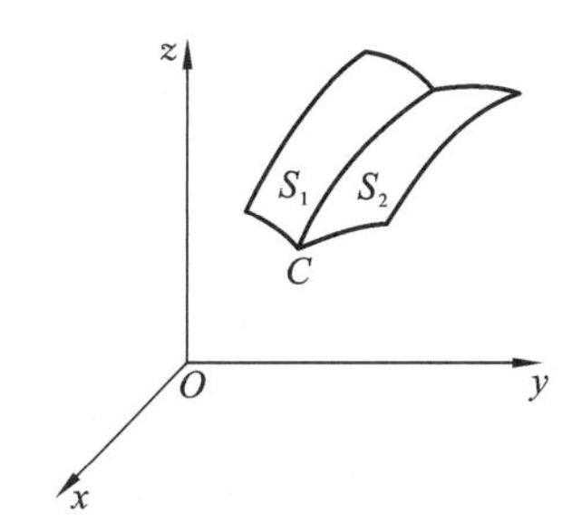

图 6.53

曲线 C 上任何点的坐标 (x,y,z) 应同时满足这两个方程，因此，应满足方程组

$$\begin{cases}F(x,y,z)=0,\\G(x,y,z)=0。\end{cases}\tag{6.11}$$

反过来，如果点 M 不在曲线 C 上，则它不可能同时在两个曲面上，所以它的坐标不满足方程组。

由上述两点知，曲线 C 可由方程组(6.11)表示。方程组(6.11)称为**空间曲线的一般方程**。

例 1　讨论方程组 $\begin{cases}x^2+y^2=1,\\2x+3z=6\end{cases}$ 表示的曲线。

解　$x^2+y^2=1$ 表示母线平行于 z 轴的圆柱面，其准线是 xOy 面上的单位圆，$2x+3z=6$ 表示平行于 y 轴的平面。所以，方程组表示圆柱面与平面的交线，即椭圆，如图 6.54 所示。

例 2　讨论方程组 $\begin{cases}z=\sqrt{a^2-x^2-y^2},\\\left(x-\frac{a}{2}^{2}\right)+y^2=\left(\frac{a}{2}\right)^2\end{cases}$ 表示的曲线。

解　$z=\sqrt{a^2-x^2-y^2}$ 表示球心在坐标原点 O，半径为 a 的上半球面。$\left(x-\frac{a}{2}^{2}\right)+y^2=\left(\frac{a}{2}\right)^2$ 表示母线平行于 z 轴的圆柱面，其准线是 xOy 面上圆心在点 $\left(\frac{a}{2},0\right)$，半径为 $\frac{a}{2}$

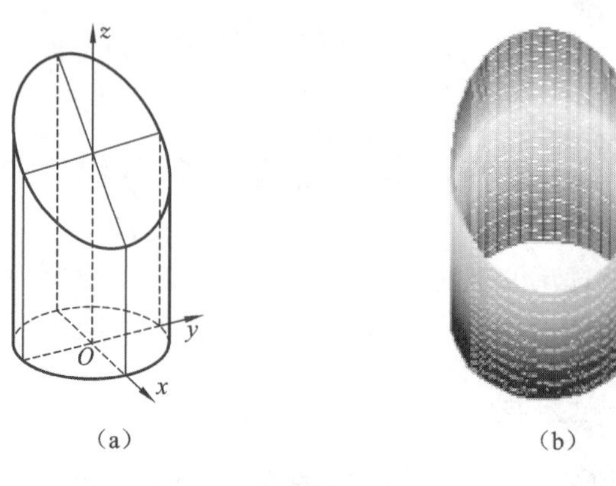

(a) (b)

图 6.54

的圆。因此,方程组表示半球面与圆柱面的交线 C,如图 6.55 所示。

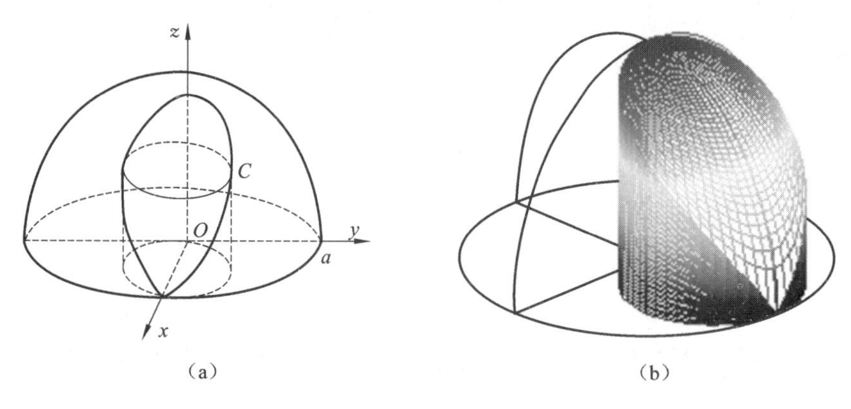

(a) (b)

图 6.55

二、空间曲线的参数方程

对于空间曲线 C,若 C 上动点的坐标 x,y,z 表示为参数 t 的函数

$$\begin{cases} x=x(t), \\ y=y(t), \\ z=z(t), \end{cases} \tag{6.12}$$

随着 t 的变动可得到曲线 C 上的全部点,方程组(6.12)称为空间曲线的参数方程。

例 3 将空间曲线 C:$\begin{cases} x^2+y^2+z^2=\dfrac{9}{2}, \\ x+z=1 \end{cases}$表示成参数方程。

解 由方程组消去 z,得 $x^2+y^2+(1-x)^2=\dfrac{9}{2}$,化简整理得

$$\frac{\left(x-\dfrac{1}{2}\right)^2}{2}+\frac{y^2}{4}=1。$$

由于曲线 C 在此椭圆柱面上,故曲线 C 的方程可表示为

$$C:\begin{cases}\dfrac{\left(x-\dfrac{1}{2}\right)^2}{2}+\dfrac{y^2}{4}=1,\\ x+z=1,\end{cases}$$

令$\dfrac{x-\dfrac{1}{2}}{\sqrt{2}}=\cos t$，即 $x=\sqrt{2}\cos t+\dfrac{1}{2}$，又由椭圆柱面方程有$\dfrac{y}{2}=\sin t$，而

$$z=1-x=1-(\sqrt{2}\cos t+\frac{1}{2})=-\sqrt{2}\cos t+\frac{1}{2}。$$

则曲线的参数方程为

$$C:\begin{cases}x=\sqrt{2}\cos t+\dfrac{1}{2},\\ y=2\sin t, \qquad (0\leqslant t\leqslant 2\pi)。\\ z=-\sqrt{2}\cos t+\dfrac{1}{2}\end{cases}$$

例 4　（螺旋线）螺旋线是实际生活中常见的曲线。例如：平头螺丝钉的螺纹就是螺旋线。螺旋线的运动轨迹如图 6.56 所示。空间一点 M 在圆柱面 $x^2+y^2=a^2$ 上以角速度 ω 绕 z 轴旋转，同时又以线速度 v 沿平行于 z 轴的正方向上升，其中 ω、v 都是常数，点 M 的轨迹即为**螺旋线**。试建立其数学模型。

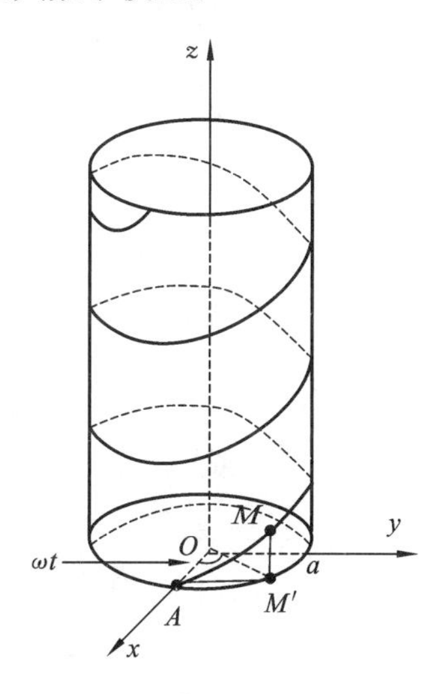

图 6.56

解　取时间 t 为参数，建立直角坐标系。设当 $t=0$ 时，动点在 x 轴上点 $A(a,0,0)$ 处，经过 t 时间，动点 A 运动到 $M(x,y,z)$，记 M 在 xOy 面上的投影为 M'，M'的坐标为 $(x,y,0)$。由于动点 M 在圆柱面上以角速度 ω 绕 z 轴旋转，以线速度 v 沿平行于 z 轴的正方向上升，所以$\angle AOM'=\omega t$，$M'M=vt$。从而得螺旋线的参数方程为

$$\begin{cases}x=a\cos\omega t,\\ y=a\sin\omega t,\\ z=vt。\end{cases}$$

若令 $\theta=\omega t, b=\dfrac{v}{\omega}$,以 θ 为参数,则螺旋线的参数方程可写为

$$\begin{cases} x=a\cos\theta, \\ y=a\sin\theta, \\ z=b\theta。\end{cases}$$

当 $\theta=2\pi$ 时,点 M 就上升固定的高度 $h=2\pi b$,此高度在工程技术上称作**螺距**。

螺旋线有广泛的应用,例如平头螺丝钉——圆柱螺旋线,圆锥对数螺旋天线,植物中的对数螺旋线现象。

三、空间曲线在坐标面上的投影

设空间曲线 C 的一般方程为

$$C:\begin{cases} F(x,y,z)=0, \\ G(x,y,z)=0。\end{cases} \tag{6.13}$$

下面,我们来研究方程组(6.13)消去变量 z 后所得的方程

$$H(x,y)=0。 \tag{6.14}$$

因方程(6.14)是由方程组(6.13)消去 z 后所得,因此,当坐标 x,y,z 满足方程(6.13)时,其中的 x,y 必满足方程(6.14),即曲线 C 上的所有点都在由方程(6.14)表示的曲面上。而方程(6.14)表示一个母线平行于 z 轴的柱面,因此,该柱面必定包含曲线 C。以曲线 C 为准线,母线平行于 z 轴的柱面称为关于 xOy 面的投影柱面。

投影柱面与 xOy 面的交线称为空间曲线 C 在 xOy 面上的投影曲线,该曲线方程可写成

$$\begin{cases} H(x,y)=0, \\ z=0。\end{cases}$$

同理,消去方程组(6.13)中的变量 x 或变量 y,再分别与 $x=0$ 或 $y=0$ 联立,就可得空间曲线 C 在 yOz 面或 zOx 面上的投影曲线方程

$$\begin{cases} R(y,z)=0, \\ x=0 \end{cases} \quad 或 \quad \begin{cases} T(x,z)=0, \\ y=0。\end{cases}$$

例 5　已知 $C:\begin{cases} x^2+y^2+z^2=1, \\ x^2+(y-1)^2+(z-1)^2=1, \end{cases}$ 求曲线 C 在 xOy 面上的投影曲线的方程。

解　方程组 $\begin{cases} x^2+y^2+z^2=1, \\ x^2+(y-1)^2+(z-1)^2=1 \end{cases}$ 消去变量 z,得 $x^2+2y^2-2y=0$,故曲线 C 在 xOy 面上的投影曲线的方程为

$$\begin{cases} x^2+2y^2-2y=0, \\ z=0。\end{cases}$$

例 6　求抛物面 $y^2+z^2=x$ 与平面 $x+2y-z=0$ 的交线 C 在三个坐标面上的投影曲线的方程。

解　抛物面与平面的交线 C 的方程为 $\begin{cases} y^2+z^2=x, \\ x+2y-z=0。\end{cases}$

(1)消去变量 z,得 $x^2+5y^2+4xy-x=0$,则曲线 C 在 xOy 面上的投影曲线方程为

$$\begin{cases}x^2+5y^2+4xy-x=0,\\z=0。\end{cases}$$

(2)消去变量 y,得 $x^2+5z^2-2xz-4x=0$,则曲线 C 在 zOx 面上的投影曲线方程为

$$\begin{cases}x^2+5z^2-2xz-4x=0,\\z=0。\end{cases}$$

(3)消去变量 x,得 $y^2+z^2+2y-z=0$,则曲线 C 在 yOz 面上的投影曲线方程为

$$\begin{cases}y^2+z^2+2y-z=0,\\z=0。\end{cases}$$

四、空间立体图形的投影

在以后重积分和曲面积分的计算中,我们需要确定一个空间立体或空间曲面在坐标平面上的投影(即投影区域),这就要利用投影柱面和投影曲线来确定。下面举例加以说明。

例 7　上半球面 $z=\sqrt{4-x^2-y^2}$ 和锥面 $z=\sqrt{3(x^2+y^2)}$ 围成空间立体 Ω,如图 6.57 所示,求 Ω 在 xOy 面上的投影区域。

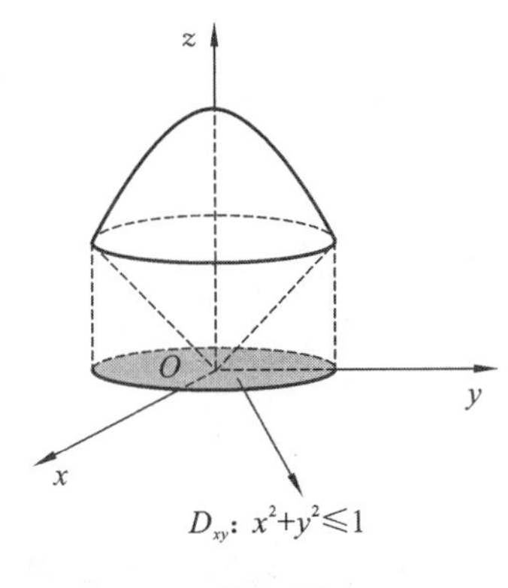

图 6.57

解　上半球面和锥面的交线 C 为

$$\begin{cases}z=\sqrt{4-x^2-y^2},\\z=\sqrt{3(x^2+y^2)},\end{cases}$$

由方程组消去变量 z,得交线 C 关于 xOy 投影的柱面方程 $x^2+y^2=1$,因此交线 C 在 xOy 面上的投影曲线的方程为 $\begin{cases}x^2+y^2=1,\\z=0,\end{cases}$ 则空间立体 Ω 在 xOy 面上的投影区域 D_{xy} 为圆形区域,方程为

$$D_{xy}:\begin{cases}x^2+y^2\leqslant 1,\\z=0。\end{cases}$$

习题 6.6(A)

1. 讨论方程组$\begin{cases}\dfrac{x^2}{4}+\dfrac{y^2}{9}=1,\\ y=3\end{cases}$表示的曲线。

2. 讨论方程组$\begin{cases}z=\sqrt{4-x^2-y^2},\\ x-y=0\end{cases}$表示的曲线。

3. 将空间曲线 C:$\begin{cases}x^2+y^2+z^2=9,\\ y=x\end{cases}$表示为参数方程。

4. 已知 C:$\begin{cases}x^2+y^2+z^2=9,\\ x+z=1,\end{cases}$求曲线 C 在 xOy 面上的投影方程。

5. 求球面 $x^2+y^2+z^2=1$ 与平面 $z=\dfrac{1}{2}$ 的交线 C 在三个坐标面上的投影方程。

6. 设由旋转抛物面 $z=x^2+y^2$ 与平面 $z=4$ 围成空间立体 Ω,求 Ω 在三个坐标面上的投影。

习题 6.6(B)

1. 通过曲线$\begin{cases}2x^2+y^2+z^2=16,\\ x^2-y^2+z^2=0,\end{cases}$母线平行于 x 轴的柱面方程为______________,母线平行于 y 轴的柱面方程为______________。

2. 设由 $x^2+y^2+z^2\leqslant R^2$ 与 $x^2+y^2+(z-R)^2\leqslant R^2$ 围成的立体为 Ω,则 Ω 在 xOy 面上的投影区域方程为______________。

3. 将曲线$\begin{cases}(x-1)^2+y^2+(z+1)^2=4,\\ z=0\end{cases}$的一般方程化为参数方程。

4. 求螺旋线$\begin{cases}x=a\cos\theta,\\ y=a\sin\theta,\\ z=b\theta\end{cases}$在三个坐标面上的投影曲线的直角坐标方程。

5. 求上半球面 $z=\sqrt{a^2-x^2-y^2}$,柱面 $x^2+y^2=ax(a>0)$及平面 $z=0$ 所围成的立体在 xOy 面和 zOx 面上的投影。

第六章思维导图

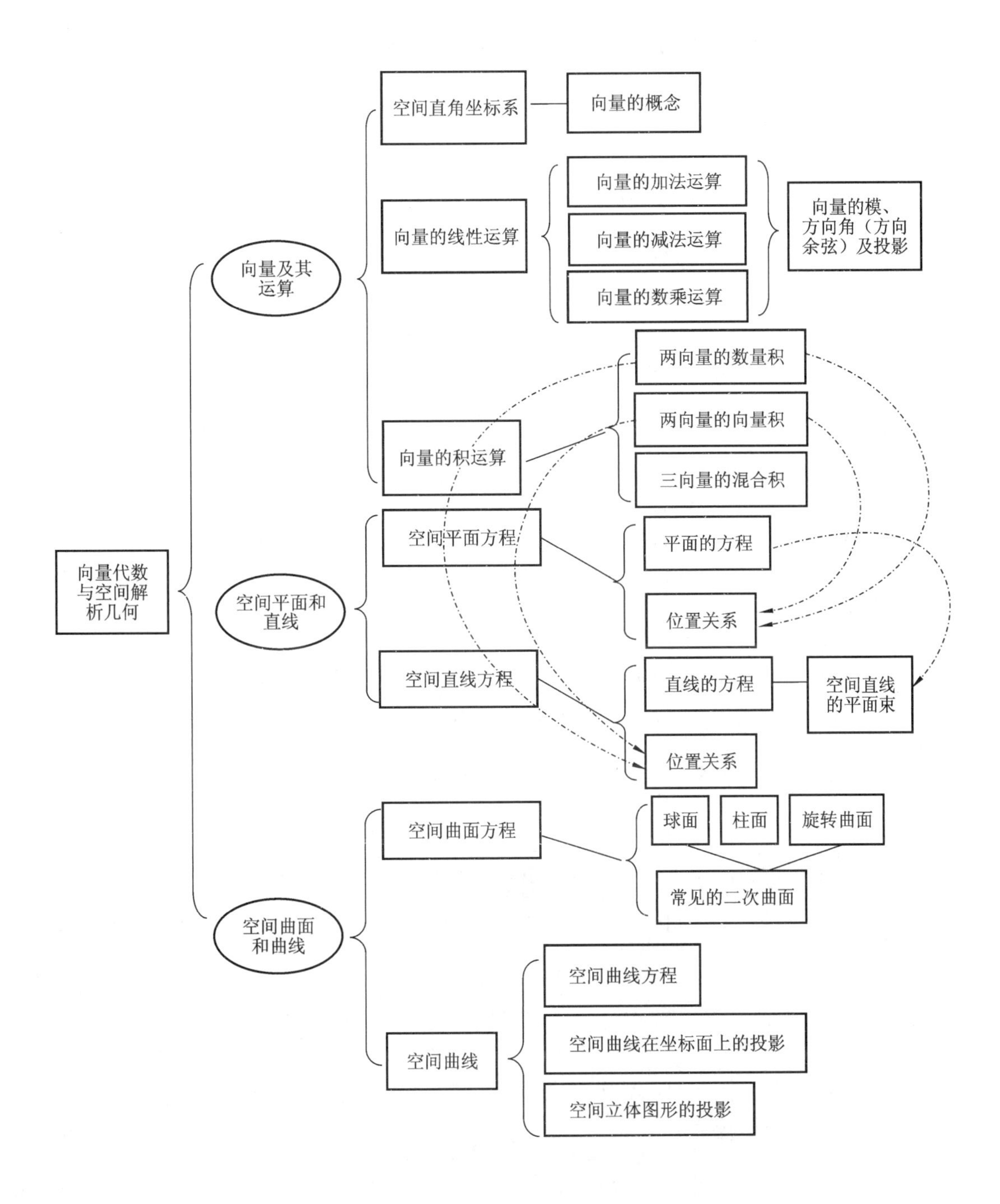

向量代数与空间解析几何
向量及其运算
空间直角坐标系
向量的概念
向量的线性运算
向量的加法运算
向量的减法运算
向量的数乘运算
向量的模、方向角（方向余弦）及投影
向量的积运算
两向量的数量积
两向量的向量积
三向量的混合积
空间平面和直线
空间平面方程
平面的方程
位置关系
空间直线方程
直线的方程
空间直线的平面束
位置关系
空间曲面和曲线
空间曲面方程
球面
柱面
旋转曲面
常见的二次曲面
空间曲线
空间曲线方程
空间曲线在坐标面上的投影
空间立体图形的投影

第六章章节测试

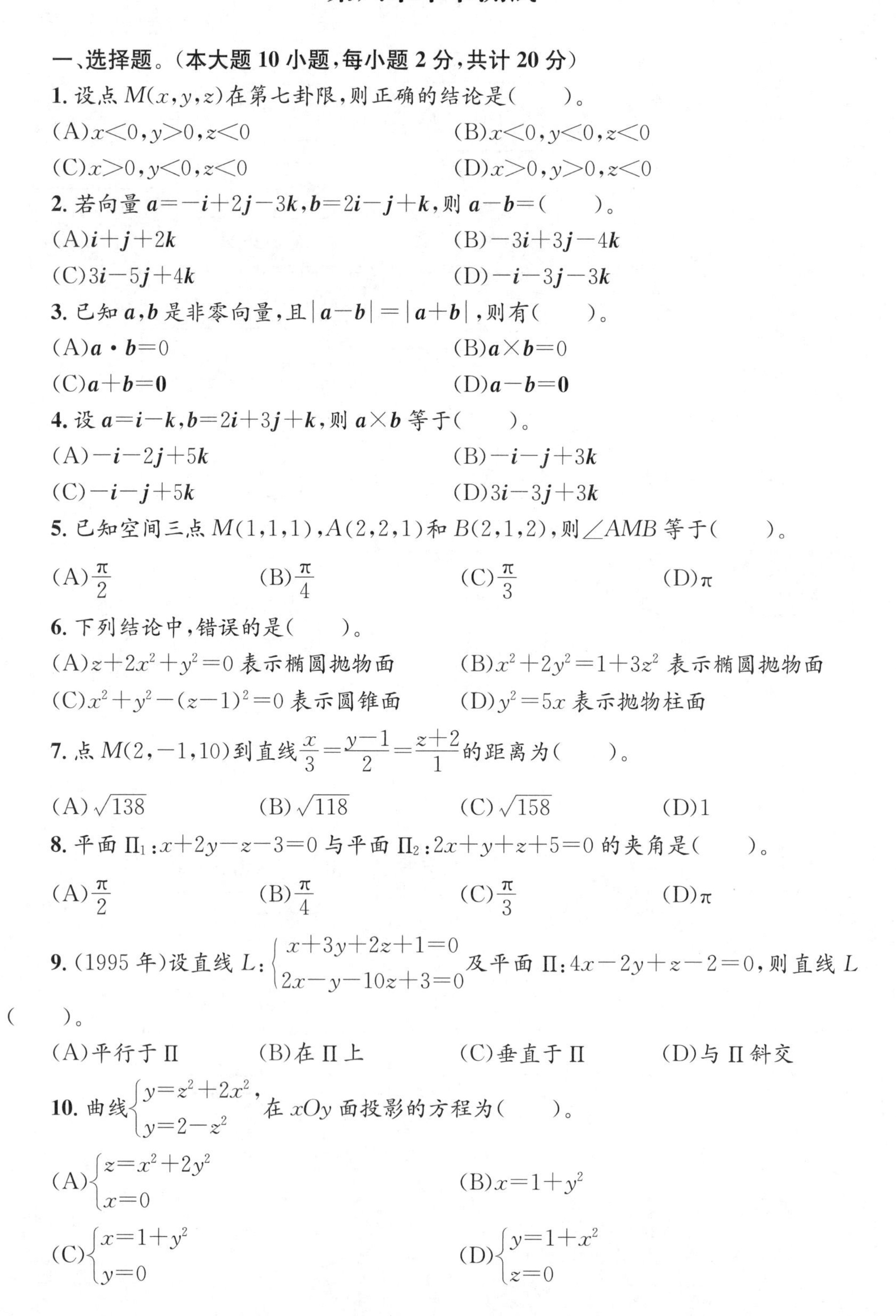

一、选择题。(本大题 10 小题,每小题 2 分,共计 20 分)

1. 设点 $M(x,y,z)$ 在第七卦限,则正确的结论是(　　)。

(A)$x<0,y>0,z<0$　　(B)$x<0,y<0,z<0$

(C)$x>0,y<0,z<0$　　(D)$x>0,y>0,z<0$

2. 若向量 $\boldsymbol{a}=-\boldsymbol{i}+2\boldsymbol{j}-3\boldsymbol{k},\boldsymbol{b}=2\boldsymbol{i}-\boldsymbol{j}+\boldsymbol{k}$,则 $\boldsymbol{a}-\boldsymbol{b}=$(　　)。

(A)$\boldsymbol{i}+\boldsymbol{j}+2\boldsymbol{k}$　　(B)$-3\boldsymbol{i}+3\boldsymbol{j}-4\boldsymbol{k}$

(C)$3\boldsymbol{i}-5\boldsymbol{j}+4\boldsymbol{k}$　　(D)$-\boldsymbol{i}-3\boldsymbol{j}-3\boldsymbol{k}$

3. 已知 $\boldsymbol{a},\boldsymbol{b}$ 是非零向量,且 $|\boldsymbol{a}-\boldsymbol{b}|=|\boldsymbol{a}+\boldsymbol{b}|$,则有(　　)。

(A)$\boldsymbol{a}\cdot\boldsymbol{b}=0$　　(B)$\boldsymbol{a}\times\boldsymbol{b}=0$

(C)$\boldsymbol{a}+\boldsymbol{b}=\boldsymbol{0}$　　(D)$\boldsymbol{a}-\boldsymbol{b}=\boldsymbol{0}$

4. 设 $\boldsymbol{a}=\boldsymbol{i}-\boldsymbol{k},\boldsymbol{b}=2\boldsymbol{i}+3\boldsymbol{j}+\boldsymbol{k}$,则 $\boldsymbol{a}\times\boldsymbol{b}$ 等于(　　)。

(A)$-\boldsymbol{i}-2\boldsymbol{j}+5\boldsymbol{k}$　　(B)$-\boldsymbol{i}-\boldsymbol{j}+3\boldsymbol{k}$

(C)$-\boldsymbol{i}-\boldsymbol{j}+5\boldsymbol{k}$　　(D)$3\boldsymbol{i}-3\boldsymbol{j}+3\boldsymbol{k}$

5. 已知空间三点 $M(1,1,1)$,$A(2,2,1)$和 $B(2,1,2)$,则$\angle AMB$ 等于(　　)。

(A)$\frac{\pi}{2}$　　(B)$\frac{\pi}{4}$　　(C)$\frac{\pi}{3}$　　(D)π

6. 下列结论中,错误的是(　　)。

(A)$z+2x^2+y^2=0$ 表示椭圆抛物面　　(B)$x^2+2y^2=1+3z^2$ 表示椭圆抛物面

(C)$x^2+y^2-(z-1)^2=0$ 表示圆锥面　　(D)$y^2=5x$ 表示抛物柱面

7. 点 $M(2,-1,10)$到直线$\frac{x}{3}=\frac{y-1}{2}=\frac{z+2}{1}$的距离为(　　)。

(A)$\sqrt{138}$　　(B)$\sqrt{118}$　　(C)$\sqrt{158}$　　(D)1

8. 平面 $\Pi_1:x+2y-z-3=0$ 与平面 $\Pi_2:2x+y+z+5=0$ 的夹角是(　　)。

(A)$\frac{\pi}{2}$　　(B)$\frac{\pi}{4}$　　(C)$\frac{\pi}{3}$　　(D)π

9. (1995 年)设直线 $L:\begin{cases}x+3y+2z+1=0\\2x-y-10z+3=0\end{cases}$及平面 $\Pi:4x-2y+z-2=0$,则直线 L(　　)。

(A)平行于 Π　　(B)在 Π 上　　(C)垂直于 Π　　(D)与 Π 斜交

10. 曲线$\begin{cases}y=z^2+2x^2,\\y=2-z^2\end{cases}$在 xOy 面投影的方程为(　　)。

(A)$\begin{cases}z=x^2+2y^2\\x=0\end{cases}$　　(B)$x=1+y^2$

(C)$\begin{cases}x=1+y^2\\y=0\end{cases}$　　(D)$\begin{cases}y=1+x^2\\z=0\end{cases}$

二、填空题。（本大题 6 个空，每空 2 分，共计 12 分）

1. 已知 $A(0,1,2)$，$B(-1,2,-2)$，则 A，B 两点间的距离 $|AB|=$________。

2. 设$\triangle ABC$ 顶点为 $A(3,0,2)$，$B(5,3,1)$，$C(0,-1,3)$，则其面积为________。

3. 以 $\boldsymbol{a}=\{1,1,1\}$，$\boldsymbol{b}=\{1,2,1\}$，$\boldsymbol{c}=\{1,1,2\}$ 为棱的平行六面体的体积为________。

4. xOy 面上的椭圆 $9x^2+4y^2=36$ 绕 x 轴旋转而成的旋转面为________。

5. 设向量 $\boldsymbol{a}$ 与三坐标面的夹角分别为 α,β,γ，则 $\cos^2\alpha+\cos^2\beta+\cos^2\gamma=$________。

6. 平行于 z 轴，且过点 $(1,0,1)$ 和 $(2,-1,1)$ 的平面方程是__________。

三、解答题。（本大题共 8 小题，第 1—6 小题每小题 8 分，第 7、8 小题每小题 10 分，共计 68 分）

1. 设向量 $\boldsymbol{a}=\{3,5,-1\}$ 与 $\boldsymbol{b}=\{-1,-1,-1\}$，求与 $\boldsymbol{a}$，$\boldsymbol{b}$ 都垂直的单位向量。

2. 设 $|\boldsymbol{a}|=3$，$|\boldsymbol{b}|=4$，且 $\boldsymbol{a}\perp\boldsymbol{b}$，求 $|(\boldsymbol{a}+\boldsymbol{b})\times(\boldsymbol{a}-\boldsymbol{b})|$。

3. 设平面过点 $(5,-7,4)$，它在三坐标轴上的截距相等且不为 0，求此平面方程。

4. 求过点 $(1,1,1)$ 且同时垂直于平面 $\Pi_1: x-y+z-7=0$ 和平面 $\Pi_2: 3x+2y-12z+5=0$ 的平面方程。

5. 设直线 $L_0: \dfrac{x-1}{1}=\dfrac{y+1}{-1}=\dfrac{z-1}{2}$ 与平面 $\Pi: x+y-3z+15=0$ 的交点为 P_0，若直线 L 过 P_0 且与平面 Π 垂直，求直线 L 的方程。

6. 已知点 $A(1,0,0)$ 和 $B(0,2,1)$，试在 z 轴上找一点 C，使$\triangle ABC$ 的面积最小。

7. 设曲线 $C: \begin{cases} z=2-x^2-y^2, \\ z=(x-1)^2-(y-1)^2, \end{cases}$ 求曲线 C 在三个坐标面上的投影曲线的方程。

8. 求过点 $P_0(-1,0,4)$ 且平行于平面 $\Pi: 3x-4y+z-10=0$，又与直线 $L_0: \dfrac{x+1}{1}=\dfrac{y-3}{1}=\dfrac{z}{2}$ 相交的直线 L 的方程。

第六章拓展练习

一、选择题。

1. (2016 年)设 $f(x_1,x_2,x_3)=x_1^2+x_2^2+x_3^2+4x_1x_2+4x_1x_3+4x_2x_3$，则 $f(x_1,x_2,x_3)=2$ 在空间直角坐标系下表示的二次曲面为(　　)。

(A)单叶双曲线　　(B)双叶双曲线　　(C)椭球面　　(D)柱面

2. (2020 年)已知直线 $L_1: \dfrac{x-a_2}{a_1}=\dfrac{y-b_2}{b_1}=\dfrac{z-c_2}{c_1}$ 与直线 $L_2: \dfrac{x-a_3}{a_2}=\dfrac{y-b_3}{b_2}=\dfrac{z-c_3}{c_2}$ 相交于一点，向量 $\boldsymbol{\alpha}_1=\begin{pmatrix} a_i \\ b_i \\ c_i \end{pmatrix}$，$i=1,2,3$，则(　　)。

(A)$\boldsymbol{\alpha}_1$ 可由 $\boldsymbol{\alpha}_2$，$\boldsymbol{\alpha}_3$ 线性表示　　(B)$\boldsymbol{\alpha}_2$ 可由 $\boldsymbol{\alpha}_1$，$\boldsymbol{\alpha}_3$ 线性表示

(C)$\boldsymbol{\alpha}_3$ 可由 $\boldsymbol{\alpha}_1$，$\boldsymbol{\alpha}_2$ 线性表示　　(D)$\boldsymbol{\alpha}_1$，$\boldsymbol{\alpha}_2$，$\boldsymbol{\alpha}_3$ 线性无关

二、填空题。

1. 已知$|\boldsymbol{a}|=3$,$|\boldsymbol{b}|=26$,$|\boldsymbol{a}\times\boldsymbol{b}|=72$,则$\boldsymbol{a}\cdot\boldsymbol{b}=$________。

2. 设向量$\boldsymbol{A}=2\boldsymbol{a}+\boldsymbol{b}$,$\boldsymbol{B}=k\boldsymbol{a}+\boldsymbol{b}$,且$|\boldsymbol{a}|=1$,$|\boldsymbol{b}|=2$,$\boldsymbol{a}\perp\boldsymbol{b}$,则$k=$________时,以$\boldsymbol{A}$,$\boldsymbol{B}$为邻边的平行四边形的面积为 6。

3. 已知向量$\boldsymbol{a}$,$\boldsymbol{b}$,$\boldsymbol{c}$两两正交,且$|\boldsymbol{a}|=1$,$|\boldsymbol{b}|=2$,$|\boldsymbol{c}|=3$,则$|\boldsymbol{a}+\boldsymbol{b}+\boldsymbol{c}|=$________。

4. 设向量$\boldsymbol{x}\perp\boldsymbol{a}$且$\boldsymbol{x}\perp\boldsymbol{b}$,其中,$\boldsymbol{a}=\{2,3,1\}$,$\boldsymbol{b}=\{1,-1,3\}$,向量$\boldsymbol{x}$与向量$\boldsymbol{c}=\{2,0,2\}$的数量积为$-10$,则$\boldsymbol{x}=$________。

5. 已知向量$\boldsymbol{a}$与x轴,y轴的夹角分别为$\frac{\pi}{3}$,$\frac{2\pi}{3}$,则该向量与z轴的夹角为________。

6. (1995 年)设$(\boldsymbol{a}\times\boldsymbol{b})\cdot\boldsymbol{c}=2$,则$[(\boldsymbol{a}+\boldsymbol{b})\times(\boldsymbol{b}+\boldsymbol{c})]\cdot(\boldsymbol{c}+\boldsymbol{a})=$________。

7. (1991 年)已知直线L_1和L_2的方程,L_1:$\frac{x-1}{1}=\frac{y-2}{0}=\frac{z-3}{-1}$和$L_2$:$\frac{x-2}{2}=\frac{y-1}{1}=\frac{z}{1}$,则经过$L_1$且平行于$L_2$的平面方程为____________。

三、解答题。

1. 已知向量$\overrightarrow{OA}=\{-2,3,-6\}$,$\overrightarrow{OB}=\{1,-2,2\}$,向量$\overrightarrow{OC}$平分角$\angle AOB$,且$|\overrightarrow{OC}|=\sqrt{42}$,求向量$\overrightarrow{OC}$。

2. 设一平面垂直于平面$z=0$,并通过从点$(1,-1,1)$到直线L:$\begin{cases}y-z+1=0,\\x=0\end{cases}$的垂线,求此平面的方程。

3. 求直线L_1:$\begin{cases}x+2y+5=0,\\2y-z-4=0\end{cases}$与$L_2$:$\begin{cases}y=0,\\x+2z+4=0\end{cases}$的公垂线的方程。

4. (2013 年真题改编)设直线L过$A(1,0,0)$,$B(0,1,1)$两点,将L绕z轴旋转一周得到曲面Σ,求曲面Σ的方程。

5. (1998 年)求直线L:$\frac{x-1}{1}=\frac{y}{1}=\frac{z-1}{-1}$在平面$\Pi$:$x-y+2z-1=0$上的投影直线$L_0$的方程,并求直线$L_0$绕$y$轴旋转一周所得曲面的方程。

6. (2017 年真题改编)设薄片型物体S是圆锥面$z=\sqrt{x^2+y^2}$被柱面$z^2=2x$割下的有限部分,记圆锥面与柱面的交线为C,求C在xOy面上的投影曲线的方程。

7. (2009 年)椭球面S_1是椭圆$\frac{x^2}{4}+\frac{y^2}{3}=1$绕$x$轴旋转而得的,圆锥面$S_2$是由过点$(4,0)$且与椭圆$\frac{x^2}{4}+\frac{y^2}{3}=1$相切的直线绕$x$轴旋转而成的。(1)求$S_1$及$S_2$的方程;(2)求$S_1$与$S_2$之间的立体的体积。

第七章　多元函数微分学及其应用

在自然科学、工程技术和社会生活中，往往要考虑多个变量之间的关系，反映在数学上，便是一个变量依赖于多个变量的问题，由此引入多元函数及多元函数的微分学和积分学。多元函数微分学可以看成是一元函数微分学的推广，因此，多元函数微分学有许多性质和一元函数微分学类似。多元函数中最简单的函数即是二元函数。我们知道函数关系从一元推广到二元其实是本质上发生了飞跃，但从二元推广到三元及三元以上只是技巧性的差别，并无实质上的不同。因此，分析多元函数不妨以二元函数为背景，本章我们将研究多元函数的极限与连续，偏导数与全微分，以及它们在具体问题中的某些应用。

第一节　多元函数的极限与连续

一、多元函数的概念

1. 多元函数的概念

在许多实际问题中，常常会遇到一个变量依赖于两个或更多个自变量的情形，举例说明如下。

例 1　矩形的面积 S 与其长 x，宽 y 有下列依赖关系：

$$S=xy(x>0,y>0),$$

其中长 x 和宽 y 是独立取值的两个变量。在它们变化范围内，当 x，y 取定值后，矩形面积 S 有唯一确定的值与之对应。

例 2　在电学中，直流电所产生的热量 Q 与电压 U，电流 I 及时间 t 有下列依赖关系：

$$Q=0.24IUt \quad (I>0,U>0,t>0),$$

上式中，对 I，U，t 的变化范围内的每一组值，变量 Q 有唯一确定的值与之对应。

一般地，有如下定义：

定义 7.1　设有变量 x，y，z，如果变量 x，y 在它们的变化范围 D 内的每一对确定的值，按照某一对应法则 f，变量 z 都有唯一确定的值与之对应，则称变量 z 为变量 x，y 在 D 上的**二元函数**，记作

$$z=f(x,y) \text{或} z=z(x,y),$$

其中 x，y 称为**自变量**，z 称为**因变量**（或**函数**），自变量 x，y 的变化范围 D 称为**函数的定义域**，函数值的全体称为**函数的值域**，记为 $f(D)$，即

$$f(D)=\{z|z=f(x,y),(x,y)\in D\}。$$

说明　(1)类似地，可以定义三元函数 $u=f(x,y,z)$ 以及三元以上的函数 $u=f(x_1,x_2,\cdots,x_n)$。二元及二元以上的函数统称为**多元函数**。

(2)多元函数的概念与一元函数一样,包含对应法则和定义域这两个要素。

(3)在一元函数中,自变量的取值范围即定义域,一般都是数轴上的一个或几个区间。二元函数自变量的取值范围要由数轴扩充到 xOy 平面上,其定义域通常是由 xOy 平面上的一条或几条曲线围成的一部分或整个平面,称为 xOy 平面上的平面区域。

平面区域一般分类如下:

(1)设 $P_0(x_0,y_0)$ 为 xOy 平面上一定点,δ 是某一正数,与点 $P_0(x_0,y_0)$ 的距离小于 δ 的点 $P(x,y)$ 的全体,称为**点 $P_0(x_0,y_0)$ 的 δ 邻域**,记为 $U(P_0,\delta)$,即

$$U(P_0,\delta)=\{P\mid |P_0P|<\delta\}=\{(x,y)\mid \sqrt{(x-x_0)^2+(y-y_0)^2}<\delta\},$$

说明　在几何上,$U(P_0,\delta)$ 表示以 $P_0(x_0,y_0)$ 为圆心,δ 为半径的圆的内部(不含圆周)。

在 P_0 的 δ 邻域中去掉点 P_0,称为点 P_0 的**去心 δ 邻域**,记为 $\mathring{U}(P_0,\delta)$,即

$$\mathring{U}(P_0,\delta)=\{P\mid 0<|P_0P|<\delta\}=\{(x,y)\mid 0<\sqrt{(x-x_0)^2+(y-y_0)^2}<\delta\},$$

若不需要强调邻域的半径 δ,点 P_0 的 δ 邻域也可记作 $U(P_0)$,点 P_0 的去心 δ 邻域也可记作 $\mathring{U}(P_0)$。

(2)设 D 为平面上的点集,对 D 来说,平面上的点分为三类:

①**内点**:若存在点 P_0 的某一邻域 $U(P_0,\delta)$,使得 $U(P_0,\delta)\subset D$,则称 P_0 为 D 的**内点**。

②**外点**:若存在点 P_1 的某一邻域 $U(P_1,\delta)$,使得 $U(P_1,\delta)\cap D=\Phi$,则称 P_1 为 D 的**外点**。

③**边界点**:若存在点 P_2 的任一邻域 $U(P_2,\delta)$,既有属于 D 的点,又有不属于 D 的点,则称 P_2 为 D 的**边界点**。

说明　D 的边界点 P_2 既可以属于 D,也可以不属于 D。

(3)若点集 D 中的所有点都是其内点,则称 D 为**开集**;若点集 D 包含它的所有边界点,则称 D 为**闭集**。

(4)**连通集**:若点集 D 中的任意两点都可以用一条完全含于 D 中的折线连接起来,则称 D 为**连通集**。

(5)**开区域**:若点集 D 是连通的开集,则称 D 为**开区域**。

(6)**边界**:区域 D 的边界点的全体称为 D 的**边界**。

(7)**闭区域**:开区域 D 连同它的边界称为**闭区域**(或**闭域**)。

(8)**有界区域**:如果区域 E 可包含在以原点为中心的某个圆内,即存在正数 r,使 $E\subset U(0,r)$,则称 E 为**有界区域**;否则,称 E 为**无界区域**。

(9)**聚点**:记 E 为平面上的一个点集,P 是平面上的一个点,若点 P 的任一邻域内总有无限多个点属于点集 E,则称 P 为 E 的**聚点**。

说明　E 的内点一定是 E 的聚点。E 的边界点也可能是 E 的聚点。E 的聚点可能属于 E,也可能不属于 E。

例如,设 $E=\{(x,y)\mid 0<x^2+y^2\leqslant 1\}$,点 $(0,0)$ 既是 E 的边界点,也是 E 的聚点。但是,$(0,0)\notin E$。

例如，设 $E=\{(x,y)\mid x^2+y^2=1\}$，圆周上的点既是 E 的边界点，也是 E 的聚点，还属于 E。

例 3　求下列函数的定义域。

(1) $z=\sqrt{1-x^2-y^2}$；　　(2) $z=\dfrac{1}{\sqrt{x+y}}$；　　(3) $z=x^2+y$。

解　(1)函数的定义域为 $D=\{(x,y)\mid x^2+y^2\leqslant 1\}$，如图 7.1 所示；

(2)函数的定义域 $D=\{(x,y)\mid x+y>0\}$，如图 7.2 所示。

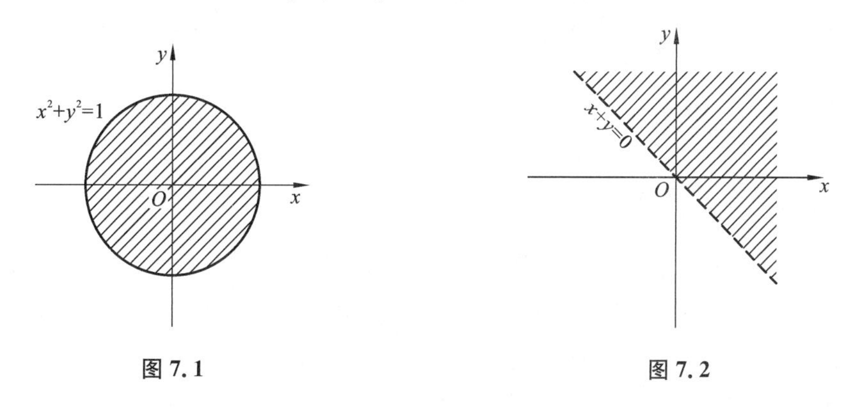

图 7.1　　　　图 7.2

(3)函数 $z=x^2+y$ 的定义域是 $\{(x,y)\mid x\in\mathbf{R},y\in\mathbf{R}\}$，表示的是整个 xOy 平面。

说明　多元函数的定义域的求法和一元函数类似。对于解析式表示的函数，其定义域是使得解析式有意义的所有自变量的取值范围。对于由实际问题提出的函数，一般根据自变量所表示的实际意义确定自变量的取值范围即为函数的定义域。

2. 二元函数的几何意义

我们知道，一元函数 $y=f(x)$ 的图形在 xOy 平面上一般表示一条曲线。

设二元函数 $z=f(x,y)$ 的定义域为 D，点集

$$S=\{(x,y,z)\mid z=f(x,y),(x,y)\in D\}$$

称为**二元函数** $z=f(x,y)$ **的图形**。

如图 7.3 所示，$P(x,y)$ 为 D 中的一点，与 P 对应的函数值记为 $z=f(x,y)$，于是可确定一点 $M(x,y,z)$。当 $P(x,y)$ 在定义域 D 上变动时，对应点 $M(x,y,z)$ 的轨迹就是二元函数 $z=f(x,y)$ 的图形。一般而言，它通常是一张曲面。如二元函数 $z=x^2+y^2$ 的图形是旋转抛物面，线性函数 $z=ax+by+c$ 的图形是一张平面，$z=\sqrt{x^2+y^2}$ 的图形是顶点在原点，开口向上的圆锥面。而这些函数的定义域 D 正是这些曲面在 xOy 平面上的投影。

例 4　讨论二元函数 $z=\sqrt{9-x^2-y^2}$ 的图形。

解　二元函数 $z=\sqrt{9-x^2-y^2}$ 的定义域为 $D=\{(x,y)\mid x^2+y^2\leqslant 9\}$，即以原点为圆心，以 3 为半径的圆面(圆的内部及其边界)。整理二元函数表达式得

$$x^2+y^2+z^2=9,$$

它表示以 $(0,0,0)$ 为球心，以 3 为半径的球面。又 $z=\sqrt{9-x^2-y^2}\geqslant 0$，因此图形仅是位于 xOy 平面上方的球面，如图 7.4 所示。

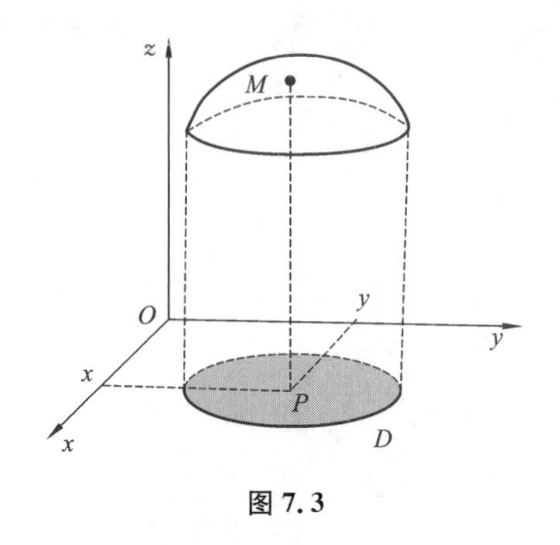

图 7.3

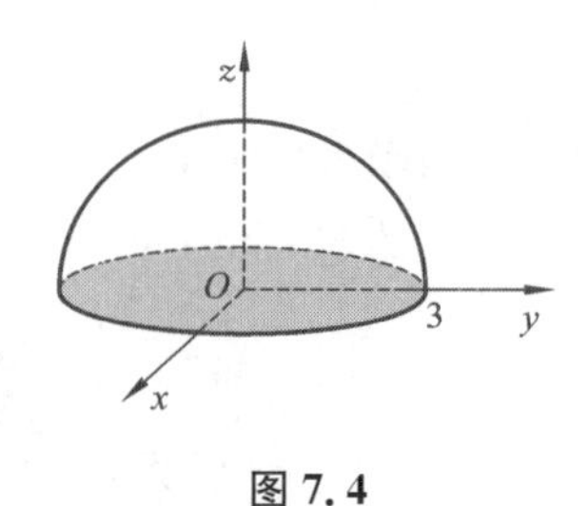

图 7.4

二、二元函数的极限

二元函数的极限概念是一元函数极限概念的推广。二元函数的极限可表述如下。

定义 7.2　设函数 $z=f(x,y)$在点 $P_0(x_0,y_0)$的某个去心邻域$\mathring{U}(P_0)$内有定义。点 $P(x,y)$是$\mathring{U}(P_0)$内异于 P_0 的任一点。当 $P(x,y)$沿着任意路径无限趋于 $P_0(x_0,y_0)$时,函数值 $f(x,y)$无限趋于某一常数 A,则称 A 是函数 $f(x,y)$当 $P(x,y)$趋于 $P_0(x_0,y_0)$时的(二重)**极限**,记作

$$\lim_{(x,y)\to(x_0,y_0)} f(x,y)=A \text{ 或 } f(x,y)\to A(x\to x_0,y\to y_0)。$$

此时,称当 $P(x,y)$趋于 $P_0(x_0,y_0)$时,$f(x,y)$的**极限存在**;反之,称**极限不存在**。

说明　(1)$z=f(x,y)$在点 $P_0(x_0,y_0)$的某个去心邻域$\mathring{U}(P_0)$内有定义,则能确保在$\mathring{U}(P_0)$内且异于 P_0 的点 $P(x,y)$处也是有定义的。

(2)二元函数 $z=f(x,y)$的二重极限存在,是指 $P(x,y)$沿着任意路径无限趋于 $P_0(x_0,y_0)$时,函数值都无限趋于常数 A。若仅沿着某些特殊路径 $P(x,y)$无限趋于 $P_0(x_0,y_0)$时,函数值无限趋于常数 A,是不能断定二重极限存在的。

(3)若当点 $P(x,y)$沿着两条不同路径趋于 $P_0(x_0,y_0)$时,函数值 $f(x,y)$趋近于不同的数,则可断定 $f(x,y)$在 $P(x,y)$趋于 $P_0(x_0,y_0)$时没有极限。若当 $P(x,y)$沿着某些特殊路径无限趋于 $P_0(x_0,y_0)$时,函数值的极限不存在,则也可断定,$f(x,y)$在 $P(x,y)$趋于 $P_0(x_0,y_0)$时没有极限。

(4)类似一元函数,函数值 $f(x,y)$无限趋于某一常数 A 可用$|f(x,y)-A|<\varepsilon$(任给$\varepsilon>0$)来刻画,点 $P=P(x,y)$无限趋于 $P_0=P_0(x_0,y_0)$可用 $0<|P_0P|=\sqrt{(x-x_0)^2+(y-y_0)^2}<\delta$来刻画,因此,二元函数的极限也可以定义如下。

定义 7.3　设函数 $z=f(x,y)$在点 $P_0(x_0,y_0)$的某个去心邻域$\mathring{U}(P_0)$内有定义,点 $P(x,y)$是$\mathring{U}(P_0)$内异于 P_0 的任一点,A 为常数。若对任给的正数 ε,总存在 $\delta>0$,当 $0<|P_0P|=\sqrt{(x-x_0)^2+(y-y_0)^2}<\delta$时,总有

$$|f(x,y)-A|<\varepsilon,$$

则称 A 是函数 $f(x,y)$ 当 $P(x,y)$ 趋于 $P_0(x_0,y_0)$ 时的(二重)**极限**。

(5)二元函数的极限有与一元函数极限相似的运算性质和法则,这里不再一一叙述。

例 5　设 $f(x,y)=\begin{cases}\dfrac{xy}{x^2+y^2}, & x^2+y^2\neq 0,\\ 0, & x^2+y^2=0,\end{cases}$ 判断极限 $\lim\limits_{(x,y)\to(0,0)} f(x,y)$ 是否存在?

解　当 $P(x,y)$ 沿 x 轴趋于 $(0,0)$ 时,有 $y=0$,于是

$$\lim_{\substack{(x,y)\to(0,0)\\ y=0}} f(x,y)=\lim_{x\to 0} f(x,0)=\lim_{x\to 0} 0=0;$$

当 $P(x,y)$ 沿 y 轴趋于 $(0,0)$ 时,有 $x=0$,于是

$$\lim_{\substack{(x,y)\to(0,0)\\ x=0}} f(x,y)=\lim_{y\to 0} f(0,y)=\lim_{y\to 0} 0=0;$$

但不能因为 $P(x,y)$ 沿着以上两种特殊方式趋于 $(0,0)$ 时的极限存在且相等,就断定所考查的极限存在。

因为,当 $P(x,y)$ 沿直线 $y=kx$ 趋于 $(0,0)$ 时,有

$$\lim_{\substack{(x,y)\to(0,0)\\ y=kx}} f(x,y)=\lim_{x\to 0}\frac{kx^2}{x^2+k^2x^2}=\frac{k}{1+k^2},$$

这个极限值随着 k 的值的不同而变化,因此 $\lim\limits_{(x,y)\to(0,0)} f(x,y)$ 不存在。

三、二元函数的连续性

1. 二元函数连续的定义

类似于一元函数连续性的定义,二元函数的极限概念可以用来定义二元函数的连续性。

定义 7.4　设函数 $z=f(x,y)$ 在点 $P_0(x_0,y_0)$ 的某邻域内有定义,若

$$\lim_{(x,y)\to(x_0,y_0)} f(x,y)=f(x_0,y_0),$$

则称 $f(x,y)$ 在点 $P_0(x_0,y_0)$ 处**连续**,$P_0(x_0,y_0)$ 称为 $f(x,y)$ 的**连续点**;否则,称 $f(x,y)$ 在点 $P_0(x_0,y_0)$ 处**间断**(不连续),$P_0(x_0,y_0)$ 称为 $f(x,y)$ 的**间断点**。

若函数 $z=f(x,y)$ 在平面区域 D 内每一点都连续,则称函数 $z=f(x,y)$ 在区域 D 内连续,也称 $z=f(x,y)$ 是 D 内的**连续函数**。

说明　(1)二元函数 $z=f(x,y)$ 在点 $P_0(x_0,y_0)$ 处连续,必须满足以下三个条件:

①函数在点 $P_0(x_0,y_0)$ 有定义;

②函数在点 $P_0(x_0,y_0)$ 处的极限存在;

③函数在点 $P_0(x_0,y_0)$ 处的函数值与 $P_0(x_0,y_0)$ 处的极限值相等。

只要三个条件有一个不满足,则函数在 $P_0(x_0,y_0)$ 处就不连续。

例如,例 5 中的函数 $f(x,y)=\begin{cases}\dfrac{xy}{x^2+y^2}, & x^2+y^2\neq 0,\\ 0, & x^2+y^2=0\end{cases}$ 在点 $(0,0)$ 处间断;又如,函数 $z=\dfrac{1}{x^2-y^2}$ 在直线 $y=x$ 和直线 $y=-x$ 上的每一点都间断;再如,函数 $z=\dfrac{1}{x^2+y^2-4}$ 在圆周 $x^2+y^2=4$ 上的每一点都间断。

(2)在区域 D 内的连续函数的图形是一张既没有“洞”也没有“裂缝”的曲面。

(3)若令 $x=x_0+\Delta x, y=y_0+\Delta y$,则有 $(x,y)\to(x_0,y_0)$ 等价于 $(\Delta x,\Delta y)\to(0,0)$,若记 $\Delta z=f(x,x)-f(x_0,y_0)$,则函数 $z=f(x,y)$ 在点 $P_0(x_0,y_0)$ 处连续还可以用以下表达式说明

$$\lim_{(\Delta x,\Delta y)\to(0,0)}\Delta z=0。$$

(4)一元函数中关于极限的运算法则对于多元函数仍适用,故二元连续函数经过四则运算后仍为二元连续函数(商的情形要求分母不为零);二元连续函数的复合函数也是连续函数。

(5)与一元初等函数类似,二元初等函数是可用含 x,y 的一个解析式所表示的函数,而这个式子是由常数,x 的基本初等函数,y 的基本初等函数经过有限次四则运算及复合而构成的,例如,$\sin(x^2+y^2)$,$\dfrac{xy}{x^2+y^2}$,$\arcsin\dfrac{x}{y}$ 等都是二元初等函数。二元初等函数在其定义域内处处连续。

例 6　求下列函数的极限。

(1) $\lim\limits_{(x,y)\to(0,1)}\dfrac{2-xy}{x^2+y^2}$;　　(2) $\lim\limits_{(x,y)\to(0,0)}\dfrac{x^2+y^2}{\sqrt{1+x^2+y^2}-1}$;

(3) $\lim\limits_{(x,y)\to(0,3)}\dfrac{\sin(xy)}{x}$。

解　(1)二元初等函数 $f(x,y)=\dfrac{2-xy}{x^2+y^2}$ 的定义域为 $D=\{(x,y)\mid x\neq0,y\neq0\}$,又 $(0,1)\in D$,则点 $(0,1)$ 是函数的连续点,即有 $\lim\limits_{(x,y)\to(0,1)}\dfrac{2-xy}{x^2+y^2}=f(0,1)=2$。

(2)
$$\lim_{(x,y)\to(0,0)}\frac{x^2+y^2}{\sqrt{1+x^2+y^2}-1}=\lim_{(x,y)\to(0,0)}\frac{(x^2+y^2)(\sqrt{1+x^2+y^2}+1)}{(\sqrt{1+x^2+y^2}-1)(\sqrt{1+x^2+y^2}+1)}$$
$$=\lim_{(x,y)\to(0,0)}(\sqrt{1+x^2+y^2}+1)=2。$$

(3)
$$\lim_{(x,y)\to(0,3)}\frac{\sin(xy)}{x}=\lim_{(x,y)\to(0,3)}\frac{\sin(xy)}{xy}\cdot y=\lim_{(x,y)\to(0,3)}\frac{\sin(xy)}{xy}\cdot\lim_{(x,y)\to(0,3)}y=1\times3=3。$$

由例 6 可知,求二元函数极限的很多方法与一元函数相同。

2. 有界闭区域上二元连续函数的性质

与闭区间上一元连续函数的性质相类似,有界闭区域上的多元连续函数具有如下性质。

性质 1　(最值定理)若 $f(x,y)$ 在有界闭区域 D 上连续,则 $f(x,y)$ 在 D 上必取得最大值和最小值。

推论　(有界性定理)若 $f(x,y)$ 在有界闭区域 D 上连续,则 $f(x,y)$ 在 D 上有界。

性质 2　(介值定理)若 $f(x,y)$ 在有界闭区域 D 上连续,m 和 M 分别是 $f(x,y)$ 在 D 上的最小值和最大值,则对于介于 m 与 M 之间的任意一个数 c,必存在一点 $(x_0,y_0)\in D$,使得 $f(x_0,y_0)=c$。

在有界闭区域上,以上二元连续函数的性质,读者可以类似地推广到三元及更多元连续函数上。

习题 7.1(A)

1. 已知 $f(x,y)=x^2+xy-\frac{y}{x}$,则 $f(1,2)=$________。

2. (1)设 $f(u,v)=u^v$,求 $f(x,x^2)$,$f\left(\frac{1}{y},x-y\right)$。

(2)若 $f\left(x+y,\frac{y}{x}\right)=x^2-y^2$,求 $f(x,y)$。

3. 求下列函数的定义域。

(1)$z=\sqrt{a^2-x^2-y^2}$;

(2)$z=\ln(x+y)$;

(3)$z=\arcsin(x+y)$;

(4)$z=\ln(y-x^2)+\sqrt{1-y-x^2}$;

(5)$z=\ln(x^2+y^2-1)+\frac{1}{\sqrt{4-x^2-y^2}}$;

(6)$t=\frac{1}{\sqrt{x}}+\frac{1}{\sqrt{y}}+\frac{1}{\sqrt{z}}$。

4. 讨论下列函数在点(0,0)处的极限是否存在。

(1)$z=\frac{xy}{x^2+y^4}$;

(2)$z=\frac{x+y}{x-y}$。

5. 求下列函数的极限。

(1)$\lim\limits_{(x,y)\to(1,2)}\frac{xy+2x^2y^2}{x+y}$;

(2)$\lim\limits_{(x,y)\to(0,1)}\frac{2-xy}{x^2+3y^2}$;

(3)$\lim\limits_{(x,y)\to(1,0)}\frac{\ln(x+e^y)}{x^2+y^2}$;

(4)$\lim\limits_{(x,y)\to(0,0)}\frac{\sin 2(x^2+y^2)}{x^2+y^2}$;

(5)$\lim\limits_{(x,y)\to(0,0)}\frac{\sin 2xy}{x}$;

(6)$\lim\limits_{(x,y)\to(0,0)}\frac{1-\cos(x^2+y^2)}{(x^2+y^2)e^{x^2y^2}}$;

(7)$\lim\limits_{(x,y)\to(0,0)}\frac{2-\sqrt{xy+4}}{xy}$;

(8)$\lim\limits_{(x,y)\to(0,0)}\frac{xy}{\sqrt{2-e^{xy}}-1}$。

6. 讨论函数 $f(x,y)=\begin{cases}(x+y)\cos\frac{1}{x}, & x\neq 0,\\ 0 & ,x=0\end{cases}$ 在点(0,0)处的连续性。

7. 讨论下列函数的连续性,若间断,请找出间断点。

(1)$z=\frac{y^2+2x}{x^2+y^4}$;

(2)$z=\ln|x-y|$;

(3)$z=\frac{y^2+2x}{y^2-2x}$。

习题 7.1(B)

1. 设函数 $f(x,y)=\int_x^y\frac{1}{t}dt$,求 $f(1,4)$。

2. 已知函数 $f(u,v,\omega)=u^\omega+\omega^{u+v}$,试求 $f(x+y,x-y,xy)$。

3. 设函数 $f(x,y)=\frac{y}{1+xy}-\frac{1-y\sin\frac{x}{y}}{\arcsin x}$,$x>0$,$y>0$,求:(1)$g(x)=\lim\limits_{y\to+\infty}f(x,y)$;(2)$\lim\limits_{x\to0^+}g(x)$。

4. 求下列函数的极限。

(1) $\lim\limits_{(x,y)\to(0,0)}(1+xy)^{\frac{1}{y}}$；　　(2) $\lim\limits_{\substack{x\to\infty\\ y\to a}}\left(1+\frac{1}{x}\right)^{\frac{x^2}{x+y}}$。

5. 讨论函数 $f(x,y)=\begin{cases}\frac{xy}{\sqrt{x^2+y^2}}, & x^2+y^2\neq 0,\\ 0, & x^2+y^2=0\end{cases}$ 在点(0,0)处的连续性。

第二节　偏导数

一、偏导数的定义及其计算

1. 偏导数的定义

在研究一元函数时，我们从函数的变化率引入了导数的概念。在实际应用中，对于多元函数也需要讨论变化率，难点在于多元函数自变量不止一个，关系复杂。下面，我们以二元函数为例进行讨论。

引例　研究弦在点 x_0 处的振动速度，就是将振幅 $u(x,t)$ 中的 x 固定于 x_0 处，求 $u(x_0,t)$ 关于 t 的导数，此导数称为二元函数 $u(x,t)$ 关于 t 的**偏导数**。

定义 7.5　设函数 $z=f(x,y)$ 在点 $P_0(x_0,y_0)$ 的某邻域内有定义，当 y 固定在 y_0 而 x 在 x_0 处有增量 Δx 时，相应地函数 $z=f(x,y)$ 有增量(称为关于 x 的**偏增量**)

$$\Delta_x z=f(x_0+\Delta x,y_0)-f(x_0,y_0)。$$

若 $\lim\limits_{\Delta x\to 0}\frac{\Delta_x z}{\Delta x}$ 存在，则称此极限值为函数 $z=f(x,y)$ 在 (x_0,y_0) 处对 x 的**偏导数**，记作

$$\left.\frac{\partial z}{\partial x}\right|_{\substack{x=x_0\\ y=y_0}},\left.\frac{\partial f}{\partial x}\right|_{\substack{x=x_0\\ y=y_0}},\left.z_x'\right|_{\substack{x=x_0\\ y=y_0}} \text{或 } f_x'(x_0,y_0)。$$

即

$$f_x'(x_0,y_0)=\lim_{\Delta x\to 0}\frac{\Delta_x z}{\Delta x}=\lim_{\Delta x\to 0}\frac{f(x_0+\Delta x,y_0)-f(x_0,y_0)}{\Delta x}。$$

类似地，函数 $z=f(x,y)$ 关于 y 的偏增量定义为 $\Delta_y z=f(x_0,y_0+\Delta y)-f(x_0,y_0)$。

如果极限

$$\lim_{\Delta y\to 0}\frac{\Delta_y z}{\Delta y}=\lim_{\Delta y\to 0}\frac{f(x_0,y_0+\Delta y)-f(x_0,y_0)}{\Delta y}$$

存在，则称此极限为函数 $z=f(x,y)$ 在点 (x_0,y_0) 处对 y 的**偏导数**，记作

$$\left.\frac{\partial z}{\partial y}\right|_{\substack{x=x_0\\ y=y_0}},\left.\frac{\partial f}{\partial y}\right|_{\substack{x=x_0\\ y=y_0}},\left.z_y'\right|_{\substack{x=x_0\\ y=y_0}} \text{或 } f_y'(x_0,y_0)。$$

说明　(1)二元函数 $z=f(x,y)$ 在点 (x_0,y_0) 处对 x 的偏导数，就是一元函数 $z=f(x,y_0)$ 在点 x_0 处的导数。

(2)二元函数 $z=f(x,y)$ 在点 (x_0,y_0) 处对 y 的偏导数，就是一元函数 $z=f(x_0,y)$ 在点 y_0 处的导数。

若函数 $z=f(x,y)$ 在区域 D 内每一点 (x,y) 处对 x 的偏导数存在，那么这个偏导数是关于 x,y 的函数，称它为函数 $z=f(x,y)$ 对 x 的**偏导函数**，记为

$$\frac{\partial z}{\partial x},\frac{\partial f}{\partial x},z_x'\text{或}f_x'(x,y)。$$

类似地，可定义函数 $z=f(x,y)$ 对 y 的偏导函数，记为

$$\frac{\partial z}{\partial y},\frac{\partial f}{\partial y},z_y'\text{或}f_y'(x,y)。$$

类似于一元函数，以后在不至于混淆的情况下，偏导函数也简称为偏导数。显然，函数在某一点的偏导数就是偏导函数在这一点处的函数值，即

$$f_x'(x_0,y_0)=f_x'(x,y)\Big|_{\substack{x=x_0\\y=y_0}},f_y'(x_0,y_0)=f_y'(x,y)\Big|_{\substack{x=x_0\\y=y_0}}。$$

偏导数的定义可推广到三元及其他多元函数，此处，不再具体叙述。

2. 偏导数的计算

由于偏导数是将二元函数中的一个自变量固定不变，只让另一个自变量变化，求 $\frac{\partial z}{\partial x}$ 时，把 y 看成常量，对 x 求导；求 $\frac{\partial z}{\partial y}$ 时，把 x 看成常量，对 y 求导。因此，求偏导数的问题，仍然是求一元函数的导数问题。

例 1　求 $z=x^2+3xy+y^2$ 在点 $(1,2)$ 处的偏导数。

解　方法一：先将 $y=2$ 代入函数中得 $z(x,2)=x^2+6x+4$，再对 x 求导得 $z_x'(x,2)=2x+6$，导数在 $x=1$ 处的值为 $z_x'(1,2)=8$。

先将 $x=1$ 代入函数中得 $z(1,y)=1+3y+y^2$，再对 y 求导得 $z_y'(1,y)=3+2y$，导数在 $y=2$ 处的值为 $z_y'(1,2)=7$。

方法二：把 y 看作常量，对 x 求导得 $\frac{\partial z}{\partial x}=2x+3y$，得 $\frac{\partial z}{\partial x}\big|_{(1,2)}=8$。

把 x 看作常量，对 y 求导得 $\frac{\partial z}{\partial y}=3x+2y$，得 $\frac{\partial z}{\partial y}\big|_{(1,2)}=7$。

例 2　求函数 $z=e^{xy}\sin(2x+y)$ 的偏导数。

解　$\frac{\partial z}{\partial x}=ye^{xy}\sin(2x+y)+2e^{xy}\cos(2x+y)$，

$\frac{\partial z}{\partial y}=xe^{xy}\sin(2x+y)+e^{xy}\cos(2x+y)$。

例 3　设 $z=x^y\ (x>0,x\neq1)$，求证：$\frac{x}{y}\frac{\partial z}{\partial x}+\frac{1}{\ln x}\frac{\partial z}{\partial y}=2z$。

证明　因为 $\frac{\partial z}{\partial x}=y\cdot x^{y-1}$，$\frac{\partial z}{\partial y}=x^y\cdot\ln x$，所以

$$\frac{x}{y}\frac{\partial z}{\partial x}+\frac{1}{\ln x}\frac{\partial z}{\partial y}=\frac{x}{y}yx^{y-1}+\frac{1}{\ln x}x^y\ln x=x^y+x^y=2z。$$

例 4　已知理想气体的状态方程 $pV=RT$（R 为常数），求证：

$$\frac{\partial P}{\partial V}\cdot\frac{\partial V}{\partial T}\cdot\frac{\partial T}{\partial P}=-1。$$

证明 由 $p=\frac{RT}{V}$,求$\frac{\partial p}{\partial V}$时,把 T 看成常量,可得 p 对 V 的偏导数$\frac{\partial p}{\partial V}=-\frac{RT}{V^2}$;

由 $V=\frac{RT}{p}$,求$\frac{\partial V}{\partial T}$时,把 p 看成常量,可得 V 对 T 的偏导数得$\frac{\partial V}{\partial T}=\frac{R}{p}$;

由 $T=\frac{pV}{R}$,求$\frac{\partial T}{\partial p}$时,把 V 看成常量,可得 T 对 p 的偏导数得$\frac{\partial T}{\partial p}=\frac{V}{R}$。

故有

$$\frac{\partial p}{\partial V}\cdot\frac{\partial V}{\partial T}\cdot\frac{\partial T}{\partial p}=-\frac{RT}{V^2}\cdot\frac{R}{p}\cdot\frac{V}{R}=-\frac{RT}{Vp}=-1。$$

说明 一元函数的导数$\frac{\mathrm{d}y}{\mathrm{d}x}$可看成函数的微分 $\mathrm{d}y$ 与自变量的微分 $\mathrm{d}x$ 之商,而多元函数的偏导数记号$\frac{\partial z}{\partial x}$与$\frac{\partial z}{\partial y}$是整体符号,不能看作分子分母之商。

有时候,在一些特殊点处的偏导数,我们还需要利用定义进行讨论。如下面例 5。

例 5 设 $f(x,y)=\begin{cases}\frac{xy}{x^2+y^2}, & x^2+y^2\neq 0,\\ 0, & x^2+y^2=0,\end{cases}$ 求 $z=f(x,y)$在$(0,0)$处的偏导数。

解 $z=f(x,y)$在点$(0,0)$处对 x 求偏导数为

$$f_x'(0,0)=\lim_{\Delta x\to 0}\frac{f(0+\Delta x,0)-f(0,0)}{\Delta x}=\lim_{\Delta x\to 0}0=0;$$

$z=f(x,y)$在点$(0,0)$处对 y 求偏导数为

$$f_y'(0,0)=\lim_{\Delta y\to 0}\frac{f(0,0+\Delta y)-f(0,0)}{\Delta y}=\lim_{\Delta y\to 0}0=0。$$

说明 (1)由第七章第一节例 5 知,$f(x,y)=\begin{cases}\frac{xy}{x^2+y^2}, & x^2+y^2\neq 0,\\ 0, & x^2+y^2=0\end{cases}$ 在点$(0,0)$处不连续。由本节例 5 知,$f(x,y)=\begin{cases}\frac{xy}{x^2+y^2}, & x^2+y^2\neq 0,\\ 0, & x^2+y^2=0\end{cases}$ 在点$(0,0)$处对 x 的偏导数和对 y 的偏导数都存在。因此,对多元函数,即使各偏导数在某点都存在,也不能断定函数在该点连续,这与一元函数是不同的。因而,一元函数在其可导点处必定连续的结论,对于多元函数不成立。

(2)各偏导数存在只能保证点 $P(x,y)$沿着平行于坐标轴的方向趋于 $P_0(x_0,y_0)$时,函数值 $f(x,y)$趋于 $f(x_0,y_0)$,但不能保证点 $P(x,y)$沿着任意方向趋于 $P_0(x_0,y_0)$时,函数值 $f(x,y)$都趋于 $f(x_0,y_0)$。

二、偏导数的几何意义

一元函数的导数在几何上表示平面曲线切线的斜率,二元函数的偏导数也有类似的几何意义。

设 $z=f(x,y)$在点(x_0,y_0)处的偏导数存在。设 $M_0(x_0,y_0,f(x_0,y_0))$为曲面 $z=f(x,y)$上一点,如图 7.5 所示,过点 M_0 作平面 $y=y_0$,得到曲面与平面相交的曲线方程为

$$\begin{cases} z=f(x,y), \\ y=y_0。\end{cases}$$

由于偏导数 $f'_x(x_0,y_0)$ 等于一元函数 $f(x,y_0)$ 的导数 $f'_x(x,y_0)$ 在 x_0 处的值，即 $f'_x(x_0,y_0)=f'_x(x,y_0)\Big|_{x=x_0}$。又由一元函数导数的几何意义知，偏导数 $f'_x(x_0,y_0)$ 在几何上表示曲线 $\begin{cases} z=f(x,y), \\ y=y_0 \end{cases}$ 在点 $M_0(x_0,y_0,f(x_0,y_0))$ 处的切线 M_0T_x 对 x 轴的斜率。

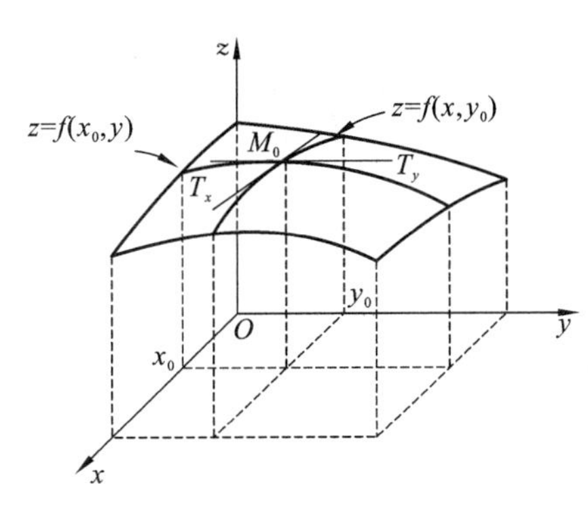

图 7.5

同理，偏导数 $f'_y(x_0,y_0)$ 在几何上表示曲线 $\begin{cases} z=f(x,y), \\ x=x_0 \end{cases}$ 在点 $M_0(x_0,y_0,f(x_0,y_0))$ 处的切线 M_0T_y 对 y 轴的斜率。

三、高阶偏导数

设函数 $z=f(x,y)$ 在区域 D 内具有偏导数 $\dfrac{\partial z}{\partial x}=f'_x(x,y)$，$\dfrac{\partial z}{\partial y}=f'_y(x,y)$，那么在 D 内 $f'_x(x,y)$，$f'_y(x,y)$ 都是 x,y 的二元函数。若这两个函数的偏导数仍存在，则称它们是函数 $z=f(x,y)$ 的二阶偏导数。按照对变量求导次序的不同，有以下四种二阶导数，记作

(1) $\left(\dfrac{\partial z}{\partial x}\right)'_x=\dfrac{\partial}{\partial x}\left(\dfrac{\partial z}{\partial x}\right)=\dfrac{\partial^2 z}{\partial x^2}=f''_{xx}(x,y)$，

(2) $\left(\dfrac{\partial z}{\partial x}\right)'_y=\dfrac{\partial}{\partial y}\left(\dfrac{\partial z}{\partial x}\right)=\dfrac{\partial^2 z}{\partial x\partial y}=f''_{xy}(x,y)$，

(3) $\left(\dfrac{\partial z}{\partial y}\right)'_x=\dfrac{\partial}{\partial x}\left(\dfrac{\partial z}{\partial y}\right)=\dfrac{\partial^2 z}{\partial y\partial x}=f''_{yx}(x,y)$，

(4) $\left(\dfrac{\partial z}{\partial y}\right)'_y=\dfrac{\partial}{\partial y}\left(\dfrac{\partial z}{\partial y}\right)=\dfrac{\partial^2 z}{\partial y^2}=f''_{yy}(x,y)$，

其中，$f''_{xy}(x,y)$，$f''_{yx}(x,y)$ 称为二阶混合偏导数。

说明　$\dfrac{\partial}{\partial y}\left(\dfrac{\partial z}{\partial x}\right)=\dfrac{\partial^2 z}{\partial x\partial y}$ 表示先对 x 后对 y 的求导次序；$\dfrac{\partial}{\partial x}\left(\dfrac{\partial z}{\partial y}\right)=\dfrac{\partial^2 z}{\partial y\partial x}$ 表示先对 y 后对 x 的求导次序。

类似地，可给出三阶、四阶、…、n 阶偏导数。二阶及二阶以上的偏导数统称为**高阶偏导数**。

例 6 求 $z=x^3y+2xy^2-3y^3$ 的二阶偏导数。

解 由于$\frac{\partial z}{\partial x}=3x^2y+2y^2$,$\frac{\partial z}{\partial y}=x^3+4xy-9y^2$,因此有

$$\frac{\partial^2 z}{\partial x^2}=6xy,\frac{\partial^2 z}{\partial x\partial y}=3x^2+4y,\frac{\partial^2 z}{\partial y\partial x}=3x^2+4y,\frac{\partial^2 z}{\partial y^2}=4x-18y。$$

例 7 求 $z=x^3y^2+\mathrm{e}^{xy}$的二阶偏导数。

解 由于$\frac{\partial z}{\partial x}=3x^2y^2+y\mathrm{e}^{xy}$,$\frac{\partial z}{\partial y}=2x^3y+x\mathrm{e}^{xy}$,因此有

$$\frac{\partial^2 z}{\partial x^2}=6xy^2+y^2\mathrm{e}^{xy},\frac{\partial^2 z}{\partial x\partial y}=6x^2y+\mathrm{e}^{xy}+xy\mathrm{e}^{xy},$$

$$\frac{\partial^2 z}{\partial y\partial x}=6x^2y+\mathrm{e}^{xy}+xy\mathrm{e}^{xy},\frac{\partial^2 z}{\partial y^2}=2x^3+x^2\mathrm{e}^{xy}。$$

由例 6 及例 7 可看出$\frac{\partial^2 z}{\partial x\partial y}=\frac{\partial^2 z}{\partial y\partial x}$,即两个混合偏导数相等。这并非偶然!事实上,我们有如下定理。

定理 7.1 若函数 $z=f(x,y)$的两个二阶混合偏导数$\frac{\partial^2 z}{\partial x\partial y}$和$\frac{\partial^2 z}{\partial y\partial x}$在区域 D 内连续,则在该区域内有$\frac{\partial^2 z}{\partial x\partial y}=\frac{\partial^2 z}{\partial y\partial x}$。

说明 定理 7.1 表明,二阶混合偏导数在连续的条件下与求偏导的次序无关。类似地,高阶混合偏导数在连续的条件下也与求偏导的次序无关。该定理证明从略。

例 8 设 $z=\ln(\mathrm{e}^x+\mathrm{e}^y)$,求证:$\frac{\partial^2 z}{\partial x^2}\cdot\frac{\partial^2 z}{\partial y^2}-\left(\frac{\partial^2 z}{\partial x\partial y}\right)^2=0$。

证明 由于

$$\frac{\partial z}{\partial x}=\frac{\mathrm{e}^x}{\mathrm{e}^x+\mathrm{e}^y},\frac{\partial z}{\partial y}=\frac{\mathrm{e}^y}{\mathrm{e}^x+\mathrm{e}^y},$$

$$\frac{\partial^2 z}{\partial x^2}=\frac{\mathrm{e}^x(\mathrm{e}^x+\mathrm{e}^y)-\mathrm{e}^x\cdot\mathrm{e}^x}{(\mathrm{e}^x+\mathrm{e}^y)^2}=\frac{\mathrm{e}^x\cdot\mathrm{e}^y}{(\mathrm{e}^x+\mathrm{e}^y)^2},\frac{\partial^2 z}{\partial x\partial y}=-\frac{\mathrm{e}^x\cdot\mathrm{e}^y}{(\mathrm{e}^x+\mathrm{e}^y)^2},$$

$$\frac{\partial^2 z}{\partial y^2}=\frac{\mathrm{e}^y(\mathrm{e}^x+\mathrm{e}^y)-\mathrm{e}^y\cdot\mathrm{e}^y}{(\mathrm{e}^x+\mathrm{e}^y)^2}=\frac{\mathrm{e}^x\cdot\mathrm{e}^y}{(\mathrm{e}^x+\mathrm{e}^y)^2},$$

故有

$$\frac{\partial^2 z}{\partial x^2}\cdot\frac{\partial^2 z}{\partial y^2}-\left(\frac{\partial^2 z}{\partial x\partial y}\right)^2=\left[\frac{\mathrm{e}^x\cdot\mathrm{e}^y}{(\mathrm{e}^x+\mathrm{e}^y)^2}\right]^2-\left[-\frac{\mathrm{e}^x\cdot\mathrm{e}^y}{(\mathrm{e}^x+\mathrm{e}^y)^2}\right]^2=0。$$

习题 7.2(A)

1. 设函数 $z=x^3-2x^2y+3y^4$,求 $f'_x(1,1)$和 $f'_y(1,-1)$。

2. 求下列函数的偏导数。

(1)$z=x^3+y^3-3xy$;

(2)$z=\ln\tan\frac{x}{y}$;

(3)$z=x^2\ln(x^2+y^2)$;

(4)$u=x^{\frac{y}{z}}$;

(5)$z=x\sin y+y\mathrm{e}^{xy}$;

(6)$z=\sin(xy)+\cos^2(xy)$。

3. 求下列函数的二阶偏导数：

(1) $z=2x^2+3xy-y^2$；　　(2) $z=\sin(xy)$；

(3) $z=y\ln(x+y)$；　　(4) $z=e^{ax}\cos by$；

(5) $z=y^x$；　　(6) $z=\arctan\dfrac{y}{x}$。

4. 设 $f(x,y)=\begin{cases}\dfrac{y\sin x}{x^2+y^2}, & x^2+y^2\neq0,\\ 0, & x^2+y^2=0,\end{cases}$ 求 $f(x,y)$ 在 $(0,0)$ 处的偏导数。

5. 设 $z=\ln\sqrt{x^2+y^2}$，求证：$\dfrac{\partial^2 z}{\partial x^2}+\dfrac{\partial^2 z}{\partial y^2}=0$。

习题 7.2(B)

1. (2023 年)已知函数 $f(x,y)=\ln(y+|x\sin y|)$，则(　　)。

(A) $\left.\dfrac{\partial f}{\partial x}\right|_{(0,1)}$ 不存在，$\left.\dfrac{\partial f}{\partial y}\right|_{(0,1)}$ 存在　　(B) $\left.\dfrac{\partial f}{\partial x}\right|_{(0,1)}$ 存在，$\left.\dfrac{\partial f}{\partial y}\right|_{(0,1)}$ 不存在

(C) $\left.\dfrac{\partial f}{\partial x}\right|_{(0,1)}$，$\left.\dfrac{\partial f}{\partial y}\right|_{(0,1)}$ 均存在　　(D) $\left.\dfrac{\partial f}{\partial x}\right|_{(0,1)}$，$\left.\dfrac{\partial f}{\partial y}\right|_{(0,1)}$ 均不存在

2. (1997 年)二元函数 $f(x,y)=\begin{cases}\dfrac{xy}{x^2+y^2}, & (x,y)\neq(0,0),\\ 0, & (x,y)=(0,0)\end{cases}$ 在 $(0,0)$ 处(　　)。

(A)连续，偏导数存在　　(B)连续，偏导数不存在

(C)不连续，偏导数存在　　(D)不连续，偏导数不存在

3. (2016 年)已知函数 $f(x,y)=\dfrac{e^x}{x-y}$，则(　　)。

(A) $f'_x-f'_y=0$　　(B) $f'_x+f'_y=0$

(C) $f'_x-f'_y=f$　　(D) $f'_x+f'_y=f$

4. (2020 年)关于函数 $f(x,y)=\begin{cases}xy, & xy\neq0,\\ x, & y=0,\\ y, & x=0,\end{cases}$ 给出以下结论：

①$\left.\dfrac{\partial f}{\partial x}\right|_{(0,0)}=1$；②$\left.\dfrac{\partial^2 f}{\partial x\partial y}\right|_{(0,0)}=1$；③$\lim\limits_{(x,y)\to(0,0)}f(x,y)=0$；④$\lim\limits_{y\to0}\lim\limits_{x\to0}f(x,y)=0$。其中正确的个数为(　　)。

(A)4　　(B)3　　(C)2　　(D)1

5. 求 $z=x^2y+y^2\cos x$ 的三阶偏导数 $\dfrac{\partial^3 z}{\partial x^3}$，$\dfrac{\partial^3 z}{\partial y\partial x^2}$。

6. (2011 年)设函数 $F(x,y)=\int_0^{xy}\dfrac{\sin t}{1+t^2}dt$，则 $\left.\dfrac{\partial^2 F}{\partial x^2}\right|_{x=0,y=2}=$ ________。

7. 设 $f(x,y)=\begin{cases}\dfrac{x^3y}{x^2+y^2}, & x^2+y^2\neq0,\\ 0, & x^2+y^2=0,\end{cases}$ 求 $f(x,y)$ 在 $(0,0)$ 处的二阶混合偏导数。

8. 设函数 $r=\sqrt{x^2+y^2+z^2}$，求证：$\frac{\partial^2 r}{\partial x^2}+\frac{\partial^2 r}{\partial y^2}+\frac{\partial^2 r}{\partial z^2}=\frac{2}{r}$。

第三节　全微分

一、全微分的概念

1. 二元函数的全增量

第二节中，我们学习过偏增量的概念，下面，我们提出二元函数全增量的概念。

定义 7.6　设函数 $z=f(x,y)$ 在点 (x_0,y_0) 的某邻域内有定义，当自变量 x,y 在点 (x_0,y_0) 处分别在该邻域内有增量 $\Delta x,\Delta y$ 时，相应的函数 z 的增量为

$$\Delta z=f(x_0+\Delta x,y_0+\Delta y)-f(x_0,y_0),$$

称其为二元函数在点 (x_0,y_0) 处的**全增量**。

例 1　求函数 $z=xy$ 在点(2,3)处，当 $\Delta x=0.1,\Delta y=0.2$ 时的全增量。

解　全增量

$$\Delta z=f(x_0+\Delta x,y_0+\Delta y)-f(x_0,y_0)=(2+0.1)\times(3+0.2)-2\times 3=0.72。$$

2. 二元函数的全微分

类似于一元函数，我们用例子说明二元函数的全微分的概念。

设矩形金属薄片长为 x_0，宽为 y_0，如图 7.6 所示，则面积 $S_0=x_0y_0$。设薄片受热膨胀，长增加 Δx，宽增加 Δy，则有

$$\Delta S=(x_0+\Delta x)(y_0+\Delta y)-x_0y_0=y_0\Delta x+x_0\Delta y+\Delta x\Delta y,$$

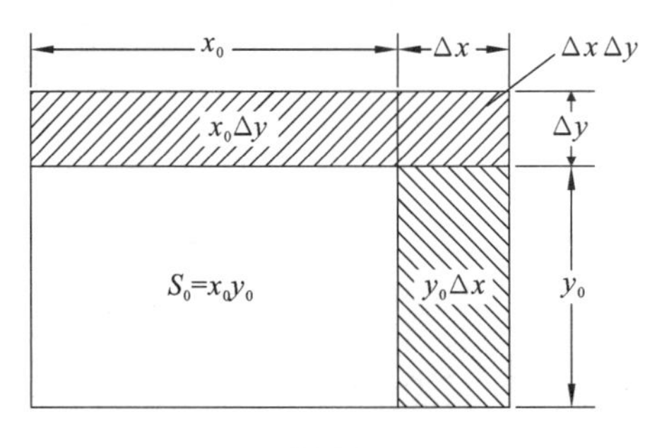

图 7.6

全增量 ΔS 由 $y_0\Delta x,x_0\Delta y,\Delta x\Delta y$ 三项组成，从图 7.6 可以看出，$\Delta x\Delta y$ 这一项比其他两项小得多。令 $\rho=\sqrt{(\Delta x)^2+(\Delta y)^2}$，当 $\rho\to 0$ 时，$\Delta x\Delta y$ 是 ρ 的高阶无穷小量，即 $\Delta x\Delta y=o(\rho)$。又因为 x_0,y_0 是受热前的量，与受热无关，对受热这一过程而言是常数，所以全增量 ΔS 只是 $\Delta x,\Delta y$ 的函数，令 $x_0=B,y_0=A$，则 ΔS 可表示为

$$\Delta S=A\Delta x+B\Delta y+o(\rho),$$

与一元函数类似，从全增量 ΔS 中分离出 Δx 和 Δy 的线性部分 $A\Delta x+B\Delta y$，再加上一项比 ρ 高阶的无穷小 $o(\rho)$。下面给出二元函数的全微分定义。

定义 7.7　设二元函数 $z=f(x,y)$ 在点 (x_0,y_0) 的某邻域内有定义，若函数在点

(x_0,y_0)处的全增量

$$\Delta z=f(x_0+\Delta x,y_0+\Delta y)-f(x_0,y_0)$$

可表示为

$$\Delta z=A\Delta x+B\Delta y+o(\rho),$$

其中A,B与$\Delta x,\Delta y$无关，而仅与x_0,y_0有关，$\rho=\sqrt{(\Delta x)^2+(\Delta y)^2}$，$o(\rho)$是当$\rho\to 0$时，比$\rho$高阶的无穷小量，则称函数$z=f(x,y)$在$(x_0,y_0)$处**可微**，并称$A\Delta x+B\Delta y$为函数$z=f(x,y)$在$(x_0,y_0)$处的**全微分**，记作$\mathrm{d}z$，即

$$\mathrm{d}z=A\Delta x+B\Delta y。$$

若函数$z=f(x,y)$在区域D内处处可微，则称函数$z=f(x,y)$在区域D内可微。

3. 二元函数可微与连续、可导的关系

在一元函数中，“可导必连续”“可导与可微”等价，这些关系在多元函数中并不成立。下面通过可微的必要条件与充分条件来说明。

定理 7.2　若函数$z=f(x,y)$在点(x,y)可微，则在该点处必连续。

证明　若函数$z=f(x,y)$在点(x,y)可微，则

$$\Delta z=f(x+\Delta x,y+\Delta y)-f(x,y)=A\Delta x+B\Delta y+o(\rho),$$

因此有　$$\lim_{(\Delta x,\Delta y)\to(0,0)}\Delta z=\lim_{(\Delta x,\Delta y)\to(0,0)}(A\Delta x+B\Delta y)+\lim_{(\Delta x,\Delta y)\to(0,0)}o(\rho)=0,$$

即函数$z=f(x,y)$在点(x,y)处连续。

说明　定理 7.2 表明**二元函数可微必连续**。

定理 7.3　（可微的必要条件）若函数$z=f(x,y)$在点(x,y)处可微，则$z=f(x,y)$在该点的两个偏导数$\frac{\partial z}{\partial x}$，$\frac{\partial z}{\partial y}$都存在，且有$\mathrm{d}z=\frac{\partial z}{\partial x}\Delta x+\frac{\partial z}{\partial y}\Delta y$。

证明　由函数$z=f(x,y)$在(x,y)处可微，可得

$$\Delta z=A\Delta x+B\Delta y+o(\rho),\rho=\sqrt{(\Delta x)^2+(\Delta y)^2}。$$

令$\Delta y=0$，则函数关于x的偏增量为

$$\Delta_x z=f(x+\Delta x,y)-f(x,y)=A\Delta x+o(|\Delta x|),$$

由此得$\lim\limits_{\Delta x\to 0}\frac{\Delta_x z}{\Delta x}=A+\lim\limits_{\Delta x\to 0}\frac{o(|\Delta x|)}{\Delta x}=A$，即$A=\frac{\partial z}{\partial x}$。

同理可证$B=\frac{\partial z}{\partial y}$。

说明　(1)定理 7.3 表明二元函数可微必有偏导存在。

(2)类似于一元函数微分的情形，规定自变量的微分等于自变量的增量，即$\mathrm{d}x=\Delta x$，$\mathrm{d}y=\Delta y$，则二元函数$z=f(x,y)$的全微分为$\mathrm{d}z=\frac{\partial z}{\partial x}\mathrm{d}x+\frac{\partial z}{\partial y}\mathrm{d}y$。

例 2　讨论函数$z=f(x,y)=\sqrt{|xy|}$在$(0,0)$处的连续性、可导性及可微性。

解　因为$\lim\limits_{\substack{x\to 0\\ y\to 0}}f(x,y)=\lim\limits_{\substack{x\to 0\\ y\to 0}}\sqrt{|xy|}=0=f(0,0)$，所以函数$z=f(x,y)$在$(0,0)$处连续；

因为$\lim\limits_{\Delta x\to 0}\frac{f(0+\Delta x,0)-f(0,0)}{\Delta x}=0$，所以$f'_x(0,0)=0$，同理可得$f'_y(0,0)=0$，即函数

$z=f(x,y)$在$(0,0)$处两个偏导数都存在；

由于 $f'_x(0,0)=0, f'_y(0,0)=0$，则有

$$\Delta z-[f'_x(0,0)\Delta x+f'_y(0,0)\Delta y]=\Delta z=f(0+\Delta x,0+\Delta y)-f(0,0)=\sqrt{|(\Delta x)(\Delta y)|},$$

而$\lim\limits_{\rho\to 0}\dfrac{\sqrt{|(\Delta x)(\Delta y)|}}{\rho}=\lim\limits_{(\Delta x,\Delta y)\to(0,0)}\sqrt{\dfrac{|(\Delta x)(\Delta y)|}{(\Delta x)^2+(\Delta y)^2}}$不存在，则 $z=f(x,y)$在$(0,0)$处不可微。

说明 由例 2 知，函数 $z=f(x,y)$在某点连续或偏导数存在，不一定能得到可微。但若再假设函数的各个偏导数连续，则可证明函数是可微的，我们不加证明地给出以下定理。

定理 7.4 (可微的充分条件)若函数 $z=f(x,y)$在点(x,y)处的偏导数$\dfrac{\partial z}{\partial x}$，$\dfrac{\partial z}{\partial y}$连续，则 $z=f(x,y)$在该点可微。

说明 (1)定理 7.4 表明二元函数偏导数连续必有可微。

以上关于二元函数的全微分的概念及结论，可以推广到三元及三元以上的函数。

3. 全微分的计算

若二元函数 $z=f(x,y)$在点(x,y)处可微，则它的全微分 $\mathrm{d}z=\dfrac{\partial u}{\partial x}\mathrm{d}x+\dfrac{\partial u}{\partial y}\mathrm{d}y$。

若三元函数 $u=f(x,y,z)$在点(x,y,z)处可微，则它的全微分

$$\mathrm{d}u=\frac{\partial u}{\partial x}\mathrm{d}x+\frac{\partial u}{\partial y}\mathrm{d}y+\frac{\partial u}{\partial z}\mathrm{d}z。$$

例 3 求函数 $z=\sin x+\dfrac{x}{y}$的全微分。

解 因为$\dfrac{\partial z}{\partial x}=\cos x+\dfrac{1}{y}$，$\dfrac{\partial z}{\partial y}=-\dfrac{x}{y^2}$，所以 $\mathrm{d}z=(\cos x+\dfrac{1}{y})\mathrm{d}x-\dfrac{x}{y^2}\mathrm{d}y$。

例 4 求函数 $z=2x^3y+xy^2$ 在点$(1,2)$处的全微分。

解 因为$\dfrac{\partial z}{\partial x}=6x^2y+y^2$，$\dfrac{\partial z}{\partial y}=2x^3+2xy$，则 $\mathrm{d}z=(6x^2y+y^2)\mathrm{d}x+(2x^3+2xy)\mathrm{d}y$，

故 $\mathrm{d}z\Big|_{(1,2)}=(6\times2+4)\mathrm{d}x+(2+2\times2)\mathrm{d}y=16\mathrm{d}x+6\mathrm{d}y$。

例 5 求函数 $u=\tan(xyz)$的全微分。

解 因为 $u'_x=yz\sec^2(xyz)$，$u'_y=xz\sec^2(xyz)$，$u'_z=xy\sec^2(xyz)$，所以

$$\mathrm{d}u=\sec^2(xyz)(yz\mathrm{d}x+xz\mathrm{d}y+xy\mathrm{d}z)。$$

定理 7.5 (全微分四则运算法则)设 $f(x,y)$，$g(x,y)$在点(x,y)处可微，则有如下结论及运算法则。

(1)$f(x,y)\pm g(x,y)$在点(x,y)处可微，则

$$\mathrm{d}[f(x,y)\pm g(x,y)]=\mathrm{d}f(x,y)\pm\mathrm{d}g(x,y)。$$

(2)若 k 为常数，$kf(x,y)$在点(x,y)处可微，则 $\mathrm{d}[kf(x,y)]=k\mathrm{d}f(x,y)$。

(3)$f(x,y)\cdot g(x,y)$在点(x,y)处可微，则

$$\mathrm{d}[f(x,y)\cdot g(x,y)]=g(x,y)\mathrm{d}f(x,y)+f(x,y)\mathrm{d}g(x,y)。$$

(4)当 $g(x,y)\neq 0$ 时，$\dfrac{f(x,y)}{g(x,y)}$在点(x,y)处可微，则

$$\mathrm{d}\frac{f(x,y)}{g(x,y)}=\frac{g(x,y)\mathrm{d}f(x,y)-f(x,y)\mathrm{d}g(x,y)}{g^2(x,y)}。$$

例 6　求函数 $z=\mathrm{e}^{xy}\sin x^2$ 的全微分。

解　方法 1：$\dfrac{\partial z}{\partial x}=y\mathrm{e}^{xy}\sin x^2+2x\mathrm{e}^{xy}\cos x^2$，$\dfrac{\partial z}{\partial y}=x\mathrm{e}^{xy}\sin x^2$，则

$$\mathrm{d}z=(y\mathrm{e}^{xy}\sin x^2+2x\mathrm{e}^{xy}\cos x^2)\mathrm{d}x+x\mathrm{e}^{xy}\sin x^2\mathrm{d}y。$$

方法 2：
$$\begin{aligned}\mathrm{d}z&=\mathrm{d}(\mathrm{e}^{xy}\sin x^2)=\mathrm{e}^{xy}\mathrm{d}(\sin x^2)+\sin x^2\mathrm{d}(\mathrm{e}^{xy})=\mathrm{e}^{xy}\cos x^2 2x\mathrm{d}x+\sin x^2\mathrm{e}^{xy}\mathrm{d}(xy)\\&=\mathrm{e}^{xy}\cos x^2 2x\mathrm{d}x+\sin x^2\mathrm{e}^{xy}(x\mathrm{d}y+y\mathrm{d}x)\\&=(2x\mathrm{e}^{xy}\cos x^2+y\mathrm{e}^{xy}\sin x^2)\mathrm{d}x+x\mathrm{e}^{xy}\sin x^2\mathrm{d}y。\end{aligned}$$

二、全微分在近似计算中的应用

与一元函数类似，多元函数的全微分也可用来作近似计算和误差估计。下面介绍近似计算。若函数 $z=f(x,y)$ 在点(x_0,y_0)可微，根据全微分的定义，当$|\Delta x|$和$|\Delta y|$都很小时，利用近似计算公式 $\Delta z\approx\mathrm{d}z=f'_x(x_0,y_0)\Delta x+f'_y(x_0,y_0)\Delta y$ 可计算函数的增量，即得

$$f(x_0+\Delta x,y_0+\Delta y)\approx f(x_0,y_0)+f'_x(x_0,y_0)\Delta x+f'_y(x_0,y_0)\Delta y,$$

该式可用来计算函数的近似值。

例 7　利用全微分计算$(0.98)^{2.03}$的近似值。

解　由于$(0.98)^{2.03}$可看成函数 $f(x,y)=x^y$ 在点(0.98,2.03)处的函数值，用函数在点(1,2)处的全微分近似计算在自变量从(1,2)变化到(0.98,2.03)时的全增量，即

$$\Delta z\approx\mathrm{d}z=f'_x(x_0,y_0)\Delta x+f'_y(x_0,y_0)\Delta y=f'_x(1,2)\times(-0.02)+f'_y(1,2)\times 0.03。$$

又因为 $f'_x(x,y)=yx^{y-1}$，$f'_y(x,y)=x^y\ln x$，所以 $f'_x(1,2)=2$，$f'_y(1,2)=0$，则 $\mathrm{d}z=2\times(-0.02)+0\times 0.03=-0.04$，因此有

$$(0.98)^{2.03}\approx f(1,2)+\mathrm{d}z=1-0.04=0.96。$$

例 8　有一底面半径为 50 cm，高为 80 cm 的圆柱体受压后变形，底面半径增加 0.03 cm，高度减少 0.5 cm，求此圆柱体体积变化的近似值。

解　设该圆柱体的体积为 V，底面半径为 r，高为 h，则 $V=\pi r^2h$。记 r,h,V 的增量分别为 $\Delta r,\Delta h,\Delta V$，于是有

$$\Delta V\approx\mathrm{d}V=V'_r(r,h)\Delta r+V'_y(r,h)\Delta h=2\pi rh\Delta r+\pi r^2\Delta h,$$

把 $r=50,h=80,\Delta r=0.03,\Delta h=-0.5$ 代入，得

$$\Delta V\approx 2\pi\times 50\times 80\times 0.03+\pi\times 50^2\times(-0.5)=-1010\pi(\mathrm{cm}^3)。$$

可见，此圆柱体受压后体积减少了约 $1010\ \pi\mathrm{cm}^3$。

习题 7.3(A)

1. 求函数 $z=x^2y^3$ 在点$(2,-1)$处，当 $\Delta x=0.02,\Delta y=-0.01$ 时的全增量。

2. 讨论函数 $f(x,y)=\begin{cases}\dfrac{xy}{x^2+y^2}, & x^2+y^2\neq 0,\\ 0, & x^2+y^2=0\end{cases}$ 在$(0,0)$处的可微性。

3. 求下列函数的全微分:

(1) $z=\arctan(x^2y)$;　　(2) $z=e^x\arcsin y$;

(3) $z=\ln(x-2y)$;　　(4) $u=xe^{xy+2z}$;

(5) $z=\ln(2x+3y)$;　　(6) $z=\sin(x+y)$

(7) $z=\sqrt{x^2+y^2}$;　　(8) $z=e^{\frac{y}{x}}$。

4. 求函数 $z=\ln(1+x^2+y^2)$ 在点 $(1,2)$ 处的全微分。

5. 计算 $(1.97)^{1.05}$ 的近似值($\ln2\approx0.693$)。

6. 有一圆柱体受压后发生形变,它的底面圆的半径由 20 cm 增大到 20.05 cm,高度由 100 cm 减少到 99 cm。求此圆柱体体积变化的近似值。

习题 7.3(B)

1. (2002 年)考虑二元函数 $f(x,y)$ 的下面 4 条性质:

① $f(x,y)$ 在点 (x_0,y_0) 处连续;

② $f(x,y)$ 在点 (x_0,y_0) 处的两个偏导数连续;

③ $f(x,y)$ 在点 (x_0,y_0) 处可微;

④ $f(x,y)$ 在点 (x_0,y_0) 处的两个偏导数存在。若用“$P\Rightarrow Q$”表示可由性质 P 推出性质 Q,则有(　　)。

(A) ②⇒③⇒①　　(B) ③⇒②⇒①

(C) ③⇒④⇒①　　(D) ③⇒①⇒④

2. (2011 年)设函数 $z=\left(1+\frac{x}{y}\right)^{\frac{x}{y}}$,则 $\mathrm{d}z\Big|_{(1,1)}=$________。

第四节　多元复合函数的微分法

一、链式求导法则

上册中,我们学习了一元复合函数的求导法则。设 $y=f(u)$,$u=\varphi(x)$,若 $u=\varphi(x)$ 在点 x 处可导,$y=f(u)$ 在相应的点 u 处可导,则复合函数 $y=f[\varphi(x)]$ 在点 x 处可导,并且

$$\frac{\mathrm{d}y}{\mathrm{d}x}=\frac{\mathrm{d}y}{\mathrm{d}u}\cdot\frac{\mathrm{d}u}{\mathrm{d}x}。$$

对于多元复合函数,也有类似的求导法则。为了便于理解,下面按照多元复合函数的不同复合结构,分三种情形讨论。

1. 中间变量均为一元函数的情形

定理 7.6　若函数 $u=u(t)$,$v=v(t)$ 都在点 t 可导,函数 $z=f(u,v)$ 在对应点 (u,v) 具有连续偏导数,则复合函数 $z=f[u(t),v(t)]$ 在点 t 可导,且有

$$\frac{\mathrm{d}z}{\mathrm{d}t}=\frac{\partial z}{\partial u}\cdot\frac{\mathrm{d}u}{\mathrm{d}t}+\frac{\partial z}{\partial v}\cdot\frac{\mathrm{d}v}{\mathrm{d}t}\tag{7.1}$$

证明　设自变量 t 的增量为 Δt,中间变量 $u=u(t)$ 和 $v=v(t)$ 的相应的增量为 Δu 和

Δv，$z=f(u,v)$的全增量为Δz。

因为$z=f(u,v)$在点(u,v)具有连续偏导数，所以$z=f(u,v)$在点(u,v)可微，故

$$\Delta z=\frac{\partial z}{\partial u}\cdot\Delta u+\frac{\partial z}{\partial v}\cdot\Delta v+o(\rho),$$

其中$\rho=\sqrt{(\Delta u)^2+(\Delta v)^2}$，且$\lim\limits_{\rho\to 0}\frac{o(\rho)}{\rho}=0$，所以有

$$\frac{\Delta z}{\Delta t}=\frac{\partial z}{\partial u}\cdot\frac{\Delta u}{\Delta t}+\frac{\partial z}{\partial v}\cdot\frac{\Delta v}{\Delta t}+\frac{o(\rho)}{\rho}\cdot\frac{\rho}{|\Delta t|}\cdot\frac{|\Delta t|}{\Delta t},$$

所以 $$\lim_{\Delta t\to 0}\frac{\Delta z}{\Delta t}=\frac{\partial z}{\partial u}\cdot\lim_{\Delta t\to 0}\frac{\Delta u}{\Delta t}+\frac{\partial z}{\partial v}\cdot\lim_{\Delta t\to 0}\frac{\Delta v}{\Delta t}+\lim_{\Delta t\to 0}\frac{o(\rho)}{\rho}\cdot\frac{\rho}{|\Delta t|}\cdot\frac{|\Delta t|}{\Delta t}。$$

又因为$u=u(t)$和$v=v(t)$都在点t可导，所以，当$\Delta t\to 0$时，有

$$\Delta u\to 0,\Delta v\to 0,\rho\to 0,\frac{\Delta u}{\Delta t}\to\frac{\mathrm{d}u}{\mathrm{d}t},\ \frac{\Delta v}{\Delta t}\to\frac{\mathrm{d}v}{\mathrm{d}t},$$

$$\frac{\rho}{|\Delta t|}=\sqrt{\frac{(\Delta u)^2+(\Delta v)^2}{(\Delta t)^2}}=\sqrt{\left(\frac{\Delta u}{\Delta t}\right)^2+\left(\frac{\Delta v}{\Delta t}\right)^2}\to\sqrt{\left(\frac{\mathrm{d}u}{\mathrm{d}t}\right)^2+\left(\frac{\mathrm{d}v}{\mathrm{d}t}\right)^2},$$

而$\frac{|\Delta t|}{\Delta t}$是有界量，$\frac{o(\rho)}{\rho}$是无穷小量，则$\frac{o(\rho)}{\rho}\cdot\frac{\rho}{|\Delta t|}\cdot\frac{|\Delta t|}{\Delta t}\to 0$，即有

$$\frac{\mathrm{d}z}{\mathrm{d}t}=\lim_{\Delta t\to 0}\frac{\Delta z}{\Delta t}=\frac{\partial z}{\partial u}\cdot\frac{\mathrm{d}u}{\mathrm{d}t}+\frac{\partial z}{\partial v}\cdot\frac{\mathrm{d}v}{\mathrm{d}t}。$$

说明　(1)称(7.1)式为**多元复合函数求导的链式法则**。

(2)定理7.6可推广到中间变量多于两个的情形。例如，$z=f[u(t),v(t),w(t)]$由$z=f(u,v,w)$，$u=u(t)$，$v=v(t)$，$w=w(t)$复合而成，在类似条件下，复合函数关于t可导，且其求导公式为

$$\frac{\mathrm{d}z}{\mathrm{d}t}=\frac{\partial z}{\partial u}\cdot\frac{\mathrm{d}u}{\mathrm{d}t}+\frac{\partial z}{\partial v}\cdot\frac{\mathrm{d}v}{\mathrm{d}t}+\frac{\partial z}{\partial w}\cdot\frac{\mathrm{d}w}{\mathrm{d}t}\tag{7.2}$$

(3)可借助复合关系图来理解链式法则公式(7.1)和(7.2)，函数$z=f[u(t),v(t)]$的变量关系如图7.7所示。上例中函数$z=f[u(t),v(t),w(t)]$的变量关系如图7.8所示。

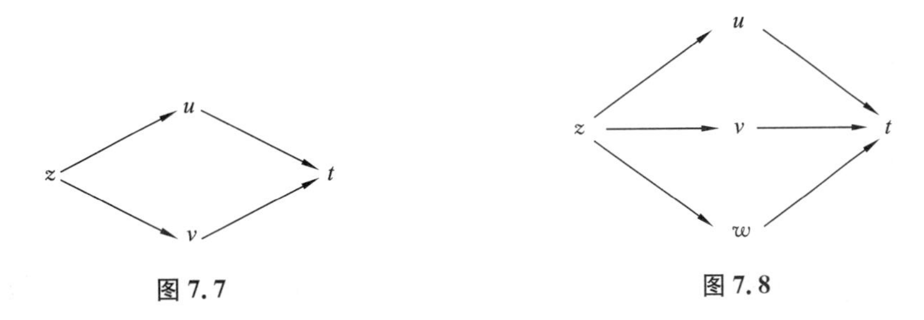

图7.7　　**图7.8**

例1　设$z=u^v$，且$u=\sin t$，$v=\cos t$，求$\frac{\mathrm{d}z}{\mathrm{d}t}$。

解　由于$\frac{\partial z}{\partial u}=vu^{v-1}$，$\frac{\partial z}{\partial v}=u^v\ln u$，$\frac{\mathrm{d}u}{\mathrm{d}t}=\cos t$，$\frac{\mathrm{d}v}{\mathrm{d}t}=-\sin t$，所以

$$\frac{\mathrm{d}z}{\mathrm{d}t}=\frac{\partial z}{\partial u}\cdot\frac{\mathrm{d}u}{\mathrm{d}t}+\frac{\partial z}{\partial v}\cdot\frac{\mathrm{d}v}{\mathrm{d}t}=vu^{v-1}\cos t+u^v\ln u\cdot(-\sin t)$$

$$=\cos^2 t\,(\sin t)^{\cos t-1}-(\sin t)^{\cos t+1}\ln(\sin t)。$$

2. 中间变量均为二元函数的情形

定理 7.6 还可推广到中间变量依赖两个自变量 x 和 y 的情形。下面我们不加证明地给出定理 7.7。

定理 7.7　若函数 $u=u(x,y)$、$v=v(x,y)$ 在点 (x,y) 处的偏导数都存在，函数 $z=f(u,v)$ 在对应点 (u,v) 具有连续的偏导数，则复合函数 $z=f[u(x,y),v(x,y)]$ 在点 (x,y) 处的两个偏导数存在，且有

$$\frac{\partial z}{\partial x}=\frac{\partial z}{\partial u}\cdot\frac{\partial u}{\partial x}+\frac{\partial z}{\partial v}\cdot\frac{\partial v}{\partial x},\ \frac{\partial z}{\partial y}=\frac{\partial z}{\partial u}\cdot\frac{\partial u}{\partial y}+\frac{\partial z}{\partial v}\cdot\frac{\partial v}{\partial y}。\tag{7.3}$$

说明　(1)可借助复合关系图来理解链式法则，函数 $z=f[u(x,y),v(x,y)]$ 的变量关系如图 7.9 所示。

(2)类似地，设 $u=u(x,y)$，$v=v(x,y)$，$w=w(x,y)$ 在点 (x,y) 处的偏导数都存在，函数 $z=f(u,v,w)$ 在对应点 (u,v,w) 具有连续的偏导数，则复合函数 $z=f[u(x,y),v(x,y),w(x,y)]$ 在点 (x,y) 处的两个偏导数存在，且有

$$\frac{\partial z}{\partial x}=\frac{\partial z}{\partial u}\cdot\frac{\partial u}{\partial x}+\frac{\partial z}{\partial v}\cdot\frac{\partial v}{\partial x}+\frac{\partial z}{\partial w}\cdot\frac{\partial w}{\partial x},\ \frac{\partial z}{\partial y}=\frac{\partial z}{\partial u}\cdot\frac{\partial u}{\partial y}+\frac{\partial z}{\partial v}\cdot\frac{\partial v}{\partial y}+\frac{\partial z}{\partial w}\cdot\frac{\partial w}{\partial y}。\tag{7.4}$$

函数 $z=f[u(x,y),v(x,y),w(x,y)]$ 的变量关系如图 7.10 所示。

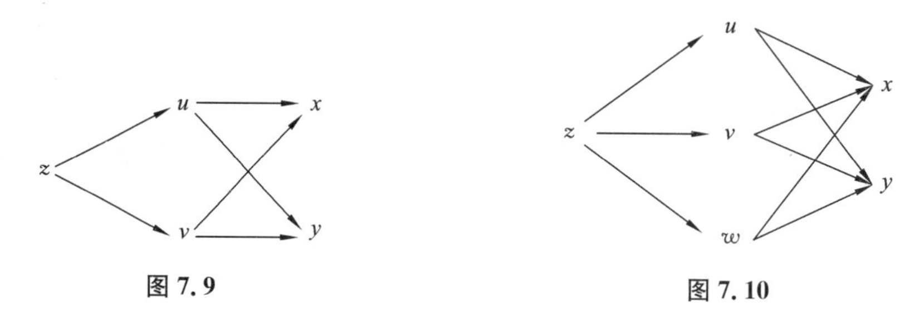

图 7.9　　图 7.10

例 2　设 $z=u^2\ln v$，$u=\frac{x}{y}$，$v=3x-2y$，求 $\frac{\partial z}{\partial x}$，$\frac{\partial z}{\partial y}$。

解　$\frac{\partial z}{\partial x}=\frac{\partial z}{\partial u}\cdot\frac{\partial u}{\partial x}+\frac{\partial z}{\partial v}\cdot\frac{\partial v}{\partial x}=2u\ln v\cdot\frac{1}{y}+\frac{u^2}{v}\cdot 3=\frac{2x}{y^2}\ln(3x-2y)+\frac{3x^2}{y^2(3x-2y)}$，

$$\frac{\partial z}{\partial y}=\frac{\partial z}{\partial u}\cdot\frac{\partial u}{\partial y}+\frac{\partial z}{\partial v}\cdot\frac{\partial v}{\partial y}=2u\ln v\cdot\left(\frac{-x}{y^2}\right)+\frac{u^2}{v}\cdot(-2)$$

$$=-\frac{2x^2\ln(3x-2y)}{y^3}-\frac{2x^2}{y^2(3x-2y)}。$$

对于多元复合函数来说，由于中间变量及自变量都可能不止一个，因此导函数或偏导数函数的表达式可能不止一项。初学者为了避免混淆，可先用图解表明有关函数、中间变量及自变量的相互关系。函数到某自变量的连线有几条，则对该自变量的导函数或者偏导数的表达式就有几项。

例 3　设 $z=e^{u^2+v^2}$，$u=x^2$，$v=xy$，求 $\frac{\partial z}{\partial x}$，$\frac{\partial z}{\partial y}$。

解　函数变量关系如图 7.11 所示，故

$$\frac{\partial z}{\partial x}=\frac{\partial z}{\partial u}\cdot\frac{\mathrm{d}u}{\mathrm{d}x}+\frac{\partial z}{\partial v}\cdot\frac{\partial v}{\partial x}=2u\mathrm{e}^{u^2+v^2}\cdot 2x+2v\mathrm{e}^{u^2+v^2}\cdot y=(4x^3+2xy^2)\mathrm{e}^{x^4+x^2y^2},$$

$$\frac{\partial z}{\partial y}=\frac{\partial z}{\partial v}\cdot\frac{\partial v}{\partial y}=2v\mathrm{e}^{u^2+v^2}\cdot x=2x^2y\mathrm{e}^{x^4+x^2y^2}。$$

说明　例1、例2及例3也可将中间变量的关系式代入函数关系式,然后用直接求导法。但用链式法则求导思路清晰,计算简便,不易出错。值得一提的是,抽象函数的求导只能用链式法则求导,如下例所示。

例4　设 $z=f(x,u)$ 的偏导数连续,且 $u=3x^2+y^4$,求$\frac{\partial z}{\partial x}$,$\frac{\partial z}{\partial y}$。

解　函数变量关系如图7.12所示,故

$$\frac{\partial z}{\partial x}=\frac{\partial f}{\partial x}+\frac{\partial f}{\partial u}\cdot\frac{\partial u}{\partial x}=f'_x(x,u)+f'_u(x,u)\cdot 6x,$$

$$\frac{\partial z}{\partial y}=\frac{\partial f}{\partial u}\cdot\frac{\partial u}{\partial y}=4y^3f'_u(x,u)。$$

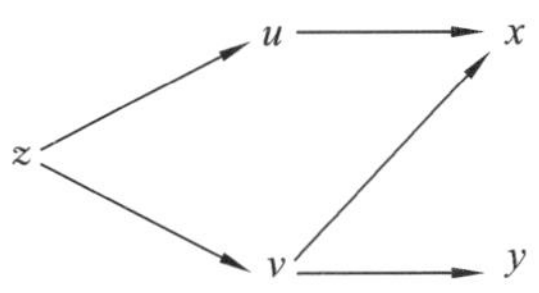

图7.11

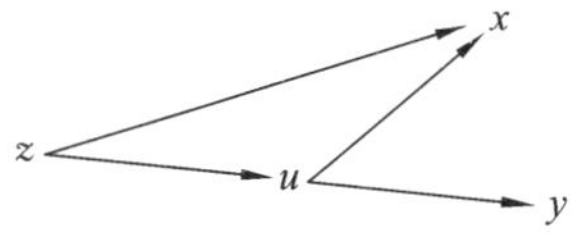

图7.12

说明　(1)上式中的$\frac{\partial z}{\partial x}$和$\frac{\partial f}{\partial x}$是不同的,$\frac{\partial z}{\partial x}$是把复合函数 $z=f[x,u(x,y)]$中的 y 看作常数而对 x 求偏导数,$\frac{\partial f}{\partial x}$是把 $z=f[u,x,y]$中的 u 和 y 都看作常数而对 x 求偏导数即 f'_x,$\frac{\partial z}{\partial y}$与$\frac{\partial f}{\partial y}$也有类似的区别。

(2)对于由 $z=f(u,v)$,$u=u(x,y)$,$v=v(x,y)$确定的复合函数 $z=f[u(x,y),v(x,y)]$,求出的$\frac{\partial z}{\partial x}$,$\frac{\partial z}{\partial y}$仍是以 u,v 为自变量的复合函数,求二阶偏导数时,原则上与求一阶偏导数一样。下面举例说明其求法。

例5　设 $z=f(u,v)$的二阶偏导数连续,求 $z=f(\mathrm{e}^x\sin y,x^2+y^2)$对 x,y 的偏导数$\frac{\partial z}{\partial x}$,$\frac{\partial z}{\partial y}$及二阶偏导数$\frac{\partial^2 z}{\partial y\partial x}$。

解　引入中间变量 $u=\mathrm{e}^x\sin y$,$v=x^2+y^2$,则 $z=f(u,v)$。

为表达简单,记$\frac{\partial f(u,v)}{\partial u}=f_u$或$\frac{\partial f(u,v)}{\partial u}=f_1$,记$\frac{\partial f(u,v)}{\partial v}=f_v$或$\frac{\partial f(u,v)}{\partial v}=f_2$,记$\frac{\partial^2 f(u,v)}{\partial u\partial v}=f_{uv}$或$\frac{\partial^2 f(u,v)}{\partial u\partial v}=f_{12}$,通常,下标1表示函数对第一个分量求偏导数,下标2表示函数对第二个分量求偏导数。类似地,还有记号 f_{21},f_{11}等。

$$\frac{\partial z}{\partial x}=\frac{\partial f}{\partial u}\cdot\mathrm{e}^x\sin y+\frac{\partial f}{\partial v}\cdot 2x=\mathrm{e}^x\sin yf_1(\mathrm{e}^x\sin y,x^2+y^2)+2xf_2(\mathrm{e}^x\sin y,x^2+y^2),$$

$$\frac{\partial z}{\partial y}=\frac{\partial f}{\partial u}\cdot\mathrm{e}^x\cos y+\frac{\partial f}{\partial v}\cdot 2y=\mathrm{e}^x\cos yf_1(\mathrm{e}^x\sin y,x^2+y^2)+2yf_2(\mathrm{e}^x\sin y,x^2+y^2),$$

$$\frac{\partial^2 z}{\partial y\partial x}=\frac{\partial(e^x\cos y f_1+2yf_2)}{\partial x}=\frac{\partial(e^x\cos y f_1)}{\partial x}+\frac{\partial(2yf_2)}{\partial x}=\cos y\frac{\partial(e^x f_1)}{\partial x}+2y\frac{\partial(f_2)}{\partial x}$$
$$=\cos y(e^x f_1+e^x f_{11}e^x\sin y+e^x f_{12}2x)+2y(f_{21}e^x\sin y+f_{22}2x),$$

由于二阶偏导数连续,因此 $f_{12}=f_{21}$,代入整理得

$$\frac{\partial^2 z}{\partial y\partial x}=e^x\cos y f_1+e^{2x}f_{11}\sin y\cos y+2e^x(x\cos y+y\sin y)f_{12}+4xyf_{22}。$$

二、多元复合函数的全微分

设 $z=f(u,v)$具有连续偏导数,则有全微分 $dz=\frac{\partial z}{\partial u}du+\frac{\partial z}{\partial v}dv$。

若 $u=u(x,y)$,$v=v(x,y)$,且 u,v 也具有连续偏导数,则复合函数 $z=f[u(x,y),v(x,y)]$的全微分为

$$dz=\frac{\partial z}{\partial x}dx+\frac{\partial z}{\partial y}dy,$$

其中
$$\frac{\partial z}{\partial x}=\frac{\partial z}{\partial u}\cdot\frac{\partial u}{\partial x}+\frac{\partial z}{\partial v}\cdot\frac{\partial v}{\partial x},\ \frac{\partial z}{\partial y}=\frac{\partial z}{\partial u}\cdot\frac{\partial u}{\partial y}+\frac{\partial z}{\partial v}\cdot\frac{\partial v}{\partial y},$$

将它们代入上式,可得

$$dz=\left(\frac{\partial z}{\partial u}\cdot\frac{\partial u}{\partial x}+\frac{\partial z}{\partial v}\cdot\frac{\partial v}{\partial x}\right)dx+\left(\frac{\partial z}{\partial u}\cdot\frac{\partial u}{\partial y}+\frac{\partial z}{\partial v}\cdot\frac{\partial v}{\partial y}\right)dy$$
$$=\frac{\partial z}{\partial u}\left(\frac{\partial u}{\partial x}dx+\frac{\partial u}{\partial y}dy\right)+\frac{\partial z}{\partial v}\left(\frac{\partial v}{\partial x}dx+\frac{\partial v}{\partial y}dy\right)$$
$$=\frac{\partial z}{\partial u}du+\frac{\partial z}{\partial v}dv。$$

由此可见,无论 u,v 是 z 的自变量还是中间变量,$z=f(u,v)$的全微分形式总是一样的,这个性质叫作**全微分的形式不变性**。

全微分的形式不变性也可用来求多元复合函数的偏导数。

例 6 设 $z=e^u\sin v$,$u=xy$,$v=x+y$,求$\frac{\partial z}{\partial x}$,$\frac{\partial z}{\partial y}$。

解 $dz=d(e^u\sin v)=e^u\sin v du+e^u\cos v dv$,

$du=d(xy)=ydx+xdy$,$dv=d(x+y)=dx+dy$,

故
$$dz=e^u\sin v(ydx+xdy)+e^u\cos v(dx+dy)$$
$$=(e^u\sin v\cdot y+e^u\cos v)dx+(e^u\sin v\cdot x+e^u\cos v)dy$$
$$=[e^{xy}\sin(x+y)\cdot y+e^{xy}\cos(x+y)]dx+[e^{xy}\sin(x+y)\cdot x+e^{xy}\cos(x+y)]dy,$$

所以
$$\frac{\partial z}{\partial x}=e^{xy}\sin(x+y)\cdot y+e^{xy}\cos(x+y),$$
$$\frac{\partial z}{\partial y}=e^{xy}\sin(x+y)\cdot x+e^{xy}\cos(x+y)。$$

习题 7.4(A)

1. 设 $z=x^2+xy+y^2$,$x=t^2$,$y=t$,求$\frac{dz}{dt}$。

2. 设 $z=e^{u-2v}$，$u=\sin x$，$v=x^2$，求$\frac{dz}{dx}$。

3. 设 $z=\tan(3t+2x^2-y)$，$x=\frac{1}{t}$，$y=\sqrt{t}$，求$\frac{dz}{dt}$。

4. 设 $z=\arcsin u$，$u=x^2+y^2$，求$\frac{\partial z}{\partial x}$，$\frac{\partial z}{\partial y}$。

5. 设 $z=\ln(u^2+v)$，且 $u=xy$，$v=2x+3y$，求$\frac{\partial z}{\partial x}$，$\frac{\partial z}{\partial y}$。

6. 设 $z=\sin(u+x^2+y^2)$，$u=\ln(xy)$，求$\frac{\partial z}{\partial x}$，$\frac{\partial z}{\partial y}$。

7. 设 $z=f(\sin x,x^2-y^2)$，其中 f 可微，求$\frac{\partial z}{\partial x}$，$\frac{\partial z}{\partial y}$。

8. (2007 年)设 $f(u,v)$是二元可微函数，$z=f(x^y,y^x)$，则$\frac{\partial z}{\partial x}=$________。

9. 设 $z=f(x,y)$，$x=\rho\cos\theta$，$y=\rho\sin\theta$，求证：$\left(\frac{\partial z}{\partial x}\right)^2+\left(\frac{\partial z}{\partial y}\right)^2=\left(\frac{\partial z}{\partial \rho}\right)^2+\frac{1}{\rho^2}\left(\frac{\partial z}{\partial \theta}\right)^2$。

10. 设 $z=xyf(x^2y^3)$，f 具有一阶连续偏导数，求$\frac{\partial z}{\partial x}$，$\frac{\partial z}{\partial y}$。

11. (2009 年)设函数 $f(u,v)$具有二阶连续偏导数，$z=f(x,xy)$，则$\frac{\partial^2 z}{\partial x\partial y}=$________。

习题 7.4(B)

1. (2012 年)设 $z=f\left(\ln x+\frac{1}{y}\right)$，其中函数 $f(u)$可微，则 $x\frac{\partial z}{\partial x}+y^2\frac{\partial z}{\partial y}=$________。

2. (2013 年)设 $z=\frac{y}{x}f(xy)$，其中函数 f 可微，则$\frac{x}{y}\frac{\partial z}{\partial x}+\frac{\partial z}{\partial y}=$(　　)。

(A)$2yf'(xy)$　　(B)$-2yf'(xy)$　　(C)$\frac{2}{x}f(xy)$　　(D)$-\frac{2}{x}f(xy)$

3. 设 $z=\frac{y}{f(x^2-y^2)}$，函数 $f(u)$可微，求证：$\frac{1}{x}\frac{\partial z}{\partial x}+\frac{1}{y}\frac{\partial z}{\partial y}=\frac{z}{y^2}$。

4. (2015 年)设函数 $f(u,v)$满足 $f\left(x+y,\frac{y}{x}\right)=x^2-y^2$，则$\left.\frac{\partial f}{\partial u}\right|_{\substack{u=1\\v=1}}$与$\left.\frac{\partial f}{\partial v}\right|_{\substack{u=1\\v=1}}$依次为(　　)。

(A)$\frac{1}{2}$，0　　(B)0，$\frac{1}{2}$　　(C)$-\frac{1}{2}$，0　　(D)0，$-\frac{1}{2}$

5. (2017 年)设函数 $f(u,v)$满足具有二阶连续偏导数，$y=f(e^x,\cos x)$，求$\left.\frac{dy}{dx}\right|_{x=0}$，$\left.\frac{d^2y}{dx^2}\right|_{x=0}$。

6. 函数 φ，ϕ 均为可微函数，求证：函数 $u=\varphi(x-at)+\phi(x+at)$满足波动方程$\frac{\partial^2 u}{\partial t^2}=a^2\frac{\partial^2 u}{\partial x^2}$。

第五节　隐函数的求导公式

一元函数的微分学中介绍了隐函数的求导方法:方程 $F(x,y)=0$ 两边对 x 求导,解出$\frac{\mathrm{d}y}{\mathrm{d}x}$。现在介绍隐函数存在定理,并根据多元复合函数的求导法则导出隐函数的求导公式。先介绍一个方程确定隐函数的情形。

一、一个方程的情形

1. 一元隐函数的求导公式

定理 7.8 (隐函数存在定理)设函数 $F(x,y)$在点(x_0,y_0)的某一邻域内有连续的偏导数,且 $F(x_0,y_0)=0$,$F'_y(x_0,y_0)\neq 0$,则方程 $F(x,y)=0$ 在点(x_0,y_0)的该邻域内唯一确定一个连续且具有连续导数的函数 $y=y(x)$,它满足 $y_0=y(x_0)$,并且有

$$\frac{\mathrm{d}y}{\mathrm{d}x}=-\frac{F'_x}{F'_y}。\tag{7.5}$$

式(7.5)就是隐函数的求导公式。

隐函数存在定理不作证明,仅对(7.5)式进行推导。

将函数 $y=y(x)$代入方程 $F(x,y)=0$,得恒等式 $F(x,y(x))\equiv 0$,其左端是 x 的复合函数,恒等式两端同时对 x 求导,由图 7.13 可得

$$F'_x+F'_y\cdot\frac{\mathrm{d}y}{\mathrm{d}x}=0。$$

由于 F_y 连续,且 $F'_y(x_0,y_0)\neq 0$,因此存在点(x_0,y_0)的一个邻域,在该邻域内 $F_y\neq 0$,则

$$\frac{\mathrm{d}y}{\mathrm{d}x}=-\frac{F'_x}{F'_y}。$$

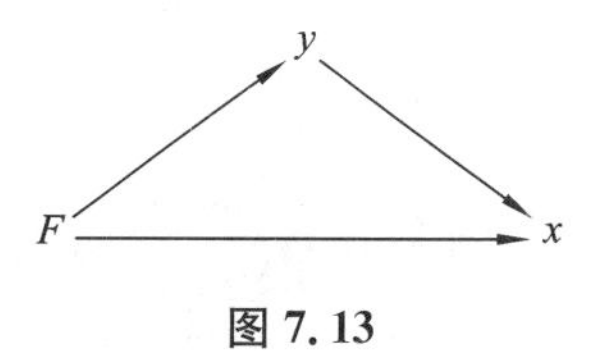

图 7.13

例 1　验证方程 $x^2+y^2-1=0$ 在点(0,1)的某一邻域内能唯一确定一个有连续导数的隐函数 $y=y(x)$,且 $x=0$ 时 $y=1$,并求$\left.\frac{\mathrm{d}y}{\mathrm{d}x}\right|_{x=0}$。

解　设 $F(x,y)=x^2+y^2-1$,则 $F'_x=2x$,$F'_y=2y$,$F(0,1)=0$,$F'_y(0,1)=-2\neq 0$,因此,由定理 7.8 可知,方程 $x^2+y^2-1=0$ 在点(0,1)的某一邻域内能唯一确定一个有连续导数的隐函数 $y=y(x)$,且

$$\frac{\mathrm{d}y}{\mathrm{d}x}=-\frac{F'_x}{F'_y}=-\frac{2x}{2y}=-\frac{x}{y},$$

代入 $x=0,y=1$,即$\left.\frac{\mathrm{d}y}{\mathrm{d}x}\right|_{x=0}=-\frac{0}{1}=0$。

例 2　求由方程 $\sin y+\mathrm{e}^x-xy^2=0$ 所确定的隐函数的导数$\frac{\mathrm{d}y}{\mathrm{d}x}$。

解　设 $F(x,y)=\sin y+\mathrm{e}^x-xy^2$，则有

$$F'_x=\mathrm{e}^x-y^2, F'_y=\cos y-2xy,$$

由定理 7.8 知

$$\frac{\mathrm{d}y}{\mathrm{d}x}=-\frac{F'_x}{F'_y}=-\frac{\mathrm{e}^x-y^2}{\cos y-2xy}=\frac{y^2-\mathrm{e}^x}{\cos y-2xy}。$$

2. 二元隐函数的求导公式

隐函数存在定理还可以推广到多元函数，下面介绍三元方程确定二元隐函数的定理。

定理 7.9　（隐函数存在定理）设函数 $F(x,y,z)$ 在点 (x_0,y_0,z_0) 的某一邻域内具有连续的偏导数，且 $F(x_0,y_0,z_0)=0$，$F'_z(x_0,y_0,z_0)\neq0$，则方程 $F(x,y,z)=0$ 在点 (x_0,y_0,z_0) 的某一邻域内能唯一确定一个具有连续偏导数的函数 $z=f(x,y)$，它满足条件 $z_0=f(x_0,y_0)$，并有

$$\frac{\partial z}{\partial x}=-\frac{F'_x}{F'_z}, \frac{\partial z}{\partial y}=-\frac{F'_y}{F'_z}。\tag{7.6}$$

与定理 7.8 类似，这里仅对(7.6)式进行推导。

将函数 $z=z(x,y)$ 代入方程 $F(x,y,z)=0$，得恒等式 $F(x,y,z(x,y))\equiv0$，其左端可以看作 x 和 y 的一个复合函数，这个恒等式两端对 x,y 分别求偏导，由图 7.14 得

$$F'_x+F'_z\frac{\partial z}{\partial x}=0, F'_y+F'_z\cdot\frac{\partial z}{\partial y}=0,$$

由于 F'_z 连续，且 $F'_z(x_0,y_0,z_0)\neq0$，因此存在点 (x_0,y_0) 的一个邻域，在这个邻域内 $F'_z\neq0$，所以有

$$\frac{\partial z}{\partial x}=-\frac{F'_x}{F'_z},\quad \frac{\partial z}{\partial y}=-\frac{F'_y}{F'_z}。$$

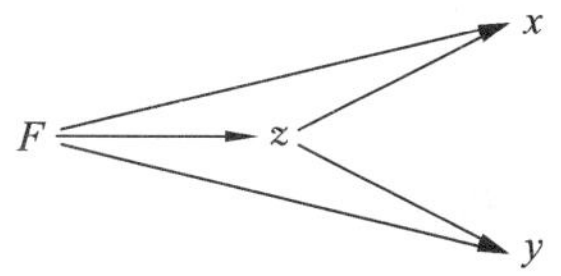

图 7.14

例 3　设方程 $\mathrm{e}^z=xyz$ 确定了隐函数 $z=z(x,y)$，求$\frac{\partial z}{\partial x}$，$\frac{\partial z}{\partial y}$。

解　令 $F(x,y,z)=\mathrm{e}^z-xyz$，则

$$F_x=-yz, F_y=-xz, F_z=\mathrm{e}^z-xy,$$

由定理 7.9 知

$$\frac{\partial z}{\partial x}=-\frac{F_x}{F_z}=\frac{yz}{\mathrm{e}^z-xy},\quad \frac{\partial z}{\partial y}=-\frac{F_y}{F_z}=\frac{xz}{\mathrm{e}^z-xy}。$$

例 4　设 $x^2+y^2+z^2-4z=0$，求$\frac{\partial^2 z}{\partial x^2}$。

解　令 $F(x,y,z)=x^2+y^2+z^2-4z$，则 $F'_x=2x$，$F'_z=2z-4$，由定理 7.9 知

$$\frac{\partial z}{\partial x}=-\frac{F'_x}{F'_z}=\frac{x}{2-z}。$$

$$\frac{\partial^2 z}{\partial x^2}=\frac{\partial}{\partial x}\left(\frac{x}{2-z}\right)=\frac{(2-z)+x\frac{\partial z}{\partial x}}{(2-z)^2}=\frac{(2-z)+x\left(\frac{x}{2-z}\right)}{(2-z)^2}=\frac{(2-z)^2+x^2}{(2-z)^3}。$$

例 5 设函数 $z=z(x,y)$ 由 $x^2+y^2+z^2=xf\left(\frac{y}{x}\right)$ 确定,且 f 可微,求 $\frac{\partial z}{\partial x}$, $\frac{\partial z}{\partial y}$。

解 令 $F(x,y,z)=x^2+y^2+z^2-xf\left(\frac{y}{x}\right)$,则

$$F'_x=2x-f\left(\frac{y}{x}\right)+\frac{y}{x}f'\left(\frac{y}{x}\right),\quad F'_y=2y-f'\left(\frac{y}{x}\right),F'_z=2z,$$

故
$$\frac{\partial z}{\partial x}=-\frac{F'_x}{F'_z}=\frac{f\left(\frac{y}{x}\right)-\frac{y}{x}f'\left(\frac{y}{x}\right)-2x}{2z},\quad \frac{\partial z}{\partial y}=-\frac{F'_y}{F'_z}=\frac{f'\left(\frac{y}{x}\right)-2y}{2z}。$$

二、方程组的情形

下面将隐函数存在定理作另一方面的推广,我们增加方程中变量的个数,且增加方程的个数,考虑方程组的情况。

1. 一元隐函数组的求导公式

设方程组 $\begin{cases}F(x,y,z)=0,\\G(x,y,z)=0,\end{cases}$ 这时,在 x,y,z 三个变量中,一般只能有两个变量独立变化,因此该方程组就有可能确定两个一元函数,在这种情况下,有如下定理。

定理 7.10 设 $F(x,y,z)$,$G(x,y,z)$ 在点 (x_0,y_0,z_0) 的某一邻域内具有对各个变量的连续偏导数,又 $F(x_0,y_0,z_0)=0$,$G(x_0,y_0,z_0)=0$,且偏导数所组成的函数行列式(称之为**雅克比行列式**)

$$J=\frac{\partial(F,G)}{\partial(y,z)}=\begin{vmatrix}F'_y & F'_z\\ G'_y & G'_z\end{vmatrix}$$

在点 (x_0,y_0,z_0) 处不等于零,则方程组 $\begin{cases}F(x,y,z)=0,\\G(x,y,z)=0\end{cases}$ 在点 (x_0,y_0,z_0) 的某一邻域内能唯一确定一组连续且具有连续导数的函数 $\begin{cases}y=y(x),\\z=z(x),\end{cases}$ 它们满足条件 $y_0=y(x_0)$,$z_0=z(x_0)$,并有

$$\frac{\mathrm{d}y}{\mathrm{d}x}=-\frac{1}{J}\frac{\partial(F,G)}{\partial(x,z)}=-\frac{\begin{vmatrix}F'_x & F'_z\\ G'_x & G'_z\end{vmatrix}}{\begin{vmatrix}F'_y & F'_z\\ G'_y & G'_z\end{vmatrix}},\quad \frac{\mathrm{d}z}{\mathrm{d}x}=-\frac{1}{J}\frac{\partial(F,G)}{\partial(y,x)}=-\frac{\begin{vmatrix}F'_y & F'_x\\ G'_y & G'_x\end{vmatrix}}{\begin{vmatrix}F'_y & F'_z\\ G'_y & G'_z\end{vmatrix}}。\tag{7.7}$$

与定理 7.8 类似,这里仅对式(7.7)进行推导。

将 $y=y(x)$,$z=z(x)$ 代入方程组 $\begin{cases}F(x,y,z)=0,\\G(x,y,z)=0,\end{cases}$ 得恒等式

$$\begin{cases}F(x,y(x),z(x))\equiv 0,\\G(x,y(x),z(x))\equiv 0,\end{cases}$$

将恒等式两端对 x 求偏导，由复合函数求导法则可得

$$\begin{cases} F'_x+F'_y\dfrac{\mathrm{d}y}{\mathrm{d}x}+F'_z\dfrac{\mathrm{d}z}{\mathrm{d}x}=0, \\ G'_x+G'_y\dfrac{\mathrm{d}y}{\mathrm{d}x}+G'_z\dfrac{\mathrm{d}z}{\mathrm{d}x}=0, \end{cases}$$

这是关于$\dfrac{\mathrm{d}y}{\mathrm{d}x}$，$\dfrac{\mathrm{d}z}{\mathrm{d}x}$的线性方程组。因为系数行列式 $J=\begin{vmatrix} F'_y & F'_z \\ G'_y & G'_z \end{vmatrix}\neq 0$，由克莱姆法则知，方程组$\begin{cases} F'_x+F'_y\dfrac{\mathrm{d}y}{\mathrm{d}x}+F'_z\dfrac{\mathrm{d}z}{\mathrm{d}x}=0 \\ G'_x+G'_y\dfrac{\mathrm{d}y}{\mathrm{d}x}+G'_z\dfrac{\mathrm{d}z}{\mathrm{d}x}=0 \end{cases}$有唯一解，且可解出唯一解$\dfrac{\mathrm{d}y}{\mathrm{d}x}$，$\dfrac{\mathrm{d}z}{\mathrm{d}x}$，即得证。

例 6　设$\begin{cases} z=x^2+y^2, \\ x^2+2y^2+3z^2=20, \end{cases}$求$\dfrac{\mathrm{d}y}{\mathrm{d}x}$，$\dfrac{\mathrm{d}z}{\mathrm{d}x}$。

解　方法 1：直接利用(7.7)式求解。

方程组$\begin{cases} z=x^2+y^2, \\ x^2+2y^2+3z^2=20 \end{cases}$变形为$\begin{cases} F(x,y,z)=z-x^2-y^2, \\ G(x,y,z)=x^2+2y^2+3z^2-20, \end{cases}$计算偏导数

$$F'_y=-2y, F'_z=1, G'_y=4y, G'_z=6z,$$

计算雅克比行列式

$$J=\begin{vmatrix} F'_y & F'_z \\ G'_y & G'_z \end{vmatrix}=\begin{vmatrix} -2y & 1 \\ 4y & 6z \end{vmatrix}=-12yz-4y,$$

由于 $J\neq 0$，所以方程组能唯一确定一组连续且具有连续导数的函数$\begin{cases} y=y(x), \\ z=z(x), \end{cases}$且有

$$\frac{\mathrm{d}y}{\mathrm{d}x}=-\frac{1}{J}\frac{\partial(F,G)}{\partial(x,z)}=-\frac{\begin{vmatrix} F'_x & F'_z \\ G'_x & G'_z \end{vmatrix}}{\begin{vmatrix} F'_y & F'_z \\ G'_y & G'_z \end{vmatrix}}=-\frac{\begin{vmatrix} -2x & 1 \\ 2x & 6z \end{vmatrix}}{-12yz-4y}=-\frac{-12xz-2x}{-12yz-4y}=-\frac{x(6z+1)}{2y(3z+1)},$$

$$\frac{\mathrm{d}z}{\mathrm{d}x}=-\frac{1}{J}\frac{\partial(F,G)}{\partial(y,x)}=-\frac{\begin{vmatrix} F'_y & F'_x \\ G'_y & G'_x \end{vmatrix}}{\begin{vmatrix} F'_y & F'_z \\ G'_y & G'_z \end{vmatrix}}=-\frac{\begin{vmatrix} -2y & -2x \\ 4y & 2x \end{vmatrix}}{-12yz-4y}=-\frac{-4xy+8xy}{-12yz-4y}=\frac{x}{3z+1}。$$

方法 2：采用直接推导的方法。

由于方程组$\begin{cases} z=x^2+y^2, \\ x^2+2y^2+3z^2=20 \end{cases}$含有两个三元方程，因此可确定两个一元函数，方程组两边同时对自变量 x 求导，可得$\begin{cases} \dfrac{\mathrm{d}z}{\mathrm{d}x}=2x+2y\dfrac{\mathrm{d}y}{\mathrm{d}x}, \\ 2x+4y\dfrac{\mathrm{d}y}{\mathrm{d}x}+6z\dfrac{\mathrm{d}z}{\mathrm{d}x}=0, \end{cases}$整理得$\begin{cases} -2y\dfrac{\mathrm{d}y}{\mathrm{d}x}+\dfrac{\mathrm{d}z}{\mathrm{d}x}=2x, \\ 2y\dfrac{\mathrm{d}y}{\mathrm{d}x}+3z\dfrac{\mathrm{d}z}{\mathrm{d}x}=-x, \end{cases}$因为 $J=\begin{vmatrix} -2y & 1 \\ 2y & 3z \end{vmatrix}=-6yz-2y\neq 0$，由克莱姆法则解线性方程组可得

$$\frac{\mathrm{d}y}{\mathrm{d}x}=\frac{\begin{vmatrix}2x & 1\\ -x & 3z\end{vmatrix}}{\begin{vmatrix}-2y & 1\\ 2y & 3z\end{vmatrix}}=-\frac{x(6z+1)}{2y(3z+1)},\quad \frac{\mathrm{d}z}{\mathrm{d}x}=\frac{\begin{vmatrix}-2y & 2x\\ 2y & -x\end{vmatrix}}{\begin{vmatrix}-2y & 1\\ 2y & 3z\end{vmatrix}}=\frac{x}{3z+1}。$$

说明 方法 1 使用的是公式(7.7),方法 2 采用的是直接推导的方式,读者可自行选择适合自己的方式。

2. 二元隐函数组的求导公式

设方程组$\begin{cases}F(x,y,u,v)=0,\\ G(x,y,u,v)=0\end{cases}$能确定两个二元函数$\begin{cases}u=u(x,y),\\ v=v(x,y),\end{cases}$若函数$F(x,y,u,v)$,$G(x,y,u,v)$具有对各个变量的连续偏导数,且 $J=\begin{vmatrix}F'_u & F'_v\\ G'_u & G'_v\end{vmatrix}\neq 0$,将 $u=u(x,y)$,$v=v(x,y)$代入方程组中,得恒等式

$$\begin{cases}F(x,y,u(x,y),v(x,y))\equiv 0,\\ G(x,y,u(x,y),v(x,y))\equiv 0,\end{cases}$$

将恒等式两端对 x 求偏导,由复合函数求导法则可得

$$\begin{cases}F'_x+F'_u\dfrac{\partial u}{\partial x}+F'_v\dfrac{\partial v}{\partial x}=0,\\[2mm] G'_x+G'_u\dfrac{\partial u}{\partial x}+G'_v\dfrac{\partial v}{\partial x}=0,\end{cases}$$

这是关于$\dfrac{\partial u}{\partial x}$,$\dfrac{\partial v}{\partial x}$的线性方程组。

在系数行列式 $J=\begin{vmatrix}F'_u & F'_v\\ G'_u & G'_v\end{vmatrix}\neq 0$ 的条件下,可解得

$$\frac{\partial u}{\partial x}=-\frac{\begin{vmatrix}F'_x & F'_v\\ G'_x & G'_v\end{vmatrix}}{\begin{vmatrix}F'_u & F'_v\\ G'_u & G'_v\end{vmatrix}},\quad \frac{\partial v}{\partial x}=-\frac{\begin{vmatrix}F'_u & F'_x\\ G'_u & G'_x\end{vmatrix}}{\begin{vmatrix}F'_u & F'_v\\ G'_u & G'_v\end{vmatrix}}。$$

同理,将恒等式两端对 y 求偏导,可得

$$\frac{\partial u}{\partial y}=-\frac{\begin{vmatrix}F'_y & F'_v\\ G'_y & G'_v\end{vmatrix}}{\begin{vmatrix}F'_u & F'_v\\ G'_u & G'_v\end{vmatrix}},\quad \frac{\partial v}{\partial y}=-\frac{\begin{vmatrix}F'_u & F'_y\\ G'_u & G'_y\end{vmatrix}}{\begin{vmatrix}F'_u & F'_v\\ G'_u & G'_v\end{vmatrix}}。$$

例 7 设$\begin{cases}xu-yv=0\\ yu+xv=1\end{cases}$,求$\dfrac{\partial u}{\partial x}$,$\dfrac{\partial u}{\partial y}$,$\dfrac{\partial v}{\partial x}$,$\dfrac{\partial v}{\partial y}$。

解 将所给方程的两边对 x 求偏导并移项,得

$$\begin{cases}x\dfrac{\partial u}{\partial x}-y\dfrac{\partial v}{\partial x}=-u,\\[2mm] y\dfrac{\partial u}{\partial x}+x\dfrac{\partial v}{\partial x}=-v,\end{cases}$$

在 $J=\begin{vmatrix} x & -y \\ y & x \end{vmatrix}=x^2+y^2\neq 0$ 的条件下，解上述以$\dfrac{\partial u}{\partial x}$，$\dfrac{\partial v}{\partial x}$为未知数的方程组，得

$$\frac{\partial u}{\partial x}=\frac{\begin{vmatrix} -u & -y \\ -v & x \end{vmatrix}}{\begin{vmatrix} x & -y \\ y & x \end{vmatrix}}=-\frac{xu+yv}{x^2+y^2},\quad \frac{\partial v}{\partial x}=\frac{\begin{vmatrix} x & -u \\ y & -v \end{vmatrix}}{\begin{vmatrix} x & -y \\ y & x \end{vmatrix}}=\frac{yu-xv}{x^2+y^2}。$$

同理，将方程组两边对 y 求偏导，解得$\dfrac{\partial u}{\partial y}=\dfrac{xv-yu}{x^2+y^2}$，$\dfrac{\partial v}{\partial y}=-\dfrac{xu+yv}{x^2+y^2}$。

习题 7.5(A)

1. 设 $\cos x+e^y-x^2y=0$，求$\dfrac{dy}{dx}$。

2. 设 $xy+\ln x+\ln y=0$，求$\dfrac{dy}{dx}$，$\dfrac{d^2y}{dx^2}$。

3. 设 $z=yz^3+5x^2-2$，求$\dfrac{\partial z}{\partial x}$，$\dfrac{\partial z}{\partial y}$。

4. 设 $2\sin(x+2y-3z)=x+2y-3z$，求证：$\dfrac{\partial z}{\partial x}+\dfrac{\partial z}{\partial y}=1$。

5. 设$\dfrac{x}{z}=\ln\dfrac{y}{z}$，求$\dfrac{\partial z}{\partial x}$，$\dfrac{\partial z}{\partial y}$。

6. 设 $x=x(y,z)$，$y=y(x,z)$，$z=z(x,y)$都是由方程 $F(x,y,z)=0$ 所确定的具有连续偏导数的函数，求证：$\dfrac{\partial x}{\partial y}\cdot\dfrac{\partial y}{\partial z}\cdot\dfrac{\partial z}{\partial x}=-1$。

7. 设 $x+y+z=e^{-(x+y+z)}$，求$\dfrac{\partial^2 z}{\partial x^2}$，$\dfrac{\partial^2 z}{\partial x\partial y}$，$\dfrac{\partial^2 z}{\partial y^2}$。

8. 设$\begin{cases} x+y+z=0, \\ x^2+y^2+z^2=1, \end{cases}$求$\dfrac{dx}{dz}$，$\dfrac{dy}{dz}$。

9. 设$\begin{cases} x=e^u+u\sin v, \\ y=e^u-u\cos v, \end{cases}$求$\dfrac{\partial u}{\partial x}$，$\dfrac{\partial u}{\partial y}$，$\dfrac{\partial v}{\partial x}$，$\dfrac{\partial v}{\partial y}$。

习题 7.5(B)

1. (2023 年)设函数 $z=z(x,y)$由方程 $e^z+xz=2x-y$ 确定，则$\left.\dfrac{\partial^2 z}{\partial x^2}\right|_{(1,1)}=$________。

2. (2015 年)若函数 $z=z(x,y)$由方程 $e^z+xyz+x+\cos x=2$ 确定，则 $dz\big|_{(0,1)}=$________。

3. (2010 年)设函数 $z=z(x,y)$由方程 $F\left(\dfrac{y}{x},\dfrac{z}{x}\right)=0$ 确定，其中 F 为可微函数，且 $F_2'\neq 0$，则 $x\dfrac{\partial z}{\partial x}+y\dfrac{\partial z}{\partial y}=$(　　)。

(A)x　　(B)z　　(C)$-x$　　(D)$-z$

4. 设函数 $z=f(x,y)$ 由方程 $\int_0^{x^2} e^t dt+\int_1^{y^3} t dt+\int_0^z \cos t dt=0$ 确定,求 dz。

5. 设函数 $u=f(x,y,z)$ 具有一阶连续偏导数,且 $z=z(x,y)$ 由方程 $xe^x-ye^y=ze^z$ 确定,求 du。

第六节　偏导数的几何应用

类似于一元函数的微分法可以求平面曲线的切线方程和法线方程,多元函数的微分法同样可以求出空间曲线的切线和法平面方程,以及空间曲面的切平面和法线方程。

一、空间曲线的切线与法平面

类似于平面曲线,空间曲线上的点 M 的切线定义为割线的极限位置(极限存在时),过 M 且与切线垂直的平面称为曲线在点 M 的法平面。如图 7.15 所示。

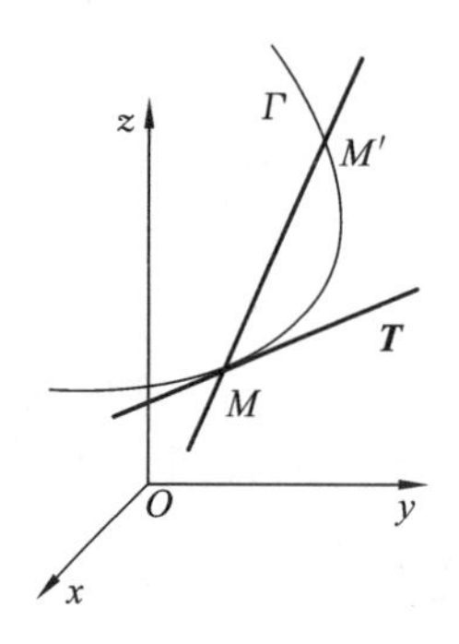

图 7.15

1. 空间曲线的参数式情形

设空间曲线 Γ 的参数方程为

$$\Gamma:\begin{cases}x=\varphi(t),\\ y=\psi(t),\quad t\in[\alpha,\beta]\\ z=\omega(t),\end{cases}$$

这里假设 $\varphi(t),\psi(t),\omega(t)$ 都在 $[\alpha,\beta]$ 上可导,且导数不同时为零。

下面求曲线 Γ 上一点 $M(x_0,y_0,z_0)$ 处的切线和法平面方程。

这里 $x_0=\varphi(t_0),y_0=\psi(t_0),z_0=\omega(t_0),t_0\in[\alpha,\beta]$。在曲线 Γ 上点 $M(x_0,y_0,z_0)$ 附近取一点 $M'(x_0+\Delta x,y_0+\Delta y,z_0+\Delta z)$,对应参数 $t=t_0+\Delta t(\Delta t\neq 0)$。作割线 MM',其两点式方程为

$$\frac{x-x_0}{\Delta x}=\frac{y-y_0}{\Delta y}=\frac{z-z_0}{\Delta z},$$

其中 $\Delta x=\varphi(t_0+\Delta t)-\varphi(t_0),\Delta y=\psi(t_0+\Delta t)-\psi(t_0),\Delta z=\omega(t_0+\Delta t)-\omega(t_0)$。

用 Δt 除上式的各分母,得

$$\frac{x-x_0}{\frac{\Delta x}{\Delta t}}=\frac{y-y_0}{\frac{\Delta y}{\Delta t}}=\frac{z-z_0}{\frac{\Delta z}{\Delta t}}。$$

当M'沿着曲线Γ趋于M时，割线MM'的极限位置MT就是曲线Γ在点M处的切线，如图7.15所示。当$M'\to M$时，即$\Delta t\to 0$，得曲线Γ在点M处的切线方程为

$$\frac{x-x_0}{\varphi'(t_0)}=\frac{y-y_0}{\psi'(t_0)}=\frac{z-z_0}{\omega'(t_0)},$$

这里，$\varphi'(t_0)$，$\psi'(t_0)$及$\omega'(t_0)$不能同时为零。

曲线Γ切线的方向向量称为曲线的**切向量**。显然，向量$\boldsymbol{T}=\{\varphi'(t_0),\psi'(t_0),\omega'(t_0)\}$就是曲线$\Gamma$在点$M$处的一个切向量。

过点M且与该点的切线垂直的平面称为曲线Γ在点M处的**法平面**。显然，法平面的法向量为$\boldsymbol{T}=\{\varphi'(t_0),\psi'(t_0),\omega'(t_0)\}$，其点法式方程为

$$\varphi'(t_0)(x-x_0)+\psi'(t_0)(y-y_0)+\omega'(t_0)(z-z_0)=0。$$

例1　求曲线$\Gamma:\begin{cases}x=t+1,\\ y=t^2+2,\\ z=t^3+3\end{cases}$在点$(2,3,4)$处的切线及法平面方程。

解　因为$x'(t)=1,y'(t)=2t,z'(t)=3t^2$，而点$(2,3,4)$所对应的参数$t=1$，所以切线的方向向量为$\boldsymbol{T}=\{1,2,3\}$，得切线方程为

$$\frac{x-2}{1}=\frac{y-3}{2}=\frac{z-4}{3},$$

法平面方程为

$$(x-2)+2(y-3)+3(z-4)=0,$$

化简为

$$x+2y+3z-20=0。$$

2. 空间曲线的面交式情形

(1)若空间曲线Γ的方程为$\begin{cases}y=\varphi(x),\\ z=\psi(x),\end{cases}$则曲线方程可看作参数方程$\begin{cases}x=x,\\ y=\varphi(x),\\ z=\psi(x)。\end{cases}$若$\varphi(x),\psi(x)$都在$x=x_0$处可导，则曲线在点$M(x_0,y_0,z_0)$处的一个切向量为$\boldsymbol{T}=\{1,\varphi'(x_0),\psi'(x_0)\}$，得曲线$\Gamma$在点$M(x_0,y_0,z_0)$的切线方程为

$$\frac{x-x_0}{1}=\frac{y-y_0}{\varphi'(x_0)}=\frac{z-z_0}{\psi'(t_0)},$$

在点$M(x_0,y_0,z_0)$的法平面方程为

$$x-x_0+\varphi'(x_0)(y-y_0)+\psi'(x_0)(z-z_0)=0。$$

例2　求曲线$\Gamma:\begin{cases}y^2=2x,\\ z^2=1-x\end{cases}$在点$(1,\sqrt{2},0)$处的切线及法平面方程。

解　把曲线$\Gamma:\begin{cases}y^2=2x,\\ z^2=1-x\end{cases}$看成参数方程$\Gamma:\begin{cases}x=x,\\ y^2=2x,\\ z^2=1-x。\end{cases}$

因为$x'=1,y'\cdot 2y=2,z'\cdot 2z=-1$，即得$y'=\frac{2}{2y}=\frac{1}{y}$，$z'=\frac{-1}{2z}$，所以切线的方向向量为

$$\boldsymbol{T}=\{x',\ y',\ z'\}\Big|_{(1,\sqrt{2},0)}=\left\{1,\frac{1}{\sqrt{2}},0\right\},$$

得切线方程为
$$\frac{x-1}{1}=\frac{y-\sqrt{2}}{\frac{1}{\sqrt{2}}}=\frac{z-0}{0},$$

法平面方程为
$$(x-1)+\frac{1}{\sqrt{2}}(y-\sqrt{2})+0(z-0)=0,$$

化简为
$$x+\frac{\sqrt{2}}{2}y-2=0。$$

(2)若空间曲线 Γ 的方程为 $\begin{cases}F(x,y,z)=0\\G(x,y,z)=0\end{cases}$, $M(x_0,y_0,z_0)$ 是曲线 Γ 上的一点,F,G 有对各个变量的连续偏导数,且
$$\begin{vmatrix}F'_y & F'_z\\G'_y & G'_z\end{vmatrix}_{(x_0,y_0,z_0)}\neq 0,$$

简记为
$$\begin{vmatrix}F'_y & F'_z\\G'_y & G'_z\end{vmatrix}_0\neq 0。\quad(\text{下同})$$

由隐函数存在定理可知,方程组在点 $M(x_0,y_0,z_0)$ 的某一邻域内确定了一组函数 $y=\varphi(x)$,$z=\psi(x)$。由上一节内容可知
$$\frac{\mathrm{d}y}{\mathrm{d}x}=\varphi'(x)=\frac{\begin{vmatrix}F'_z & F'_x\\G'_z & G'_x\end{vmatrix}}{\begin{vmatrix}F'_y & F'_z\\G'_y & G'_z\end{vmatrix}};\quad \frac{\mathrm{d}z}{\mathrm{d}x}=\psi'(x)=\frac{\begin{vmatrix}F'_x & F'_y\\G'_x & G'_y\end{vmatrix}}{\begin{vmatrix}F'_y & F'_z\\G'_y & G'_z\end{vmatrix}}。$$

从而有
$$\varphi'(x_0)=\frac{\begin{vmatrix}F'_z & F'_x\\G'_z & G'_x\end{vmatrix}_0}{\begin{vmatrix}F'_y & F'_z\\G'_y & G'_z\end{vmatrix}_0},\quad \psi'(x_0)=\frac{\begin{vmatrix}F'_x & F'_y\\G'_x & G'_y\end{vmatrix}_0}{\begin{vmatrix}F'_y & F'_z\\G'_y & G'_z\end{vmatrix}_0},$$

于是曲线 Γ 在点 $M(x_0,y_0,z_0)$ 的切向量为
$$\boldsymbol{T}=\left\{1,\frac{\begin{vmatrix}F'_z & F'_x\\G'_z & G'_x\end{vmatrix}_0}{\begin{vmatrix}F'_y & F'_z\\G'_y & G'_z\end{vmatrix}_0},\frac{\begin{vmatrix}F'_x & F'_y\\G'_x & G'_y\end{vmatrix}_0}{\begin{vmatrix}F'_y & F'_z\\G'_y & G'_z\end{vmatrix}_0}\right\},$$

易知,与向量 $\boldsymbol{T}$ 平行的向量 $\boldsymbol{T}_1$ 仍可作为曲线 Γ 在点 $M(x_0,y_0,z_0)$ 处的切向量,不妨设
$$\boldsymbol{T}_1=\left\{\begin{vmatrix}F'_y & F'_z\\G'_y & G'_z\end{vmatrix}_0,\begin{vmatrix}F'_z & F'_x\\G'_z & G'_x\end{vmatrix}_0,\begin{vmatrix}F'_x & F'_y\\G'_x & G'_y\end{vmatrix}_0\right\},$$

于是,曲线 Γ 在点 $M(x_0,y_0,z_0)$ 的切线方程为
$$\frac{x-x_0}{\begin{vmatrix}F'_y & F'_z\\G'_y & G'_z\end{vmatrix}_0}=\frac{y-y_0}{\begin{vmatrix}F'_z & F'_x\\G'_z & G'_x\end{vmatrix}_0}=\frac{z-z_0}{\begin{vmatrix}F'_x & F'_y\\G'_x & G'_y\end{vmatrix}_0},\tag{7.8}$$

曲线 Γ 在点 $M(x_0,y_0,z_0)$ 的法平面方程为
$$\begin{vmatrix}F'_y & F'_z\\G'_y & G'_z\end{vmatrix}_0(x-x_0)+\begin{vmatrix}F'_z & F'_x\\G'_z & G'_x\end{vmatrix}_0(y-y_0)+\begin{vmatrix}F'_x & F'_y\\G'_x & G'_y\end{vmatrix}_0(z-z_0)=0,\tag{7.9}$$

这里$\begin{vmatrix} F'_y & F'_z \\ G'_y & G'_z \end{vmatrix}_0$，$\begin{vmatrix} F'_z & F'_x \\ G'_z & G'_x \end{vmatrix}_0$，$\begin{vmatrix} F'_x & F'_y \\ G'_x & G'_y \end{vmatrix}_0$不同时为零。

例3　求空间曲线$\begin{cases} 2x^2+y^2+z^2=45, \\ x^2+2y^2=z \end{cases}$在点$P_0(-2,1,6)$处的切线与法平面方程。

解　方法1　令$\begin{cases} F(x,y,z)=2x^2+y^2+z^2-45, \\ G(x,y,z)=x^2+2y^2-z, \end{cases}$则在点$P_0(-2,1,6)$处有

$$\boldsymbol{T}=\left\{\begin{vmatrix} F'_y & F'_z \\ G'_y & G'_z \end{vmatrix}_0, \begin{vmatrix} F'_z & F'_x \\ G'_z & G'_x \end{vmatrix}_0, \begin{vmatrix} F'_x & F'_y \\ G'_x & G'_y \end{vmatrix}_0\right\}=\left\{\begin{vmatrix} 2y & 2z \\ 4y & -1 \end{vmatrix}_0, \begin{vmatrix} 2z & 4x \\ -1 & 2x \end{vmatrix}_0, \begin{vmatrix} 4x & 2y \\ 2x & 4y \end{vmatrix}_0\right\}$$

$$=\{-50,-56,-24\},$$

即可取曲线在点$P_0(-2,1,6)$处的切向量为$\boldsymbol{T}_1=\{25,28,12\}$，于是，所求切线方程为

$$\frac{x+2}{25}=\frac{y-1}{28}=\frac{z-6}{12},$$

所求法平面方程为
$$25(x+2)+28(y-1)+12(z-6)=0,$$
即
$$25x+28y+12z-50=0。$$

方法2：将所给方程组$\begin{cases} 2x^2+y^2+z^2=45, \\ x^2+2y^2=z \end{cases}$的两边同时对$x$求导并移项化简，得

$$\begin{cases} y\dfrac{\mathrm{d}y}{\mathrm{d}x}+z\dfrac{\mathrm{d}z}{\mathrm{d}x}=-2x, \\ 4y\dfrac{\mathrm{d}y}{\mathrm{d}x}-\dfrac{\mathrm{d}z}{\mathrm{d}x}=-2x, \end{cases}$$

由克莱姆法则解$\dfrac{\mathrm{d}y}{\mathrm{d}x}$，$\dfrac{\mathrm{d}z}{\mathrm{d}x}$得

$$\frac{\mathrm{d}y}{\mathrm{d}x}=\frac{\begin{vmatrix} -2x & z \\ -2x & -1 \end{vmatrix}}{\begin{vmatrix} y & z \\ 4y & -1 \end{vmatrix}}=\frac{2x(z+1)}{y(-4z-1)},\quad \frac{\mathrm{d}z}{\mathrm{d}x}=\frac{\begin{vmatrix} y & -2x \\ 4y & -2x \end{vmatrix}}{\begin{vmatrix} y & z \\ 4y & -1 \end{vmatrix}}=\frac{6x}{-1-4z},$$

点$P_0(-2,1,6)$处的切向量为$\boldsymbol{T}=\left\{1,\dfrac{\mathrm{d}y}{\mathrm{d}x},\dfrac{\mathrm{d}z}{\mathrm{d}x}\right\}\Bigg|_{P_0(-2,1,6)}=\left\{1,\dfrac{28}{25},\dfrac{12}{25}\right\}$，于是，切线方程为

$$\frac{x+2}{1}=\frac{y-1}{\frac{28}{25}}=\frac{z-6}{\frac{12}{25}},$$

法平面方程为
$$(x+2)+\frac{28}{25}(y-1)+\frac{12}{25}(z-6)=0,$$
即
$$25x+28y+12z-50=0。$$

说明　方法1使用的是(7.8)式及(7.9)式，方法2采用的是直接推导的方式，读者自行选择适合自己的方式。

二、空间曲面的法线与切平面

1. 曲面的隐式方程

设曲面Σ的方程为$F(x,y,z)=0$，$M(x_0,y_0,z_0)$为曲面Σ上的一点，并设$F(x,y,z)$

在点 M 具有连续偏导数，且偏导数不全为零。

在曲面 Σ 上，过点 M 任意引一条曲线 Γ，如图 7.16 所示，设其参数方程为

$$\Gamma:\begin{cases}x=\varphi(t),\\ y=\psi(t),t\in[\alpha,\beta],\\ z=\omega(t),\end{cases}$$

$t=t_0$ 对应点 $M(x_0,y_0,z_0)$，且 $\varphi'(t_0),\psi'(t_0),\omega'(t_0)$ 不全为零。

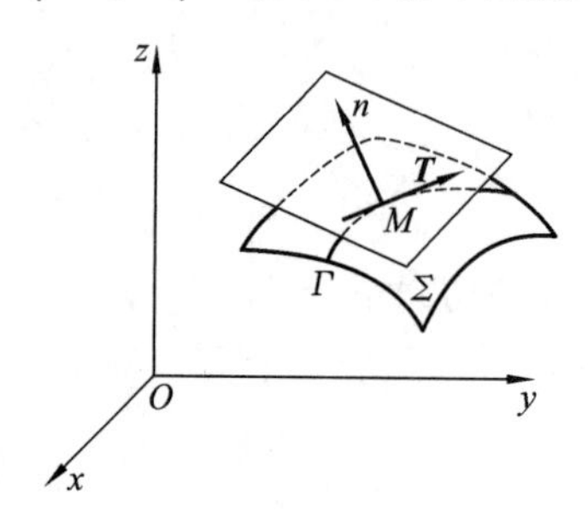

图 7.16

曲线 Γ 在点 $M(x_0,y_0,z_0)$ 的切向量为 $\boldsymbol{T}=\{\varphi'(t_0),\psi'(t_0),\omega'(t_0)\}$。曲面方程 $F(x,y,z)=0$ 两端在 $t=t_0$ 的全导数为

$$F'_x(x_0,y_0,z_0)\varphi'(t_0)+F'_y(x_0,y_0,z_0)\psi'(t_0)+F'_z(x_0,y_0,z_0)\omega'(t_0)=0。\quad(7.10)$$

引入向量

$$\boldsymbol{n}=\{F'_x(x_0,y_0,z_0),F'_y(x_0,y_0,z_0),F'_z(x_0,y_0,z_0)\},$$

(7.10)式说明向量 $\boldsymbol{n}$ 与 $\boldsymbol{T}$ 垂直。因为曲线 Γ 是曲面 Σ 上通过点 $M(x_0,y_0,z_0)$ 的任意一条曲线，它们在点 $M(x_0,y_0,z_0)$ 的切线都与向量 $\boldsymbol{n}$ 垂直。因此，这些切线都在同一平面上，这个平面称为曲面 Σ 在点 $M(x_0,y_0,z_0)$ 处的**切平面**，向量 $\boldsymbol{n}$ 即为**切平面的法向量**。

因此，曲面 Σ 在点 $M(x_0,y_0,z_0)$ 处的切平面方程为

$$F'_x(x_0,y_0,z_0)(x-x_0)+F'_y(x_0,y_0,z_0)(y-y_0)+F'_z(x_0,y_0,z_0)(z-z_0)=0,$$

切平面的法向量称为**曲面的法向量**。

向量 $\boldsymbol{n}=\{F'_x(x_0,y_0,z_0),F'_y(x_0,y_0,z_0),F'_z(x_0,y_0,z_0)\}$ 就是曲面 Σ 在点 M 处的一个法向量。

过点 $M(x_0,y_0,z_0)$ 且垂直于该点处的切平面的直线称为**曲面 Σ 在点 M 的法线**。法线方程为

$$\frac{x-x_0}{F'_x(x_0,y_0,z_0)}=\frac{y-y_0}{F'_y(x_0,y_0,z_0)}=\frac{z-z_0}{F'_z(x_0,y_0,z_0)}。$$

例 4　求球面 $x^2+y^2+z^2=14$ 在点 $(1,2,3)$ 处的切平面与法线方程。

解　令 $F(x,y,z)=x^2+y^2+z^2-14$，则 $F'_x=2x,F'_y=2y,F'_z=2z$，法向量为 $\boldsymbol{n}$，

$$\boldsymbol{n}=\{F'_x,F'_y,F'_z\}|_{(1,2,3)}=\{2x,2y,2z\}|_{(1,2,3)}=\{2,4,6\},$$

所求切平面方程为

$$2(x-1)+4(y-2)+6(z-3)=0,$$

即

$$x+2y+3z-14=0。$$

法线方程为

$$\frac{x-1}{1}=\frac{y-2}{2}=\frac{z-3}{3}。$$

2. 曲面的显式方程

设曲面 Σ 的方程为 $z=f(x,y)$，$f(x,y)$ 的两个偏导数在点 (x_0,y_0) 连续。令

$$F(x,y,z)=f(x,y)-z,$$

则
$$F'_x(x,y,z)=f'_x(x,y),F'_y(x,y,z)=f'_y(x,y),F'_z(x,y,z)=-1,$$

则曲面 Σ 在 $M(x_0,y_0,z_0)$ 处的法向量为

$$\boldsymbol{n}=\{f'_x(x_0,y_0),f'_y(x_0,y_0),-1\},$$

切平面方程为

$$f'_x(x_0,y_0)(x-x_0)+f'_y(x_0,y_0)(y-y_0)-(z-z_0)=0,$$

或
$$z-z_0=f'_x(x_0,y_0)(x-x_0)+f'_y(x_0,y_0)(y-y_0) \tag{7.11}$$

法线方程为
$$\frac{x-x_0}{f'_x(x_0,y_0)}=\frac{y-y_0}{f'_y(x_0,y_0)}=\frac{z-z_0}{-1}。$$

说明　(7.11)式的右端恰是函数 $f(x,y)$ 在点 (x_0,y_0) 的全微分，而左端是切平面上点的竖坐标的增量。因此，函数 $f(x,y)$ 在点 (x_0,y_0) 的全微分，在几何上表示曲面 $z=f(x,y)$ 在点 (x_0,y_0,z_0) 处的切平面上点的竖坐标的增量。

例 5　求旋转抛物面 $z=x^2+y^2-1$ 在点(2,1,4)处的切平面与法线方程。

解　令 $F(x,y,z)=x^2+y^2-1-z$，则 $F'_x=2x,F'_y=2y,F'_z=-1$。

切平面的法向量为 $\boldsymbol{n}$，有

$$\boldsymbol{n}=\{F'_x,F'_y,F'_z\}\big|_{(2,1,4)}=\{2x,2y,-1\}\big|_{(2,1,4)}=\{4,2,-1\},$$

则所求切平面方程为

$$4(x-2)+2(y-1)+(-1)(z-4)=0,$$

即
$$4x+2y-z-6=0。$$

法线方程为
$$\frac{x-2}{4}=\frac{y-1}{2}=\frac{z-4}{-1}。$$

例 6　在曲面 $z=xy$ 上求一点，使该点处的法线垂直于平面 $x+3y+z+9=0$，并写出该法线方程。

解　设 $M(x_0,y_0,z_0)$ 为曲面上所求点，则有 $z_0=x_0y_0$，令 $F(x,y,z)=xy-z$，则有 $F'_x=y,F'_y=x,F'_z=-1$，法线的方向向量为 $\boldsymbol{n}$，有

$$\boldsymbol{n}=\{F'_x,F'_y,-1\}\Big|_{(x_0,y_0,z_0)}=\{y_0,x_0,-1\},$$

由法线垂直于平面 $x+3y+z+9=0$，则有 $\boldsymbol{n}//\{1,3,1\}$，即

$$\frac{y_0}{1}=\frac{x_0}{3}=\frac{-1}{1},$$

则有 $x_0=-3,y_0=-1,z_0=3$，即所求点为 $(-3,-1,3)$，所求法线方程为

$$\frac{x+3}{1}=\frac{y+1}{3}=\frac{z-3}{1}。$$

3. 法向量的方向余弦

若以 α,β,γ 表示曲面的法向量的方向角，并规定法向量的方向是向上的(即它与 z 轴正向所成夹角为锐角)，则法向量的方向余弦为

(1)显式方程情形下：

$$\cos\alpha=\frac{-f'_x}{\sqrt{1+f'^2_x+f'^2_y}},\quad \cos\beta=\frac{-f'_y}{\sqrt{1+f'^2_x+f'^2_y}},\quad \cos\gamma=\frac{1}{\sqrt{1+f'^2_x+f'^2_y}}。$$

(2)隐式方程情形下：

$$\cos\alpha=\frac{F'_x}{\pm\sqrt{1+F'^2_x+F'^2_y}},\quad \cos\beta=\frac{F'_y}{\pm\sqrt{1+F'^2_x+F'^2_y}},\quad \cos\gamma=\frac{F'_z}{\pm\sqrt{1+F'^2_x+F'^2_y}}。$$

说明　隐式方程下各方向余弦的符号选择需使得 $\cos\gamma$ 是正的。

习题 7.6(A)

1. 求曲线 $\Gamma:\begin{cases}x=\cos t,\\ y=\sin t,\\ z=2t\end{cases}$ 在点 $\left(\frac{\sqrt{2}}{2},\frac{\sqrt{2}}{2},\frac{\pi}{2}\right)$ 处的切线及法平面方程。

2. 求曲线 $\Gamma:\begin{cases}x^2+y^2=1,\\ 2x+3z=6\end{cases}$ 在点(0,1,2)处的切线及法平面方程。

3. 求曲线 $\begin{cases}x^2+y^2+z^2=6,\\ x+y+z=0\end{cases}$ 在点(1,−2,1)处的切线及法平面方程。

4. 求曲面 $e^z-z+xy=3$ 在点(2,1,0)处的切平面及法线方程。

5. 求旋转抛物面 $z=\arctan\frac{y}{x}$ 在点 $\left(1,1,\frac{\pi}{4}\right)$ 处的切平面与法线方程。

6. 求椭球面 $x^2+2y^2+z^2=1$ 上平行于平面 $x-y+2z=0$ 的切平面方程。

习题 7.6(B)

1. (1992 年)在曲线 $\Gamma:\begin{cases}x=t,\\ y=-t^2,\\ z=t^3\end{cases}$ 的所有切线中，与平面 $x+2y+z=4$ 平行的切线(　　)。

(A)只有 1 条　　(B)只有 2 条　　(C)至少 3 条　　(D)不存在

2. 求旋转椭球面 $3x^2+y^2+z^2=16$ 上点(−1,−2,3)处的切平面与 xOy 面夹角的余弦。

3. (2014 年)曲面 $z=x^2(1-\sin y)+y^2(1-\sin x)$ 在点(1,0,1)处的切平面方程为________。

4. (2003 年)曲面 $z=x^2+y^2$ 与平面 $2x+4y-z=0$ 平行的切平面方程为________。

5. (2000 年)曲面 $x^2+2y^2+3z^2=21$ 在点(1,−2,2)处的法线方程为________。

第七节　方向导数与梯度

一、方向导数

偏导数反映的是多元函数沿坐标轴方向的变化率，但在许多实际问题中，仅考虑沿坐标轴方向的变化率是不够的。例如，在做天气预报工作时，必须知道大气压沿着各个方向的变化率才能准确预报风向和风力，这在数学上就是有关方向导数的问题。

1. 方向导数的定义

定义 7.8　设 $z=f(x,y)$ 在点 $P_0(x_0,y_0)$ 的某一邻域 $U(P_0)$ 内有定义，l 为从 P_0 出发的射线，$P(x,y)$ 为 l 上且含于 $U(P_0)$ 内的任一点，以 ρ 表示 $P(x,y)$ 与 $P_0(x_0,y_0)$ 两点间的距离。若极限 $\lim\limits_{\rho\to0^+}\dfrac{f(P)-f(P_0)}{\rho}$ 存在，则称此极限为函数 $z=f(x,y)$ 在点 $P_0(x_0,y_0)$ 沿方向 l 的**方向导数**，记作 $\left.\dfrac{\partial f}{\partial l}\right|_{P_0(x_0,y_0)}$。

说明　由方向导数的定义知，方向导数 $\left.\dfrac{\partial f}{\partial l}\right|_{(x_0,y_0)}$ 就是函数 $z=f(x,y)$ 在点 $P_0(x_0,y_0)$ 沿方向 l 的变化率，如图 7.17 所示。

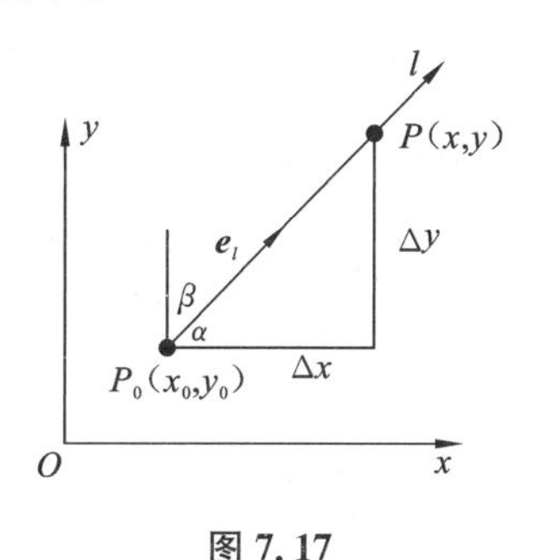

图 7.17

2. 方向导数与偏导数的关系

若函数 $z=f(x,y)$ 在点 $P_0(x_0,y_0)$ 处的偏导数 $f_x'(x_0,y_0)$，$f_y'(x_0,y_0)$ 存在，则函数 $z=f(x,y)$ 在点 $P_0(x_0,y_0)$ 处沿 x 轴正向 $\boldsymbol{e}_1=\boldsymbol{i}=(1,0)$ 的方向导数为

$$\left.\frac{\partial f}{\partial l}\right|_{(x_0,y_0)}=\lim_{t\to0^+}\frac{f(x_0+t,y_0)-f(x_0,y_0)}{t}=f_x'(x_0,y_0);$$

沿 x 轴负向 $\boldsymbol{e}_2=-\boldsymbol{i}=(-1,0)$ 的方向导数为

$$\left.\frac{\partial f}{\partial l}\right|_{(x_0,y_0)}=\lim_{t\to0^+}\frac{f(x_0-t,y_0)-f(x_0,y_0)}{t}=-f_x'(x_0,y_0);$$

同理，函数 $z=f(x,y)$ 在点 $P_0(x_0,y_0)$ 处沿 y 轴正向 $\boldsymbol{e}_1'=\boldsymbol{j}=(0,1)$ 的方向导数为 $f_y'(x_0,y_0)$；沿 y 轴负向 $\boldsymbol{e}_2'=-\boldsymbol{j}=(0,-1)$ 的方向导数为 $-f_y'(x_0,y_0)$。

说明　(1)若 $f_x'(x_0,y_0)$ 存在，则 $z=f(x,y)$ 在点 $P_0(x_0,y_0)$ 处沿 $\boldsymbol{i}$，$-\boldsymbol{i}$ 方向的方向导数存在。

(2)$f_y'(x_0,y_0)$ 存在，则 $z=f(x,y)$ 在点 $P_0(x_0,y_0)$ 处沿 $\boldsymbol{j}$，$-\boldsymbol{j}$ 方向的方向导数存在。

(3)但若 $z=f(x,y)$ 在点 $P_0(x_0,y_0)$ 处沿 $\boldsymbol{i}$ 或 $-\boldsymbol{i}$ 方向的方向导数存在,则 $f'_x(x_0,y_0)$ 未必存在。例如,$z=\sqrt{x^2+y^2}$ 在点(0,0)处沿 $\boldsymbol{i}$ 与 $-\boldsymbol{i}$ 方向的方向导数均为1,而偏导数 $f'_x(x_0,y_0)$ 不存在。

3. 方向导数的存在定理与计算方法

关于方向导数的存在和计算,我们有以下定理。

定理 7.11 若函数 $z=f(x,y)$ 在点 $P_0(x_0,y_0)$ 处可微,则函数在该点沿任一方向 l 的方向导数存在,并有

$$\left.\frac{\partial f}{\partial l}\right|_{(x_0,y_0)}=f'_x(P_0)\cos\alpha+f'_y(P_0)\cos\beta,$$

其中,$\cos\alpha,\cos\beta$ 是方向 l 的方向余弦。

证明 设 $P(x,y)$ 为方向 l 上任意一点,ρ 表示 $P(x,y)$ 与 $P_0(x_0,y_0)$ 两点间的距离,由于 $z=f(x,y)$ 在点 $P_0(x_0,y_0)$ 处可微,所以有

$$f(P)-f(P_0)=f'_x(P_0)\Delta x+f'_y(P_0)\Delta y+o(\rho),$$

等式两边同时除以 ρ,得

$$\begin{aligned}\frac{f(P)-f(P_0)}{\rho}&=f'_x(P_0)\frac{\Delta x}{\rho}+f'_y(P_0)\frac{\Delta y}{\rho}+\frac{o(\rho)}{\rho}\\&=f'_x(P_0)\cos\alpha+f'_y(P_0)\cos\beta+\frac{o(\rho)}{\rho},\end{aligned}$$

所以有

$$\left.\frac{\partial f}{\partial l}\right|_{(x_0,y_0)}=\lim_{\rho\to0^+}\frac{f(P)-f(P_0)}{\rho}=f'_x(P_0)\cos\alpha+f'_y(P_0)\cos\beta。$$

例 1 求函数 $z=xe^{2y}$ 在点 $P(1,0)$ 处沿从点 $P(1,0)$ 到点 $Q(2,-1)$ 的方向的方向导数。

解 方向 l 即为向量 $\overrightarrow{PQ}=\{1,-1\}$ 的方向,因此,$\boldsymbol{e}_l=\{\cos\alpha,\cos\beta\}=\left\{\frac{\sqrt{2}}{2},-\frac{\sqrt{2}}{2}\right\}$,

又因 $$f'_x(1,0)=\left.e^{2y}\right|_{(1,0)}=1;\quad f'_y(1,0)=\left.2xe^{2y}\right|_{(1,0)}=2,$$

故所求方向导数为

$$\left.\frac{\partial f}{\partial l}\right|_{(1,0)}=1\times\frac{\sqrt{2}}{2}+2\times\left(-\frac{\sqrt{2}}{2}\right)=-\frac{\sqrt{2}}{2}。$$

说明 (1)类似地,三元函数 $u=f(x,y,z)$,设 $P_0(x_0,y_0,z_0)$ 为空间一点,$P(x,y,z)$ 为方向 l 上任意一点,ρ 表示 $P(x,y,z)$ 与 $P_0(x_0,y_0,z_0)$ 两点间的距离,则 $P_0(x_0,y_0,z_0)$ 沿方向 $\boldsymbol{e}_l=\{\cos\alpha,\cos\beta,\cos\gamma\}$ 的方向导数可定义为

$$\left.\frac{\partial f}{\partial l}\right|_{(x_0,y_0,z_0)}=\lim_{\rho\to0^+}\frac{f(P)-f(P_0)}{\rho}。$$

(2)同样可证明,若函数 $u=f(x,y,z)$ 在点 $P_0(x_0,y_0,z_0)$ 处可微,则 $u=f(x,y,z)$ 在该点沿方向 $\boldsymbol{e}_l=(\cos\alpha,\cos\beta,\cos\gamma)$ 的方向导数存在,并有

$$\left.\frac{\partial f}{\partial l}\right|_{(x_0,y_0,z_0)}=f'_x(x_0,y_0,z_0)\cos\alpha+f'_y(x_0,y_0,z_0)\cos\beta+f'_z(x_0,y_0,z_0)\cos\gamma。$$

例 2　求函数 $f=\dfrac{\sqrt{6x^2+8y^2}}{z}$ 在点 $P(1,1,1)$ 处沿 P 到 $Q(5,7,3)$ 方向的方向导数。

解　易知方向 $l=\overrightarrow{PQ}=\{4,6,2\}$，其方向余弦为

$$\cos\alpha=\frac{4}{\sqrt{4^2+6^2+2^2}}=\frac{2}{\sqrt{14}},\quad \cos\beta=\frac{3}{\sqrt{14}},\quad \cos\gamma=\frac{1}{\sqrt{14}},$$

又因为

$$f_x'(1,1,1)=\left.\frac{6x}{z\sqrt{6x^2+8y^2}}\right|_{(1,1,1)}=\frac{6}{\sqrt{14}},$$

$$f_y'(1,1,1)=\left.\frac{8y}{z\sqrt{6x^2+8y^2}}\right|_{(1,1,1)}=\frac{8}{\sqrt{14}},$$

$$f_z'(1,1,1)=\left.\frac{\sqrt{6x^2+8y^2}}{-z^2}\right|_{(1,1,1)}=-\sqrt{14},$$

所以

$$\left.\frac{\partial f}{\partial l}\right|_{(1,1,1)}=f_x'(1,1,1)\cos\alpha+f_y'(1,1,1)\cos\beta+f_z'(1,1,1)\cos\gamma=\frac{11}{7}。$$

二、梯度

函数 f 在点 P_0 处沿方向 l 的方向导数 $\left.\dfrac{\partial f}{\partial l}\right|_{P_0}$ 刻画了函数在该点沿方向 l 的变化率，当 $\left.\dfrac{\partial f}{\partial l}\right|_{P_0}>0\left(或\left.\dfrac{\partial f}{\partial l}\right|_{P_0}<0\right)$ 时，函数在点 P_0 处沿着方向 l 增加(或减小)，且 $\left|\left.\dfrac{\partial f}{\partial l}\right|_{P_0}\right|$ 越大，增加(减小)速度越快。然而，在许多实际问题中，往往还需要知道函数在点 P_0 处沿哪个方向增加最快，沿着哪个方向减小最快。梯度的概念正是从研究这样的问题中抽象出来的。

1. 梯度的定义

定义 7.9　设二元函数 $z=f(x,y)$ 在平面区域 D 内具有一阶连续偏导数，则对于每一点 $P(x,y)\in D$，都可定出一个向量

$$f_x'(x,y)\boldsymbol{i}+f_y'(x,y)\boldsymbol{j},$$

称它为函数 $z=f(x,y)$ 在点 $P(x,y)$ 的**梯度**，记为 $\mathbf{grad}f(x,y)$，即

$$\mathbf{grad}f(x,y)=f_x'(x,y)\boldsymbol{i}+f_y'(x,y)\boldsymbol{j}=\{f_x'(x,y),f_y'(x,y)\}。$$

2. 梯度与方向导数的关系

设函数 $z=f(x,y)$ 在点 $P(x,y)$ 可微，$\boldsymbol{e}_l=\{\cos\alpha,\cos\beta\}$ 是与方向 l 同方向的单位向量，则

$$\frac{\partial f}{\partial l}=f_x'\cos\alpha+f_y'\cos\beta=\{f_x',f_y'\}\cdot\{\cos\alpha,\cos\beta\}$$

$$=\mathbf{grad}f(x,y)\cdot\boldsymbol{e}_l=|\mathbf{grad}f(x,y)|\cos\theta,$$

其中 θ 是向量 $\mathbf{grad}f(x,y)$ 与 $\boldsymbol{e}_l$ 的夹角。

说明　(1)方向导数 $\dfrac{\partial f}{\partial l}$ 是梯度 $\mathbf{grad}f(x,y)$ 在射线 l 上的投影。

①当 l 与梯度方向一致时，$\cos\theta=1$，此时方向导数 $\dfrac{\partial f}{\partial l}$ 取得最大值；

②当 l 与梯度方向相反时,$\cos\theta=-1$,此时方向导数$\frac{\partial f}{\partial l}$取得最小值;

③当 l 与梯度方向垂直时,$\cos\theta=0$,此时$\frac{\partial f}{\partial l}=0$。

(2)梯度的方向是函数 $z=f(x,y)$增长最快的方向。

(3)函数在某点的梯度是这样一个向量,它的方向与取得最大方向导数的方向一致,它的模$|\mathbf{grad}f(x,y)|=\sqrt{f'^2_x+f'^2_y}$为方向导数的最大值。

(4)类似地,三元函数 $u=f(x,y,z)$,在点 $P(x,y,z)$的梯度可定义为

$$\begin{aligned}\mathbf{grad}f(x,y,z)&=f'_x(x,y,z)\boldsymbol{i}+f'_y(x,y,z)\boldsymbol{j}+f'_z(x,y,z)\boldsymbol{k}\\&=\{f'_x(x,y,z),f'_y(x,y,z),f'_z(x,y,z)\}。\end{aligned}$$

3. 梯度的几何意义

设曲面 $z=f(x,y)$被平面 $z=c$ 截得曲线$L:\begin{cases}z=f(x,y),\\z=c,\end{cases}$它在 xOy 平面上的投影为平面曲线$\overset{*}{L}:f(x,y)=c$,如图 7.18 所示,称曲线 $\overset{*}{L}$ 为函数 $z=f(x,y)$的**等高线**。

当 f'_x,f'_y不同时为零时,等高线 $f(x,y)=c$ 上任一点 $P(x,y)$处的切线斜率为$\frac{\mathrm{d}y}{\mathrm{d}x}=-\frac{f'_x}{f'_y}$,故法线的斜率为$-\frac{1}{\frac{\mathrm{d}y}{\mathrm{d}x}}=\frac{f'_y}{f'_x}$。所以,梯度 $\mathbf{grad}f(x,y)=f'_x\boldsymbol{i}+f'_y\boldsymbol{j}$ 的方向与等高线上点 P 处的一个法线方向相同,而沿着这个方向的方向导数$\frac{\partial f}{\partial l}$就等于$|\mathbf{grad}f(x,y)|$,于是

$$\mathbf{grad}f(x,y)=\frac{\partial f}{\partial l}\boldsymbol{n},$$

其中,$\boldsymbol{n}=\frac{1}{\sqrt{f'^2_x+f'^2_y}}\{f'_x,f'_y\}$,它的方向为从数值较低的等高线指向数值较高的等高线。

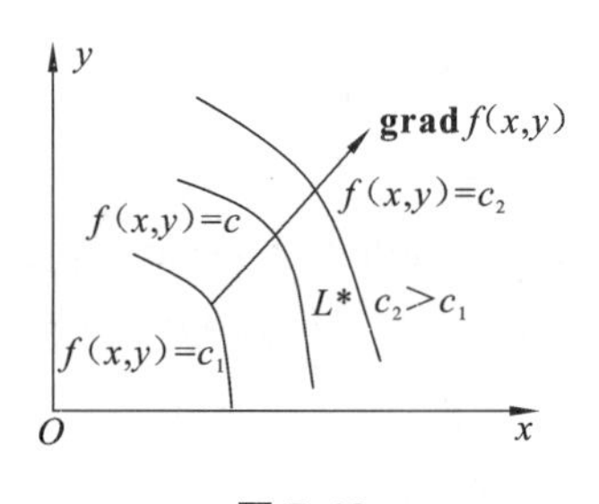

图 7.18

例 3 求 $\mathbf{grad}\,\frac{1}{x^2+y^2}$。

解 设 $f(x,y)=\frac{1}{x^2+y^2}$,则 $f'_x=-\frac{2x}{(x^2+y^2)^2}$,$f'_y=-\frac{2y}{(x^2+y^2)^2}$,所以

$$\mathbf{grad}\,\frac{1}{x^2+y^2}=-\frac{2x}{(x^2+y^2)^2}\boldsymbol{i}-\frac{2y}{(x^2+y^2)^2}\boldsymbol{j}。$$

例 4 设 $f(x,y,z)=x^2+y^2+z^2$,求 $\mathbf{grad}f(1,-1,2)$。

解 因为 $$\mathbf{grad}f(x,y,z)=\{f'_x,f'_y,f'_z\}=2\{x,y,z\},$$

所以 $$\textbf{grad}f(1,-1,2)=\{2,-2,4\}。$$

*三、数量场与向量场

如果对于空间区域 G 内的任一点 M，都有一个确定的数量 $f(M)$，则称在空间区域 G 内确定了一个**数量场**(如温度场、密度场等)。一个数量场可用一个数量函数 $f(M)$ 来表示。

如果对于空间区域 G 内的任一点 M，都有一个确定的向量 $\boldsymbol{F}(M)$，则称在空间区域 G 内确定了一个**向量场**(如力场、速度场等)。向量场可以用一个向量函数 $\boldsymbol{F}(M)=P(M)\boldsymbol{i}+Q(M)\boldsymbol{j}+R(M)\boldsymbol{k}$ 来表示，其中 $P(M)$，$Q(M)$，$R(M)$是点 M 的数量函数。

数量函数 $f(M)$的梯度 $\textbf{grad}f(M)$确定了一个向量场，该向量场称为**梯度场**，它由数量场 $f(M)$产生。通常称函数 $f(M)$为此向量场的势，而这个向量场又称为**势场**。

说明　任意一个向量场不一定是势场，因为它不一定是某个数量函数的梯度场。

例 5　求数量场 $\frac{m}{r}$ 所产生的梯度场，其中 $m>0$，$r=\sqrt{x^2+y^2+z^2}$ 为原点与点 $M(x,y,z)$间的距离。

解　因为 $$\frac{\partial}{\partial x}\left(\frac{m}{r}\right)=-\frac{m}{r^2}\frac{\partial r}{\partial x}=-\frac{mx}{r^3},$$

同理， $$\frac{\partial}{\partial y}\left(\frac{m}{r}\right)=-\frac{my}{r^3};\quad \frac{\partial}{\partial z}\left(\frac{m}{r}\right)=-\frac{mz}{r^3},$$

所以 $$\textbf{grad}\,\frac{m}{r}=-\frac{m}{r^2}\left(\frac{x}{r}\boldsymbol{i}+\frac{y}{r}\boldsymbol{j}+\frac{z}{r}\boldsymbol{k}\right)。$$

如果用 $\boldsymbol{e}_r$ 表示与$\overrightarrow{OM}$同方向的单位向量，则

$$\boldsymbol{e}_r=\frac{x}{r}\boldsymbol{i}+\frac{y}{r}\boldsymbol{j}+\frac{z}{r}\boldsymbol{k},$$

从而有 $$\textbf{grad}\,\frac{m}{r}=-\frac{m}{r^2}\boldsymbol{e}_r。$$

说明　例 5 中结论右端在力学上可解释为，位于原点 O 而质量为 m 的质点对位于点 M，而质量为 1 的质点的引力。这引力的大小与两质点的质量的乘积成正比，而与它们的距离平方成反比，这引力的方向由点 M 指向 O。因此数量场$\frac{m}{r}$的势场即梯度场 $\textbf{grad}\,\frac{m}{r}$，称为**引力场**，而函数$\frac{m}{r}$称为**引力势**。

习题 7.7(A)

1. 求函数 $z=x^2+y^2$ 在点 $P(1,2)$处沿从点 $P(1,2)$到点 $Q(2,2+\sqrt{3})$的方向的方向导数。

2. 求函数 $u=xyz$ 在点 $A(5,1,2)$沿 A 到 $B(9,4,14)$方向上的方向导数。

3. 求 $\textbf{grad}\,\frac{y}{x}\mathrm{e}^{\frac{x}{y}}$。

4. 设 $f(x,y,z)=x^2+2y^2+3z^2+xy+3x-2y-6z$，求 $\textbf{grad}f(0,0,0)$和 $\textbf{grad}f(1,1,1)$。

习题 7.7(B)

1. 求 $u=x+y+z$ 在 $M(0,0,1)$ 处沿球面 $x^2+y^2+z^2=1$ 的外法线方向的方向导数。

2. 设 $f(x,y)=\frac{1}{2}(x^2+y^2)$，$P_0(1,1)$，求：

(1) $f(x,y)$ 在 P_0 处增加最快的方向以及 $f(x,y)$ 沿这个方向的方向导数；

(2) $f(x,y)$ 在 P_0 处减少最快的方向以及 $f(x,y)$ 沿这个方向的方向导数；

(3) $f(x,y)$ 在 P_0 处变化率为零的方向。

3. (2008 年)函数 $f(x,y)=\arctan\frac{x}{y}$ 在点 $(0,1)$ 处的梯度等于(　　)。

(A) $\boldsymbol{i}$　　(B) $-\boldsymbol{i}$　　(C) $\boldsymbol{j}$　　(D) $-\boldsymbol{j}$

4. (2012 年) $\mathbf{grad}\left(xy+\frac{z}{y}\right)\Big|_{(2,1,1)}=$______。

5. (1992 年)函数 $u=\ln(x^2+y^2+z^2)$ 在点 $M(1,2,-2)$ 处的梯度 $\mathbf{grad}\,u\Big|_M=$______。

6. 求函数 $u=x^2+y^2+z^2$ 在点 $M(0,0,1)$ 和点 $N(0,1,0)$ 处的梯度之间的夹角。

7. 求函数 $z=\ln(x+y)$ 在抛物线 $y^2=4x$ 上点 $P(1,2)$ 处，沿着抛物线在 P 点处偏向 x 轴正向的切线方向的方向导数。

第八节　多元函数的极值及求法

在工程技术、商品流通和社会生活等方面存在诸多“最优化”问题，即最大值和最小值问题，影响这些问题的变量往往不止一个，这些问题在高等数学中统称为多元函数的最大值和最小值问题。如何求解这些“最大值和最小值”问题，是我们在研究微积分中需要解决的问题之一。与一元函数类似，多元函数的最大值和最小值与极大值和极小值有着密切的联系。本节以二元函数为例，利用多元函数微分学的相关知识来讨论多元函数的极值和最值问题。

一、多元函数的极值

类似一元函数极值的概念，我们给出二元函数极值的概念。

1. 极值的定义

引例　(1)观察函数 $z=\frac{x^2}{4}+\frac{y^2}{9}$ 在点 $(0,0)$ 的某邻域内函数值的变化。

(2)观察函数 $z=4-x^2-y^2$ 在点 $(0,0)$ 的某邻域内函数值的变化。

分析　(1)函数 $z=\frac{x^2}{4}+\frac{y^2}{9}$ 在点 $(0,0)$ 的某邻域内异于 $(0,0)$ 的点 (x,y)，有 $z(x,y)>z(0,0)=0$，如图 7.19 所示。

(2)函数 $z=4-x^2-y^2$ 在点 $(0,0)$ 的某邻域内异于 $(0,0)$ 的点 (x,y)，有 $z(x,y)<z(0,0)=4$，如图 7.20 所示。

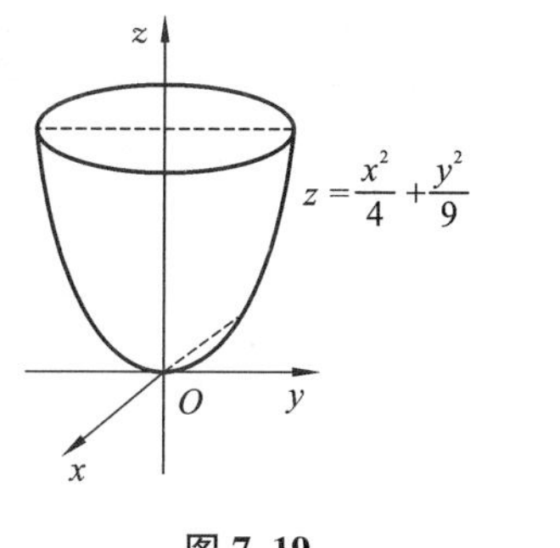

图 7.19

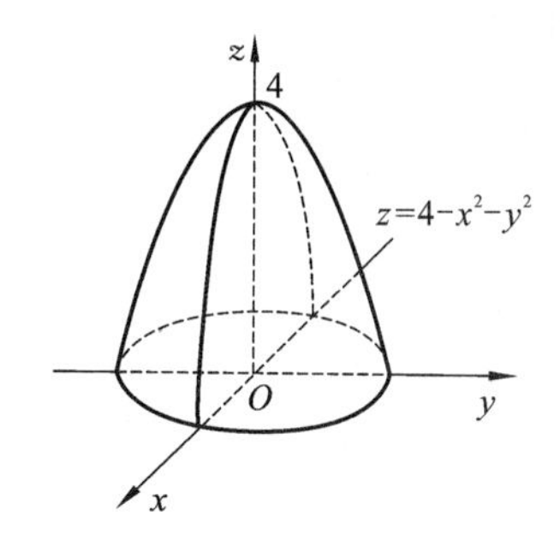

图 7.20

总结上述两个例子的特征,我们给出二元函数极值的概念。

定义 7.10　设函数 $z=f(x,y)$ 在点 $P_0(x_0,y_0)$ 的某个邻域内有定义,若对于该邻域内任一异于 P_0 的点 $P(x,y)$,都有 $f(x,y)<f(x_0,y_0)$ [或 $f(x,y)>f(x_0,y_0)$],则称点 P_0 为函数 $f(x,y)$ 的**极大值点**(或**极小值点**),称函数值 $f(x_0,y_0)$ 为函数 $f(x,y)$ 的**极大值**(或**极小值**)。极大值和极小值统称为**极值**。

说明　(1) $z=\frac{x^2}{4}+\frac{y^2}{9}$ 在点(0,0)处取得极小值 0。

(2) $z=4-x^2-y^2$ 在点(0,0)处取得极大值 4。

类似地,可给出 n 元函数极值的概念。

定义 7.11　设 n 元函数 $u=f(P)$ 在点 P_0 的某个邻域内有定义,若对于该邻域内任一异于 P_0 的点 P,都有 $f(P)<f(P_0)$(或 $f(P)>f(P_0)$),则称 $f(P_0)$ 为函数 $u=f(P)$ 的**极大值**(或**极小值**)。

对于容易画出几何图形的二元函数,其极值问题可通过画图直接得到,然而,对于图形复杂的函数来说就不那么直观了,所以我们考虑是否可以和一元函数类似用导数(偏导数)的方法来求解极值问题,下面两个定理就是关于这个问题的结论。

2. 极值存在的条件

一元函数的极值问题与导数有关,而二元函数的极值问题与偏导数有关。

定理 7.12　(极值存在的必要条件)设函数 $z=f(x,y)$ 在点 (x_0,y_0) 取得极值,且在点 (x_0,y_0) 处的两个偏导数都存在,则必有

$$f'_x(x_0,y_0)=0, f'_y(x_0,y_0)=0。$$

证明　若点 (x_0,y_0) 是 $z=f(x,y)$ 的极值点,固定变量 $y=y_0$,所得一元函数 $f(x,y_0)$ 在 (x_0,y_0) 处同样取得极值。由一元函数极值存在的必要条件可得:

$$f'_x(x,y_0)\Big|_{x=x_0}=0,$$

即 $f'_x(x_0,y_0)=0$。同样可证 $f'_y(x_0,y_0)=0$。

说明　从几何上看,若曲面 $z=f(x,y)$ 在点 (x_0,y_0,z_0) 处有切平面,则切平面方程为

$$f'_x(x_0,y_0)(x-x_0)+f'_y(x_0,y_0)(y-y_0)-(z-z_0)=0,$$

切平面与 xOy 平面平行,即极值点处的切平面是水平面。

偏导数都等于零的点(x_0,y_0)称为函数$z=f(x,y)$的**驻点**。

类似地，若三元函数$u=f(x,y,z)$在点(x_0,y_0,z_0)处具有偏导数，则它在点(x_0,y_0,z_0)取得极值的必要条件为

$$f'_x(x_0,y_0,z_0)=0,f'_y(x_0,y_0,z_0)=0,f'_z(x_0,y_0,z_0)=0,$$

即点(x_0,y_0,z_0)是函数$u=f(x,y,z)$的驻点。

定理7.12表明，具有偏导数的函数的极值点一定是驻点。但驻点未必是极值点，例如，点(0,0)是函数$z=xy$的驻点，但却不是它的极值点。

那么，在什么条件下，驻点会是极值点呢？下面的定理回答了这个问题。

定理7.13 (极值存在的充分条件)设点(x_0,y_0)是函数$z=f(x,y)$的驻点，且函数$z=f(x,y)$在点(x_0,y_0)的某邻域内具有连续的二阶偏导数，记$A=f''_{xx}(x_0,y_0)$，$B=f''_{xy}(x_0,y_0)$，$C=f''_{yy}(x_0,y_0)$，$\Delta=B^2-AC$。

(1)当$\Delta<0$时，(x_0,y_0)是函数$z=f(x,y)$的极值点，且当$A>0$时，$f(x_0,y_0)$是极小值，当$A<0$时，$f(x_0,y_0)$是极大值。

(2)当$\Delta>0$时，$f(x_0,y_0)$不是函数$z=f(x,y)$的极值。

(3)当$\Delta=0$时，$f(x_0,y_0)$可能是函数$z=f(x,y)$的极值，也可能不是。

结合极值存在的充分条件，我们可以总结出求函数极值的一般步骤如下：

(1)计算函数$z=f(x,y)$的偏导数$f'_x(x,y)$，$f'_y(x,y)$，解方程组$\begin{cases}f'_x(x,y)=0,\\f'_y(x,y)=0,\end{cases}$求得驻点$(x_0,y_0)$；

(2)计算所有二阶偏导数，在每个驻点(x_0,y_0)处，记

$$A=f''_{xx}(x,y),B=f''_{xy}(x,y),C=f''_{yy}(x,y),$$

利用极限存在的充分条件判断其是否为极值点。

例1 求函数$z=3xy-x^3-y^3$的极值点。

解 设$z=f(x,y)=3xy-x^3-y^3$，$f'_x(x,y)=3y-3x^2$，$f'_y(x,y)=3x-3y^2$，解方程组

$$\begin{cases}f'_x(x,y)=3y-3x^2=0,\\f'_y(x,y)=3x-3y^2=0,\end{cases}$$

得两驻点(0,0)与(1,1)。

又$A=f''_{xx}(x,y)=-6x$，$B=f''_{xy}(x,y)=3$，$C=f''_{yy}(x,y)=-6y$，得

$$\Delta=B^2-AC=9-36xy。$$

在点(0,0)处，$\Delta=(9-36xy)\Big|_{(0,0)}=9>0$，故函数在点(0,0)无极值；

在点(1,1)处，$\Delta=(9-36xy)\Big|_{(1,1)}=-27<0$，且$A\Big|_{(1,1)}=-6<0$，故点(1,1)是函数的极大值点，极大值$f(1,1)=1$。

说明 二元函数若存在偏导数，则极值点只有在驻点处取得。但是，如果函数在某点处偏导数不存在，但也可能是极值点。例如，函数$z=\sqrt{x^2+y^2}$在(0,0)处的偏导数不存在，但该函数在点(0,0)却取得极小值。因此，在求函数的极值时，除了考虑函数的驻点

外，对于偏导数不存在的点也应当考虑其是否是函数的极值点。

二、多元函数的最值

与一元函数类似，我们也可提出如何求多元函数的最大值和最小值问题。

如果 $z=f(x,y)$ 在有界闭区域 D 上连续，由连续函数的性质知，$f(x,y)$ 在 D 上必有最大值和最小值。最大(小)值点可能在 D 的内部，也可能在 D 的边界上。我们假定，函数在 D 上连续、在 D 内可微且只有有限个驻点，这时，如果 $f(x,y)$ 在 D 的内部取得最大(小)值，那么这个最大(小)值也是函数的极大(小)值，在这种情况下，最大(小)值点一定是极大(小)值点之一。因此，要求函数 $z=f(x,y)$ 在有界闭域 D 上的最大(小)值时，需要将函数的所有极大(小)值与边界上的最大(小)值比较，其中最大(小)的就是最大(小)值。

归纳起来，可得连续函数 $z=f(x,y)$ 在有界闭区域 D 上最大(小)值的求解步骤如下：

(1)求出 $z=f(x,y)$ 在 D 内部偏导数不存在的点和驻点，即所有可能的极值点；

(2)求出 $z=f(x,y)$ 在 D 边界上所有可能的最值点；

(3)分别计算上述各点处的函数值，最大者就是最大值，最小者就是最小值。

例 2　求函数 $f(x,y)=x^2y(4-x-y)$ 在区域 $D=\{(x,y)\mid x\geqslant 0,y\geqslant 0,x+y\leqslant 6\}$ 上的最值。

解　求偏导数 $f'_x(x,y)=8xy-3x^2y-2xy^2$，$f'_y(x,y)=4x^2-x^3-2x^2y$。

令
$$\begin{cases} f'_x(x,y)=8xy-3x^2y-2xy^2=0, \\ f'_y(x,y)=4x^2-x^3-2x^2y=0, \end{cases}$$

解得 D 内部驻点 $(2,1)$，$f(2,1)=4$。

在边界 $x=0(0\leqslant y\leqslant 6)$，则 $f(0,y)=0$；

在边界 $y=0(0\leqslant x\leqslant 6)$，则 $f(x,0)=0$；

在边界 $x+y=6(0\leqslant x\leqslant 6)$，则 $f(x,6-x)=-2x^2(6-x)$。

令 $g(x)=-2x^2(6-x)$，下面求 $g(x)$ 在闭区间 $[0,6]$ 上的最值。

$g'(x)=-24x+6x^2$，令 $g'(x)=0$，求得驻点 $x=0,x=4$。于是有

$$g(0)=f(0,6)=0,g(4)=f(4,2)=-64,g(6)=f(6,0)=0,$$

比较 $f(x,y)$ 的驻点及各边界处的函数值，得函数的最大值为 $f(2,1)=4$，最小值为 $f(4,2)=-64$。

在实际问题中，常可根据问题的性质断定函数的最值一定在 D 的内部取得，并且函数在 D 内只有唯一的驻点，那么可断定该驻点就是所求的最值点。

例 3　某厂要用铁板做一个体积为 2 m^3 的无盖长方体水箱，问当长，宽，高各取怎样的尺寸时，才能使用料最省？

解　设水箱长，宽分别为 $x(\text{m})$，$y(\text{m})$，则高为 $\frac{2}{xy}(\text{m})$，则水箱所用材料的面积为

$$S=xy+2x\cdot\frac{2}{xy}+2y\cdot\frac{2}{xy}=xy+\frac{4}{y}+\frac{4}{x}(x>0,y>0)。$$

令$\begin{cases} S'_x(x,y)=y-\dfrac{4}{x^2}=0, \\ S'_y(x,y)=x-\dfrac{4}{y^2}=0, \end{cases}$ 解得唯一的驻点$(\sqrt[3]{4},\sqrt[3]{4})$。

根据实际问题可知最小值在定义域内取得,可以断定此唯一的驻点就是最小值点,即长和宽均为$\sqrt[3]{4}$ m,高为$\dfrac{1}{\sqrt[3]{2}}$ m时,水箱所用材料最省。

三、条件极值

例1中讨论的极值问题,除了函数的自变量限制在函数的定义域内以外,并无其他约束条件,这种极值称为**无条件极值**。但在实际问题中,往往会遇到对函数的自变量还有附加条件限制的极值问题,这类极值称为**条件极值**。

引例 求容积为a而使表面积S最小的长方体问题。

分析 设长方体的长,宽,高分别为x,y,z,固定的容积$xyz=a$就是对自变量的附加约束条件,表面积函数$S=2(xy+yz+xz)$。讨论对自变量有附加约束条件$xyz=a$下表面积函数S的极值问题是条件极值问题。

对有些实际问题,可将条件极值转化为无条件极值,如上述问题中,将高z表示为长和宽的函数$\dfrac{a}{xy}$,再代入面积函数$S=2(xy+yz+xz)$中,于是问题就化为求$S=2\left(xy+\dfrac{a}{x}+\dfrac{a}{y}\right)$的无条件极值,利用二元函数的驻点及偏导数不存在的点求其极值,比较极值与边界点处的函数值的大小关系,从而找到最小值点,即为所求。

然而,在很多情况下,要从附加条件中解出某个变量不易实现,因此将条件极值转化为无条件极值往往很难实现。这就迫使我们寻求一种求条件极值的有效方法——**拉格朗日乘数法**。

要求目标函数$z=f(x,y)$在附加条件$\varphi(x,y)=0$下的极值,假设函数$z=f(x,y)$和$\varphi(x,y)=0$在所考虑的区域内有连续的一阶偏导数,且$\varphi'_x(x,y)$,$\varphi'_y(x,y)$不同时为零,于是求目标函数$z=f(x,y)$在约束条件$\varphi(x,y)=0$下的极值,可用下面步骤来求解:

第一步:构造辅助函数$L(x,y)=f(x,y)+\lambda\varphi(x,y)$;

第二步:解方程组$\begin{cases} L'_x(x,y)=0, \\ L'_y(x,y)=0, \\ \varphi(x,y)=0, \end{cases}$ 即$\begin{cases} f'_x(x,y)+\lambda\varphi'_x(x,y)=0, \\ f'_y(x,y)+\lambda\varphi'_y(x,y)=0, \\ \varphi(x,y)=0, \end{cases}$ 得到所有可能的极值点(x_0,y_0),在实际问题中,它往往就是所求的极值点。

这种求解条件极值的方法称为**拉格朗日数乘法**,其中辅助函数$L(x,y)$称为**拉格朗日函数**,参数λ称为**拉格朗日乘子**。

说明 可将拉格朗日数乘法推广到两个以上自变量或多个约束条件的情况。

例如,求目标函数$u=f(x,y,z,t)$在条件$\varphi(x,y,z,t)=0$,$\psi(x,y,z,t)=0$下的极

值，则构造辅助函数

$$L(x,y,z,t)=f(x,y,z,t)+\lambda_1\varphi(x,y,z,t)+\lambda_2\psi(x,y,z,t),$$

解方程组

$$\begin{cases} f_x'(x,y,z,t)+\lambda_1\varphi_x'(x,y,z,t)+\lambda_2\psi_x'(x,y,z,t)=0,\\ f_y'(x,y,z,t)+\lambda_1\varphi_y'(x,y,z,t)+\lambda_2\psi_y'(x,y,z,t)=0,\\ f_z'(x,y,z,t)+\lambda_1\varphi_z'(x,y,z,t)+\lambda_2\psi_z'(x,y,z,t)=0,\\ f_t'(x,y,z,t)+\lambda_1\varphi_t'(x,y,z,t)+\lambda_2\psi_t'(x,y,z,t)=0,\\ \varphi(x,y,z,t)=0,\\ \psi(x,y,z,t)=0, \end{cases}$$

得点(x_0,y_0,z_0,t_0)即为所求极值点。

例 4　求表面积为 a^2 而体积为最大的长方体的体积。

解　设长方体的长，宽，高分别为 x,y,z，则问题就是在条件 $\varphi(x,y,z)=2xy+2yz+2xz-a^2=0$ 下，求函数 $V=xyz$ 的最大值。

作拉格朗日函数 $L(x,y,z)=xyz+\lambda(2xy+2yz+2xz-a^2)$，

解方程组

$$\begin{cases} L_x'=yz+2\lambda(y+z)=0,\\ L_y'=xz+2\lambda(x+z)=0,\\ L_z'=xy+2\lambda(x+y)=0,\\ 2xy+2yz+2xz-a^2=0, \end{cases}$$

得

$$x=y=z=\frac{\sqrt{6}}{6}a。$$

由实际问题知，最大体积的长方体必定存在，而所求问题只有唯一驻点，故当长方体的长，宽，高均为$\frac{\sqrt{6}}{6}a$ 时，有最大体积$\frac{\sqrt{6}}{36}a^3$。

例 5　要设计一个容量为已知数 V 的长方体开口水箱，试问当水箱的长，宽，高分别为多少时，其表面积最小?

解　设长方体的长，宽，高分别为 x, y, z，则问题就是在条件 $\varphi(x,y,z)=xyz-V=0$ 下，求函数 $S(x,y,z)=2(xz+yz)+xy$ 的最小值。

作拉格朗日函数 $L(x,y,z)=2(xz+yz)+xy+\lambda(xyz-V)$，

解方程组

$$\begin{cases} L_x'=2z+y+\lambda yz=0,\\ L_y'=2z+x+\lambda xz=0,\\ L_z'=2(x+y)+\lambda xy=0,\\ L_\lambda'=xyz-V=0, \end{cases}$$

得

$$x=y=2z=\sqrt[3]{2V}。$$

由实际问题知，最小表面积的长方体必定存在，而所求问题只有唯一驻点，故当长方体的长，宽，高分别为$\sqrt[3]{2V}$，$\sqrt[3]{2V}$，$\frac{\sqrt[3]{2V}}{2}$时，其表面积最小。

习题 7.8(A)

1. (2003 年)已知函数 $f(x,y)$ 在点 $(0,0)$ 的某邻域内连续,且 $\lim\limits_{(x,y)\to(0,0)}\dfrac{f(x,y)-xy}{(x^2+y^2)^2}=1$,则下面表述正确的是(　　)。

(A)点 $(0,0)$ 不是 $f(x,y)$ 的极值点

(B)点 $(0,0)$ 是 $f(x,y)$ 的极大值点

(C)点 $(0,0)$ 是 $f(x,y)$ 的极小值点

(D)根据所给条件无法判定点 $(0,0)$ 是否为 $f(x,y)$ 的极值点

2. 求函数 $z=4(x-y)-x^2-y^2$ 的极值。

3. 求函数 $z=y^3-x^2+6x-12y+5$ 的极值。

4. 求函数 $z=x^3+y^3-3xy$ 的极值。

5. 求函数 $z=(6x-x^2)(4y-y^2)$ 的极值。

6. (2009 年)求二元函数 $f(x,y)=x^2(2+y^2)+y\ln y$ 的极值。

7. 某厂生产甲、乙两种产品,它们售出的单价分别为 10 元和 9 元,生产甲产品的数量 x 与生产乙产品的数量 y 的总费用为 $400+2x+3y+0.01(3x^2+xy+3y^2)$ 元,求取得最大利润时,两种产品的产量各是多少?

8. 求函数 $z=xy$ 在附加条件 $x+y=1$ 下的极大值。

9. 设有三个正数之和是 18,问这三个数为何值时其乘积最大?

10. (2010 年)求函数 $u=xy+2yz$ 在约束条件 $x^2+y^2+z^2=10$ 下的最大值和最小值。

11. 将周长为 $2p$ 的矩形绕它的一边旋转而形成一个圆柱体,问矩形的边长各为多少时,该圆柱体的体积最大?

习题 7.8(B)

1. (2023 年)求函数 $f(x,y)=(y-x^2)(y-x^3)$ 的极值。

2. (2013 年)求二元函数 $f(x,y)=\left(y+\dfrac{x^3}{3}\right)e^{x+y}$ 的极值。

3. (2007 年)求函数 $f(x,y)=x^2+2y^2-x^2y^2$ 在区域 $D=\{(x,y)\mid y\geqslant 0,x^2+y^2\leqslant 4\}$ 上的最值。

4. (2008 年)求函数 $f(x,y,z)=x^2+y^2+z^2$ 在附加条件:$x^2+y^2-z=0$ 及 $x+y+z-4=0$ 下的最大值与最小值。

5. 形状为椭球 $4x^2+y^2+4z^2\leqslant 16$ 的空间探测器进入地球大气层,其表面开始受热,1 小时后在探测器的点 (x,y,z) 处的温度 $T=8x^2+4yz-16z+600$,求探测器表面最热的点。

6. 求函数 $U=xyz$ 在附加条件 $\dfrac{1}{x}+\dfrac{1}{y}+\dfrac{1}{z}=\dfrac{1}{a}$ $(x>0,y>0,z>0,a>0)$ 下的极值。

*第九节　二元函数的泰勒公式

在上册，我们已经知道：若函数 $f(x)$ 在含有 x_0 的某开区间 (a,b) 内具有直到 $(n+1)$ 阶的导数，则当 $x\in(a,b)$ 时，有下面的 n 阶泰勒公式

$$f(x)=f(x_0)+f'(x_0)(x-x_0)+\frac{f''(x_0)}{2!}(x-x_0)^2+\cdots+\frac{f^{(n)}(x_0)}{n!}(x-x_0)^n$$
$$+\frac{f^{(n+1)}(x_0+\theta x)}{(n+1)!}(x-x_0)^{n+1}\ (0<\theta<1)。$$

利用一元函数的泰勒公式，可用 n 次多项式来近似表示函数 $f(x)$，且可估计误差。对于多元函数来说，也有必要考虑用多个变量的多项式来近似表示一个给定的多元函数，并能具体地估计误差的大小。下面把一元函数的泰勒中值定理推广到二元函数的情形。

定理 7.14　设函数 $z=f(x,y)$ 在点 (x_0,y_0) 的某一邻域内连续且有直到 $(n+1)$ 阶的连续偏导数，(x_0+h,y_0+k) 为此邻域内的一点，则有

$$f(x_0+h,y_0+k)=f(x_0,y_0)+\left(h\frac{\partial}{\partial x}+k\frac{\partial}{\partial y}\right)f(x_0,y_0)+\frac{1}{2!}\left(h\frac{\partial}{\partial x}+k\frac{\partial}{\partial y}\right)^2f(x_0,y_0)+$$
$$\cdots+\frac{1}{n!}\left(h\frac{\partial}{\partial x}+k\frac{\partial}{\partial y}\right)^nf(x_0,y_0)+R_n,\tag{7.12}$$

其中，$R_n=\dfrac{1}{(n+1)!}\left(h\dfrac{\partial}{\partial x}+k\dfrac{\partial}{\partial y}\right)^{n+1}f(x_0+\theta h,y_0+\theta k)$，称为**拉格朗日型余项**，记号 $\left(h\dfrac{\partial}{\partial x}+k\dfrac{\partial}{\partial y}\right)f(x_0,y_0)$ 表示 $hf'_x(x_0,y_0)+kf'_y(x_0,y_0)$，$\left(h\dfrac{\partial}{\partial x}+k\dfrac{\partial}{\partial y}\right)^2f(x_0,y_0)$ 表示 $h^2f''_{xx}(x_0,y_0)+2hkf''_{xy}(x_0,y_0)+k^2f''_{yy}(x_0,y_0)$。

一般地，记号 $\left(h\dfrac{\partial}{\partial x}+k\dfrac{\partial}{\partial y}\right)^mf(x_0,y_0)$ 表示 $\sum\limits_{p=0}^{m}C_m^ph^pk^{m-p}\dfrac{\partial^mf}{\partial x^p\partial y^{m-p}}\bigg|_{(x_0,y_0)}$。

该定理的证明略。

(7.12)式称为二元函数 $z=f(x,y)$ 在点 (x_0,y_0) 的 n 阶泰勒公式。

当 $n=0$ 时，(7.12)式成为

$$f(x_0+h,y_0+k)-f(x_0,y_0)=hf'_x(x_0+\theta h,y_0+\theta k)+kf'_y(x_0+\theta h,y_0+\theta k)\ 。\tag{7.13}$$

(7.13)式称为二元函数的拉格朗日中值公式。由(7.13)式可推得下述结论：

若函数 $z=f(x,y)$ 的两个一阶偏导数在区域 D 内恒为零，则 $z=f(x,y)$ 在该区域内为一常数。

例 1　求函数 $f(x,y)=\ln(1+x+y)$ 在点 $(0,0)$ 处的三阶泰勒公式。

解　$f'_x(x,y)=f'_y(x,y)=\dfrac{1}{1+x+y}$，

$$f''_{xx}(x,y)=f''_{xy}(x,y)=f''_{yy}(x,y)=\frac{-1}{(1+x+y)^2},$$

$$\frac{\partial^3f}{\partial x^p\partial y^{3-p}}=\frac{2!}{(1+x+y)^3}\quad(p=0,1,2,3),$$

$$\frac{\partial^4 f}{\partial x^p \partial y^{4-p}}=\frac{-3!}{(1+x+y)^4} \quad (p=0,1,2,3,4),$$

因此,

$$\left(h\frac{\partial}{\partial x}+k\frac{\partial}{\partial y}\right)f(0,0)=hf_x'(0,0)+kf_y'(0,0)=h+k,$$

$$\left(h\frac{\partial}{\partial x}+k\frac{\partial}{\partial y}\right)^2 f(0,0)=h^2 f_{xx}''(0,0)+2hkf_{xy}''(0,0)+k^2 f_{yy}''(0,0)=-(h+k)^2,$$

$$\left(h\frac{\partial}{\partial x}+k\frac{\partial}{\partial y}\right)^3 f(0,0)=\sum_{p=0}^{3}C_3^p h^p k^{3-p}\frac{\partial^3 f}{\partial x^p \partial y^{3-p}}\bigg|_{(0,0)}=2(h+k)^3,$$

又 $f(0,0)=0$,并将 $h=x$, $k=y$ 代入三阶泰勒公式,得

$$\ln(1+x+y)=x+y-\frac{1}{2}(x+y)^2+\frac{1}{3}(x+y)^3+R_3,$$

其中,$R_3=\frac{1}{4!}\left(h\frac{\partial}{\partial x}+k\frac{\partial}{\partial y}\right)^4 f(\theta h,\theta k)\bigg|_{\substack{h=x\\k=y}}=-\frac{1}{4}\cdot\frac{(x+y)^4}{(1+\theta x+\theta y)^4}\ (0<\theta<1)$。

习题 7.9

1. 求函数 $f(x,y)=2x^2-xy-y^2-6x-3y+5$ 在点$(1,-2)$的泰勒公式。

2. 求函数 $f(x,y)=e^x\ln(1+y)$在点$(0,0)$的三阶泰勒公式。

3. 求函数 $f(x,y)=x^y$ 在点$(1,1)$的三阶泰勒公式,并利用结果计算$1.1^{1.02}$的近似值。

4. 求函数 $f(x,y)=e^{x+y}$在点$(0,0)$的 n 阶泰勒公式。

*第十节 最小二乘法

在许多工程问题中,常常需要根据两个变量的几组实验数据,来找出这两个变量的函数关系的近似表达式。通常把这样得到的函数的近似表达式称为**经验公式**。建立经验公式的一个常用方法就是最小二乘法。下面用两个变量有线性关系的情形来说明。

设已知某一对变量 x 与 y 的一列实验数据$(x_k,y_k)(k=0,1,\cdots,n)$,若它们几乎分布在一条直线上,如图 7.21 所示,则认为 x 与 y 之间存在着线性关系,设直线方程为

$$y=ax+b,$$

其中,a 与 b 为待定参数。

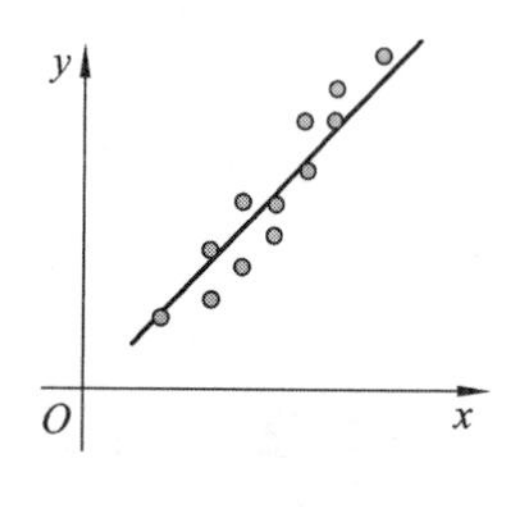

图 7.21

实测值 y_k 与理论值 $y'_k = ax_k + b$ 之间的偏差为 $d_k = |y_k - ax_k - b|$。现在要求 a 与 b，使偏差的平方和 $S = \sum_{k=0}^{n} (y_k - ax_k - b)^2$ 最小。这种通过偏差平方和最小来求直线方程的方法称为**最小二乘法**。

下面用求二元函数极值的方法来求 a 与 b 的值。

因为 S 是 a，b 的二元函数，所以有

$$S'_a = -2\sum_{k=0}^{n}(y_k - ax_k - b)x_k = 0, S'_b = -2\sum_{k=0}^{n}(y_k - ax_k - b) = 0,$$

整理得

$$\begin{cases} \left(\sum_{k=0}^{n} x_k^2\right)a + \left(\sum_{k=0}^{n} x_k\right)b = \sum_{k=0}^{n} x_k y_k, \\ \left(\sum_{k=0}^{n} x_k\right)a + (n+1)b = \sum_{k=0}^{n} y_k, \end{cases} \tag{7.14}$$

解此线性方程组即可得 a 与 b。

例 1　为了测定刀具的磨损速度，每隔 1 小时测一次刀具的厚度，得实验数据如表 7.1所示。

表 7.1

i	0	1	2	3	4	5	6	7
t_i(h)	0	1	2	3	4	5	6	7
y_i(mm)	27.0	26.8	26.5	26.3	26.1	25.7	25.3	24.8

解　通过在坐标纸上描点可看出它们大致在一条直线上，故可设经验公式为

$$y = at + b,$$

列表计算：

表 7.2

变量	t_i	t_i^2	y_i	$y_i t_i$
数值	0	0	27.0	0
	1	1	26.8	26.8
	2	4	26.5	53.0
	3	9	26.3	78.9
	4	16	26.1	104.4
	5	25	25.7	128.5
	6	36	25.3	151.8
	7	49	24.8	173.6
$\sum$	28	140	208.5	717.0

代入(7.14)式,得

$$\begin{cases}140a+28b=717,\\28a+8b=208.5,\end{cases}$$

解此方程组,得 $a=-0.3036$, $b=27.125$。故所求经验公式为

$$y=f(t)=-0.3036t+27.125。$$

习题 7.10

1. 某种合金的含铅量百分比为 p,其熔解温度为 θ,由实验测得 p 与 θ 的数据如表 7.3 所示。

表 7.3

p/(%)	36.9	46.7	63.7	77.8	84.0	87.5
θ/(℃)	181	197	235	270	283	292

试用最小二乘法建立 θ 与 p 之间的经验公式 $\theta=ap+b$。

第七章思维导图

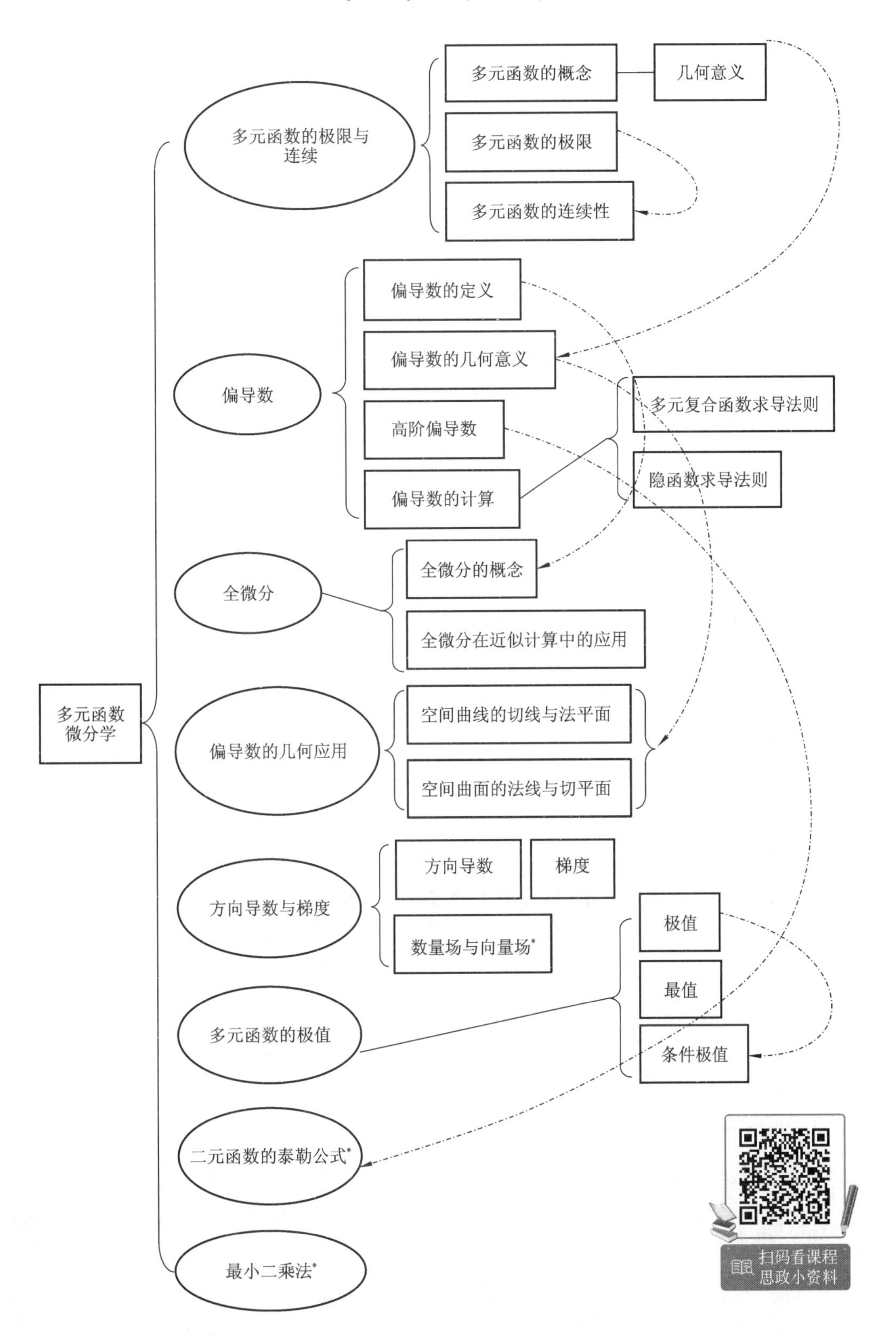
多元函数微分学
多元函数的极限与连续
多元函数的概念
几何意义
多元函数的极限
多元函数的连续性
偏导数
偏导数的定义
偏导数的几何意义
高阶偏导数
偏导数的计算
多元复合函数求导法则
隐函数求导法则
全微分
全微分的概念
全微分在近似计算中的应用
偏导数的几何应用
空间曲线的切线与法平面
空间曲面的法线与切平面
方向导数与梯度
方向导数
梯度
数量场与向量场*
多元函数的极值
极值
最值
条件极值
二元函数的泰勒公式*
最小二乘法*
扫码看课程
思政小资料

第七章章节测试

一、选择题。(本大题 5 小题,每小题 2 分,共计 10 分)

1. 二元函数 $f(x,y)=\begin{cases}\dfrac{\sin(xy)}{y(1+x^2)},y\neq 0,\\ 0,y=0\end{cases}$ 在点(0,0)处(　　)。

(A)第一类间断点　　(B)间断

(C)连续　　(D)第二类间断点

2. 设有方程 $xy-z\ln y+e^{xz}=1$,根据隐函数存在定理,存在点(0,1,1)的一个邻域,在此邻域内该方程(　　)。

(A)只能确定一个具有连续偏导数的隐函数 $z=z(x,y)$

(B)可能确定两个具有连续偏导数的隐函数 $x=x(y,z)$ 和 $z=z(x,y)$

(C)可能确定两个具有连续偏导数的隐函数 $y=y(x,z)$ 和 $z=z(x,y)$

(D)可能确定两个具有连续偏导数的隐函数 $x=x(y,z)$ 和 $y=y(x,z)$

3. 使得 $df=\Delta f$ 的函数 f 为(　　)。

(A)$\sin(xy)$　　(B)$ax+by+c$(a,b,c 为常数)

(C)e^x+e^y　　(D)x^2+y^2

4. (2017 年)函数 $f(x,y,z)=x^2y+z^2$ 在点(1,2,0)处沿向量 $\boldsymbol{n}=\{1,2,2\}$ 的方向导数为(　　)。

(A)12　　(B)6　　(C)4　　(D)2

5. (2012 年)设函数 $z=f(x,y)$ 可微,且对任意 x,y 都有 $\dfrac{\partial f(x,y)}{\partial x}>0$,$\dfrac{\partial f(x,y)}{\partial y}<0$,则使得不等式 $f(x_1,y_1)<f(x_2,y_2)$ 成立的一个充分条件是(　　)。

(A)$x_1>x_2,y_1<y_2$　　(B)$x_1>x_2,y_1>y_2$

(C)$x_1<x_2,y_1<y_2$　　(D)$x_1<x_2,y_1>y_2$

二、填空题。(本大题 6 个空,每空 2 分,共计 12 分)

1. 已知 $f(x,y)=\dfrac{\sqrt{4x-y^2}}{\ln(1-x^2-y^2)}$,则 $f(x,y)$ 的定义域为＿＿＿＿＿＿,极限 $\lim\limits_{(x,y)\to\left(\frac{1}{2},0\right)}\dfrac{\sqrt{4x-y^2}}{\ln(1-x^2-y^2)}=$＿＿＿＿＿＿。

2. (2020 年)设函数 $z=\arctan[xy+\sin(x+y)]$,则 $dz\big|_{(0,\pi)}=$＿＿＿＿＿＿。

3. (2019 年)设函数 $f(u)$ 可导,$z=yf\left(\dfrac{y^2}{x}\right)$,则 $2x\dfrac{\partial z}{\partial x}+y\dfrac{\partial z}{\partial y}=$＿＿＿＿＿＿。

4. (1994 年)曲面 $z-e^z+2xy=3$ 在点(1,2,0)处的切平面方程为＿＿＿＿＿＿。

5. (2021 年)设函数 $z=f(x,y)$ 由方程 $(x+1)z+y\ln z-\arctan(2xy)=1$ 确定,则 $\dfrac{\partial z}{\partial x}\bigg|_{(0,2)}=$＿＿＿＿＿＿。

三、解答题。（本大题共计 78 分，第 1—3 题每小题 6 分，第 4—9 题每小题 10 分）

1. 求极限 $\lim\limits_{(x,y)\to(0,2)}\left[\dfrac{\sin(xy)}{x}+(x+y)^2\right]$。

2. 求极限 $\lim\limits_{(x,y)\to(0,0)}(x+y)\sin\dfrac{1}{x^2+y^2}$。

3. 求极限 $\lim\limits_{(x,y)\to(0,0)}(x^2+y^2)^{xy}$。

4. 设 $\ln\sqrt{x^2+y^2}=\arctan\dfrac{y}{x}$，求$\dfrac{dy}{dx}$。

5. 设 $z=x\ln(xy)$，求$\dfrac{\partial z}{\partial x}$，$\dfrac{\partial z}{\partial y}$。

6. 求 $z=\sin^2(x+y)$的二阶偏导数。

7. 求函数 $z=\ln\sqrt{1+x^2+y^2}$在点(1,2)处的全微分。

8. (2020 年)求 $f(x,y)=x^3+8y^3-xy$ 的极值。

9. 生产某产品需要用 A,B 两种原料，设该产品的产量 Q 与原料 A,B 的数量 x，y（单位：吨）间有关系式 $Q=0.005x^2y$，要用 15000 元购买原料。已知 A,B 原料的单价分别为 100 元/吨，200 元/吨，问购进两种原料各多少可使产品的产量最大？

第七章拓展练习

一、选择题。

1. (1996 年)已知$\dfrac{(x+ay)dx+ydy}{(x+y)^2}$为某函数的全微分，则 $a=$(　　)。

(A)-1　　(B)0　　(C)1　　(D)2

2. (2021 年)设函数 $f(x,y)$可微，且 $f(x+1,e^x)=x(x+1)^2$，$f(x,x^2)=2x^2\ln x$，则 $df(1,1)=$(　　)。

(A)$dx+dy$　　(B)$dx-dy$　　(C)dy　　(D)$-dy$

3. (2012 年)如果函数 $f(x,y)$在点(0,0)处连续，那么下列命题正确的是(　　)。

(A)若极限$\lim\limits_{\substack{x\to0\\y\to0}}\dfrac{f(x,y)}{|x|+|y|}$存在，则 $f(x,y)$在点(0,0)处可微

(B)若极限$\lim\limits_{\substack{x\to0\\y\to0}}\dfrac{f(x,y)}{x^2+y^2}$存在，则 $f(x,y)$在点(0,0)处可微

(C)若 $f(x,y)$在点(0,0)处可微，则极限$\lim\limits_{\substack{x\to0\\y\to0}}\dfrac{f(x,y)}{|x|+|y|}$存在

(D)若 $f(x,y)$在点(0,0)处可微，则极限$\lim\limits_{\substack{x\to0\\y\to0}}\dfrac{f(x,y)}{x^2+y^2}$存在

4. (2013 年)曲面 $x^2+\cos(xy)+yz+x=0$ 在点$(0,1,-1)$处的切平面方程为(　　)。

(A)$x-y+z=-2$　　(B)$x+y+z=0$

(C)$x-2y+z=-3$　　(D)$x-y-z=0$

5. (2018年)过点(1,0,0)与(0,1,0)且与曲面 $z=x^2+y^2$ 相切的平面为( )。

(A) $z=0$ 与 $x+y-z=1$ (B) $z=0$ 与 $2x+2y-z=2$

(C) $x=y$ 与 $x+y-z=1$ (D) $x=y$ 与 $2x+2y-z=2$

6. (2009年)设函数 $z=f(x,y)$ 的全微分为 $dz=xdx+ydy$,则点(0,0)( )。

(A)不是 $f(x,y)$ 的连续点 (B)不是 $f(x,y)$ 的极值点

(C)是 $f(x,y)$ 的极大值点 (D)是 $f(x,y)$ 的极小值点

7. 设函数 $f(x)$,$g(x)$ 均有二阶连续导数,满足 $f(0)>0$,$g(0)<0$,且 $f'(0)=g'(0)=0$,则函数 $z=f(x)g(y)$ 在点(0,0)处取得极小值的一个充分条件是( )。

(A) $f''(0)<0,g''(0)>0$ (B) $f''(0)<0,g''(0)<0$

(C) $f''(0)>0,g''(0)>0$ (D) $f''(0)>0,g''(0)<0$

二、填空题。

1. (2017年)设函数 $f(x,y)$ 具有一阶连续偏导数,且 $f(0,0)=0$, $df(x,y)=ye^y dx+x(1+y)e^y dy$,则 $f(x,y)=$________。

2. (2019年)设函数 $f(u)$ 可导, $z=f(\sin y-\sin x)+xy$,则 $\frac{1}{\cos x}\cdot\frac{\partial z}{\partial x}+\frac{1}{\cos y}\cdot\frac{\partial z}{\partial y}=$________。

3. (2015年)设函数 $z=z(x,y)$ 由方程 $e^{2yz}+x+y^2+z=\frac{7}{4}$ 确定,则 $dz\Big|_{\left(\frac{1}{2},\frac{1}{2}\right)}=$________。

4. (1996年)函数 $u=\ln(x+\sqrt{y^2+z^2})$ 在点 $A(1,0,1)$ 沿 A 指向 $B(3,-2,2)$ 点方向的方向导数________。

三、解答题。

1. 设 $z=xy+xf(u)$,而 $u=\frac{y}{x}$, $f(u)$ 为可导函数,求 $x\frac{\partial z}{\partial x}+y\frac{\partial z}{\partial y}$。

2. 设 $z=xf\left(\frac{y^2}{x}\right)$,其中 f 二阶连续可微,求 $\frac{\partial^2 z}{\partial x\partial y}$。

3. 设 $u=f(x,y,z)$ 具有连续的一阶偏导数,函数 $y=y(x)$ 及 $z=z(x)$ 分别由以下两式确定: $e^{xy}-xy=2$, $e^x=\int_0^{x-z}\frac{\sin t}{t}dt$,求 $\frac{du}{dx}$。

4. (2018年)将长2 m的铁丝分成三段,依次围成圆形、正方形和正三角形,三个图形的面积之和是否存在最小值?若存在,求出最小值。

5. (2013年)求曲线 $x^3-xy+y^3=1(x\geqslant 0,y\geqslant 0)$ 上的点到坐标原点的最长距离与最短距离。

6. (2004年)设 $z=z(x,y)$ 是由 $x^2-6xy+10y^2-2yz-z^2+18=0$ 确定的函数,求 $z=z(x,y)$ 的极值点和极值。

7. (2023年)求函数 $f(x,y)=xe^{\cos y}+\frac{x^2}{2}$ 的极值。

第八章　重积分

多元函数微积分是微积分学的一个重要组成部分，它是在描述和分析物理现象及其规律中产生和发展的。关于重积分的概念，牛顿在讨论球与球壳作用于质点上的万有引力时就已涉及。1769 年欧拉建立了平面有界区域上二重积分理论，给出了累次积分计算重积分的方法。拉格朗日在关于旋转椭球的引力著作中用三重积分表示引力，并用球坐标建立了有关的积分变换公式。多元函数微积分随着其理论分析的发展，在许多领域得到了广泛的应用。

在上册学习的一元函数积分学中，我们知道定积分是某种确定形式的和的极限。若把定积分概念进行推广，被积函数由一元函数推广到二元、三元函数，相应地，积分范围从数轴上的一个区间推广到平面或空间内的一个闭区域的情形，便得到二重积分和三重积分的概念。本章将介绍二重积分和三重积分的概念、计算方法以及它们的一些应用。

第一节　二重积分的概念与性质

一、二重积分的概念

在定积分中，我们曾用“分割、近似求和、取极限”的方法来求曲边梯形的面积和变速直线运动的路程，以此引出定积分的概念。现在用同样的思想方法，引出二重积分的概念。

1. 两个引例

(1)曲顶柱体的体积

设有一空间立体 Ω，它的底是 xOy 面上的有界区域 D，它的侧面是以 D 的边界曲线为准线而母线平行于 z 轴的柱面，它的顶是曲面 $z=f(x,y)$，其中 $f(x,y)$ 在 D 上连续且 $f(x,y)\geqslant 0$(见图 8.1)，称这种立体为**曲顶柱体**。

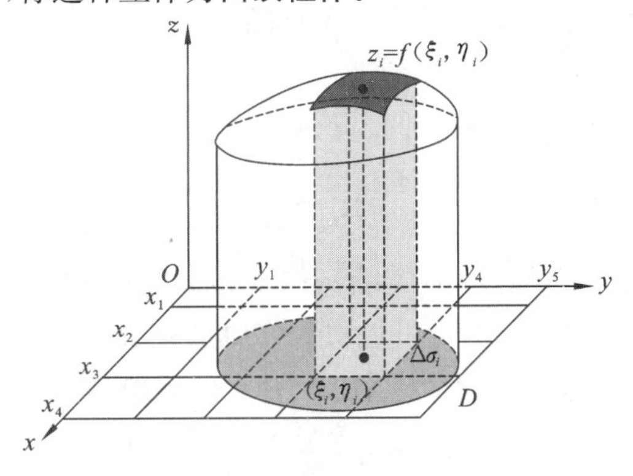

图 8.1

下面我们来讨论如何计算这个曲顶柱体的体积V。

如果曲顶柱体的顶是个平面,那么曲顶柱体就成了**平顶柱体**。显然,平顶柱体的高是不变的,它的体积可用公式

$$体积=高\times底面积$$

来定义和计算。而曲顶柱体的高$f(x,y)$是个变量,它的体积不能用通常的体积公式来定义和计算,但如果用求曲边梯形面积的问题的解决办法——“分割、近似求和、取极限”,原则上可以用来解决曲顶柱体的体积问题。

第一步(分割):用一族曲线网将区域D任意分割成n个小区域$\Delta\sigma_1,\Delta\sigma_2,\cdots,\Delta\sigma_n$,仍然用$\Delta\sigma_i$表示第$i$个小区域的面积。分别以这些小区域的边界为准线,作母线平行于z轴的柱面,这些柱面将原来的曲顶柱体分为n个小的曲顶柱体,其体积记为$\Delta V_i(i=1,2,\cdots,n)$。

第二步(近似求和):当这些小闭区域的直径(指区域上任意两点间距离的最大者)很小时,由于$f(x,y)$连续,同一个小闭区域上的高$f(x,y)$变化很小,此时每一个小曲顶柱体都可近似看作平顶柱体。我们在每个$\Delta\sigma_i$内任取一点(ξ_i,η_i),用高为$f(\xi_i,\eta_i)$、底为$\Delta\sigma_i$的平顶柱体的体积$f(\xi_i,\eta_i)\cdot\Delta\sigma_i$来近似代替$\Delta V_i$,即

$$\Delta V_i\approx f(\xi_i,\eta_i)\cdot\Delta\sigma_i\quad(i=1,2,\cdots,n),$$

从而

$$V=\sum_{i=1}^{n}\Delta V_i\approx\sum_{i=1}^{n}f(\xi_i,\eta_i)\cdot\Delta\sigma_i。$$

第三步(取极限):将这n个小闭区域直径中的最大者记为λ,则$\lambda\to0$表示对区域D无限细分,以至于每个小区域缩成一个点,这时,上述和式的极限就表示曲顶柱体的体积,即

$$V=\lim_{\lambda\to0}\sum_{i=1}^{n}f(\xi_i,\eta_i)\cdot\Delta\sigma_i。$$

(2)平面薄板的质量

设有一平面薄板占有xOy面上的闭区域D,假设薄板的质量分布不均匀,记点(x,y)处的面密度为$\rho(x,y)$,其中$\rho(x,y)\geqslant0$且在D上连续。计算该薄板的质量M。

如果薄板是均匀的,即面密度是常数,则薄板的质量可用公式

$$质量=面密度\times面积$$

来计算。而现在面密度$\rho(x,y)$是变量,薄板的质量就不能直接用上式来计算。“分割、近似求和、取极限”的方法仍然可以用来解决本问题。

第一步(分割):将平面薄板所占的区域任意分割成n个小区域$\Delta\sigma_1,\Delta\sigma_2,\cdots,\Delta\sigma_n$,仍用$\Delta\sigma_i$表示第$i$个小区域的面积,由此大的平面薄板被划分为$n$个小平面薄板(见图8.2),其质量记为$\Delta M_i(i=1,2,\cdots,n)$,则$M=\sum\limits_{i=1}^{n}\Delta M_i$。

第二步(近似求和):由于$\rho(x,y)$连续,当$\Delta\sigma_i$的直径很小时,$\rho(x,y)$在每个小平面薄板上的变化也很小,这些小平面薄板可近似看作质量分布是均匀的。在$\Delta\sigma_i$内任取一点(ξ_i,η_i),以$\rho(\xi_i,\eta_i)\cdot\Delta\sigma_i$来近似代替该小平面薄板的质量,即

$$\Delta M_i\approx\rho(\xi_i,\eta_i)\cdot\Delta\sigma_i\quad(i=1,2,\cdots,n),$$

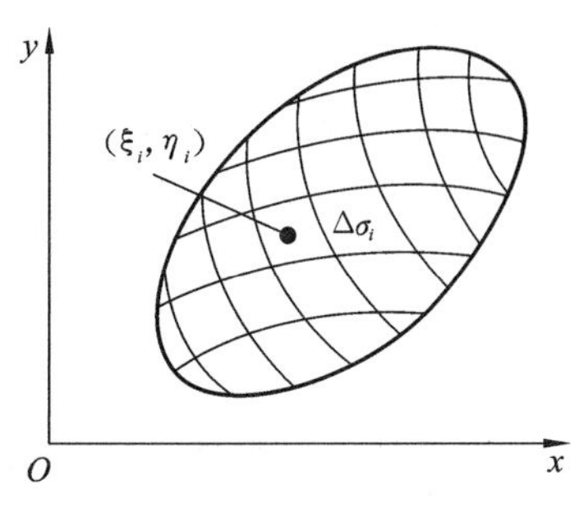

图 8.2

于是
$$M \approx \sum_{i=1}^{n} \rho(\xi_i, \eta_i) \cdot \Delta\sigma_i。$$

第三步(取极限):用 λ 表示所有小区域中直径的最大值,则平面薄板的质量可表示为
$$M = \lim_{\lambda \to 0} \sum_{i=1}^{n} \rho(\xi_i, \eta_i) \cdot \Delta\sigma_i。$$

上面两个例子的实际意义虽然不同,但所求量都归结为同一形式的和的极限。在物理、力学、几何和工程技术中,有许多量都可归结为这一形式的和的极限。因此,我们抽象出下述二重积分的定义。

2. 二重积分的定义

定义 8.1　设 $f(x,y)$ 是有界闭区域 D 上的有界函数,将闭区域 D 任意分成 n 个小闭区域 $\Delta\sigma_1, \Delta\sigma_2, \cdots, \Delta\sigma_n$,第 i 个小区域 $\Delta\sigma_i$ 的面积仍记为 $\Delta\sigma_i$,在每个 $\Delta\sigma_i$ 上任取一点 (ξ_i, η_i),作乘积 $f(\xi_i, \eta_i) \cdot \Delta\sigma_i$,并作和式
$$\sum_{i=1}^{n} f(\xi_i, \eta_i) \cdot \Delta\sigma_i,$$
记 λ 为所有小闭区域中直径的最大值,若当 $\lambda \to 0$ 时,这个和式的极限存在,且极限值与对区域 D 的分法及点 (ξ_i, η_i) 在 $\Delta\sigma_i$ 上的取法无关,则称此极限值为函数 $z = f(x,y)$ 在闭区域 D 上的**二重积分**,记为 $\iint\limits_D f(x,y)\mathrm{d}\sigma$,即
$$\iint\limits_D f(x,y)\mathrm{d}\sigma = \lim_{\lambda \to 0} \sum_{i=1}^{n} f(\xi_i, \eta_i) \cdot \Delta\sigma_i,$$
其中,$f(x,y)$ 称为**被积函数**,$f(x,y)\mathrm{d}\sigma$ 称为**被积表达式**,$\mathrm{d}\sigma$ 称为**面积元素**,x 与 y 称为**积分变量**,D 称为**积分区域**,$\sum\limits_{i=1}^{n} f(\xi_i, \eta_i)\Delta\sigma_i$ 称为**积分和**,此时也称 $f(x,y)$ 在 D 上**可积**。

可以证明,若函数 $f(x,y)$ 在有界闭区域 D 上连续,则 $f(x,y)$ 在 D 上可积。以后我们总假定 $f(x,y)$ 在闭区域 D 上的二重积分存在。

由二重积分的定义知,引例 1 中的曲顶柱体的体积 V 与引例 2 中的平面薄板的质量 M 可表示为
$$V = \iint\limits_D f(x,y)\mathrm{d}\sigma \text{ 和 } M = \iint\limits_D \rho(x,y)\mathrm{d}\sigma。$$

3. 二重积分的几何意义

当在D上$f(x,y)\geqslant 0$时，$\iint\limits_D f(x,y)\mathrm{d}\sigma$表示曲面$z=f(x,y)$在区域$D$上所对应的曲顶柱体的体积。当在$D$上$f(x,y)\leqslant 0$时，相应的曲顶柱体就在$xOy$平面下方，二重积分$\iint\limits_D f(x,y)\mathrm{d}\sigma$就等于该曲顶柱体的体积的负值。当$z=f(x,y)$在$D$上的某部分区域上是正的，而在其余部分区域上是负的，那么二重积分$\iint\limits_D f(x,y)\mathrm{d}\sigma$就等于这些部分区域上相应的曲顶柱体体积的代数和。

二、二重积分的性质

设$f(x,y)$，$g(x,y)$可积，则二重积分与定积分有相似的性质。

性质 1 $\iint\limits_D kf(x,y)\mathrm{d}\sigma=k\iint\limits_D f(x,y)\mathrm{d}\sigma$($k$为常数)。

性质 2 $\iint\limits_D [f(x,y)\pm g(x,y)]\mathrm{d}\sigma=\iint\limits_D f(x,y)\mathrm{d}\sigma\pm\iint\limits_D g(x,y)\mathrm{d}\sigma$。

性质 3 如果积分区域D被一条曲线分为两个区域D_1和D_2，则

$$\iint\limits_D f(x,y)\mathrm{d}\sigma=\iint\limits_{D_1} f(x,y)\mathrm{d}\sigma+\iint\limits_{D_2} f(x,y)\mathrm{d}\sigma。$$

该性质表明二重积分对积分区域具有可加性，并能推广到积分区域D被有限条曲线分为有限个部分闭区域的情形。

性质 4 如果在D上有$f(x,y)\equiv 1$，σ为D的面积，则

$$\iint\limits_D f(x,y)\mathrm{d}\sigma=\iint\limits_D \mathrm{d}\sigma=\sigma。$$

该性质的几何意义很明显，高为1的平顶柱体的体积在数值上就等于柱体的底面积。

例 1 计算$\iint\limits_D \mathrm{d}\sigma$，其中$D$由$x+y=1$与$x$轴、$y$轴围成。

解 $x+y=1$与坐标轴交于点$A(0,1)$，$B(1,0)$，D是三角形$\triangle AOB$，如图8.3所示，

$$\iint\limits_D \mathrm{d}\sigma=S_{\triangle AOB}=\frac{1}{2}。$$

性质 5 如果在D上有$f(x,y)\leqslant g(x,y)$，则

$$\iint\limits_D f(x,y)\mathrm{d}\sigma\leqslant\iint\limits_D g(x,y)\mathrm{d}\sigma。$$

该性质称为二重积分的单调性。显然，若在D上恒有$f(x,y)\geqslant 0$，则$\iint\limits_D f(x,y)\mathrm{d}\sigma\geqslant 0$。又由于在$D$上有

$$-|f(x,y)|\leqslant f(x,y)\leqslant|f(x,y)|，$$

可得到二重积分的绝对值不等式

$$\left|\iint\limits_D f(x,y)\mathrm{d}\sigma\right|\leqslant\iint\limits_D |f(x,y)|\mathrm{d}\sigma。$$

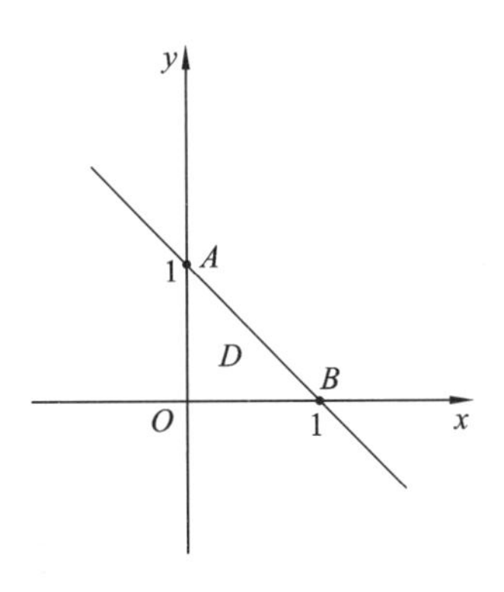

图 8.3

例 2　设 D 为 $(x-2)^2+(y-2)^2\leqslant 2$，$I_1=\iint\limits_D(x+y)^4\mathrm{d}\sigma$，$I_2=\iint\limits_D(x+y)\mathrm{d}\sigma$，$I_3=\iint\limits_D(x+y)^2\mathrm{d}\sigma$，则 I_1、I_2、I_3 的大小顺序如何？

解　在 D 上，由于 $x+y>1$（见图 8.4），故 $(x+y)^4>(x+y)^2>(x+y)$，由性质 5，得 $I_2<I_3<I_1$。

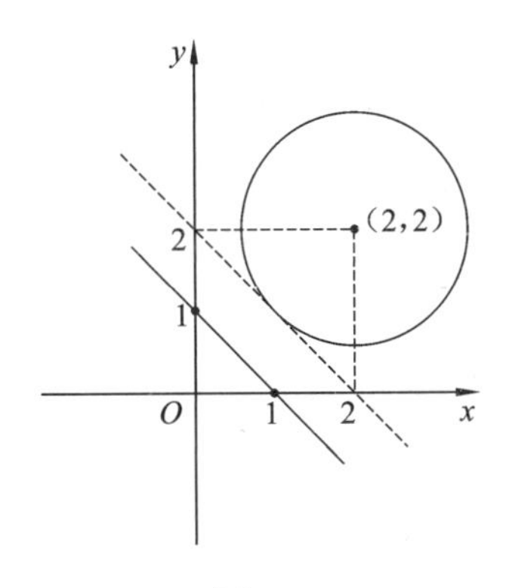

图 8.4

性质 6　设 m、M 分别是 $f(x,y)$ 在 D 上的最小值和最大值，σ 为 D 的面积，

$$m\sigma\leqslant\iint\limits_D f(x,y)\mathrm{d}\sigma\leqslant M\sigma。$$

该性质称为二重积分的估值定理。

性质 7　设 $f(x,y)$ 在闭区域 D 上连续，σ 为 D 的面积，则至少存在一点 $(\xi,\eta)\in D$，使得

$$\iint\limits_D f(x,y)\mathrm{d}\sigma=f(\xi,\eta)\cdot\sigma。$$

证　显然 $\sigma\neq 0$，把性质 6 中的不等式各边除以 σ，得

$$m\leqslant\frac{1}{\sigma}\iint\limits_D f(x,y)\mathrm{d}\sigma\leqslant M,$$

这表明：确定的数值 $\frac{1}{\sigma}\iint\limits_D f(x,y)\mathrm{d}\sigma$ 是介于函数 $f(x,y)$ 的最小值 m 和最大值 M 之间的。由闭区域上连续函数的介值定理知，至少存在一点 $(\xi,\eta)\in D$，使得

$$\frac{1}{\sigma}\iint_D f(x,y)\mathrm{d}\sigma = f(\xi,\eta)。$$

上式两端各乘以 σ,便得所要证明的式子。

该性质称为二重积分的中值定理。其几何意义为:当 $f(x,y)\geqslant 0$ 时,在闭区域 D 上以曲面 $z=f(x,y)$ 为顶的曲顶柱体的体积等于闭区域 D 上以 $f(\xi,\eta)$ 为高的平顶柱体体积,$f(\xi,\eta)$ 实际上是该曲顶柱体的平均高。

例 3 估计二重积分 $I=\iint_D (x^2+4y^2+9)\mathrm{d}\sigma$ 的值,其中 D 是圆域 $x^2+y^2\leqslant 4$。

解 设 $f(x,y)=x^2+4y^2+9$,由于它在闭区域 D 上连续,故 $f(x,y)$ 在 D 上必有最大值 M 和最小值 m,解方程组 $\begin{cases} f'_x=2x=0, \\ f'_y=8y=0 \end{cases}$ 得驻点 $(0,0)$,且 $f(0,0)=9$,在 D 的边界上,$f(x,y)=x^2+4(4-x^2)+9=25-3x^2$,因为 $-2\leqslant x\leqslant 2$,故

$$13\leqslant f(x,y)\leqslant 25,$$

所以

$$M=25, m=9,$$

而 D 的面积为 4π,于是有

$$36\pi\leqslant I\leqslant 100\pi。$$

习题 8.1(A)

1. 不经计算,利用二重积分的性质,判断下列二重积分的正负号。

(1) $I=\iint_D y^2 x\mathrm{e}^{-xy}\mathrm{d}\sigma$,其中 D: $0\leqslant x\leqslant 1, -1\leqslant y\leqslant 0$;

(2) $I=\iint_D \ln(1-x^2-y^2)\mathrm{d}\sigma$,其中 D: $x^2+y^2\leqslant \frac{1}{4}$;

(3) $I=\iint_D \ln(x^2+y^2)\mathrm{d}\sigma$,其中 D: $|x|+|y|\leqslant 1$。

2. 利用二重积分的性质,比较下列二重积分的大小。

(1) $I_1=\iint_D (x+y)^5\mathrm{d}\sigma, I_2=\iint_D (x+y)^4\mathrm{d}\sigma$,其中 D 为圆域 $(x-2)^2+(y-1)^2=2$;

(2) $I_1=\iint_D [\ln(x+y)^3]\mathrm{d}\sigma, I_2=\iint_D [\sin(x+y)^3]\mathrm{d}\sigma$,其中 D 由直线 $x=0, y=0, x+y=\frac{1}{2}, x+y=1$ 围成。

3. 利用二重积分的性质估计下列二重积分的值。

(1) $I_1=\iint_D (x+y+5)\mathrm{d}\sigma$,其中 D 是矩形闭区域: $0\leqslant x\leqslant 1, 0\leqslant y\leqslant 2$;

(2) $I_2=\iint_D \sin(x^2+y^2)\mathrm{d}\sigma$,其中 D 是圆环域: $\frac{\pi}{4}\leqslant x^2+y^2\leqslant \frac{3\pi}{4}$;

(3) $I_3=\iint_D xy(x+y)\mathrm{d}\sigma$,其中 D 是矩形闭区域: $0\leqslant x\leqslant 1, 0\leqslant y\leqslant 1$;

(4) $I_4=\iint\limits_D \frac{1}{100+\cos^2 x+\cos^2 y}\mathrm{d}\sigma$，其中 D 是正方形闭区域：$|x|+|y|\leqslant 10$。

4. 利用二重积分的几何意义，不经计算直接给出下列二重积分的值。

(1) $\iint\limits_D \mathrm{d}\sigma$，其中 D 为圆域 $x^2+(y-2)^2\leqslant 4$；

(2) $\iint\limits_D \mathrm{d}\sigma$，其中 $D=\{(x,y)|-1\leqslant x\leqslant 1,0\leqslant y\leqslant 2\}$；

(3) $\iint\limits_D \sqrt{R^2-x^2-y^2}\mathrm{d}\sigma$，其中 D 为圆域 $x^2+y^2\leqslant R^2$。

习题 8.1(B)

1. 已知 D 由直线 $x=0,y=0,x+y=\frac{1}{2},x+y=1$ 围成，比较 $I_1=\iint\limits_D[\ln(x+y)^3]\mathrm{d}\sigma,I_2=\iint\limits_D[\sin(x+y)^3]\mathrm{d}\sigma$ 的大小。

2. 设 $I_1=\iint\limits_{x^2+y^2\leqslant 1}|xy|\mathrm{d}x\mathrm{d}y,I_2=\iint\limits_{|x|+|y|\leqslant 1}|xy|\mathrm{d}x\mathrm{d}y,I_3=\int_{-1}^{1}\int_{-1}^{1}|xy|\mathrm{d}x\mathrm{d}y$，利用二重积分的性质，比较 I_1,I_2,I_3 的大小。

3. 估计二重积分 $I=\iint\limits_D \frac{\mathrm{d}\sigma}{\sqrt{x^2+y^2+2xy+16}}$ 的值，其中 $D=\{(x,y)\mid 0\leqslant x\leqslant 1,0\leqslant y\leqslant 2\}$。

4. 设 $f(x,y)$ 在区域 $D_t:x^2+y^2\leqslant t^2(t>0)$ 上连续，且当 $(x,y)\neq(0,0)$ 时，$f(x,y)=\arctan\left(-\frac{1}{|x|+|y|}\right)$，求 $\lim\limits_{t\to 0+}\frac{1}{t^2}\iint\limits_{D_t}f(x,y)\mathrm{d}x\mathrm{d}y$。

第二节　二重积分的计算

按照二重积分的定义来计算二重积分，对少数特别简单的被积函数和积分区域来说是可行的，但对一般的函数和积分区域来说将非常复杂。本节介绍一种计算二重积分的方法，其基本思想是将二重积分化为两次定积分来计算。

一、二重积分在直角坐标系下的计算

二重积分 $\iint\limits_D f(x,y)\mathrm{d}\sigma$ 中的面积元素 $\mathrm{d}\sigma$ 象征着积分和式中的 $\Delta\sigma_i$。由于二重积分的定义中对闭区域 D 的划分是任意的，在直角坐标系下，若用一组平行于坐标轴的直线来划分区域 D，那么除了靠近边界曲线的一些小区域之外，绝大多数的小区域都是矩形(见图 8.5)。因此，在直角坐标系中，有时也把面积元素 $\mathrm{d}\sigma$ 记作 $\mathrm{d}x\mathrm{d}y$，此时二重积分记为

$$\iint\limits_D f(x,y)\mathrm{d}x\mathrm{d}y,$$

其中，$\mathrm{d}x\mathrm{d}y$ 称为直角坐标系下的**面积元素**。

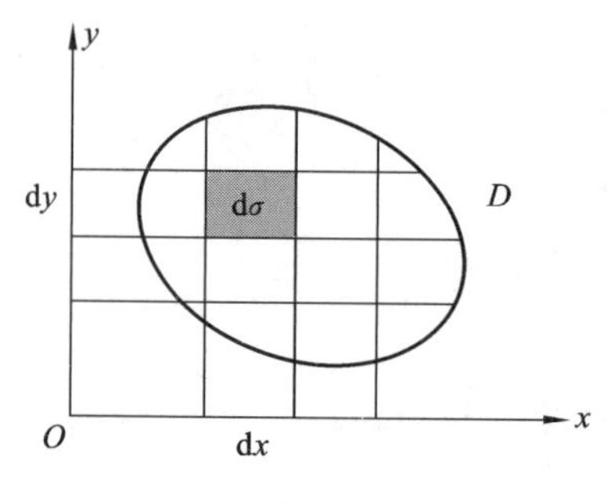

图 8.5

二重积分的值除了与被积函数 $f(x,y)$ 有关外，还与积分区域有关。下面我们根据积分区域的特点来讨论二重积分的计算方法。

1. X 型区域

设积分区域 $D=\{(x,y)\mid\varphi_1(x)\leqslant y\leqslant\varphi_2(x),a\leqslant x\leqslant b\}$（见图 8.6），其中 $\varphi_1(x)$，$\varphi_2(x)$ 在$[a,b]$上连续。这种形状的区域称为 X 型区域，其特点是：D 在 x 轴上的投影区间为$[a,b]$，过区间(a,b)内任一点作平行于 y 轴的直线，它与 D 的边界至多有两个交点。

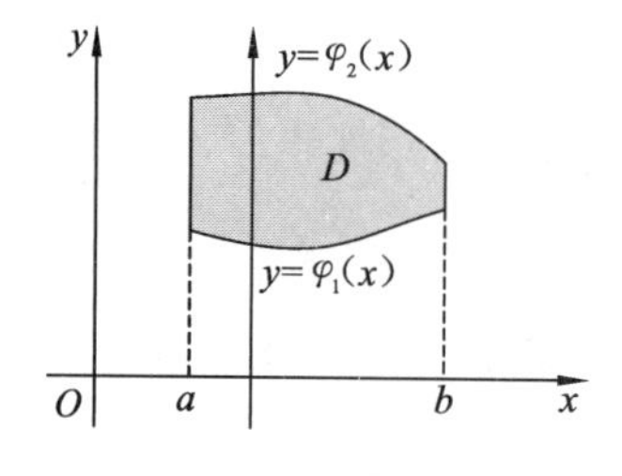

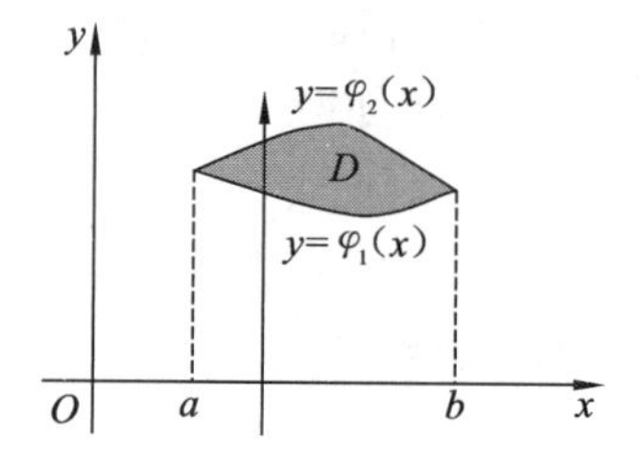

图 8.6

设二元函数 $z=f(x,y)$ 在 D 上是连续非负的。我们知道二重积分$\iint\limits_D f(x,y)\mathrm{d}\sigma$ 就是以曲面 $z=f(x,y)$ 为顶，以 D 为底的曲顶柱体的体积。下面我们应用该套高等数学教材上册第五章中计算“平行截面面积已知的立体的体积”的方法来计算这个曲顶柱体的体积。

在区间$[a,b]$上任意取定一点 x_0，作平行于 yOz 面的平面 $x=x_0$。该平面截曲顶柱体所得截面是一个以区间$[\varphi_1(x_0),\varphi_2(x_0)]$为底、以曲线 $z=f(x_0,y)$ 为曲边的曲边梯形（见图 8.7），由定积分的定义，此截面的面积为

$$A(x_0)=\int_{\varphi_1(x_0)}^{\varphi_2(x_0)}f(x_0,y)\mathrm{d}y。$$

一般地，过区间$[a,b]$上任一点 x 且平行于 yOz 面的平面截曲顶柱体所得截面的面积为

$$A(x)=\int_{\varphi_1(x)}^{\varphi_2(x)}f(x,y)\mathrm{d}y,$$

从而，应用计算平行截面面积已知的立体体积的方法，得曲顶柱体的体积为

$$V=\int_a^b A(x)\mathrm{d}x=\int_a^b\left[\int_{\varphi_1(x)}^{\varphi_2(x)}f(x,y)\mathrm{d}y\right]\mathrm{d}x。$$

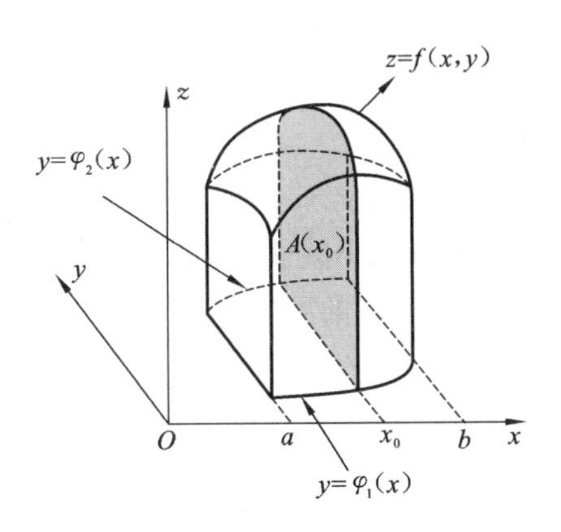

图 8.7

这个体积也就是所求二重积分的值,从而有等式

$$\iint\limits_D f(x,y)\mathrm{d}\sigma=\int_a^b\left[\int_{\varphi_1(x)}^{\varphi_2(x)}f(x,y)\mathrm{d}y\right]\mathrm{d}x。$$

上式右端的积分叫作**先对 y,后对 x 的二次积分或累次积分**。它表示先将 x 看作常数,把 $f(x,y)$ 只看作 y 的函数,对 y 计算从 $\varphi_1(x)$ 到 $\varphi_2(x)$ 的定积分,得到关于 x 的一元函数,再求此函数由 a 到 b 的定积分。这个先对 y 后对 x 的二次积分公式也常记作

$$\iint\limits_D f(x,y)\mathrm{d}\sigma=\int_a^b\mathrm{d}x\int_{\varphi_1(x)}^{\varphi_2(x)}f(x,y)\mathrm{d}y。\tag{8.1}$$

在上述讨论中,我们假定 $f(x,y)$ 在 D 上非负。事实上,只要 $f(x,y)$ 是连续函数,(8.1) 式总能成立。

2. Y 型区域

设积分区域 $D=\{(x,y)\,|\,\psi_1(y)\leqslant x\leqslant\psi_2(y),c\leqslant y\leqslant d\}$(见图 8.8),其中 $\psi_1(y)$,$\psi_2(y)$ 在区间$[c,d]$上连续。这种形状的区域称为 Y 型区域,其特点为:D 在 y 轴上的投影区间为$[c,d]$,过区间(c,d) 内一点作平行于 x 轴的直线,它与 D 的边界至多有两个交点。

类似地,有

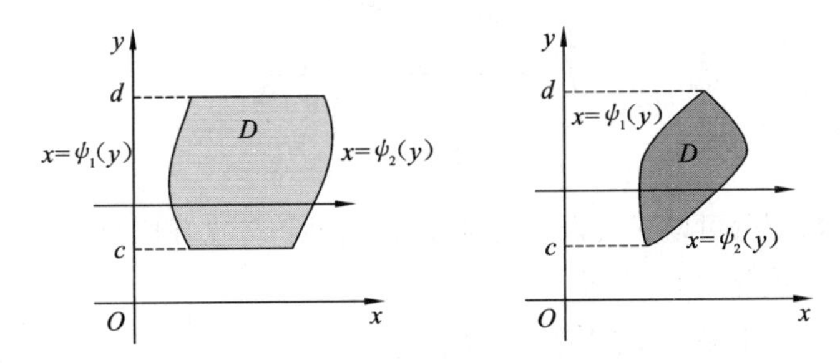

图 8.8

$$\iint\limits_D f(x,y)\mathrm{d}x\mathrm{d}y=\int_c^d\left[\int_{\psi_1(y)}^{\psi_2(y)}f(x,y)\mathrm{d}x\right]\mathrm{d}y。$$

上式右端的积分叫作**先对 x,后对 y 的二次积分或累次积分**。这个积分公式也常记作

$$\iint\limits_{D} f(x,y)\mathrm{d}x\mathrm{d}y=\int_{c}^{d}\mathrm{d}y\int_{\psi_1(y)}^{\psi_2(y)} f(x,y)\mathrm{d}x。\tag{8.2}$$

3. 既非 X 型又非 Y 型区域

如果积分区域 D 既不是 X 型区域又不是 Y 型区域,则需用平行于 x 轴或 y 轴的直线将区域 D 分割成若干个 X 型或 Y 型的小区域。例如,图 8.9 中的区域 D 分成了 D_1,D_2,D_3 三个 X 型区域,由二重积分对积分区域的可加性可得,

$$\iint\limits_{D} f(x,y)\mathrm{d}\sigma=\iint\limits_{D_1} f(x,y)\mathrm{d}\sigma+\iint\limits_{D_2} f(x,y)\mathrm{d}\sigma+\iint\limits_{D_3} f(x,y)\mathrm{d}\sigma。$$

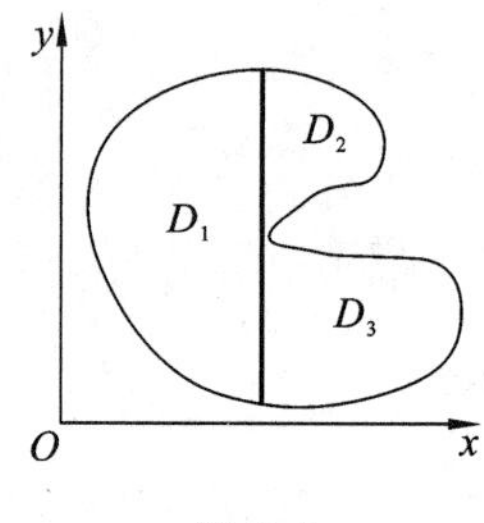

图 8.9

4. 既是 X 型又是 Y 型区域

如果积分区域 D 既是 X 型区域,可用不等式 $\varphi_1(x)\leqslant y\leqslant\varphi_2(x),a\leqslant x\leqslant b$ 表示;又是 Y 型区域,可用不等式 $\psi_1(y)\leqslant x\leqslant\psi_2(y),c\leqslant y\leqslant d$ 表示(见图 8.10),则由公式(8.1)及(8.2)可得

$$\int_{a}^{b}\mathrm{d}x\int_{\varphi_1(x)}^{\varphi_2(x)} f(x,y)\mathrm{d}y=\int_{c}^{d}\mathrm{d}y\int_{\psi_1(y)}^{\psi_2(y)} f(x,y)\mathrm{d}x。$$

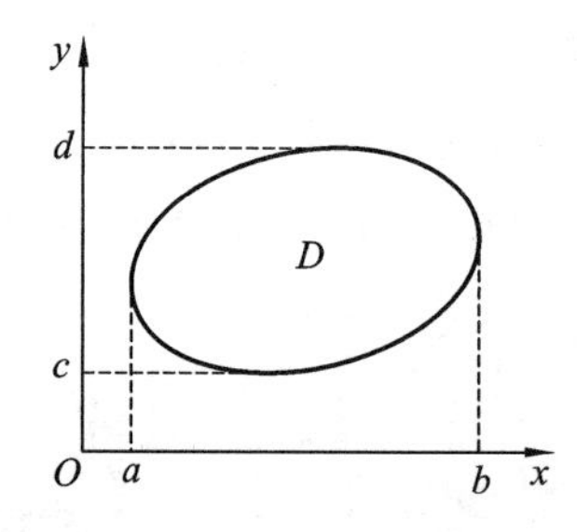

图 8.10

上式表明二次积分可以交换积分次序,但在交换积分次序时,必须先绘出积分区域,然后重新确定两个积分的上、下限。

为了方便计算二重积分,将步骤总结如下:

第一步:画出积分区域 D 的图形;

第二步:确定二次积分的积分顺序;

第三步:用如下口诀确定二次积分的积分范围:

① 后积先定限;② 限内画条线;③ 先交下限写;④ 后交上限见。

注意　① 先确定后积变量的上下限,它们一定是常数。

② 在确定的上下限内画直线，后积 x，直线平行于 y 轴；后积 y，直线平行于 x 轴。

③ 画的直线与 D 的边界相交，先交的边界当下限，后交的边界当上限。

④ 先积变量的上下限要么是常数，要么是含有后积变量的函数。

第四步：计算出二次积分，得结果。

例 1　计算二重积分 $I=\iint\limits_D xe^y\mathrm{d}x\mathrm{d}y$，其中 D：$0\leqslant x\leqslant 2$，$-1\leqslant y\leqslant 0$。

解　画出积分区域 D(矩形区域)；先积 x，后积 y；用平行于 x 轴的直线穿过 D（见图 8.11）；

$$I=\int_{-1}^{0}\mathrm{d}y\int_{0}^{2}xe^y\mathrm{d}x=\int_{-1}^{0}e^y\left(\frac{x^2}{2}\right)\Bigg|_0^2\mathrm{d}y=2\int_{-1}^{0}e^y\mathrm{d}y=2\,e^y\,|_{-1}^{0}=2(1-e^{-1})。$$

此题也可以先积 y，后积 x；用平行于 y 轴的直线穿过 D（见图 8.12），则有

$$I=\int_0^2\mathrm{d}x\int_{-1}^{0}xe^y\mathrm{d}y=\int_0^2 x\,(e^y)\,|_{-1}^{0}\mathrm{d}x=(1-e^{-1})\int_0^2 x\mathrm{d}x=2(1-e^{-1})。$$

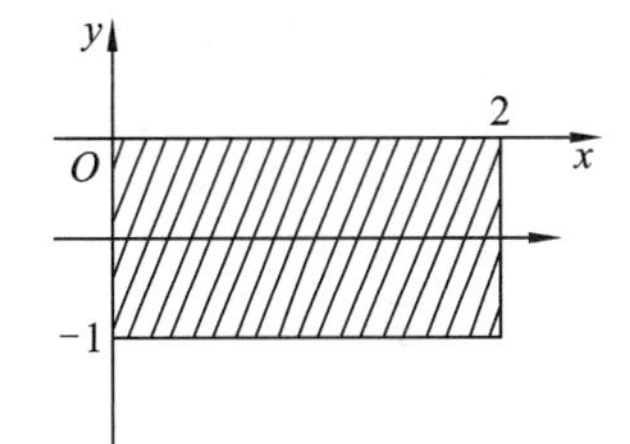

图 8.11

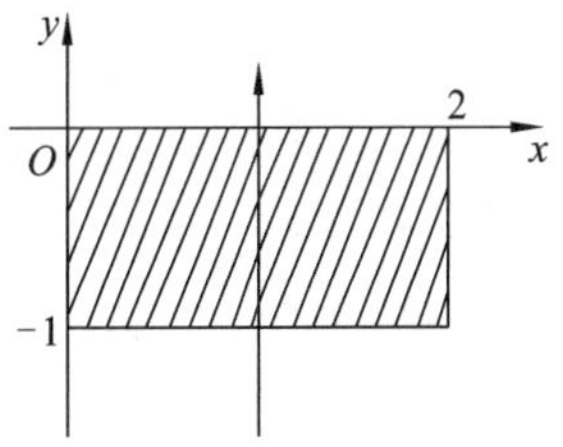

图 8.12

例 2　计算 $\iint\limits_D xy\,\mathrm{d}\sigma$，其中 D 是由直线 $y=x$ 与曲线 $y=\sqrt{x}$ 围成的闭区域。

解　画出积分区域 D；先积 y，后积 x；用平行于 y 轴的直线穿过 D（见图 8.13），则有

$$\iint\limits_D xy\,\mathrm{d}\sigma=\int_0^1\mathrm{d}x\int_x^{\sqrt{x}}xy\,\mathrm{d}y=\int_0^1 x\left(\frac{y^2}{2}\right)\Bigg|_x^{\sqrt{x}}\mathrm{d}x=\frac{1}{2}\int_0^1 x(x-x^2)\mathrm{d}x=\frac{1}{24}。$$

此题也可以先积 x，后积 y；用平行于 x 轴的直线穿过 D（见图 8.14），则有

$$\iint\limits_D xy\,\mathrm{d}\sigma=\int_0^1\mathrm{d}y\int_{y^2}^{y}xy\,\mathrm{d}x=\int_0^1 y\left(\frac{x^2}{2}\right)\Bigg|_{y^2}^{y}\mathrm{d}y=\frac{1}{2}\int_0^1 y(y^2-y^4)\mathrm{d}y=\frac{1}{24}。$$

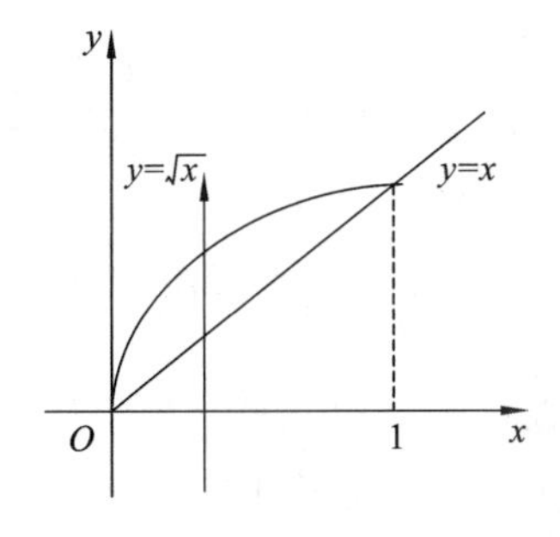

图 8.13

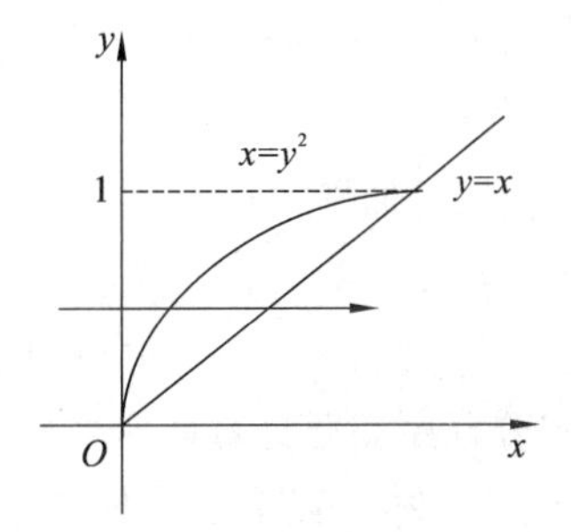

图 8.14

例 3 计算$\iint\limits_{D} y\sqrt{1+x^2-y^2}\,\mathrm{d}\sigma$,其中 D 是由直线 $y=1, x=-1, y=x$ 所围成。

解 画出积分区域 D;先积 y,后积 x;用平行于 y 轴的直线穿过 D(见图 8.15),则有

$$\iint\limits_{D} y\sqrt{1+x^2-y^2}\,\mathrm{d}\sigma = \int_{-1}^{1}\mathrm{d}x\int_{x}^{1} y\sqrt{1+x^2-y^2}\,\mathrm{d}y = -\frac{1}{3}\int_{-1}^{1}(1+x^2-y^2)^{\frac{3}{2}}\Big|_{x}^{1}\mathrm{d}x$$

$$= -\frac{1}{3}\int_{-1}^{1}(|x|^3-1)\,\mathrm{d}x = \frac{1}{2}。$$

如果先积 x,后积 y;用平行于 x 轴的直线穿过 D(见图 8.16),则有

$$\iint\limits_{D} y\sqrt{1+x^2-y^2}\,\mathrm{d}\sigma = \int_{-1}^{1}\mathrm{d}y\int_{-1}^{y} y\sqrt{1+x^2-y^2}\,\mathrm{d}x。$$

其中关于 x 的积分计算较麻烦。

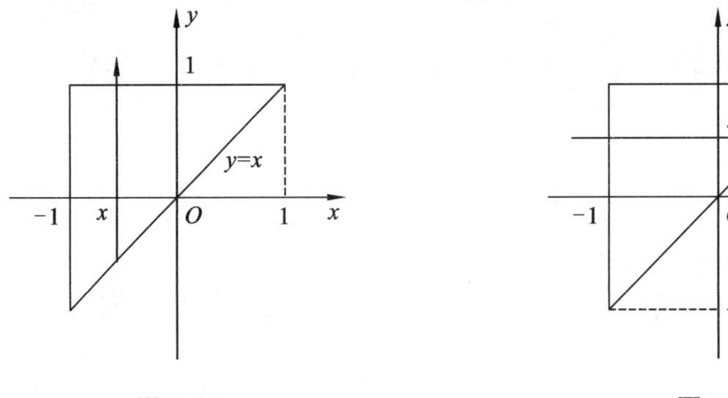

图 8.15 **图 8.16**

例 4 计算 $I=\iint\limits_{D} xy\,\mathrm{d}\sigma$,其中 D 由抛物线 $y^2=x$ 及直线 $y=x-2$ 围成。

解 画出积分区域 D;先积 x,后积 y;用平行于 x 轴的直线穿过 D(见图 8.17);则有

$$I=\int_{-1}^{2}\mathrm{d}y\int_{y^2}^{y+2} xy\,\mathrm{d}x = \int_{-1}^{2} y\left(\frac{1}{2}x^2\Big|_{y^2}^{y+2}\right)\mathrm{d}y = \int_{-1}^{2}\frac{1}{2}[y(y+2)^2-y^5]\,\mathrm{d}y$$

$$=\frac{1}{2}\left(\frac{1}{4}y^4+\frac{4}{3}y^3+2y^2-\frac{1}{6}y^6\right)\Big|_{-1}^{2}=\frac{45}{8}。$$

此题如果先积 y,后积 x;用平行于 y 轴的直线穿过 D,由于在区间$[0,1]$与$[1,4]$上,直线与 D 相交的边界不同,所以要用经过交点$(1,-1)$且平行于 y 轴的直线 $x=1$ 需将 D 分成 D_1 和 D_2 两部分,如图 8.18 所示,其中

$$D_1: 0\leqslant x\leqslant 1, -\sqrt{x}\leqslant y\leqslant\sqrt{x}, \quad D_2: 1\leqslant x\leqslant 4, x-2\leqslant y\leqslant\sqrt{x}。$$

根据积分区域的可加性,有

$$I=\iint\limits_{D_1} xy\,\mathrm{d}\sigma+\iint\limits_{D_2} xy\,\mathrm{d}\sigma=\int_{0}^{1}\mathrm{d}x\int_{-\sqrt{x}}^{\sqrt{x}} xy\,\mathrm{d}y+\int_{1}^{4}\mathrm{d}x\int_{x-2}^{\sqrt{x}} xy\,\mathrm{d}y。$$

这种积分顺序需要计算两个二次积分,比较麻烦。

上面两个例子说明,在将二重积分转化为二次积分时,为了计算方便,需要选择恰当的积分顺序。积分区域 D 的形状和被积函数 $f(x,y)$ 的特性都是选择积分顺序的重要依据。

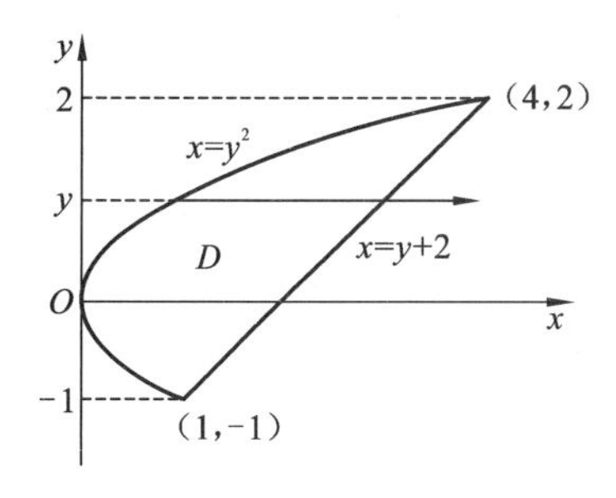

图 8.17

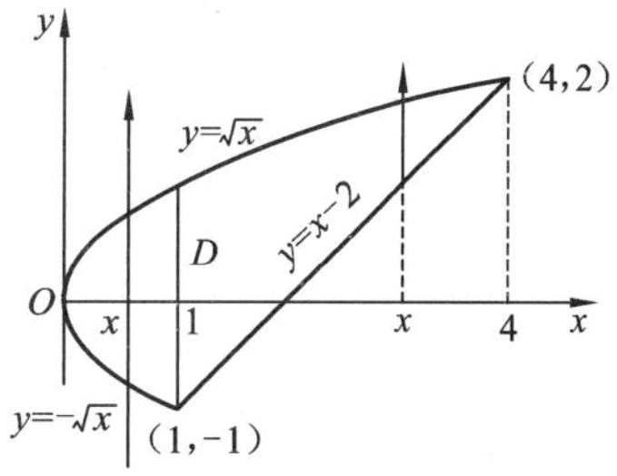

图 8.18

例 5　改变下列积分的积分次序。

(1)$\int_0^1 \mathrm{d}x\int_0^x f(x,y)\mathrm{d}y$；　　(2)$\int_0^1 \mathrm{d}x\int_x^{2-x} f(x,y)\mathrm{d}y$。

解　(1) 根据题目给的二次积分的上下限，可得

$$D=\{(x,y)\,|\,0\leqslant x\leqslant 1,0\leqslant y\leqslant x\},$$

首先画出积分区域 D，如图 8.19 所示，积分次序现需改为先对 x 后对 y，将区域 D 看作 Y 型区域

$$D=\{(x,y)\,|\,y\leqslant x\leqslant 1,0\leqslant y\leqslant 1\},$$

故
$$\int_0^1 \mathrm{d}x\int_o^x f(x,y)\mathrm{d}y=\int_0^1 \mathrm{d}y\int_y^1 f(x,y)\mathrm{d}x。$$

(2) 先画出积分区域 D，如图 8.20 所示，

$$D=\{(x,y)\,|\,0\leqslant x\leqslant 1,x\leqslant y\leqslant 2-x\},$$

现需将积分次序变为先对 x 后对 y。为此，用直线 $y=1$ 将 D 分成 D_1 和 D_2 两部分。

$D_1=\{(x,y)\,|\,0\leqslant x\leqslant y,0\leqslant y\leqslant 1\}$，　$D_2=\{(x,y)\,|\,0\leqslant x\leqslant 2-y,1\leqslant y\leqslant 2\}$，

故
$$\int_0^1 \mathrm{d}x\int_x^{2-x} f(x,y)\mathrm{d}y=\int_0^1 \mathrm{d}y\int_0^y f(x,y)\mathrm{d}x+\int_1^2 \mathrm{d}y\int_0^{2-y} f(x,y)\mathrm{d}x。$$

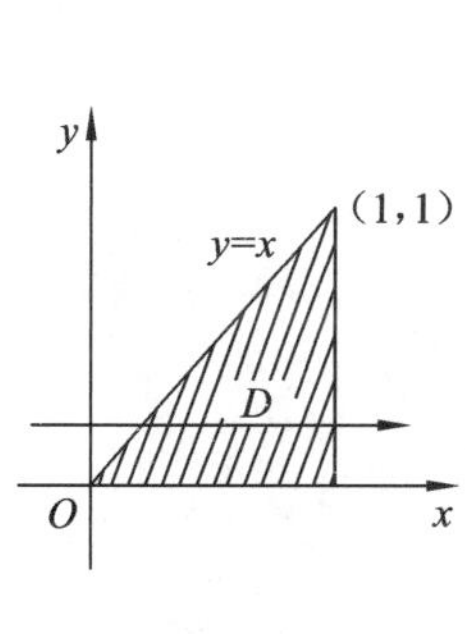

图 8.19

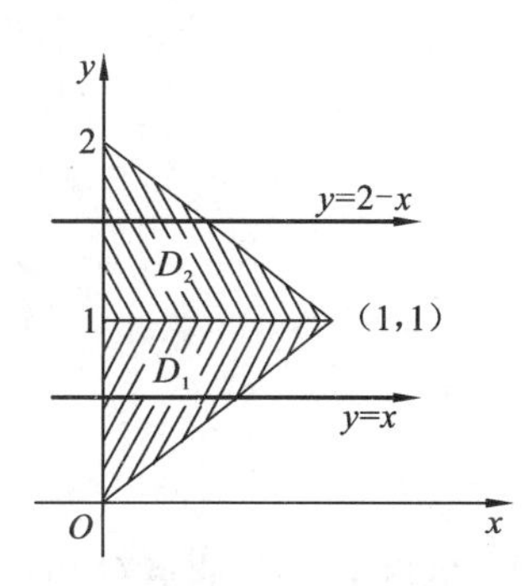

图 8.20

在定积分中，如果积分区间为对称区间$[-a,a]$，当被积函数 $f(x)$ 是奇函数时，$\int_{-a}^a f(x)\mathrm{d}x=0$；当被积函数 $f(x)$ 为偶函数时，$\int_{-a}^a f(x)\mathrm{d}x=2\int_0^a f(x)\mathrm{d}x$。在二重积分中，

也可以利用被积函数的奇偶性结合积分区域的对称性来化简计算。

1. 当积分区域 D 关于 y 轴对称时(见图 8.21)

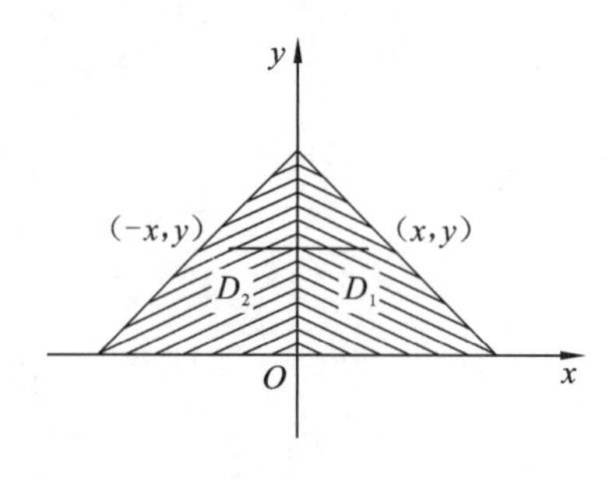

图 8.21

(1) 若被积函数 $f(x,y)$ 关于 x 是奇函数,即对任何 y 有 $f(-x,y)=-f(x,y)$,则

$$\iint_D f(x,y)\mathrm{d}\sigma=0;$$

(2) 若被积函数 $f(x,y)$ 关于 x 是偶函数,即对任何 y 有 $f(-x,y)=f(x,y)$,则

$$\iint_D f(x,y)\mathrm{d}\sigma=2\iint_{D_1} f(x,y)\mathrm{d}\sigma=2\iint_{D_2} f(x,y)\mathrm{d}\sigma。$$

2. 当积分区域 D 关于 x 轴对称时(见图 8.22)

(1) 若被积函数 $f(x,y)$ 关于 y 是奇函数,即对任何 x 有 $f(x,-y)=-f(x,y)$,则

$$\iint_D f(x,y)\mathrm{d}\sigma=0;$$

(2) 若被积函数 $f(x,y)$ 关于 y 是偶函数,即对任何 x 有 $f(x,-y)=f(x,y)$,则

$$\iint_D f(x,y)\mathrm{d}\sigma=2\iint_{D_1} f(x,y)\mathrm{d}\sigma=2\iint_{D_2} f(x,y)\mathrm{d}\sigma。$$

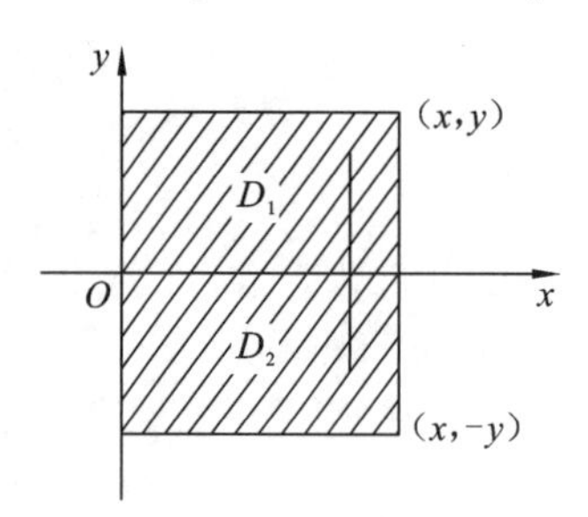

图 8.22

3. 当积分区域 D 关于原点 O 对称时(见图 8.23)

(1) 若被积函数 $f(x,y)$ 关于 x、y 是奇函数,即 $f(-x,-y)=-f(x,y)$,则

$$\iint_D f(x,y)\mathrm{d}\sigma=0;$$

(2) 若被积函数 $f(x,y)$ 关于 x、y 是偶函数,即 $f(-x,-y)=f(x,y)$,则

$$\iint_D f(x,y)\mathrm{d}\sigma = 2\iint_{D_1} f(x,y)\mathrm{d}\sigma = 2\iint_{D_2} f(x,y)\mathrm{d}\sigma。$$

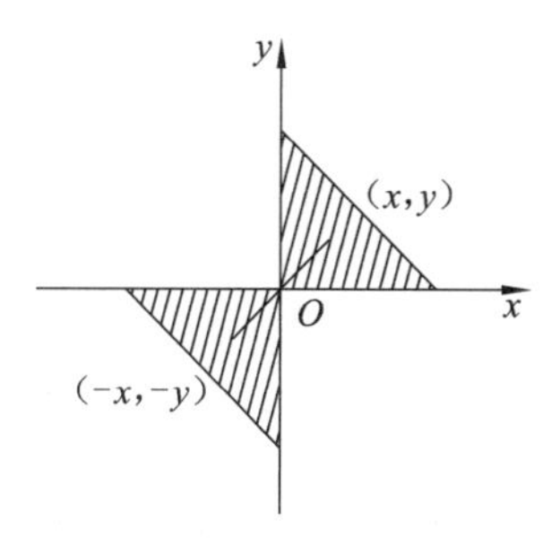

图 8.23

例 6　计算 $I=\iint_D (|x|+|y|)\mathrm{d}x\mathrm{d}y$，其中 D：$|x|+|y|\leqslant 1$。

解　积分区域 D 如图 8.24 所示，设 D_1 为 D 在第一象限的部分，利用二重积分的对称奇偶性，有

$$\begin{aligned} I &= 4\iint_{D_1}(|x|+|y|)\mathrm{d}x\mathrm{d}y = 4\iint_{D_1}(x+y)\mathrm{d}x\mathrm{d}y \\ &= 4\int_0^1 \mathrm{d}x\int_0^{1-x}(x+y)\mathrm{d}y = 4\int_0^1\left(xy+\frac{y^2}{2}\right)\Big|_0^{1-x}\mathrm{d}x \\ &= 4\int_0^1\left[x-x^2+\frac{1}{2}(1-x)^2\right]\mathrm{d}x = \frac{4}{3}。\end{aligned}$$

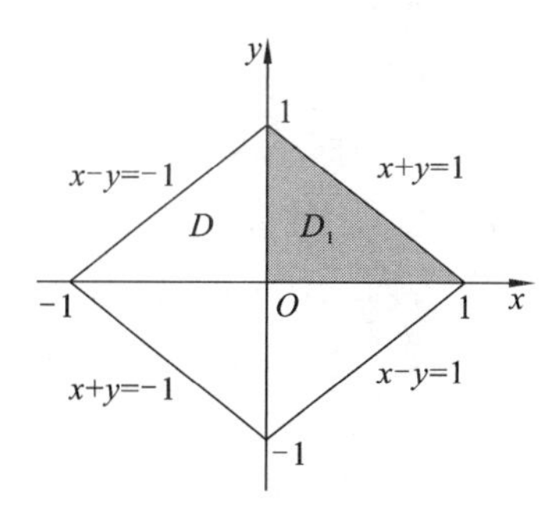

图 8.24

二、二重积分在极坐标系下的计算

当积分区域 D 为扇形、圆形、环形或者是这类图形的某一部分时，区域 D 的边界曲线方程用极坐标表示比较方便，而且某些被积函数用极坐标表示也比较简单，这时可用极坐标来计算二重积分。

取极点 O 为直角坐标系的原点，极轴为 x 轴，则直角坐标与极坐标之间的变换公式为

$$\begin{cases} x=\rho\cos\theta, \\ y=\rho\sin\theta, \end{cases}$$

由此可将被积函数转化为极坐标形式：

$$f(x,y)=f(\rho\cos\theta,\rho\sin\theta)。$$

下面来求极坐标系下的面积元素 $d\sigma$。

设从极点出发的射线穿过积分区域 D 的内部时，与 D 的边界相交不多于两点。用以极点为圆心的一簇同心圆 $\rho=$ 常数，和从极点出发的一簇射线 $\theta=$ 常数，将区域 D 分为 n 个小闭区域(见图 8.25)。

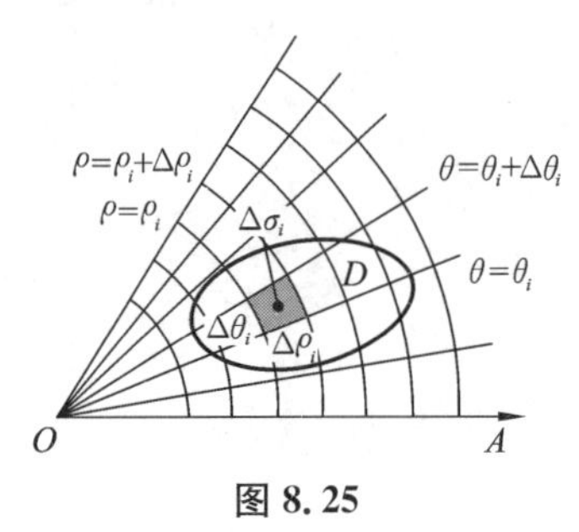

图 8.25

每个小闭区域的面积 $\Delta\sigma_i$ 近似等于以 $\rho_i\Delta\theta_i$ 为长、以 $\Delta\rho_i$ 为宽的矩形面积，即 $\Delta\sigma_i\approx\rho_i\Delta\theta_i\cdot\Delta\rho_i$。因而，面积元素可取为 $d\sigma=\rho d\rho d\theta$，于是二重积分的极坐标形式为

$$\iint_D f(x,y)d\sigma=\iint_D f(\rho\cos\theta,\rho\sin\theta)\rho d\rho d\theta。\tag{8.3}$$

公式(8.3)表明，要把二重积分中的变量从直角坐标变换为极坐标，只要把被积函数中的 x，y 换成 $\rho\cos\theta$，$\rho\sin\theta$，并把直角坐标系中的面积元素 $dxdy$ 换成极坐标系中的面积元素 $\rho d\rho d\theta$。

一般地，当被积函数的表达式中出现 x^2+y^2，或积分区域是圆或与圆相关(扇形、环形)的区域时，就考虑使用极坐标下的二重积分，方便计算。同样，极坐标系下的二重积分也可以用直角坐标系下计算二重积分的步骤，化为二次积分再计算。但需要注意的是，极坐标下的二重积分，一般先积 ρ，后积 θ，画的直线要从极点出发，穿过积分区域 D 与边界相交。按照积分区域的不同，一般分下列三种情形。

1. 极点 O 在区域 D 外

设积分区域 D 可用不等式

$$\varphi_1(\theta)\leqslant\rho\leqslant\varphi_2(\theta),\quad \alpha\leqslant\theta\leqslant\beta$$

表示(见图 8.26)，其中 $\varphi_1(\theta)$，$\varphi_2(\theta)$ 在区间 $[\alpha,\beta]$ 上连续，则有

$$\iint_D f(\rho\cos\theta,\rho\sin\theta)\rho d\rho d\theta=\int_\alpha^\beta d\theta\int_{\varphi_1(\theta)}^{\varphi_2(\theta)}f(\rho\cos\theta,\rho\sin\theta)\rho d\rho。\tag{8.4}$$

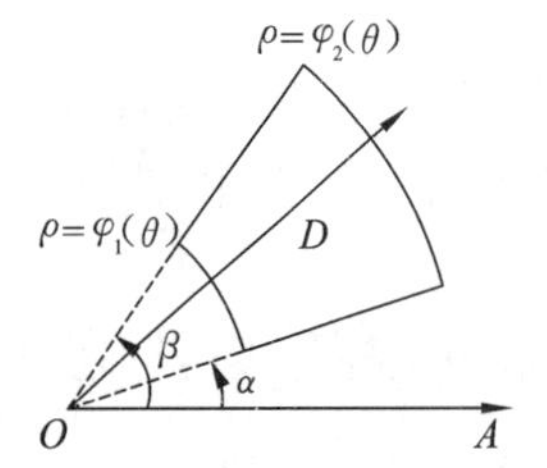

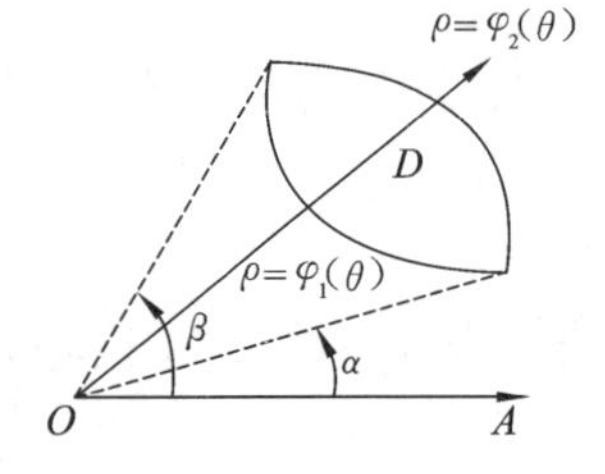

图 8.26

2. 极点 O 在区域 D 内

设区域 D 的边界曲线方程为 $\rho=\varphi(\theta)$，如图 8.27 所示。此时，D 可用不等式

$$0\leqslant\rho\leqslant\varphi(\theta),\quad 0\leqslant\theta\leqslant 2\pi$$

表示，则有

$$\iint_D f(\rho\cos\theta,\rho\sin\theta)\rho\,\mathrm{d}\rho\,\mathrm{d}\theta=\int_0^{2\pi}\mathrm{d}\theta\int_0^{\varphi(\theta)}f(\rho\cos\theta,\rho\sin\theta)\rho\,\mathrm{d}\rho。\tag{8.5}$$

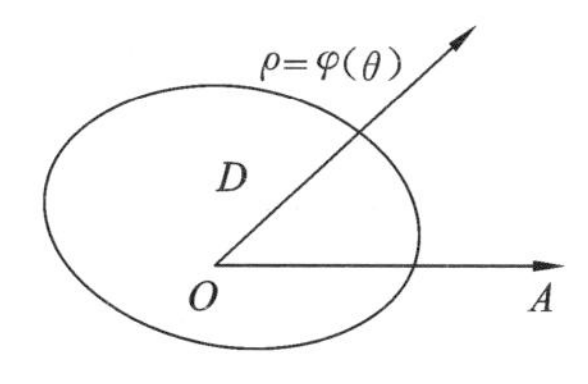

图 8.27

3. 极点 O 在区域 D 的边界上

设区域 D 是如图 8.28 所示的曲边扇形，D 可用不等式

$$0\leqslant\rho\leqslant\varphi(\theta),\quad \alpha\leqslant\theta\leqslant\beta$$

表示，则有

$$\iint_D f(\rho\cos\theta,\rho\sin\theta)\rho\,\mathrm{d}\rho\,\mathrm{d}\theta=\int_\alpha^{\beta}\mathrm{d}\theta\int_0^{\varphi(\theta)}f(\rho\cos\theta,\rho\sin\theta)\rho\,\mathrm{d}\rho。\tag{8.6}$$

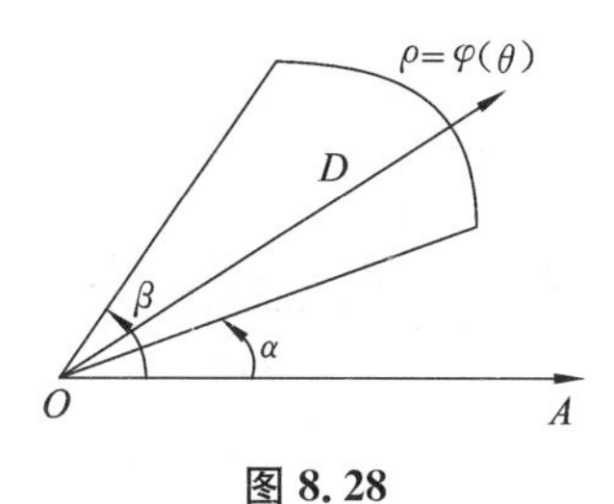

图 8.28

由二重积分的性质知，闭区域 D 的面积 σ 可以表示为

$$\sigma=\iint_D\mathrm{d}\sigma。$$

在极坐标系中，面积元素 $\mathrm{d}\sigma=\rho\,\mathrm{d}\rho\,\mathrm{d}\theta$，上式成为

$$\sigma=\iint_D\rho\,\mathrm{d}\rho\,\mathrm{d}\theta。$$

例 7　计算 $I=\iint_D x\,\mathrm{d}\sigma$，其中 D 为 $4\leqslant x^2+y^2\leqslant 9$ 在第一象限的部分。

解　积分区域 D，画直线从极点出发，穿过积分区域 D 与边界相交（见图 8.29），设 $x=\rho\cos\theta,y=\rho\sin\theta$，则 D 可表示为

$$2\leqslant\rho\leqslant 3,\quad 0\leqslant\theta\leqslant\frac{\pi}{2},$$

从而有

$$I=\iint\limits_{D} x\mathrm{d}\sigma=\iint\limits_{D}\rho\cos\theta\cdot\rho\mathrm{d}\rho\mathrm{d}\theta=\int_{0}^{\frac{\pi}{2}}\cos\theta\mathrm{d}\theta\int_{2}^{3}\rho^{2}\mathrm{d}\rho$$

$$=\left[(\sin\theta)\Big|_{0}^{\frac{\pi}{2}}\right]\cdot\left[\frac{1}{3}\rho^{3}\Big|_{2}^{3}\right]=\frac{19}{3}。$$

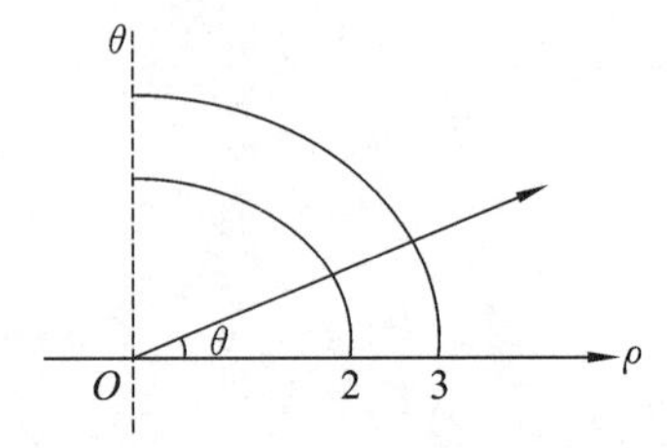

图 8.29

例 8　计算二重积分 $I=\iint\limits_{D}\sqrt{x^{2}+y^{2}}\mathrm{d}x\mathrm{d}y$,其中 $D=\{(x,y)\mid x^{2}+y^{2}\leqslant 1\}$。

解　画出积分区域 D,先积 ρ,后积 θ;画直线从极点出发,穿过积分区域 D 与边界相交(见图 8.30),则 D 可表示为

$$0\leqslant\rho\leqslant 1,\quad 0\leqslant\theta\leqslant 2\pi,$$

所以

$$\iint\limits_{D}\sqrt{x^{2}+y^{2}}\mathrm{d}x\mathrm{d}y=\int_{0}^{2\pi}\mathrm{d}\theta\int_{0}^{1}\rho\cdot\rho\mathrm{d}\rho=\frac{2\pi}{3}。$$

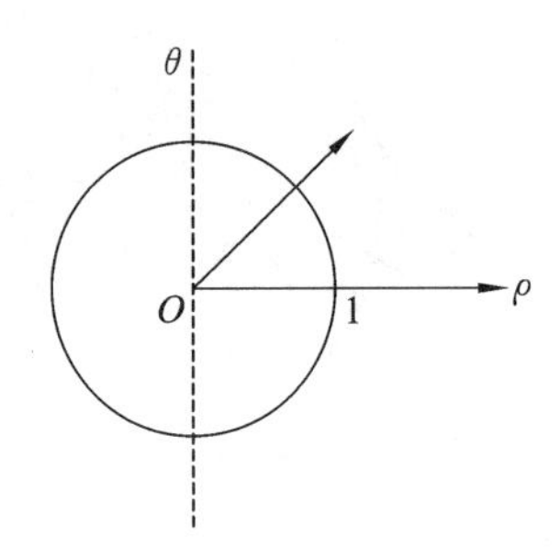

图 8.30

例 9　(1) 计算 $\iint\limits_{D}\mathrm{e}^{-x^{2}-y^{2}}\mathrm{d}x\mathrm{d}y$,其中 D 为圆域 $x^{2}+y^{2}\leqslant R^{2}$ 在第一象限的部分;

(2) 计算广义积分 $\int_{0}^{+\infty}\mathrm{e}^{-x^{2}}\mathrm{d}x$。

解　(1) 积分区域 D 如图 8.31 所示,设 $x=\rho\cos\theta, y=\rho\sin\theta$,则 D 可表示为

$$0\leqslant\rho\leqslant R,\quad 0\leqslant\theta\leqslant\frac{\pi}{2},$$

故

$$I=\iint\limits_{D}\mathrm{e}^{-x^{2}-y^{2}}\mathrm{d}x\mathrm{d}y=\iint\limits_{D}\mathrm{e}^{-\rho^{2}}\cdot\rho\mathrm{d}\rho\mathrm{d}\theta=\int_{0}^{\frac{\pi}{2}}\mathrm{d}\theta\int_{0}^{R}\rho\mathrm{e}^{-\rho^{2}}\mathrm{d}\rho$$

$$=\left(\int_{0}^{\frac{\pi}{2}}\mathrm{d}\theta\right)\cdot\left(\int_{0}^{R}\rho\mathrm{e}^{-\rho^{2}}\mathrm{d}\rho\right)=\frac{\pi}{2}\cdot\frac{1}{2}(1-\mathrm{e}^{-R^{2}})=\frac{\pi}{4}(1-\mathrm{e}^{-R^{2}})。$$

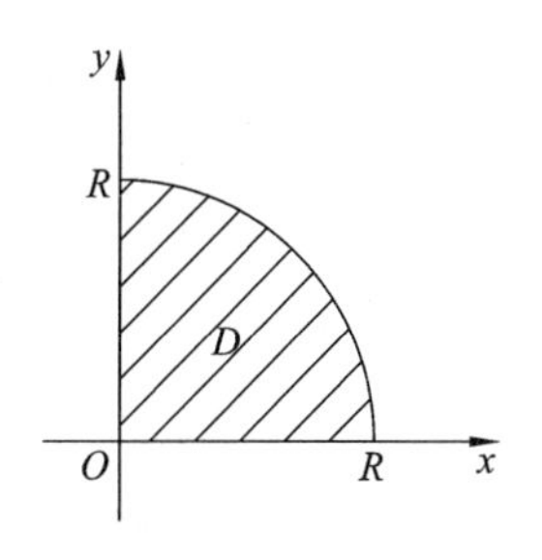

图 8.31

(2) 由于$\int e^{-x^2}dx$不能用初等函数表示，因此$\int_0^{+\infty}e^{-x^2}dx$用直角坐标算不出来。可以利用(1)的结果进行计算。

设

$$D_1=\{(x,y)\mid x^2+y^2\leqslant R^2,x\geqslant 0,y\geqslant 0\},$$
$$D_2=\{(x,y)\mid x^2+y^2\leqslant 2R^2,x\geqslant 0,y\geqslant 0\},$$
$$S=\{(x,y)\mid 0\leqslant x\leqslant R,0\leqslant y\leqslant R\},$$

显然$D_1\subset S\subset D_2$(见图 8.32)。

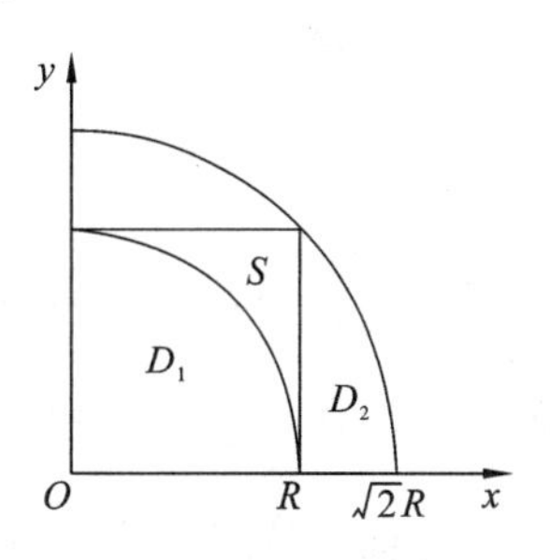

图 8.32

由于$e^{-x^2-y^2}>0$，所以有

$$\iint_{D_1}e^{-x^2-y^2}dxdy<\iint_S e^{-x^2-y^2}dxdy<\iint_{D_2}e^{-x^2-y^2}dxdy,$$

而
$$\iint_S e^{-x^2-y^2}dxdy=\int_0^R e^{-x^2}dx\cdot\int_0^R e^{-y^2}dy=\left(\int_0^R e^{-x^2}dx\right)^2,$$

由(1)知
$$\iint_{D_1}e^{-x^2-y^2}dxdy=\frac{\pi}{4}(1-e^{-R^2});\iint_{D_2}e^{-x^2-y^2}dxdy=\frac{\pi}{4}(1-e^{-2R^2}),$$

从而
$$\frac{\pi}{4}(1-e^{-R^2})<\left(\int_0^R e^{-x^2}dx\right)^2<\frac{\pi}{4}(1-e^{-2R^2}),$$

令$R\to+\infty$，则有

$$\int_0^{+\infty}e^{-x^2}dx=\frac{\sqrt{\pi}}{2}。$$

例 10　求球体$x^2+y^2+z^2\leqslant 4a^2$被圆柱面$x^2+y^2=2ax(a>0)$所截得的(含在圆柱面的内部)立体的体积(见图 8.33)。

解　由对称性，有

$$V=4\iint\limits_{D}\sqrt{4a^2-x^2-y^2}\,\mathrm{d}x\mathrm{d}y,$$

其中,D 可表示为

$$0\leqslant\rho\leqslant 2a\cos\theta,0\leqslant\theta\leqslant\frac{\pi}{2},$$

于是

$$V=4V=4\iint\limits_{D}\sqrt{4a^2-\rho^2}\rho\,\mathrm{d}\rho\mathrm{d}\theta=4\int_0^{\frac{\pi}{2}}\mathrm{d}\theta\int_0^{2a\cos\theta}\sqrt{4a^2-\rho^2}\rho\,\mathrm{d}\rho$$

$$=\frac{32}{3}a^3\int_0^{\frac{\pi}{2}}(1-\sin^3\theta)\mathrm{d}\theta=\frac{32}{3}a^3\left(\frac{\pi}{2}-\frac{2}{3}\right)。$$

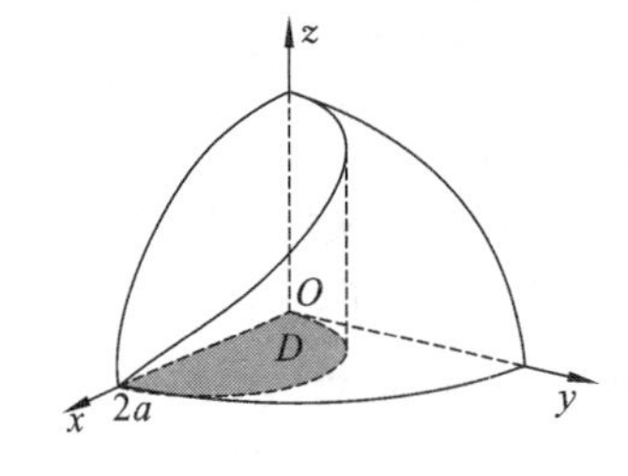

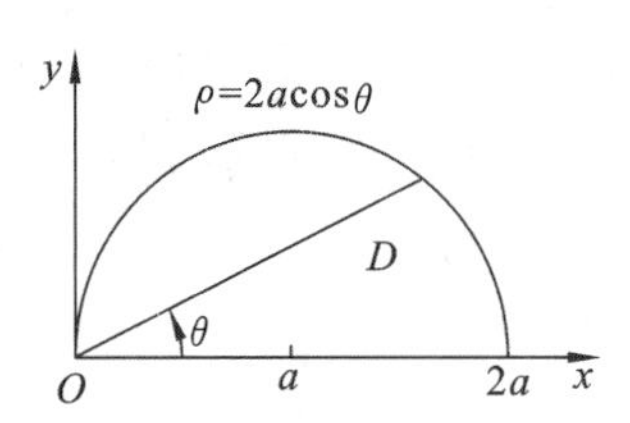

图 8.33

三、二重积分的换元法

在二重积分的计算中,除了变换为极坐标外,对一般的换元法有下列定理。

定理 8.1 设函数 $f(x,y)$ 在闭区域 D 上连续,变换 T:$\begin{cases}x=x(u,v),\\ y=y(u,v)\end{cases}$ 将 uOv 坐标面上的闭区域 D' 一对一地变换到 xOy 坐标面上的闭区域 D(见图 8.34),而函数 $x(u,v)$,$y(u,v)$ 在 D' 上具有一阶连续偏导数,且在 D' 上雅可比行列式

$$J(u,v)=\frac{\partial(x,y)}{\partial(u,v)}=\begin{vmatrix}\frac{\partial x}{\partial u} & \frac{\partial x}{\partial v}\\ \frac{\partial y}{\partial u} & \frac{\partial y}{\partial v}\end{vmatrix}\neq 0,$$

则

$$\iint\limits_{D}f(x,y)\mathrm{d}x\mathrm{d}y=\iint\limits_{D'}f(x(u,v),y(u,v))\,|J(u,v)|\,\mathrm{d}u\mathrm{d}v。\tag{8.7}$$

证明从略。

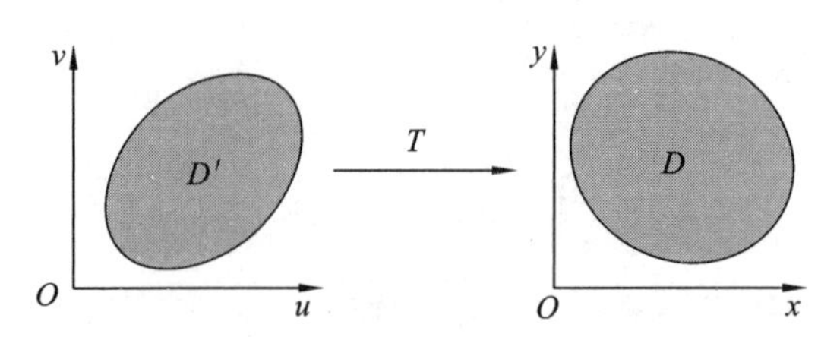

图 8.34

注意　如果雅可比行列式 J 只在 D' 上个别点或一条曲线上为零，而在其他点不为零，那么换元公式(8.7)仍成立。

作极坐标变换 $x=\rho\cos\theta, y=\rho\sin\theta$，此时

$$J=\frac{\partial(x,y)}{\partial(\rho,\theta)}=\begin{vmatrix}\cos\theta & -\rho\sin\theta \\ \sin\theta & \rho\cos\theta\end{vmatrix}=\rho,$$

故

$$\iint_D f(x,y)\mathrm{d}\sigma=\iint_{D'} f(\rho\cos\theta,\rho\sin\theta)\rho\,\mathrm{d}\rho\,\mathrm{d}\theta。$$

例 11　计算 $\iint_D \mathrm{e}^{\frac{y-x}{y+x}}\mathrm{d}x\mathrm{d}y$，其中 D 是由 x 轴、y 轴与直线 $x+y=2$ 围成的闭区域。

解　令 $u=y-x, v=y+x$，则 $x=\dfrac{v-u}{2}, y=\dfrac{v+u}{2}$。

作变换 $x=\dfrac{v-u}{2}, y=\dfrac{v+u}{2}$，则 xOy 坐标面上的闭区域 D 对应于 uOv 坐标面上的闭区域 D'，如图 8.35 所示。

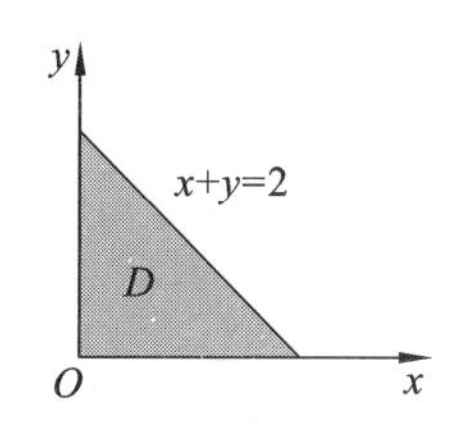

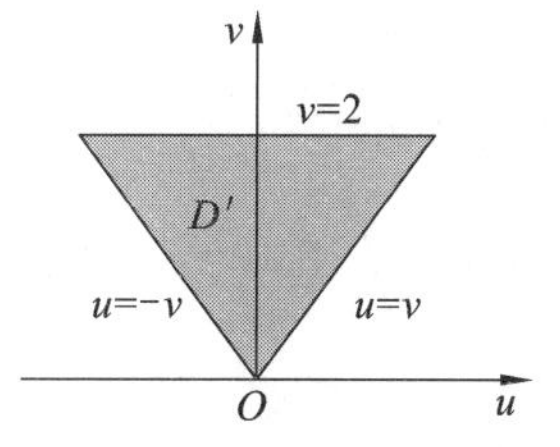

图 8.35

雅可比行列式

$$J=\frac{\partial(x,y)}{\partial(\rho,\theta)}=\begin{vmatrix}-\frac{1}{2} & \frac{1}{2} \\ \frac{1}{2} & \frac{1}{2}\end{vmatrix}=-\frac{1}{2},$$

利用公式(8.7)，得

$$\iint_D \mathrm{e}^{\frac{y-x}{y+x}}\mathrm{d}x\mathrm{d}y=\iint_{D'} \mathrm{e}^{\frac{u}{v}}\left|-\frac{1}{2}\right|\mathrm{d}u\mathrm{d}v=\frac{1}{2}\int_0^2\mathrm{d}v\int_{-v}^{v}\mathrm{e}^{\frac{u}{v}}\mathrm{d}u=\frac{1}{2}\int_0^2(\mathrm{e}-\mathrm{e}^{-1})v\mathrm{d}v=\mathrm{e}-\mathrm{e}^{-1}。$$

例 12　试计算椭球体 $\dfrac{x^2}{a^2}+\dfrac{y^2}{b^2}+\dfrac{z^2}{c^2}\leqslant 1$ 的体积 V。

解　取 $D:\dfrac{x^2}{a^2}+\dfrac{y^2}{b^2}\leqslant 1$，由对称性得

$$V=2\iint_D z\mathrm{d}x\mathrm{d}y=2c\iint_D\sqrt{1-\frac{x^2}{a^2}-\frac{y^2}{b^2}}\mathrm{d}x\mathrm{d}y,$$

作广义极坐标变换 $x=a\rho\cos\theta, y=b\rho\sin\theta$，则 D 变换到 D'：$r\leqslant 1, 0\leqslant\theta\leqslant 2\pi$，且雅可比行列式

$$J=\frac{\partial(x,y)}{\partial(\rho,\theta)}=\begin{vmatrix}a\cos\theta & -a\rho\sin\theta \\ b\sin\theta & b\rho\cos\theta\end{vmatrix}=ab\rho,$$

于是

$$V=2c\iint\limits_{D}\sqrt{1-r^2}abr\,\mathrm{d}r\,\mathrm{d}\theta=2abc\int_0^{2\pi}\mathrm{d}\theta\int_0^1\sqrt{1-r^2}r\,\mathrm{d}r=\frac{4}{3}\pi abc。$$

习题 8.2(A)

1. 在直角坐标系下计算下列二重积分。

(1) $I=\iint\limits_{D}\frac{x^2}{y^2}\mathrm{d}\sigma$，其中 D 是由直线 $x=2, y=x$ 和双曲线 $xy=1$ 围成；

(2) $I=\iint\limits_{D}x\cos(x+y)\mathrm{d}x\mathrm{d}y$，其中 D 是顶点分别为 $(0,0)$，$(\pi,0)$，(π,π) 的三角形区域；

(3) $I=\iint\limits_{D}xy\mathrm{d}x\mathrm{d}y$，其中 D 是由直线 $y=-x$ 及曲线 $y=\sqrt{1-x^2}$，$y=\sqrt{x-x^2}$ 所围成；

(4) $I=\iint\limits_{D}\mathrm{e}^{x^2}\mathrm{d}x\mathrm{d}y$，其中 D 是由曲线 $y=x^3$ 与直线 $y=x$ 在第一象限内围成的闭区域；

(5) $I=\iint\limits_{D}\sin\frac{\pi x}{2y}\mathrm{d}\sigma$，其中 D 是由曲线 $y=\sqrt{x}$ 和直线 $y=x, y=2$ 所围成；

(6) $I=\iint\limits_{D}\frac{\sin x}{x}\mathrm{d}x\mathrm{d}y$，其中 D 由直线 $y=x, y=0, x=\pi$ 围成。

2. 在极坐标系下计算二重积分。

(1) $I=\iint\limits_{D}\frac{x+y}{x^2+y^2}\mathrm{d}x\mathrm{d}y$，其中 D：　$x^2+y^2\leqslant 1, x+y\geqslant 1$；

(2) $I=\iint\limits_{D}\sin\sqrt{x^2+y^2}\mathrm{d}x\mathrm{d}y$，其中 D：$\pi^2\leqslant x^2+y^2\leqslant 4\pi^2$；

(3) $I=\iint\limits_{D}\sqrt{x^2+y^2}\mathrm{d}x\mathrm{d}y$，其中 $D=\left\{(x,y)\,\middle|\,x^2+y^2\leqslant y, y\leqslant x\right\}$；

(4) $I=\iint\limits_{D}\left(\frac{x^2}{a^2}+\frac{y^2}{b^2}\right)\mathrm{d}x\mathrm{d}y$，其中 D 为圆域 $x^2+y^2\leqslant R^2$；

(5) $I=\iint\limits_{D}x(y+1)\mathrm{d}x\mathrm{d}y$，其中 D 为 $x^2+y^2\geqslant 1, x^2+y^2\leqslant 2x$。

3. 改变下列二次积分的次序。

(1) $I=\int_0^1\mathrm{d}y\int_y^{\sqrt{y}}f(x,y)\mathrm{d}x$；　　(2) $I=\int_1^{\mathrm{e}}\mathrm{d}x\int_0^{\ln x}f(x,y)\mathrm{d}y$；

(3) $I=\int_{-1}^1\mathrm{d}x\int_{-\sqrt{1-x^2}}^{1-x^2}f(x,y)\mathrm{d}y$；　　(4) $I=\int_0^2\mathrm{d}x\int_{-\sqrt{1-(x-1)^2}}^{0}f(x,y)\mathrm{d}y$。

4. 把下列积分化成极坐标系形式，并计算积分值。

(1) $\int_0^a\mathrm{d}x\int_0^x\sqrt{x^2+y^2}\mathrm{d}y$；　　(2) $\int_0^a\mathrm{d}y\int_0^{\sqrt{a^2-y^2}}(x^2+y^2)\mathrm{d}x$；

(3) $\int_{-1}^1\mathrm{d}x\int_0^{\sqrt{1-x^2}}\mathrm{e}^{-x^2-y^2}\mathrm{d}y$；　　(4) $\int_0^1\mathrm{d}x\int_{x^2}^{x}\frac{1}{\sqrt{x^2+y^2}}\mathrm{d}y$。

5. 把积分$\iint\limits_D f(x,y)\mathrm{d}x\mathrm{d}y$表示为极坐标形式的二重积分，其中积分区域$D$如下。

(1)$x^2+y^2\leqslant a^2\quad(a>0)$；　　(2)$x^2+y^2\leqslant 2x$；

(3)$a^2\leqslant x^2+y^2\leqslant b^2(0<a<b)$；　　(4)$0\leqslant y\leqslant 1-x,0\leqslant x\leqslant 1$。

6. 求由曲线$y=x,y=2,y^2=x$所围成的平面图形的面积。

7. (2023年)已知平面区域$D=\{(x,y)\mid(x-1)^2+y^2\leqslant 1\}$，计算二重积分$\iint\limits_D\left|\sqrt{x^2+y^2}-1\right|\mathrm{d}x\mathrm{d}y$。

8. (2023年)设平面有界区域D位于第一象限，由曲线$x^2+y^2-xy=1,x^2+y^2-xy=2$与直线$y=\sqrt{3}x,y=0$围成，计算$\iint\limits_D\frac{1}{3x^2+y^2}\mathrm{d}x\mathrm{d}y$。

习题 8.2(B)

1. (2022年)$\int_0^2\mathrm{d}y\int_y^2\frac{y}{\sqrt{1+x^3}}\mathrm{d}x=$(　　)。

(A)$\frac{\sqrt{2}}{6}$　　(B)$\frac{1}{3}$　　(C)$\frac{\sqrt{2}}{3}$　　(D)$\frac{2}{3}$

2. (2002年)交换积分次序$\int_0^{\frac{1}{4}}\mathrm{d}y\int_y^{\sqrt{y}}f(x,y)\mathrm{d}x+\int_{\frac{1}{4}}^{\frac{1}{2}}\mathrm{d}y\int_y^{\frac{1}{2}}f(x,y)\mathrm{d}x=$________。

3. (2011年)设平面区域D由直线$y=x$，圆$x^2+y^2=2y$及y轴所围成，则二重积分$\iint\limits_D xy\,\mathrm{d}\sigma=$________。

4. (2008年)设$D=\{(x,y)\mid x^2+y^2\leqslant 1\}$，则$\iint\limits_D(x^2-y)\mathrm{d}x\mathrm{d}y=$________。

5. (2006年)计算二重积分$\iint\limits_D\sqrt{y^2-xy}\,\mathrm{d}x\mathrm{d}y$，其中$D$是由直线$y=x,y=1,x=0$所围成的平面区域。

6. (2020年)计算二重积分$\iint\limits_D\frac{\sqrt{x^2+y^2}}{x}\mathrm{d}\sigma$，其中区域$D$由$x=1,x=2,y=x$及$x$轴围成。

7. 在直角坐标系下，计算下列二重积分。

(1)$I=\iint\limits_D|\sin(x+y)|\mathrm{d}x\mathrm{d}y$，其中$D$是矩形区域：$0\leqslant x\leqslant\pi,0\leqslant y\leqslant\pi$；

(2)$I=\iint\limits_D\sqrt{|y-x^2|}\,\mathrm{d}x\mathrm{d}y$，其中$D$为矩形区域：$-1\leqslant x\leqslant 1,0\leqslant y\leqslant 2$。

8. 用适当的坐标变换，计算下列二重积分。

(1)$\iint\limits_D\mathrm{e}^{xy}\mathrm{d}x\mathrm{d}y$，其中$D=\left\{(x,y)\,\middle|\,1\leqslant xy\leqslant 2,x\leqslant y\leqslant 2x\right\}$；

(2) $\iint\limits_D \mathrm{d}x\mathrm{d}y$,其中 D 由抛物线 $y^2 = px, y^2 = qx(0 < p < q)$ 及双曲线 $xy = a, xy = b(a < b)$ 围成。

9. 求由平面 $x = 0, y = 0, x + y = 0$ 所围成的柱体被平面 $z = 0$ 及抛物面 $x^2 + y^2 = 6 - z$ 截得的立体的体积。

10. 求由曲面 $z = x^2 + y^2, x^2 + y^2 = a^2, z = 0$ 所围立体的体积。

第三节　三重积分

本节把上述关于二重积分的概念推广到三元函数即得三重积分,并给出其计算方法。

一、三重积分的概念

定义 8.2　设 $f(x,y,z)$ 是有界闭区域 Ω 上的有界函数,将闭区域 Ω 任意分成 n 个小闭区域 $\Delta v_1, \Delta v_2, \cdots, \Delta v_n$,其中 Δv_i 也代表第 i 个小块的体积,在每个 Δv_i 上任取一点 (ξ_i, η_i, ζ_i),作乘积 $f(\xi_i, \eta_i, \zeta_i) \cdot \Delta v_i$,并作和式

$$\sum_{i=1}^{n} f(\xi_i, \eta_i, \zeta_i) \cdot \Delta v_i,$$

记 λ 为所有小闭区域中直径的最大值,若当 $\lambda \to 0$ 时,这个和式的极限存在,且极限值与对区域 Ω 的分法及点 (ξ_i, η_i, ζ_i) 在 Δv_i 上的取法无关,则称此极限为 $f(x,y,z)$ 在闭区域 Ω 上的**三重积分**,记为 $\iiint\limits_\Omega f(x,y,z)\mathrm{d}v$,即

$$\iiint\limits_\Omega f(x,y,z)\mathrm{d}v = \lim_{\lambda \to 0} \sum_{i=1}^{n} f(\xi_i, \eta_i, \zeta_i) \cdot \Delta v_i, \tag{8.8}$$

其中,$f(x,y,z)$ 称为**被积函数**,Ω 称为**积分区域**,$\mathrm{d}v$ 称为**体积元素**。

当函数 $f(x,y,z)$ 在闭区域 Ω 上连续时,(8.8) 式右端和式的极限总存在,也就是连续函数 $f(x,y,z)$ 在闭区域 Ω 上的三重积分必定存在。以后我们总假定 $f(x,y,z)$ 在闭区域 Ω 上是连续的。

三重积分具有与二重积分相同的性质,这里不再重复。

如果 $f(x,y,z)$ 表示占有空间闭区域 Ω 的某物体在点 (x,y,z) 处的体密度,则该物体的质量 M 为 $f(x,y,z)$ 在 Ω 上的三重积分,即

$$M = \iiint\limits_\Omega f(x,y,z)\mathrm{d}v。$$

当 $f(x,y,z) \equiv 1$ 时,三重积分的数值等于闭区域 Ω 的体积,即

$$V = \iiint\limits_\Omega 1\mathrm{d}v。$$

二、三重积分的计算

计算三重积分的基本方法是将三重积分化为三次积分来计算。下面分别按不同的坐

标系来讨论将三重积分化为三次积分的方法。

1. 在直角坐标系下的计算公式

在直角坐标系中，如果分别用平行于三坐标面的平面划分Ω，那么除了包含Ω的边界点的一些不规则小闭区域外，得到的小闭区域Δv均为长方体。设长方体小闭区域Δv的边长为Δx、Δy、Δz，则$\Delta v=\Delta x\Delta y\Delta z$。因此在直角坐标系中，也把体积元素$\mathrm{d}v$记为$\mathrm{d}x\mathrm{d}y\mathrm{d}z$，而把三重积分记为

$$\iiint\limits_{\Omega} f(x,y,z)\mathrm{d}v=\iiint\limits_{\Omega} f(x,y,z)\mathrm{d}x\mathrm{d}y\mathrm{d}z,$$

其中，$\mathrm{d}x\mathrm{d}y\mathrm{d}z$ 叫作**直角坐标系中的体积元素**。

(1) 先一后二法或投影法

假设平行于z轴且穿过Ω内部的直线与Ω的边界曲面S相交不多于两点。把闭区域Ω投影到xOy面上，得一平面闭区域D_{xy}(见图 8.36)。以D_{xy}的边界为准线作母线平行于z轴的柱面，此柱面与曲面S的交线将S分为上、下两部分，它们的方程分别为

$$S_1: z=z_1(x,y), S_2: z=z_2(x,y),$$

其中，$z_1(x,y)$ 与 $z_2(x,y)$ 都是 D_{xy} 上的连续函数，且 $z_1(x,y)\leqslant z\leqslant z_2(x,y)$。

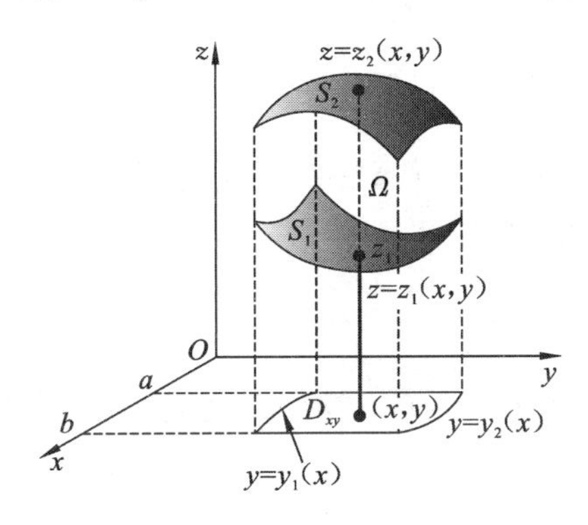

图 8.36

在D_{xy}内任取点(x,y)，作平行于z轴的直线，此直线通过曲面S_1穿入Ω，再通过曲面S_2穿出Ω，其穿入点与穿出点的坐标分别为：$z=z_1(x,y)$ 和 $z=z_2(x,y)$。

在这种情形下，积分区域Ω可表示为

$$\Omega=\{(x,y,z)\mid z_1(x,y)\leqslant z\leqslant z_2(x,y),(x,y)\in D_{xy}\}。$$

将x,y看作常数，对$f(x,y,z)$在区间$[z_1(x,y),z_2(x,y)]$上对z作定积分，其结果为x,y的函数，记为$F(x,y)$，即

$$F(x,y)=\int_{z_1(x,y)}^{z_2(x,y)} f(x,y,z)\mathrm{d}z。$$

再计算 $F(x,y)$ 在区域 D_{xy} 上的二重积分

$$\iint\limits_{D_{xy}} F(x,y)\mathrm{d}\sigma=\iint\limits_{D_{xy}}\left[\int_{z_1(x,y)}^{z_2(x,y)} f(x,y,z)\mathrm{d}z\right]\mathrm{d}\sigma。$$

当 D_{xy} 是 X 型区域：$a\leqslant x\leqslant b, y_1(x)\leqslant y\leqslant y_2(x)$ 时，则有

$$\iiint\limits_{\Omega} f(x,y,z)\mathrm{d}x\mathrm{d}y\mathrm{d}z = \int_a^b \mathrm{d}x\int_{y_1(x)}^{y_2(x)}\mathrm{d}y\int_{z_1(x,y)}^{z_2(x,y)} f(x,y,z)\mathrm{d}z; \tag{8.9}$$

当 D_{xy} 是 Y 型区域:$c \leqslant y \leqslant d, x_1(y) \leqslant x \leqslant x_2(y)$时,则有

$$\iiint\limits_{\Omega} f(x,y,z)\mathrm{d}x\mathrm{d}y\mathrm{d}z = \int_c^d \mathrm{d}y\int_{x_1(y)}^{x_2(y)}\mathrm{d}x\int_{z_1(x,y)}^{z_2(x,y)} f(x,y,z)\mathrm{d}z。 \tag{8.10}$$

公式(8.9)把三重积分化为先对 z、次对 y、最后对 x 的三次积分;公式(8.10)把三重积分化为先对 z、次对 x、最后对 y 的三次积分。

如果平行于 x 轴(或者 y 轴)且穿过 Ω 内部的直线与 Ω 的边界曲面 S 相交不多于两点时,也可将 Ω 投影到 yOz 平面(或者 zOx 平面),得到相似的结论。

如果平行于坐标轴且穿过 Ω 内部的直线与 Ω 的边界曲面 S 相交多于两点,也可像处理二重积分那样,将 Ω 分成若干部分,使每个部分符合上述条件,这样 Ω 上的三重积分就化为各部分闭区域上的三重积分的和。

例 1 计算 $\iiint\limits_{\Omega} x\mathrm{d}x\mathrm{d}y\mathrm{d}z$,其中 Ω 为三个坐标面及平面 $x+2y+z=1$ 围成的闭区域。

解 闭区域 Ω 如图 8.37 所示,将 Ω 投影到 xOy 面上,得投影区域 D_{xy} 为三角形闭区域 OAB。直线 AB 的方程为 $x+2y=1$,所以

$$D_{xy} = \left\{(x,y)\left| 0 \leqslant y \leqslant \frac{1-x}{2}, 0 \leqslant x \leqslant 1\right.\right\}。$$

过 D_{xy} 内任一点 (x,y),作平行于 z 轴的直线,此直线通过平面 $z=0$ 穿入 Ω,再通过平面 $z=1-x-2y$ 穿出 Ω,所以

$$\iiint\limits_{\Omega} x\mathrm{d}x\mathrm{d}y\mathrm{d}z = \int_0^1 \mathrm{d}x\int_0^{\frac{1-x}{2}}\mathrm{d}y\int_0^{1-x-2y} x\mathrm{d}z = \int_0^1 x\mathrm{d}x\int_0^{\frac{1-x}{2}}(1-x-2y)\mathrm{d}y = \frac{1}{48}。$$

此题也可以将 Ω 投影到 yOz 面或 zOx 面上进行计算,读者可自行完成。

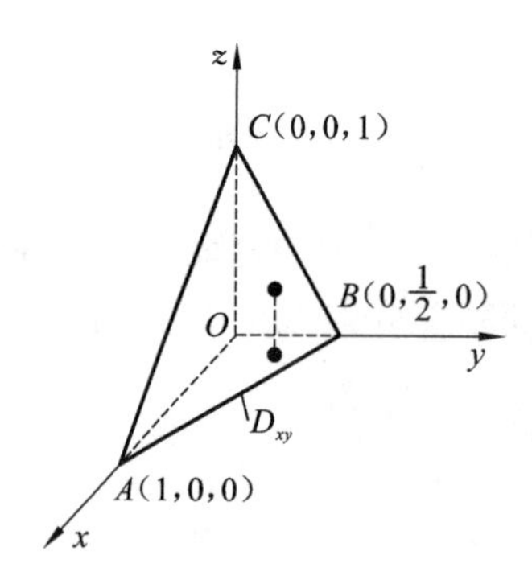

图 8.37

例 2 计算 $\iiint\limits_{\Omega} xz\mathrm{d}x\mathrm{d}y\mathrm{d}z$,其中 Ω 为平面 $z=0, z=y, y=1$ 及柱面 $y=x^2$ 围成的闭区域(见图 8.38)。

解 将 Ω 投影到 xOy 面上,则 D_{xy}:$-1 \leqslant x \leqslant 1, x^2 \leqslant y \leqslant 1$。于是

$$\iiint_{\Omega} xz\,\mathrm{d}x\mathrm{d}y\mathrm{d}z = \int_{-1}^{1}\mathrm{d}x\int_{x^2}^{1}\mathrm{d}y\int_{0}^{y} xz\,\mathrm{d}z = \frac{1}{2}\int_{-1}^{1}\mathrm{d}x\int_{x^2}^{1} xy^2\,\mathrm{d}y = 0。$$

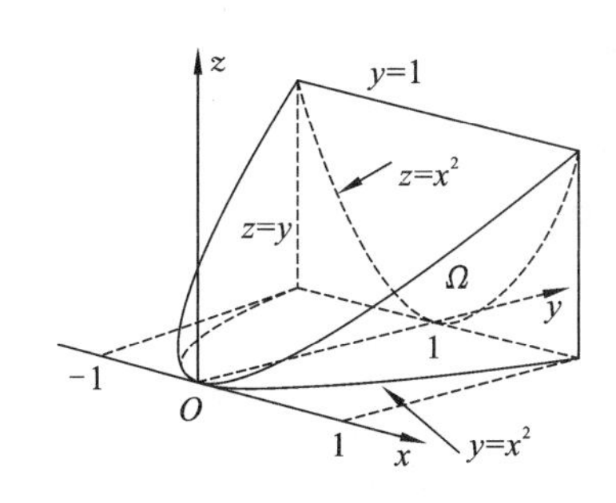

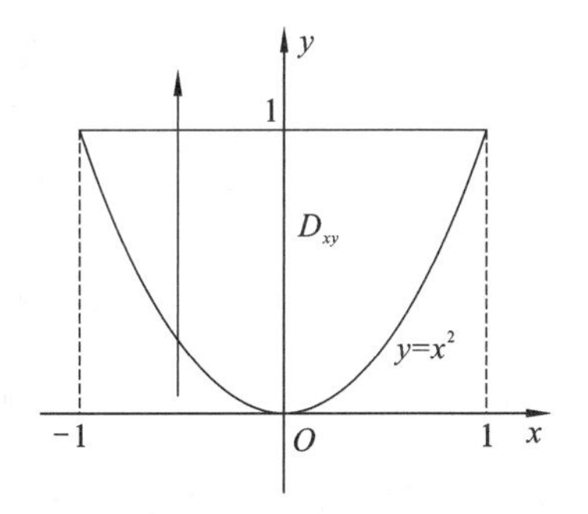

图 8.38

(2) 先二后一法或截面法

有时,三重积分也可以化为先计算一个二重积分,再计算一个定积分。

设空间区域

$$\Omega = \{(x,y,z) \mid (x,y) \in D_z, c_1 \leqslant z \leqslant c_2\},$$

其中,D_z 是竖坐标为 z 的平面截闭区域 Ω 所得的一个平面闭区域(见图 8.39),则有

$$\iiint_{\Omega} f(x,y,z)\mathrm{d}x\mathrm{d}y\mathrm{d}z = \int_{c_1}^{c_2}\mathrm{d}z\iint_{D_z} f(x,y,z)\mathrm{d}x\mathrm{d}y。\tag{8.11}$$

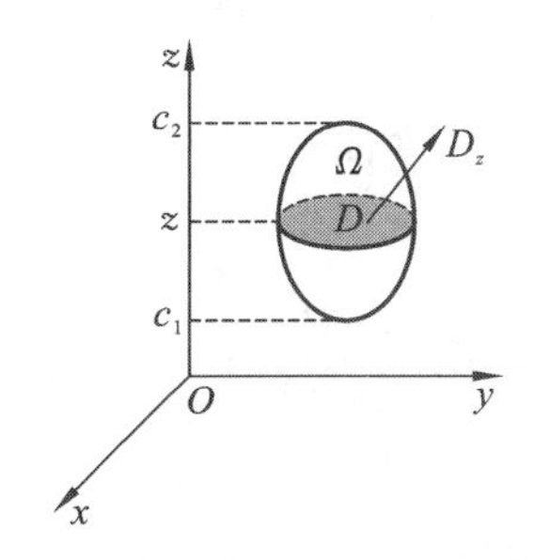

图 8.39

注意　利用先二后一法时,一般要求被积函数 $f(x,y,z)$ 与 x,y 无关,或者 $\iint_{D_z} f(x,y,z)\mathrm{d}x\mathrm{d}y$ 容易计算。

例 3　计算 $\iiint_{\Omega} z^2\mathrm{d}x\mathrm{d}y\mathrm{d}z$,其中 Ω 由 $\frac{x^2}{a^2}+\frac{y^2}{b^2}+\frac{z^2}{c^2}\leqslant 1$ 围成(见图 8.40)。

解　空间区域 $\Omega = \left\{(x,y,z) \,\middle|\, \frac{x^2}{a^2}+\frac{y^2}{b^2}\leqslant 1-\frac{z^2}{c^2}, -c\leqslant z\leqslant c\right\}$,由公式(8.11)得

$$\iiint_{\Omega} z^2\mathrm{d}x\mathrm{d}y\mathrm{d}z = \int_{-c}^{c} z^2\mathrm{d}z\iint_{D_z}\mathrm{d}x\mathrm{d}y = \int_{-c}^{c}\pi abz^2\left(1-\frac{z^2}{c^2}\right)\mathrm{d}z = \frac{4\pi}{15}abc^3。$$

和二重积分一样,也可以利用被积函数的奇偶性结合积分区域的对称性来化简三重积分的计算。

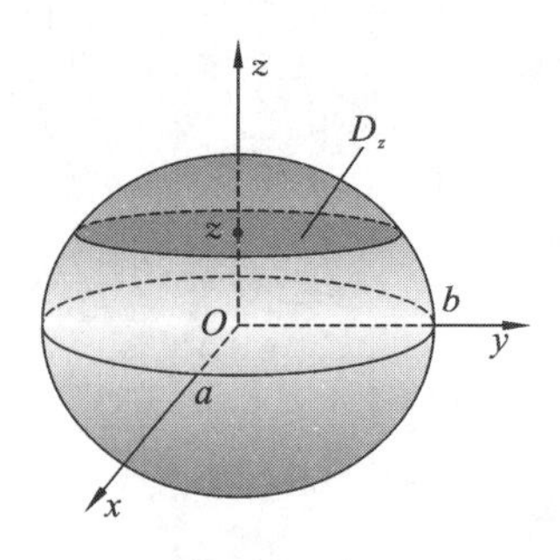

图 8.40

(1) 若积分区域 Ω 关于 xOy 平面对称,被积函数 $f(x,y,z)$ 关于 z 为奇函数,即 $f(x,y,-z)=-f(x,y,z)$,则 $\iiint\limits_{\Omega} f(x,y,z)\mathrm{d}v=0$;

(2) 若积分区域 Ω 关于 zOx 平面对称,被积函数 $f(x,y,z)$ 关于 y 为奇函数,即 $f(x,-y,z)=-f(x,y,z)$,则 $\iiint\limits_{\Omega} f(x,y,z)\mathrm{d}v=0$;

(3) 若积分区域 Ω 关于 yOz 平面对称,被积函数 $f(x,y,z)$ 关于 x 为奇函数,即 $f(-x,y,z)=-f(x,y,z)$,则 $\iiint\limits_{\Omega} f(x,y,z)\mathrm{d}v=0$。

例 4　计算 $\iiint\limits_{\Omega}\dfrac{z\ln(x^2+y^2+z^2+1)}{x^2+y^2+z^2+1}\mathrm{d}v$,其中 Ω 为球面 $x^2+y^2+z^2=1$ 所围区域。

解　显然积分区域 Ω 关于 xOy 平面对称,被积函数 $\dfrac{z\ln(x^2+y^2+z^2+1)}{x^2+y^2+z^2+1}$ 是 z 的奇函数,由对称性可知,

$$\iiint\limits_{\Omega}\frac{z\ln(x^2+y^2+z^2+1)}{x^2+y^2+z^2+1}\mathrm{d}v=0。$$

2. 在柱面坐标系下的计算公式

设 $M(x,y,z)$ 为空间一点,并设点 M 在 xOy 面上的投影点 P 的极坐标为 (ρ,θ),则规定这样的三个数 ρ,θ,z 为点 M 的柱面坐标(见图 8.41),其中 $0\leqslant\rho<+\infty$,$0\leqslant\theta\leqslant 2\pi$,$-\infty<z<+\infty$。

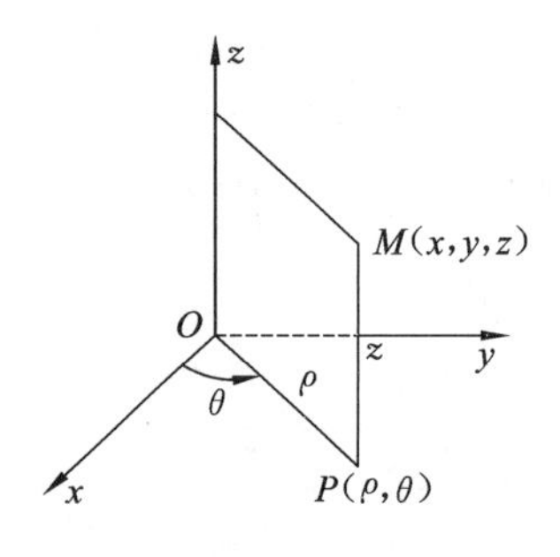

图 8.41

三组坐标面分别为:

$\rho=$ 常数，即以 z 轴为轴的圆柱面；

$\theta=$ 常数，是过 z 轴的半平面；

$z=$ 常数，是与 xOy 面平行的平面。

显然，点 M 的直角坐标与柱面坐标的关系为

$$\begin{cases}x=\rho\cos\theta,\\ y=\rho\sin\theta,\\ z=z。\end{cases}$$

现在要把三重积分 $\iiint\limits_{\Omega}f(x,y,z)\mathrm{d}v$ 中的变量转化为柱面坐标。为此，用三组坐标面 $\rho=$ 常数，$\theta=$ 常数，$z=$ 常数将 Ω 划分为许多小闭区域，除了含 Ω 的边界点的一些不规则小闭区域外，这些小闭区域都是柱体。现考虑由 ρ,θ,z 各取得微小增量 $\mathrm{d}\rho,\mathrm{d}\theta,\mathrm{d}z$ 所形成小柱体的体积（见图 8.42）。

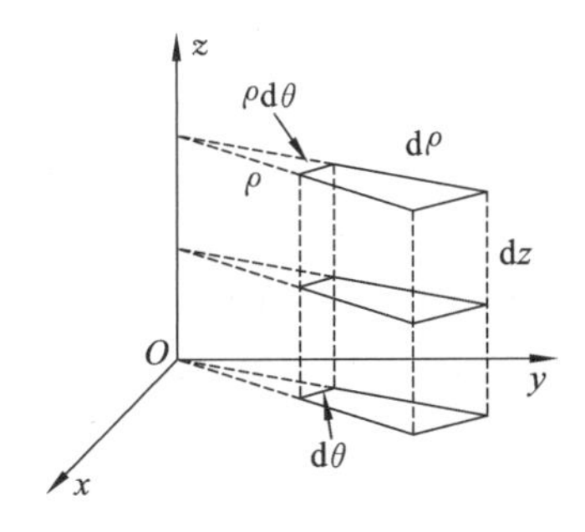

图 8.42

它的高为 $\mathrm{d}z$，底面积在不计高阶无穷小时为 $\rho\mathrm{d}\rho\mathrm{d}\theta$（即极坐标系中的面积元素），于是得

$$\mathrm{d}v=\rho\mathrm{d}\rho\mathrm{d}\theta\mathrm{d}z。$$

这就是柱面坐标系中的体积元素，从而三重积分从直角坐标到柱面坐标的变换公式为

$$\iiint\limits_{\Omega}f(x,y,z)\mathrm{d}v=\iiint\limits_{\Omega}f(\rho\cos\theta,\rho\sin\theta,z)\rho\mathrm{d}\rho\mathrm{d}\theta\mathrm{d}z。$$

在柱面坐标下，再将三重积分化为三次积分，积分限是根据 ρ,θ,z 在积分区域 Ω 中的变化范围来确定的。

例 5　用柱面坐标计算三重积分 $I=\iiint\limits_{\Omega}z\mathrm{d}v$，其中 Ω 是由曲面 $z=x^2+y^2$ 与平面 $z=4$ 所围成的闭区域。

解　将积分区域 Ω 投影到 xOy 面上（见图 8.43），得半径为 2 的圆形闭区域

$$D_{xy}=\{(\rho,\theta)\mid 0\leqslant\rho\leqslant 2,0\leqslant\theta\leqslant 2\pi\}。$$

过 D_{xy} 内任一点 (x,y)，作平行于 z 轴的直线，此直线通过曲面 $z=x^2+y^2$ 穿入 Ω，再通过平面 $z=4$ 穿出 Ω，所以 Ω 可表示为

$$\rho^2\leqslant z\leqslant 4,0\leqslant\rho\leqslant 2,0\leqslant\theta\leqslant 2\pi。$$

所以

$$I=\iiint_{\Omega} z\mathrm{d}v=\iiint_{\Omega} z\rho\,\mathrm{d}\rho\mathrm{d}\theta\mathrm{d}z=\int_0^{2\pi}\mathrm{d}\theta\int_0^2\rho\,\mathrm{d}\rho\int_{\rho^2}^4 z\mathrm{d}z$$

$$=\frac{1}{2}\int_0^{2\pi}\mathrm{d}\theta\int_0^2\rho(16-\rho^4)\mathrm{d}\rho=\frac{64}{3}\pi。$$

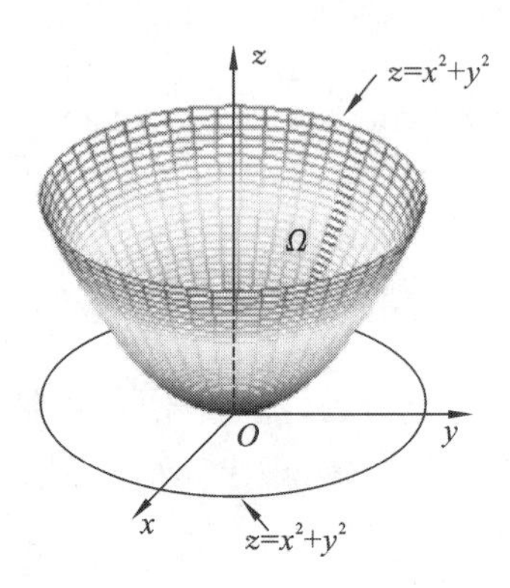

图 8.43

例 6　计算$\iiint_{\Omega}(x^2+y^2)\mathrm{d}v$,其中$\Omega$是平面$z=5$与圆锥面$x^2+y^2=z^2$所围成的立体。

解　将积分区域Ω投影到xOy面上(见图 8.44),得圆形闭区域

$$D_{xy}=\{(\rho,\theta)\mid 0\leqslant\rho\leqslant 5,0\leqslant\theta\leqslant 2\pi\}。$$

过D_{xy}内任一点(x,y),作平行于z轴的直线,此直线通过圆锥面$x^2+y^2=z^2$(即$z=\rho$穿入Ω),再通过平面$z=5$穿出Ω,所以

$$\iiint_{\Omega}(x^2+y^2)\mathrm{d}v=\iiint_{\Omega}\rho^2\cdot\rho\mathrm{d}\rho\mathrm{d}\theta\mathrm{d}z=\iint_{D_{xy}}\mathrm{d}\rho\mathrm{d}\theta\int_{\rho}^5\rho^3\mathrm{d}z$$

$$=\int_0^{2\pi}\mathrm{d}\theta\int_0^5\mathrm{d}\rho\int_{\rho}^5\rho^3\mathrm{d}z=\int_0^{2\pi}\mathrm{d}\theta\int_0^5\rho^3(5-\rho)\mathrm{d}\rho=\frac{625\pi}{2}。$$

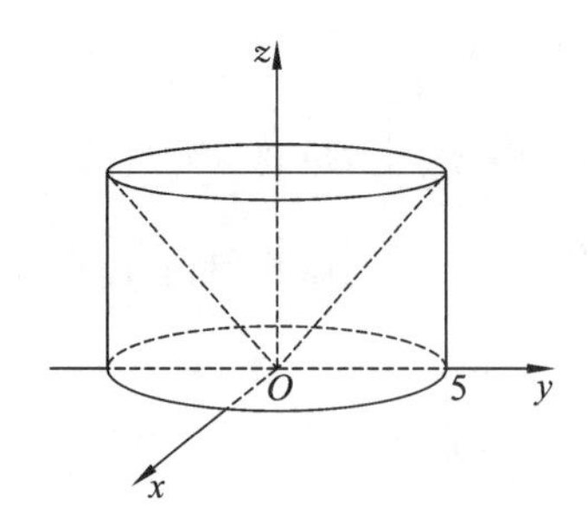

图 8.44

3. 在球面坐标系下的计算公式

设$M(x,y,z)$为空间一点,点P为点M在xOy面上的投影,则点M也可用这样的三个数r,φ,θ来确定,其中r为点M到原点O的距离,φ为有向线段$\overrightarrow{OM}$与z轴正向的夹角,θ为从z轴正向来看自x轴按逆时针方向转到有向线段$\overrightarrow{OP}$的角(见图 8.45)。这样的三个数r,φ,θ叫作点M的球面坐标,其中$0\leqslant r<+\infty,0\leqslant\varphi\leqslant\pi,0\leqslant\theta\leqslant 2\pi$。

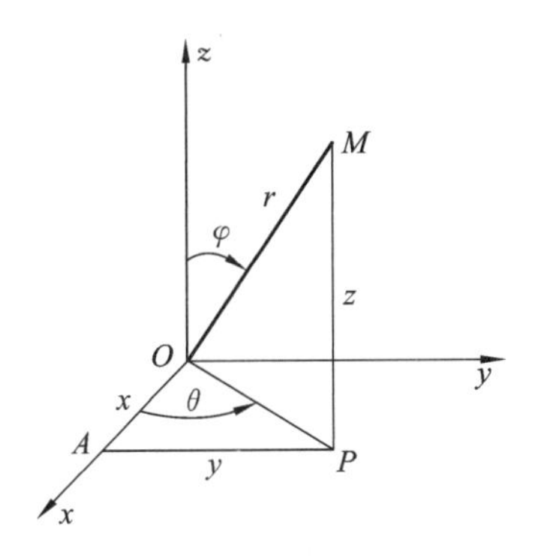

图 8.45

三组坐标面分别为：

$r=$ 常数，即以原点 O 为球心的球面；

$\varphi=$ 常数，即以原点 O 为顶点、z 轴为轴的圆锥面；

$\theta=$ 常数，即过 z 轴的半平面。

设点 P 在 x 轴上的投影为点 A，则 $OA=x, AP=y, PM=z$。又因 $OP=r\sin\varphi$，$z=r\cos\varphi$，于是点 M 的直角坐标与球面坐标的关系为

$$\begin{cases} x=OP\cos\theta=r\sin\varphi\cos\theta, \\ y=OP\sin\theta=r\sin\varphi\sin\theta, \\ z=r\cos\varphi。\end{cases}$$

为了把三重积分 $\iiint\limits_{\Omega} f(x,y,z)\mathrm{d}v$ 中的变量从直角坐标转化为柱面坐标，用三组坐标面 $r=$ 常数，$\varphi=$ 常数，$\theta=$ 常数将积分区域 Ω 划分为许多小闭区域。现考虑由 r,φ,θ 各取得微小增量 $\mathrm{d}r,\mathrm{d}\varphi,\mathrm{d}\theta$ 所形成的六面体的体积(见图 8.46)。

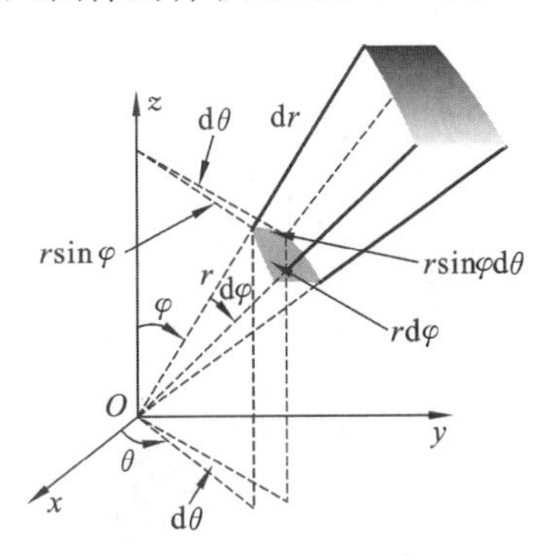

图 8.46

不计高阶无穷小，这个六面体可看作长方体，其经线方向的长为 $r\mathrm{d}\varphi$，纬线方向的宽为 $r\sin\varphi\mathrm{d}\theta$，向径方向的高为 $\mathrm{d}r$，于是得

$$\mathrm{d}v=r^2\sin\varphi\mathrm{d}r\mathrm{d}\theta\mathrm{d}\varphi,$$

这就是球面坐标系下的体积元素，从而三重积分从直角坐标到球面坐标的变换公式为

$$\iiint_{\Omega} f(x,y,z)\mathrm{d}v = \iiint_{\Omega} F(r,\theta,\varphi) r^2 \sin\varphi \mathrm{d}r \mathrm{d}\varphi \mathrm{d}\theta,$$

其中 $F(r,\theta,\varphi) = f(r\sin\varphi\cos\theta, r\sin\varphi\sin\theta, r\cos\varphi)$。

在球面坐标下,再将三重积分化为对 r,φ,θ 三次积分。

若 Ω 的边界曲面是一个包含原点在内的闭曲面,其球面坐标方程为 $r = r(\varphi,\theta)$,则

$$\iiint_{\Omega} F(r,\theta,\varphi) r^2 \sin\varphi \mathrm{d}r \mathrm{d}\varphi \mathrm{d}\theta = \int_0^{2\pi} \mathrm{d}\theta \int_0^{\pi} \mathrm{d}\varphi \int_0^{r(\theta,\varphi)} F(r,\theta,\varphi) r^2 \sin\varphi \mathrm{d}r。$$

当 Ω 的边界曲面为球面 $r = a$ 时,则

$$\iiint_{\Omega} F(r,\theta,\varphi) r^2 \sin\varphi \mathrm{d}r \mathrm{d}\varphi \mathrm{d}\theta = \int_0^{2\pi} \mathrm{d}\theta \int_0^{\pi} \mathrm{d}\varphi \int_0^{a} F(r,\theta,\varphi) r^2 \sin\varphi \mathrm{d}r。$$

特别地,当 $F(r,\varphi,\theta) = 1$ 时,由上式即得球的体积

$$V = \int_0^{2\pi} \mathrm{d}\theta \int_0^{\pi} \mathrm{d}\varphi \int_0^{a} r^2 \sin\varphi \mathrm{d}r = \frac{4}{3}\pi a^3。$$

例 7　计算 $\iiint\limits_{\Omega} (x^2 + y^2 + z^2)\mathrm{d}v$,其中 Ω 为锥面 $z = \sqrt{x^2 + y^2}$ 与球面 $x^2 + y^2 + z^2 = R^2$ 所围成的立体。

解　将积分区域 Ω 投影到 xOy 面上(见图 8.47),得圆形闭区域

$$D_{xy} = \{(\rho,\theta) \mid 0 \leqslant \rho \leqslant R, 0 \leqslant \theta \leqslant 2\pi\}。$$

在球面坐标系下,锥面 $z = \sqrt{x^2 + y^2}$ 可化为 $\tan\varphi = 1$,即 $\varphi = \frac{\pi}{4}$,所以

$$\Omega = \left\{(\rho,\theta,\varphi) \mid 0 \leqslant \rho \leqslant R, 0 \leqslant \theta \leqslant 2\pi, 0 \leqslant \varphi \leqslant \frac{\pi}{4}\right\},$$

则

$$\begin{aligned} \iiint_{\Omega} (x^2 + y^2 + z^2)\mathrm{d}v &= \iiint_{\Omega} r^2 \cdot r^2 \sin\varphi \mathrm{d}r \mathrm{d}\varphi \mathrm{d}\theta = \int_0^{2\pi} \mathrm{d}\theta \int_0^{\frac{\pi}{4}} \mathrm{d}\varphi \int_0^{R} r^4 \sin\varphi \mathrm{d}r \\ &= \frac{1}{5}\pi R^5 (2 - \sqrt{2})。\end{aligned}$$

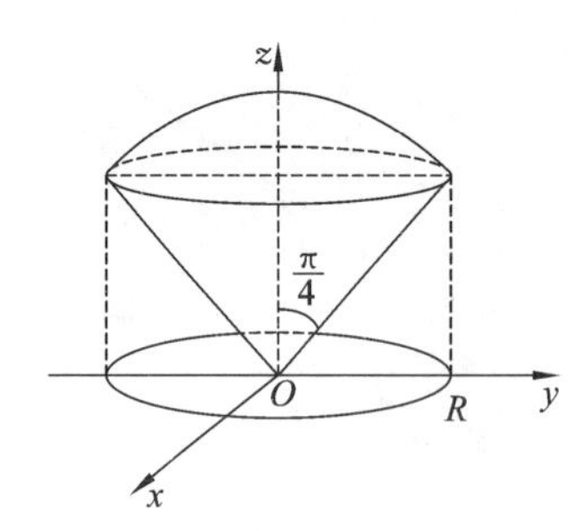

图 8.47

例 8　计算 $\iiint\limits_{\Omega} (x^2 + y^2)\mathrm{d}v$,其中 Ω 由 $0 < a \leqslant \sqrt{x^2 + y^2 + z^2} \leqslant A$ 及 $z \geqslant 0$ 确定。

解　由于积分区域 Ω 是球心在原点、半径分别为 a 与 A 的两个上半球面所围成的闭区域,故 Ω 可表示为

$$a < r < A,\quad 0 < \varphi < \frac{\pi}{2},\quad 0 < \theta < 2\pi,$$

所以

$$\iiint_{\Omega}(x^2+y^2)\mathrm{d}v = \int_0^{2\pi}\mathrm{d}\theta\int_0^{\frac{\pi}{2}}\mathrm{d}\varphi\int_a^A r^4\sin^3\varphi\,\mathrm{d}r$$

$$= 2\pi\int_0^{\frac{\pi}{2}}\sin^3\varphi\,\mathrm{d}\varphi\int_a^A r^4\,\mathrm{d}r = \frac{4\pi}{15}(A^5-a^5)。$$

习题 8.3(A)

1. 把三重积分 $\iiint_{\Omega} f(x,y,z)\mathrm{d}v$ 化为三次积分，其中：

(1)Ω 是由平面 $x=1, x=2, z=0, y=x, z=y$ 所围成的区域；

(2)Ω 是由曲面 $z=x^2+y^2$ 与平面 $z=1$ 所围成的区域；

2. 计算下列三重积分。

(1)$\iiint_{\Omega}\mathrm{d}v, \Omega: x^2+y^2+z^2\leqslant 2z$；

(2)$\iiint_{\Omega}xyz\,\mathrm{d}v, \Omega: 0\leqslant x\leqslant 1, -2\leqslant y\leqslant 3, 1\leqslant z\leqslant 2$；

(3)$I=\iiint_{\Omega}x\,\mathrm{d}x\mathrm{d}y\mathrm{d}z$，其中 Ω 是由三个坐标面与平面 $x+y+z=1$ 所围成的闭区域；

(4)$\iiint_{\Omega}(x^2+y^2)\mathrm{d}v, \Omega: x^2+y^2\leqslant 4, 0\leqslant z\leqslant 4$；

(5)$\iiint_{\Omega}\sqrt{x^2+y^2}\,\mathrm{d}v$，$\Omega$ 由 $x^2+y^2=z^2$ 及 $z=1$ 所围成；

(6)$I=\iiint_{\Omega}\mathrm{e}^{3z-z^3}\,\mathrm{d}v, \Omega: x^2+y^2+z^2\leqslant 1$。

3. 用柱面坐标计算下列积分。

(1)$\iiint_{\Omega}z\sqrt{x^2+y^2}\,\mathrm{d}x\mathrm{d}y\mathrm{d}z$，其中 Ω 是由柱面 $x^2+y^2=2x$ 及平面 $z=0, z=a(a>0)$，$y=0$ 所围成的半圆柱体；

(2)$\iiint_{\Omega}\frac{\mathrm{d}x\mathrm{d}y\mathrm{d}z}{1+x^2+y^2}$，其中 Ω 由抛物面 $x^2+y^2=4z$ 及平面 $z=a(a>0)$ 所围成；

(3)$\iiint_{\Omega}z^2\,\mathrm{d}v$，其中 Ω 是球面 $z=\sqrt{2-x^2-y^2}$ 与锥面 $z=\sqrt{x^2+y^2}$ 所围成的在第一卦限的部分。

4. 用球面坐标计算下列积分。

(1)$\iiint_{\Omega}(x^2+y^2+z^2)\mathrm{d}x\mathrm{d}y\mathrm{d}z$，其中 Ω 是由锥面 $z=\sqrt{x^2+y^2}$ 与球面 $x^2+y^2+z^2=R^2$ 所围的立体；

(2)$\iiint_{\Omega}\sqrt{x^2+y^2+z^2}\,\mathrm{d}x\mathrm{d}y\mathrm{d}z$，其中 Ω 由球面 $x^2+y^2+z^2=z$ 围成；

(3)$I=\iiint\limits_{\Omega}(x^2+yx)\mathrm{d}v$,其中$\Omega$:$a^2\leqslant x^2+y^2+z^2\leqslant b^2(0<a<b)$。

5. 计算下列立体Ω的体积。

(1)Ω由平面$y=0,z=0,y=x$及$6x+2y+3z=6$围成;

(2)Ω由抛物面$z=10-3x^2-3y^2$与平面$z=4$围成;

(3)Ω由球面$x^2+y^2+(z-a)^2=a^2$与半顶角为α的内接锥面围成。

6. 设有一物体占空间区域Ω:$0\leqslant x\leqslant 1,0\leqslant y\leqslant 1,0\leqslant z\leqslant 1$。在点$(x,y,z)$处密度函数为$\mu(x,y,z)=x+y+z$,求该物体的质量$M$。

习题 8.3(B)

1. (2009 年)设$\Omega=\{(x,y,z)\mid x^2+y^2+z^2\leqslant 1\}$,则$\iiint\limits_{\Omega}z^2\mathrm{d}x\mathrm{d}y\mathrm{d}z=$ ________。

2. 把三重积分$\iiint\limits_{\Omega}f(x,y,z)\mathrm{d}v$化为三次积分,其中$\Omega$是由曲面$z=x^2+2y^2$及$z=2-x^2$所围成的区域。

3. 计算三重积分$I=\iiint\limits_{\Omega}(x^2+y^2)\mathrm{d}v$,其中$\Omega$是由曲线$\begin{cases}y=\sqrt{1+z^2}\\x=0\end{cases}$,绕$z$轴旋转一周而成的曲面与平面$z=0,z=1$所围成的立体。

4. 计算三重积$\iiint\limits_{\Omega}y\sqrt{1-x^2}\mathrm{d}x\mathrm{d}y\mathrm{d}z$,其中$\Omega$由$y=-\sqrt{1-x^2-z^2},x^2+z^2=1,y=1$所围成。

扫码查看
习题参考答案

第四节　重积分的应用

由前面的讨论可知,可以用二重积分计算曲顶柱体的体积、平面薄片的质量,可用三重积分计算空间物体的质量。本节将把定积分应用中的微元法推广到重积分的应用中,进一步讨论重积分在几何、物理上的其他应用。

一、曲面的面积

设曲面S的方程为$z=f(x,y)$,D为S在xOy面上的投影区域,函数$f(x,y)$在D上具有连续的偏导数$f'_x(x,y)$和$f'_y(x,y)$。下面求曲面S的面积A。

在闭区域D上任取一直径很小的闭区域$\mathrm{d}\sigma$(此闭区域的面积也记作$\mathrm{d}\sigma$)。在$\mathrm{d}\sigma$上取一点$P(x,y)$,对应曲面上的点为$M(x,y,f(x,y))$。点M在xOy上的投影为点P,曲面S在点M处的切平面为T。以小闭区域$\mathrm{d}\sigma$的边界为准线作母线平行于z轴的柱面,此柱面在曲面S上截下一小片曲面,在切平面T上截下一小片平面$\mathrm{d}A$(见图 8.48)。由于$\mathrm{d}\sigma$很小,从而可以用切平面T上的小片平面$\mathrm{d}A$来代替曲面S上的小片曲面。设曲面S在点M处的法线(指向向上)与z轴所成的角为γ,则

$$\mathrm{d}A=\frac{\mathrm{d}\sigma}{\cos\gamma}。$$

由于
$$\cos\gamma = \frac{1}{\sqrt{1+f_x'^2(x,y)+f_y'^2(x,y)}},$$
所以
$$dA = \sqrt{1+f_x^2(x,y)+f_y^2(x,y)}\,d\sigma。$$

这就是曲面 S 的面积元素，以它为被积表达式在闭区域 D 上积分，得曲面 S 的面积为
$$A = \iint_D \sqrt{1+f_x^2(x,y)+f_y^2(x,y)}\,d\sigma$$
或
$$A = \iint_D \sqrt{1+\left(\frac{\partial z}{\partial x}\right)^2+\left(\frac{\partial z}{\partial y}\right)^2}\,dxdy。$$

若曲面 S 的方程为 $x = g(y,z)$ 或 $y = h(z,x)$，则可分别把曲面投影到 yOz 面上(投影区域记作 D_{yz})或 zOx 面上(投影区域记作 D_{zx})，类似地可得
$$A = \iint_{D_{yz}} \sqrt{1+\left(\frac{\partial x}{\partial y}\right)^2+\left(\frac{\partial x}{\partial z}\right)^2}\,dydz$$
或
$$A = \iint_{D_{zx}} \sqrt{1+\left(\frac{\partial y}{\partial z}\right)^2+\left(\frac{\partial y}{\partial x}\right)^2}\,dzdx。$$

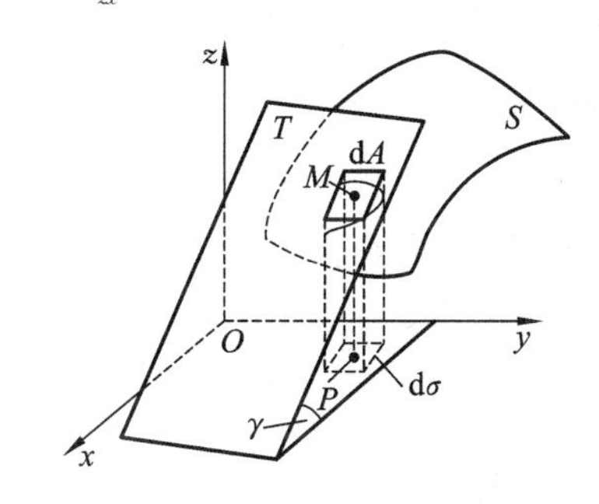

图 8.48

例 1　求球面 $x^2+y^2+z^2=a^2$ 的表面积。

解　由对称性，它是上半球面面积的两倍。上半球面方程 $z=\sqrt{a^2-x^2-y^2}$，它在 xOy 面上的投影区域为
$$D_{xy} = \{(x,y) \mid x^2+y^2 \leqslant a^2\}。$$

由 $\frac{\partial z}{\partial x} = \frac{-x}{\sqrt{a^2-x^2-y^2}}, \frac{\partial z}{\partial y} = \frac{-y}{\sqrt{a^2-x^2-y^2}}$ 得
$$\sqrt{1+\left(\frac{\partial z}{\partial x}\right)^2+\left(\frac{\partial z}{\partial y}\right)^2} = \frac{a}{\sqrt{a^2-x^2-y^2}}。$$

于是上半球面的面积为
$$A = \iint_{D_{xy}} \frac{a}{\sqrt{a^2-x^2-y^2}}\,dxdy = \int_0^{2\pi} d\theta \int_0^a \frac{a}{\sqrt{a^2-\rho^2}} \cdot \rho\,d\rho$$
$$= -\frac{a}{2}\int_0^{2\pi} d\theta \int_0^a \frac{1}{\sqrt{a^2-\rho^2}}\,d(a^2-\rho^2) = 2\pi a^2。$$

所以整个球面面积为 $4\pi a^2$。

注意　$A=\iint\limits_{D_{xy}}\frac{a}{\sqrt{a^2-x^2-y^2}}\mathrm{d}x\mathrm{d}y$ 中，由于被积函数在积分区域 D_{xy} 上无界，称为**反常二重积分**。计算方法也可先取区域 $D_1=\{(x,y)\mid x^2+y^2\leqslant b^2,0<b<a\}$ 为积分区域，再令 $b\to a$，取相应于 D_1 上的球面面积 A_1 的极限即为半球面的面积。

二、质心

1. 平面薄片的质心

设在 xOy 面上有 n 个质点，分别位于 $(x_1,y_1),(x_2,y_2),\cdots,(x_n,y_n)$ 处，质量分别为 $m_1,m_2,\cdots,m_n$，则此质点系的质心坐标为

$$\bar{x}=\frac{M_y}{M}=\frac{\sum\limits_{i=1}^{n}m_ix_i}{\sum\limits_{i=1}^{n}m_i},\quad \bar{y}=\frac{M_x}{M}=\frac{\sum\limits_{i=1}^{n}m_iy_i}{\sum\limits_{i=1}^{n}m_i},$$

而 $M=\sum\limits_{i=1}^{n}m_i$ 为该质点系的总质量，称

$$M_y=\sum_{i=1}^{n}m_ix_i,\quad M_x=\sum_{i=1}^{n}m_iy_i$$

分别为该质点系对 y 轴和 x 轴的**静矩**。

设有一平面薄片，占有 xOy 面上的闭区域 D，在 (x,y) 点处具有面密度 $\mu(x,y)$。设 $\mu(x,y)$ 在 D 上连续，现求该薄片的质心坐标。

在 D 内取一小闭区域 $\mathrm{d}\sigma$(同时表示其面积)，(x,y) 是该小闭区域设的一个点(见图 8.49)。

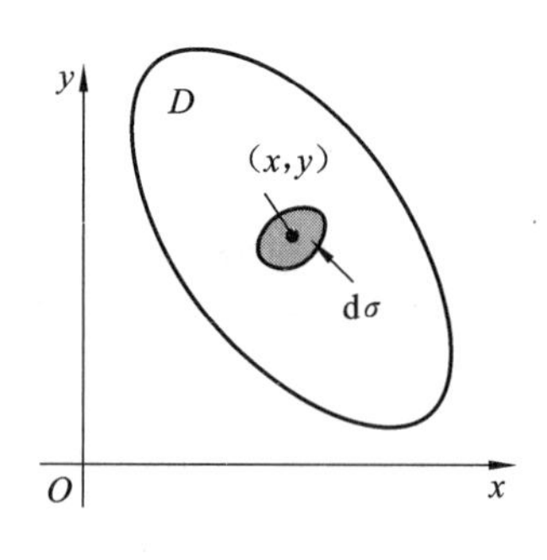

图 8.49

当 $\mathrm{d}\sigma$ 的直径很小时，其质量可近似为

$$\mu(x,y)\mathrm{d}\sigma,$$

这部分质量可近似看作集中在点 (x,y) 上，于是静矩元素分别为

$$\mathrm{d}M_y=x\mu(x,y)\mathrm{d}\sigma,\quad \mathrm{d}M_x=y\mu(x,y)\mathrm{d}\sigma,$$

于是

$$M_y=\iint\limits_{D}x\mu(x,y)\mathrm{d}\sigma,\quad M_x=\iint\limits_{D}y\mu(x,y)\mathrm{d}\sigma。$$

所以，薄片的质心坐标为

$$\bar{x}=\frac{M_y}{M}=\frac{\iint\limits_D x\mu(x,y)\mathrm{d}\sigma}{\iint\limits_D \mu(x,y)\mathrm{d}\sigma},\quad \bar{y}=\frac{M_x}{M}=\frac{\iint\limits_D y\mu(x,y)\mathrm{d}\sigma}{\iint\limits_D \mu(x,y)\mathrm{d}\sigma},$$

其中，$M=\iint\limits_D \mu(x,y)\mathrm{d}\sigma$ 为平面薄片的质量。

当薄片质量分布均匀，即面密度 $\mu(x,y)$ 为常数时，薄片的质心完全由闭区域 D 的形状所决定。把均匀平面薄片的质心叫作该平面薄片所占的平面图形的**形心**。于是形心的坐标公式为

$$\bar{x}=\frac{1}{A}\iint\limits_D x\mathrm{d}\sigma,\bar{y}=\frac{1}{A}\iint\limits_D y\mathrm{d}\sigma,$$

其中，A 为 D 的面积。

例 2　求密度均匀的半圆片的质心。

解　设半圆片的半径为 a，圆心在原点，由于半圆片密度均匀且其图形关于 y 轴对称（见图 8.50），可知其质心必在 y 轴上，即 $\bar{x}=0$。

半圆片的面积为 $A=\frac{1}{2}\pi a^2$，且

$$\iint\limits_D y\mathrm{d}\sigma=\int_0^{\pi}\mathrm{d}\theta\int_0^a \rho\sin\theta\cdot\rho\mathrm{d}\rho=\frac{2}{3}\pi a^3,$$

则

$$\bar{y}=\frac{1}{A}\iint\limits_D y\mathrm{d}\sigma=\int_0^{\pi}\mathrm{d}\theta\int_0^a \rho\sin\theta\cdot\rho\mathrm{d}\rho=\frac{4a}{3\pi}。$$

故半圆片的质心为 $\left(0,\frac{4a}{3\pi}\right)$。

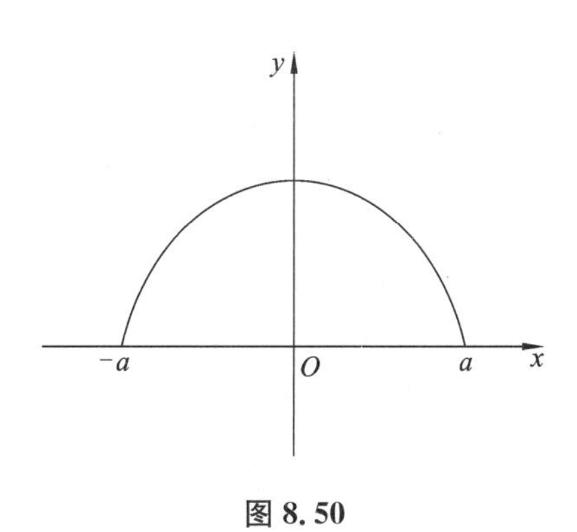

图 8.50

例 3　求位于两圆 $\rho=2\sin\theta$ 和 $\rho=4\sin\theta$ 之间的均匀薄片的质心（见图 8.51）。

解　由于闭区域 D 关于 y 轴对称，所以质心必在 y 轴上，于是 $\bar{x}=0$。

而闭区域 D 的面积 A 是半径为 2 与半径为 1 的两圆面积之差，即 $A=3\pi$，故

$$\bar{y}=\frac{1}{A}\iint_{D} y\mathrm{d}\sigma=\frac{1}{3\pi}\iint_{D}\rho^{2}\sin\theta\,\mathrm{d}\rho\,\mathrm{d}\theta$$

$$=\frac{1}{3\pi}\int_{0}^{\pi}\sin\theta\,\mathrm{d}\theta\int_{2\sin\theta}^{4\sin\theta}\rho^{2}\,\mathrm{d}\rho=\frac{56}{9\pi}\int_{0}^{\pi}\sin^{4}\theta\,\mathrm{d}\theta=\frac{7}{3}。$$

所以,所求质心为$\left(0,\frac{7}{3}\right)$。

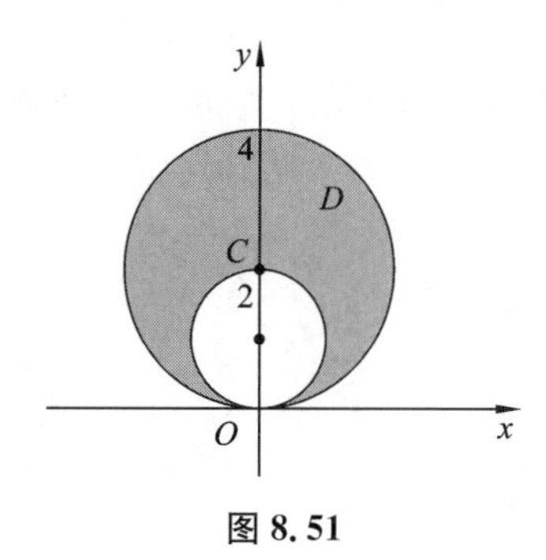

图 8.51

2. 空间物体的质心

类似地,设物体占有空间区域Ω,在点(x,y,z)处的体密度为$\rho(x,y,z)$,且$\rho(x,y,z)$在Ω上连续,则物体的质量为

$$M=\iiint_{\Omega}\rho(x,y,z)\mathrm{d}v,$$

物体的质心坐标为

$$\bar{x}=\frac{1}{M}\iiint_{\Omega}x\rho\,\mathrm{d}v,\quad \bar{y}=\frac{1}{M}\iiint_{\Omega}y\rho\,\mathrm{d}v,\quad \bar{z}=\frac{1}{M}\iiint_{\Omega}z\rho\,\mathrm{d}v,$$

其中,$\iiint_{\Omega}x\rho\,\mathrm{d}v,\iiint_{\Omega}y\rho\,\mathrm{d}v,\iiint_{\Omega}z\rho\,\mathrm{d}v$分别为物体关于$yOz,zOx,xOy$面的**静矩**。

例 4 求均匀半球体的质心。

解 如图 8.52 建立坐标系,则半球体所占空间闭区域

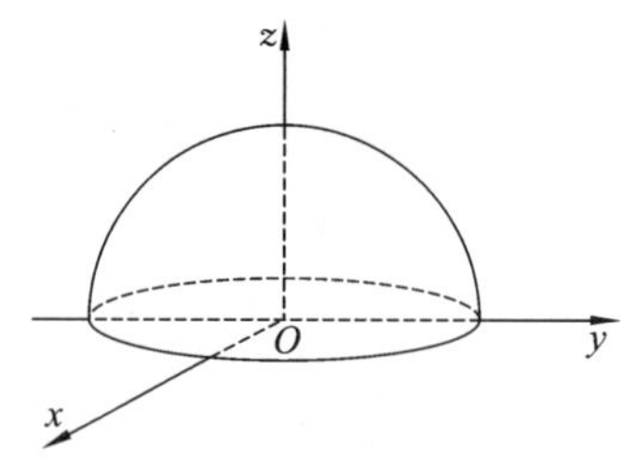

图 8.52

$$\Omega=\{(x,y,z)\mid x^{2}+y^{2}+z^{2}\leqslant a^{2},z\geqslant 0\}。$$

显然质心在z轴上,故$\bar{x}=\bar{y}=0$,而

$$\iiint_{\Omega}z\mathrm{d}v=\iiint_{\Omega}r\cos\varphi\cdot r^{2}\sin\varphi\,\mathrm{d}r\,\mathrm{d}\varphi\,\mathrm{d}\theta=\int_{0}^{2\pi}\mathrm{d}\theta\int_{0}^{\frac{\pi}{2}}\cos\varphi\sin\varphi\,\mathrm{d}\varphi\int_{0}^{a}r^{3}\,\mathrm{d}r=\frac{a^{4}}{4}\pi,$$

故
$$\bar{z}=\frac{1}{v}\iiint_{\Omega}z\mathrm{d}v=\frac{\frac{a^4}{4}\pi}{\frac{2}{3}\pi a^3}=\frac{3a}{8},$$

所以，所求质心为$\left(0,0,\frac{3a}{8}\right)$。

三、转动惯量

1. 平面薄片的转动惯量

设 xOy 面上有 n 个质点，分别位于$(x_1,y_1),(x_2,y_2),\cdots,(x_n,y_n)$处，质量分别为 m_1，m_2，$\cdots$，m_n，则此质点系的转动惯量为

$$I_x=\sum_{i=1}^{n}y_i^2m_i,\quad I_y=\sum_{i=1}^{n}x_i^2m_i。$$

设有一平面薄片，占有 xOy 面上的闭区域 D，在(x,y)点处具有面密度 $\mu(x,y)$。设 $\mu(x,y)$ 在 D 上连续，现求其对 x 轴和对 y 轴的转动惯量。

在 D 内取一小闭区域 $\mathrm{d}\sigma$(同时表示其面积)，(x,y) 是该小闭区域设的一个点。当 $\mathrm{d}\sigma$ 的直径很小时，其质量可近似为

$$\mu(x,y)\mathrm{d}\sigma,$$

这部分质量可近似看作集中在点(x,y)上，于是对 x 轴和 y 轴的转动惯量元素分别为

$$\mathrm{d}I_x=y^2\mu(x,y)\mathrm{d}\sigma,\quad \mathrm{d}I_y=x^2\mu(x,y)\mathrm{d}\sigma。$$

于是平面薄片对 x 轴和 y 轴的转动惯量分别为

$$I_x=\iint_D y^2\mu(x,y)\mathrm{d}\sigma,\quad I_y=\iint_D x^2\mu(x,y)\mathrm{d}\sigma。$$

例 5　求半径为 a 的均匀半圆薄片(面密度 μ 为常数)对于其直径边的转动惯量。

解　如图 8.53 建立坐标系，则薄片所占闭区域

$$D=\{(x,y)\mid x^2+y^2\leqslant a^2,y\geqslant 0\}。$$

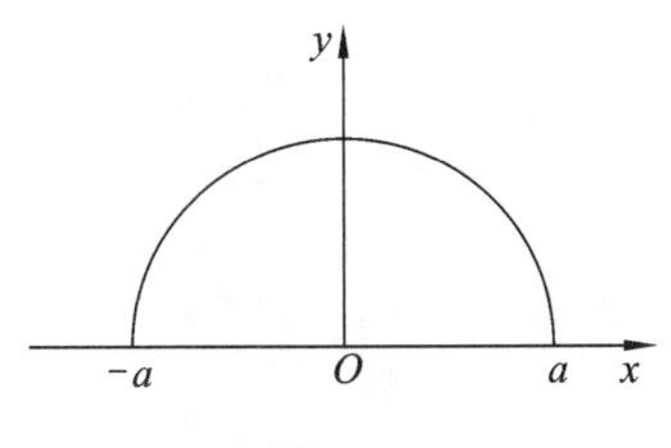

图 8.53

所求转动惯量为 D 对 x 轴的转动惯量

$$I_x=\iint_D \mu y^2\mathrm{d}\sigma=\mu\iint_D\rho^3\sin^2\theta\mathrm{d}\rho\mathrm{d}\theta=\mu\int_0^{\pi}\mathrm{d}\theta\int_0^a\rho^3\sin^2\theta\mathrm{d}\rho$$
$$=\mu\frac{a^2}{4}\int_0^{\pi}\sin^2\theta\mathrm{d}\theta=\frac{\pi\mu a^4}{8}=\frac{Ma^2}{4},$$

其中，$M=\frac{\pi\mu a^2}{2}$ 为半圆薄片的质量。

2. 空间物体的转动惯量

类似地,设物体占有空间区域 Ω,在点 (x,y,z) 处的体密度为 $\rho(x,y,z)$,且 $\rho(x,y,z)$ 在 Ω 上连续,则物体关于 x,y,z 三个坐标轴的转动惯量分别为

$$I_x=\iiint\limits_{\Omega}(y^2+z^2)\rho(x,y,z)\mathrm{d}v,$$

$$I_y=\iiint\limits_{\Omega}(z^2+x^2)\rho(x,y,z)\mathrm{d}v,$$

$$I_z=\iiint\limits_{\Omega}(x^2+y^2)\rho(x,y,z)\mathrm{d}v。$$

例 6 求半径为 a,高为 h 的均匀圆柱体对过中心而平行于母线的轴的转动惯量。

解 如图 8.54 建立坐标系,则圆柱体所占的空间闭区域

$$\Omega=\{(x,y,z)\mid x^2+y^2\leqslant a^2,0\leqslant z\leqslant h\},$$

利用柱面坐标,得

$$I_z=\iiint\limits_{\Omega}(x^2+y^2)\rho\mathrm{d}v=\rho\int_0^{2\pi}\mathrm{d}\theta\int_0^a r\mathrm{d}r\int_0^h r^2\mathrm{d}z=\frac{\pi\rho ha^4}{2}。$$

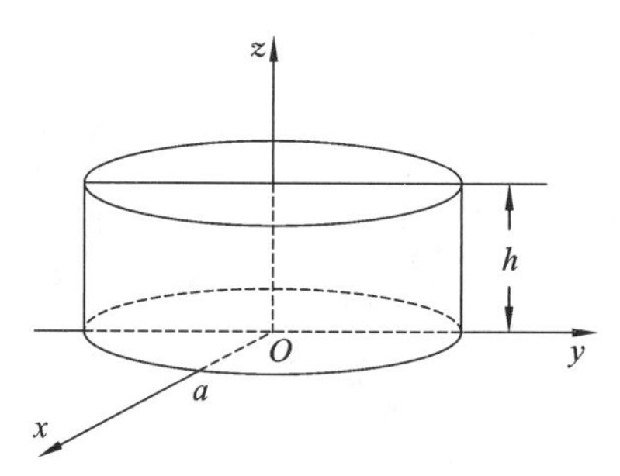

图 8.54

四、引力

设空间相距为 r 的两质点 P_1 与 P_2 分别带有质量 m_1 和 m_2,则 P_1 对 P_2 的引力为

$$\boldsymbol{F}=G\cdot\frac{m_1\cdot m_2}{r^2}\boldsymbol{r}_0,$$

其中,G 为万有引力常数,$\boldsymbol{r}_0$ 为 $\overrightarrow{P_2P_1}$ 的单位向量。现将引力计算公式推广到空间一物体对物体外一点 $P_0(x_0,y_0,z_0)$ 处的单位质量的质点的引力问题上。

设物体占有空间区域 Ω,在点 (x,y,z) 处的体密度为 $\rho(x,y,z)$,且 $\rho(x,y,z)$ 在 Ω 上连续。在物体内取一直径很小的闭区域 $\mathrm{d}v$(同时也表示其体积),(x,y,z) 为这一小块中的一点。把这一小块物体的质量 $\rho\mathrm{d}v$ 近似地看作集中在点 (x,y,z) 处,则其对点 $P_0(x_0,y_0,z_0)$ 处的单位质量的质点的引力为

$$\begin{aligned}\mathrm{d}\boldsymbol{F}&=(\mathrm{d}\boldsymbol{F}_x,\mathrm{d}\boldsymbol{F}_y,\mathrm{d}\boldsymbol{F}_z)\\&=\left(G\frac{\rho(x,y,z)(x-x_0)}{r^3}\mathrm{d}v,G\frac{\rho(x,y,z)(y-y_0)}{r^3}\mathrm{d}v,G\frac{\rho(x,y,z)(z-z_0)}{r^3}\mathrm{d}v\right),\end{aligned}$$

其中,$\mathrm{d}\boldsymbol{F}_x,\mathrm{d}\boldsymbol{F}_y,\mathrm{d}\boldsymbol{F}_z$ 分别为引力元素 $\mathrm{d}\boldsymbol{F}$ 在三坐标轴上的分量,而

$$r=\sqrt{(x-x_0)^2+(y-y_0)^2+(z-z_0)^2}\text{。}$$

将 $\mathrm{d}\boldsymbol{F}_x,\mathrm{d}\boldsymbol{F}_y,\mathrm{d}\boldsymbol{F}_z$ 在 Ω 上分别积分，得引力为

$$\begin{aligned}\boldsymbol{F}&=(\boldsymbol{F}_x,\boldsymbol{F}_y,\boldsymbol{F}_z)\\&=\left(\iiint\limits_{\Omega}G\frac{\rho(x,y,z)(x-x_0)}{r^3}\mathrm{d}v,\iiint\limits_{\Omega}G\frac{\rho(x,y,z)(y-y_0)}{r^3}\mathrm{d}v,\iiint\limits_{\Omega}G\frac{\rho(x,y,z)(z-z_0)}{r^3}\mathrm{d}v\right)\text{。}\end{aligned}$$

类似地，平面薄片对薄片外一点的引力为

$$\begin{aligned}\boldsymbol{F}&=(\boldsymbol{F}_x,\boldsymbol{F}_y)\\&=\left(\iint\limits_{D}G\frac{\mu(x,y)(x-x_0)}{r^3}\mathrm{d}\sigma,\iint\limits_{D}G\frac{\mu(x,y)(x-x_0)}{r^3}\mathrm{d}\sigma\right),\end{aligned}$$

其中，$\mu(x,y)$ 为占有闭区域 D 的平面薄片的面密度，$r=\sqrt{(x-x_0)^2+(y-y_0)^2}$。

例 7　求半径为 R 的均匀球体 $x^2+y^2+z^2\leqslant R^2$ 对球外一点 $M_0(0,0,a)$（质量为 1）的引力，其中 $a>R$。

解　如图 8.55 建立坐标系，设球的密度为 ρ_0，由对称性得

$$\boldsymbol{F}_x=\boldsymbol{F}_y=0,$$

$$\begin{aligned}\boldsymbol{F}_z&=\iiint\limits_{\Omega}G\frac{(z-a)\mathrm{d}v}{r^3}=\iiint\limits_{\Omega}G\frac{(z-a)\mathrm{d}v}{[x^2+y^2+(z-a)^2]^{\frac{3}{2}}}\\&=G\rho_0\int_{-R}^{R}(z-a)\mathrm{d}z\iint\limits_{x^2+y^2\leqslant R^2-z^2}\frac{\mathrm{d}x\mathrm{d}y}{[x^2+y^2+(z-a)^2]^{\frac{3}{2}}}\\&=G\rho_0\int_{-R}^{R}(z-a)\mathrm{d}z\int_0^{2\pi}\mathrm{d}\theta\int_0^{\sqrt{R^2-z^2}}\frac{r\,\mathrm{d}r}{[r^2+(z-a)^2]^{\frac{3}{2}}}\\&=2\pi G\rho_0\int_{-R}^{R}(z-a)\left(\frac{1}{a-z}-\frac{1}{\sqrt{R^2-2az+a^2}}\right)\mathrm{d}z\\&=2\pi G\rho_0\left[-2R+\frac{1}{a}\int_{-R}^{R}(z-a)\mathrm{d}\sqrt{R^2-2az+a^2}\right]\\&=2\pi G\rho_0\left(-2R+2R-\frac{2R^3}{3a^2}\right)=-G\cdot\frac{4\pi R^3}{3}\rho_0\cdot\frac{1}{a^2}=-G\frac{M}{a^2},\end{aligned}$$

其中，$M=\dfrac{4\pi R^3}{3}\rho_0$ 为球的质量。

这表明均匀球体对球外一点处的引力如同球的质量集中于球心处的两质点间的引力。

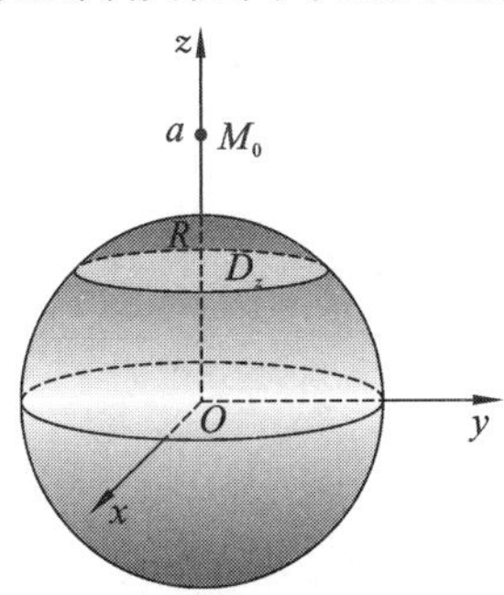

图 8.55

习题 8.4(A)

1. 求平面$\dfrac{x}{a}+\dfrac{y}{b}+\dfrac{z}{c}=1$被三个坐标面所截的部分的面积($a,b,c>0$)。

2. 求密度均匀的半圆片的质心。

3. 一均匀薄片由直线$y=x$与抛物线$y=x^2$所围成,密度$\rho=1$,求它对x轴和y轴的转动惯量。

4. 求面密度为μ,半径为R的圆形薄片$x^2+y^2\leqslant R^2,z=0$对位于点$M_0(0,0,a)$ $(a>0)$处的单位质量的质点的引力。

习题 8.4(B)

1. 求球面$x^2+y^2+z^2=a^2$含在圆柱面$x^2+y^2=ax$内部的那部分面积。

2. 球体$x^2+y^2+z^2\leqslant 2z$内各点处的密度的大小等于该点到原点的距离的平方,试求该球体的质心。

3. 求密度函数为$\rho(x,y,z)$的圆锥体$\sqrt{x^2+y^2}\leqslant z\leqslant 1$对$z$轴的转动惯量。

4. 设均匀柱体的体密度为ρ,占有闭区域$\Omega=\{(x,y,z)\mid x^2+y^2\leqslant R^2,0\leqslant z\leqslant h\}$,求它对位于点$M_0(0,0,a)(a>h)$处的单位质量的质点的引力。

第八章思维导图

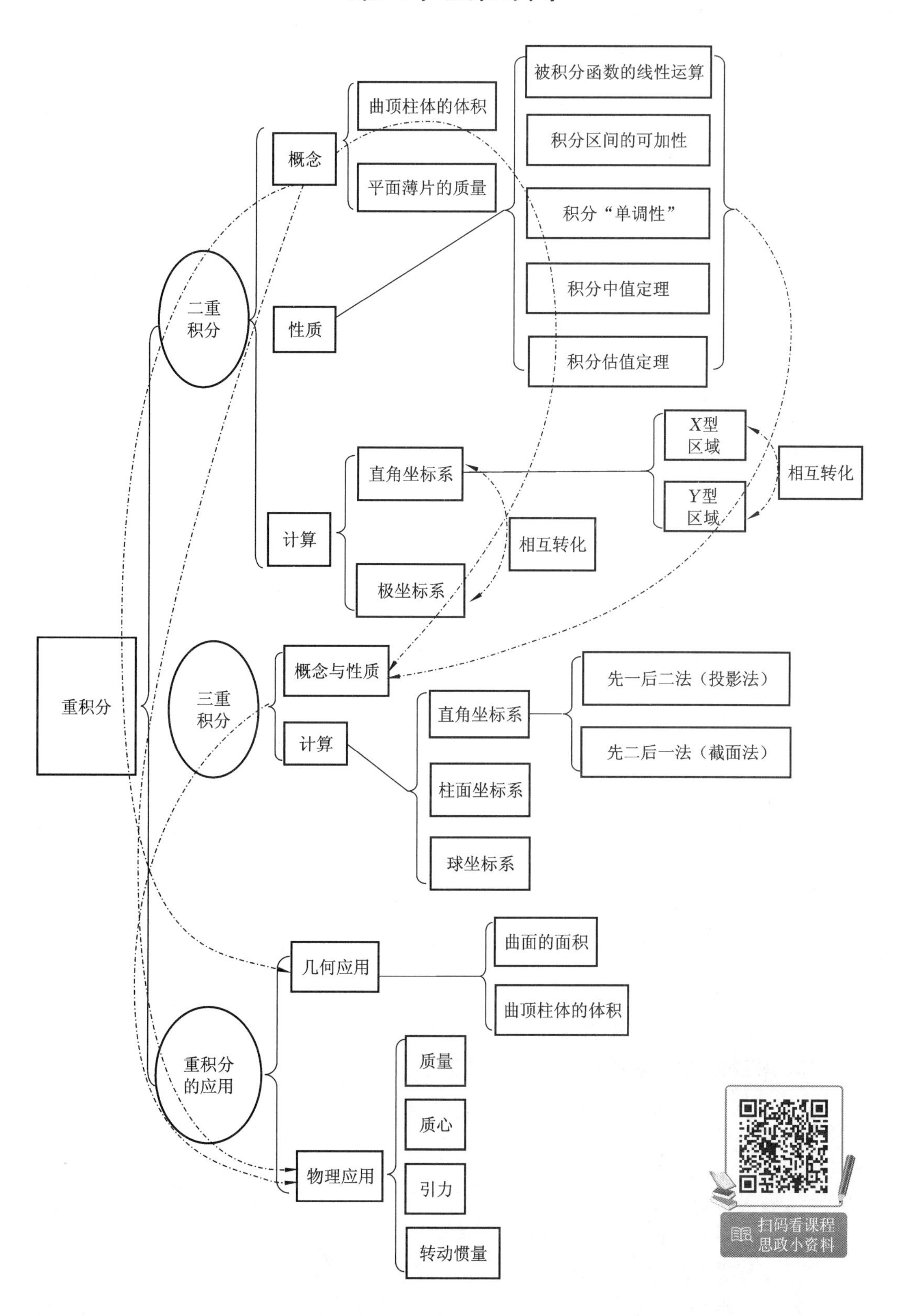
重积分
二重积分
概念
曲顶柱体的体积
平面薄片的质量
性质
被积分函数的线性运算
积分区间的可加性
积分“单调性”
积分中值定理
积分估值定理
计算
直角坐标系
X型区域
Y型区域
相互转化
极坐标系
相互转化
三重积分
概念与性质
计算
直角坐标系
先一后二法（投影法）
先二后一法（截面法）
柱面坐标系
球坐标系
重积分的应用
几何应用
曲面的面积
曲顶柱体的体积
物理应用
质量
质心
引力
转动惯量
扫码看课程
思政小资料

第八章章节测试

一、选择题。(本大题共 6 小题,每小题 3 分,共计 18 分)

1. 设区域 D 由圆 $x^2+y^2=2ax(a>0)$ 围成,则二重积分 $\iint\limits_D e^{-x^2-y^2}d\sigma=$(　　)。

A. $\int_{-\frac{\pi}{2}}^{\frac{\pi}{2}}d\theta\int_0^{2a\cos\theta}e^{-r^2}dr$　　B. $\int_0^{\pi}d\theta\int_0^{2a\cos\theta}e^{-r^2}r\,dr$

C. $2\int_0^{\frac{\pi}{2}}d\theta\int_0^{2a\cos\theta}e^{-r^2}dr$　　D. $\int_{-\frac{\pi}{2}}^{\frac{\pi}{2}}d\theta\int_0^{2a\cos\theta}e^{-r^2}r\,dr$

2. 设 $f(x,y)$ 是连续函数,$a>0$,则 $\int_0^a dx\int_0^x f(x,y)dy=$(　　)。

A. $\int_0^a dy\int_a^y f(x,y)dx$　　B. $\int_0^a dy\int_y^a f(x,y)dx$

C. $\int_0^a dy\int_0^a f(x,y)dx$　　D. $\int_0^a dy\int_0^y f(x,y)dx$

3. 累次积分 $I=\int_0^{\frac{\pi}{2}}d\theta\int_0^{\cos\theta}f(r\cos\theta,r\sin\theta)r\,dr$ 可写成(　　)。

A. $\int_0^1 dx\int_0^{\sqrt{x-x^2}}f(x,y)dy$　　B. $\int_0^1 dx\int_0^1 f(x,y)dy$

C. $\int_0^1 dy\int_0^{\sqrt{1-y^2}}f(x,y)dx$　　D. $\int_0^1 dy\int_0^{\sqrt{y-y^2}}f(x,y)dx$

4. 设 $I=\iint\limits_{x^2+y^2\leqslant 4}(1-x^2-y^2)^{\frac{1}{3}}dxdy$,则必有(　　)。

A. $I=0$　　B. $I>0$

C. $I<0$　　D. $I\neq 0$,但符号不能确定

5. 设 D 是由 x 轴,y 轴与直线 $x+y=1$ 所围成的,则下列不等式成立的是(　　)。

A. $\iint\limits_D(x+y)^3dxdy\geqslant\iint\limits_D(x+y)^4dxdy$　　B. $\iint\limits_D(x+y)^3dxdy>\iint\limits_D(x+y)^4dxdy$

C. $\iint\limits_D(x+y)^3dxdy\leqslant\iint\limits_D(x+y)^4dxdy$　　D. $\iint\limits_D(x+y)^3dxdy<\iint\limits_D(x+y)^4dxdy$

6. 设 $I_1=\iint\limits_D\ln(x+y)d\sigma$,$I_2=\iint\limits_D[\ln(x+y)]^2d\sigma$,其中 D 是三角形闭区域,三顶点各为 $(1,0)$,$(1,1)$,$(2,0)$,则(　　)。

A. $I_1>I_2$　　B. $I_1<I_2$　　C. $I_1=I_2$　　D. 无法确定

二、填空题。(本大题共 3 小题,每小题 3 分,共计 9 分)

1. 利用二重积分的几何意义,可得 $\iint\limits_{x^2+y^2\leqslant 4}\sqrt{4-x^2-y^2}d\sigma=$__________。

2. (2020 年) $\int_0^1 dy\int_{\sqrt{y}}^1\sqrt{x^3+1}dx=$__________。

3. (1990 年) 积分 $\int_0^2 dx\int_x^2 e^{-y^2}dy$ 的值等于__________。

三、解答题。(本大题共计 73 分)

1. 设 $D=\{(x,y)\mid x^2+y^2\leqslant 1\}$,估计二重积分$\iint\limits_D e^{-x^2-y^2}d\sigma$的值。(6 分)

2. 交换下列积分的次序。

(1)$I=\int_0^1 dx\int_x^{\sqrt{x}}\dfrac{\sin y}{x^2}dy$;(6 分)

(2)$I=\int_{-1}^0 dx\int_{-x}^1 f(x,y)dy+\int_0^1 dx\int_{1-\sqrt{1-x^2}}^1 f(x,y)dy$。(7 分)

3. 计算下列重积分。(每小题 9 分)

(1)$I=\iint\limits_D(|x|+|y|)dxdy$,其中 $D:x^2+y^2\leqslant 1$;

(2)$I=\iint\limits_D\dfrac{\sin y}{y}d\sigma$,其中 D 是由 $y^2=x$ 及 $y=x$ 围成的区域;

(3)$I=\iint\limits_D\dfrac{x+y}{x^2+y^2}d\sigma$,其中 D 由 $x^2+y^2\leqslant 1,x+y\geqslant 1$ 围成;

(4)$I=\iiint\limits_\Omega y\sqrt{1-x^2}dv$,其中 Ω 是由 $y=-\sqrt{1-x^2-z^2},x^2+z^2=1,y=1$ 所围成的区域;

(5)$I=\iiint\limits_\Omega(x+y+z+1)^2dv$,其中 $\Omega:x^2+y^2+z^2\leqslant R^2\ (R>0)$;

(6)$I=\iiint\limits_\Omega(x^2+y^2)dxdydz$,其中 Ω 是由 $x^2+y^2=2z$ 与平面 $z=2,z=8$ 所围成的立体。

第八章拓展练习

一、选择题。

1. (2009 年) 如图 8.56,正方形$\{(x,y)\mid |x|\leqslant 1,|y|\leqslant 1\}$被其对角线划分为四个区域,$D_k(k=1,2,3,4)$,$I_k=\iint\limits_{D_k}y\cos x\,dxdy$,则$\max\limits_{1\leqslant k\leqslant 4}\{I_k\}=$(　　)。

(A)I_1　　(B)I_2　　(C)I_3　　(D)I_4

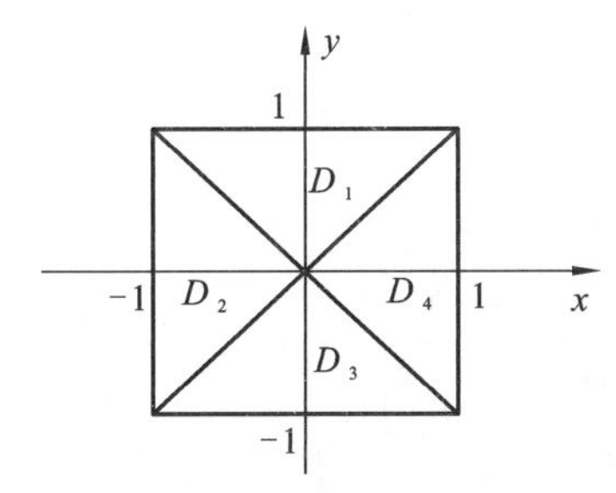

图 8.56

2. (2015 年) 设 D 是第一象限中的曲线 $2xy=1,4xy=1$ 与直线 $y=x,y=\sqrt{3}x$ 围成的平面区域,函数 $f(x,y)$ 在 D 上连续,则 $\iint\limits_D f(x,y)\mathrm{d}x\mathrm{d}y=$ (　　)。

(A) $\int_{\frac{\pi}{4}}^{\frac{\pi}{3}}\mathrm{d}\theta\int_{\frac{1}{2\sin2\theta}}^{\frac{1}{\sin2\theta}}f(r\cos\theta,r\sin\theta)r\mathrm{d}r$　　(B) $\int_{\frac{\pi}{4}}^{\frac{\pi}{3}}\mathrm{d}\theta\int_{\frac{1}{\sqrt{2\sin2\theta}}}^{\frac{1}{\sqrt{\sin2\theta}}}f(r\cos\theta,r\sin\theta)r\mathrm{d}r$

(C) $\int_{\frac{\pi}{4}}^{\frac{\pi}{3}}\mathrm{d}\theta\int_{\frac{1}{2\sin2\theta}}^{\frac{1}{\sin2\theta}}f(r\cos\theta,r\sin\theta)\mathrm{d}r$　　(D) $\int_{\frac{\pi}{4}}^{\frac{\pi}{3}}\mathrm{d}\theta\int_{\frac{1}{\sqrt{2\sin2\theta}}}^{\frac{1}{\sqrt{\sin2\theta}}}f(r\cos\theta,r\sin\theta)\mathrm{d}r$

3. 设有空间区域 $\Omega_1=\{(x,y,z)\mid x^2+y^2+z^2\leqslant R^2,z\geqslant0\}$,$\Omega_2=\{(x,y,z)\mid x^2+y^2+z^2\leqslant R^2,x\geqslant0,y\geqslant0,z\geqslant0\}$,则有(　　)。

(A) $\iiint\limits_{\Omega_1}x\mathrm{d}v=4\iiint\limits_{\Omega_2}x\mathrm{d}v$　　(B) $\iiint\limits_{\Omega_1}y\mathrm{d}v=4\iiint\limits_{\Omega_2}y\mathrm{d}v$

(C) $\iiint\limits_{\Omega_1}z\mathrm{d}v=4\iiint\limits_{\Omega_2}z\mathrm{d}v$　　(D) $\iiint\limits_{\Omega_1}xyz\mathrm{d}v=4\iiint\limits_{\Omega_2}xyz\mathrm{d}v$

4. 设 $f(x)$ 为连续函数,$F(t)=\int_1^t\mathrm{d}y\int_y^t f(x)\mathrm{d}x$,则 $F'(2)=$ (　　)。

(A) $2f(2)$　　(B) $f(2)$　　(C) $-f(2)$　　(D) 0

5. (2010 年) $\lim\limits_{n\to\infty}\sum\limits_{i=1}^{n}\sum\limits_{j=1}^{n}\dfrac{n}{(n+i)(n^2+j^2)}=$ (　　)。

(A) $\int_0^1\mathrm{d}x\int_0^x\dfrac{1}{(1+x)(1+y^2)}\mathrm{d}y$　　(B) $\int_0^1\mathrm{d}x\int_0^x\dfrac{1}{(1+x)(1+y)}\mathrm{d}y$

(C) $\int_0^1\mathrm{d}x\int_0^1\dfrac{1}{(1+x)(1+y)}\mathrm{d}y$　　(D) $\int_0^1\mathrm{d}x\int_0^1\dfrac{1}{(1+x)(1+y^2)}\mathrm{d}y$

二、解答题。

1. (2022 年) 设 $D=\{(x,y)\,|\,y-2\leqslant x\leqslant\sqrt{4-y^2},0\leqslant y\leqslant2\}$,求二重积分 $I=\iint\limits_D\dfrac{(x-y)^2}{x^2+y^2}\mathrm{d}x\mathrm{d}y$。

2. (2000 年) 计算二重积分 $\iint\limits_D\dfrac{\sqrt{x^2+y^2}}{\sqrt{4a^2-x^2-y^2}}\mathrm{d}\sigma$,其中 D 是由曲线 $y=-a+\sqrt{a^2-x^2}\,(a>0)$ 和直线 $y=-x$ 围成的区域。

3. (2006 年) 设区域 $D=\{(x,y)\,|\,x^2+y^2\leqslant1,x\geqslant0\}$,计算二重积分 $I=\iint\limits_D\dfrac{1+xy}{1+x^2+y^2}\mathrm{d}x\mathrm{d}y$。

4. (2015 年) 计算二重积分 $\iint\limits_D x(x+y)\mathrm{d}x\mathrm{d}y$,其中 $D=\{(x,y)\,|\,x^2+y^2\leqslant2,y\geqslant x^2\}$。

5. (2002 年) 计算 $\iint\limits_D \mathrm{e}^{\max\{x^2,y^2\}}\mathrm{d}x\mathrm{d}y$,其中 $D=\{(x,y)\,|\,0\leqslant x\leqslant1,0\leqslant y\leqslant1\}$。

6. 设 $\Omega=\left\{(x,y,z)\,\middle|\,x,y,z\geqslant0,x+y+z\leqslant\dfrac{\pi}{2}\right\}$,计算三重积分 $I=\iiint\limits_{\Omega}xyz\cdot\sin(x+y+z)\mathrm{d}x\mathrm{d}y\mathrm{d}z$。

7. 设空间区域 Ω 是由抛物柱面 $y=\sqrt{z}$，平面 $x+z=\dfrac{\pi}{2}$，$x=0$，$y=0$ 所围成，计算 $\iiint\limits_{\Omega}\dfrac{y\sin z}{z}\mathrm{d}v$。

8. (1991 年) 求三重积分 $\iiint\limits_{\Omega}(x^2+y^2+z)\mathrm{d}v$，其中 Ω 是由曲线 $\begin{cases}y^2=2z,\\x=0\end{cases}$ 绕 z 轴旋转一周所成的旋转曲面与平面 $z=4$ 所围成的立体。

9. (1997 年) 计算 $I=\iiint\limits_{\Omega}(x^2+y^2)\mathrm{d}v$，其中 Ω 是为平面曲线 $\begin{cases}y^2=2z,\\x=0\end{cases}$ 绕 z 轴旋转一周所成的旋转曲面与平面 $z=8$ 所围成的区域。

10. 设 $F(t)=\iiint\limits_{x^2+y^2+z^2\leqslant t^2}f(x^2+y^2+z^2)\mathrm{d}v$，其中 $f(u)$ 为连续函数，且 $f(0)=0$，$f'(0)=1$，求 $\lim\limits_{t\to 0^+}\dfrac{F(t)}{t^5}$。

11. 求由抛物线 $y=x^2$ 与直线 $y=1$ 所围成的均匀薄片(面密度为常数 μ) 对直线 $y=-1$ 的转动惯量。

12. 求均匀曲面 $z=\sqrt{a^2-x^2-y^2}$ 的质心。

13. 设一高度为 $h(t)$(t 为时间) 的雪堆在融化过程中，其侧面满足方程 $z=h(t)-\dfrac{2(x^2+y^2)}{h(t)}$，设长度单位为 cm，时间单位为小时，已知体积减小的速率与侧面积成正比(比例系数为 0.9)，问高度为 130 厘米的雪堆全部融化需要多少小时?

三、证明题。

设 Ω：$x^2+y^2+z^2\leqslant 1$，证明：$\dfrac{4\cdot\sqrt[3]{2}\pi}{3}\leqslant\iiint\limits_{\Omega}\sqrt[3]{x+2y-2z+5}\,\mathrm{d}v\leqslant\dfrac{8\pi}{3}$。

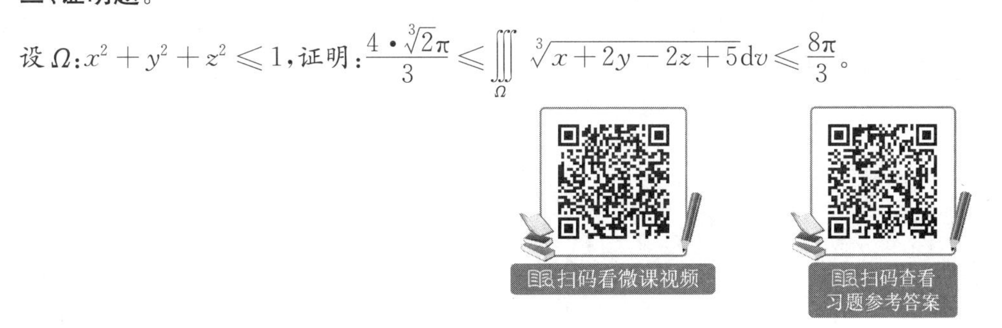

第九章　曲线积分与曲面积分

上一章的重积分，是把积分概念从积分范围为数轴上的一个区间推广到平面或空间内的一个闭区域的情形，如果将积分概念进一步推广，把积分范围推广到一段曲线弧或一片曲面的情形，这就是本章要介绍的曲线积分和曲面积分的概念，本章将阐明有关这两种积分的一些基本内容。

第一节　曲线积分

曲线积分分为两类，对弧长的曲线积分和对坐标的曲线积分。本节将从物理中的质量和功的问题出发，引出这两类曲线积分的概念，然后讨论它们的性质、计算方法以及两者之间的关系。

一、对弧长的曲线积分

1. 对弧长的曲线积分的概念与性质

(1)引例——曲线形构件的质量

设一曲线形构件占有 xOy 平面上的一段弧 L，其端点为 A 和 B，且曲线 L 在点 (x,y) 处的线密度(单位长度的质量)为 $\rho(x,y)$，并设 $\rho(x,y)$ 在 L 上连续(见图 9.1)。现在要计算这构件的质量 M。

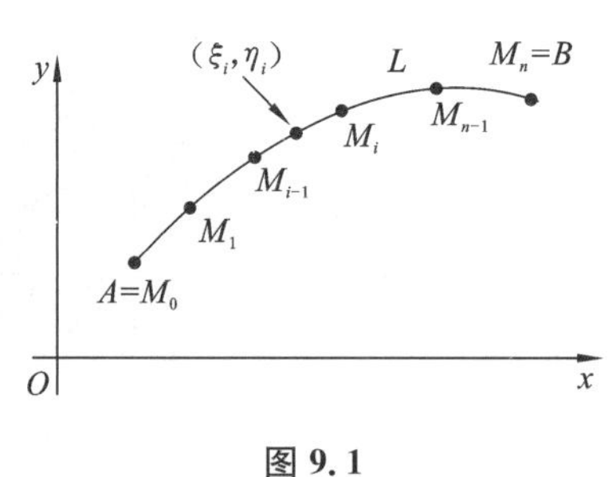

图 9.1

如果构件的线密度是常量，那么这构件的质量就等于它的线密度与长度的乘积。现在构件上各点处的线密度是变量，就不能直接用上述方法来计算。我们采用“分割、近似求和、取极限”的方法求质量。

第一步(分割)：用 L 上的点 $A=M_0,M_1,\cdots,M_{n-1},M_n=B$ 将 L 分为 n 个小段。以 Δs_i 表示第 i 个小弧段 $M_{i-1}M_i$ 的长度。

第二步(近似求和)：在第 i 个小弧段 $M_{i-1}M_i$ 上任取一点 (ξ_i,η_i)，用这点处的线密度代替这小段上其他各点处的线密度，则小弧段的质量可近似为

$$\rho(\xi_i,\eta_i)\cdot\Delta s_i,$$

从而整个曲线形构件的质量 M 近似为

$$\sum_{i=1}^{n}\rho(\xi_i,\eta_i)\Delta s_i。$$

第三步(取极限):用 λ 表示这 n 个小弧段的最大长度,取上述和式当 $\lambda\to 0$ 时的极限,便得到整个构件的质量精确值

$$M=\lim_{\lambda\to 0}\sum_{i=1}^{n}\rho(\xi_i,\eta_i)\Delta s_i。$$

这种和式的极限在物理、力学、几何和工程技术上很普遍,抛开实际问题的具体意义,从数学上抽象出下述曲线积分的概念。

(2) 对弧长的曲线积分的概念

定义 9.1　设 L 为 xOy 平面上的一段光滑曲线弧,函数 $f(x,y)$ 在 L 上有界。在 L 上任意插入一点列:$M_1,M_2,\cdots,M_{n-1}$ 将 L 分为 n 个小段。设第 i 个小弧段 $M_{i-1}M_i$ 的长度为 Δs_i。又 (ξ_i,η_i) 为 $M_{i-1}M_i$ 上任一点,作乘积 $f(\xi_i,\eta_i)\Delta s_i(i=1,2,\cdots,n)$,并作和 $\sum_{i=1}^{n}f(\xi_i,\eta_i)\Delta s_i$,如果当各小弧段的长度的最大值 $\lambda\to 0$ 时,该和式的极限总存在,则称此极限为函数 $f(x,y)$ 在曲线弧 L 上对**弧长的曲线积分**或**第一类曲线积分**,记为 $\int_L f(x,y)\mathrm{d}s$,即

$$\int_L f(x,y)\mathrm{d}s=\lim_{\lambda\to 0}\sum_{i=1}^{n}f(\xi_i,\eta_i)\Delta s_i,$$

其中,$f(x,y)$ 叫作**被积函数**,L 叫作**积分弧段**,$\mathrm{d}s$ 叫作**弧长元素**。

当曲线弧 L 为封闭曲线时,上述积分记为 $\oint_L f(x,y)\mathrm{d}s$。

可以证明,当 $f(x,y)$ 在光滑曲线弧 L 上连续时,对弧长的曲线积分 $\int_L f(x,y)\mathrm{d}s$ 总是存在的。以后我们总假定 $f(x,y)$ 在 L 上是连续的。

根据这个定义,当线密度 $\rho(x,y)$ 在 L 上连续时,上述曲线形构件的质量就等于线密度函数 $\rho(x,y)$ 在 L 上对弧长的曲线积分,即

$$M=\int_L\rho(x,y)\mathrm{d}s。$$

特别地,当 $f(x,y)\equiv 1$ 时,对弧长的曲线积分就等于积分弧段的长度 s,即 $\int_L\mathrm{d}s=s$。

此定义可以类似地推广到积分弧段为空间曲线 Γ 的情形,即函数 $f(x,y,z)$ 在空间曲线 Γ 上对弧长的曲线积分为

$$\int_\Gamma f(x,y,z)\mathrm{d}s=\lim_{\lambda\to 0}\sum_{i=1}^{n}f(\xi_i,\eta_i,\zeta_i)\Delta s_i。$$

(3) 对弧长的曲线积分的性质

对弧长的曲线积分具有与定积分、重积分相类似的性质。

性质 1　$\int_L kf(x,y)\mathrm{d}s=k\int_L f(x,y)\mathrm{d}s$($k$ 是常数)。

性质 2　$\int_L[f(x,y)\pm g(x,y)]\mathrm{d}s=\int_L f(x,y)\mathrm{d}s\pm\int_L g(x,y)\mathrm{d}s$。

性质 3 若积分弧段 L 可分为两段光滑曲线弧 L_1 和 L_2,则

$$\int_L f(x,y)\mathrm{d}s=\int_{L_1} f(x,y)\mathrm{d}s+\int_{L_2} f(x,y)\mathrm{d}s。$$

性质 4 设在 L 上有 $f(x,y)\leqslant g(x,y)$,则有

$$\int_L f(x,y)\mathrm{d}s\leqslant\int_L g(x,y)\mathrm{d}s。$$

特别地,有

$$\left|\int_L f(x,y)\mathrm{d}s\right|\leqslant\int_L |f(x,y)|\mathrm{d}s。$$

性质 5 设 $f(x,y)$ 在光滑曲线弧 L 上有最大值 M 与最小值 m,则

$$ms\leqslant\int_L f(x,y)\mathrm{d}s\leqslant Ms,$$

其中,s 为弧段 L 的长度。

性质 6 设 $f(x,y)$ 在光滑曲线弧 L 上连续,则在 L 上至少存在一点(ξ,η),使得

$$\int_L f(x,y)\mathrm{d}s=f(\xi,\eta)\cdot s,$$

其中,s 为弧段 L 的长度。

2. 对弧长的曲线积分的计算方法

对弧长的曲线积分的计算方法,主要思路还是将其转化为对参变量的定积分来计算。

定理 9.1 设函数 $f(x,y)$ 在曲线弧 L 上连续,L 的参数方程为

$$\begin{cases}x=\varphi(t),\\ y=\psi(t)\end{cases}\quad(\alpha\leqslant t\leqslant\beta),$$

其中,$\varphi(t)$,$\psi(t)$ 在$[\alpha,\beta]$ 上具有一阶连续导数,且 $\varphi'^2(t)+\psi'^2(t)\neq 0$,则曲线积分 $\int_L f(x,y)\mathrm{d}s$ 存在,且

$$\int_L f(x,y)\mathrm{d}s=\int_\alpha^\beta f[\varphi(t),\psi(t)]\sqrt{\varphi'^2(t)+\psi'^2(t)}\mathrm{d}t\ (\alpha<\beta)\ 。\tag{9.1}$$

证 设参数 t 由 α 变至 β 时,L 上的点(x,y) 依次由 A 到 B 描出曲线 L,在 L 上任取一点列

$$A=M_0,M_1,\cdots,M_{n-1},M_n=B,$$

它们对应一列单调上升的参数值

$$\alpha=t_0<t_1<\cdots<t_{n-1}<t_n=\beta。$$

由于

$$\int_L f(x,y)\mathrm{d}s=\lim_{\lambda\to 0}\sum_{i=1}^n f(\xi_i,\eta_i)\Delta s_i,$$

设点(ξ_i,η_i) 对应的参数值 τ_i,即 $\xi_i=\varphi(\tau_i)$、$\eta_i=\psi(\tau_i)$,其中 $t_{i-1}<\tau_i<t_i$。

又由于

$$\Delta s_i=\int_{t_{i-1}}^{t_i}\sqrt{\varphi'^2(t)+\psi'^2(t)}\mathrm{d}t,$$

应用积分中值定理,有

$$\Delta s_i=\sqrt{\varphi'^2(\tau'_i)+\psi'^2(\tau'_i)}\Delta t_i,$$

其中，$\Delta t_i = t_i - t_{i-1}, t_{i-1} \leqslant \tau'_i \leqslant t_i$。于是

$$\int_L f(x,y)\mathrm{d}s = \lim_{\lambda\to 0}\sum_{i=1}^{n} f[\varphi(\tau_i),\psi(\tau_i)]\sqrt{\varphi'^2(\tau'_i)+\psi'^2(\tau'_i)}\Delta t_i。$$

由于$\sqrt{\varphi'^2(t)+\psi'^2(t)}$在闭区间$[\alpha,\beta]$上连续（从而一致连续），可将$\tau_i'$换为$\tau_i$，即有

$$\int_L f(x,y)\mathrm{d}s = \lim_{\lambda\to 0}\sum_{i=1}^{n} f[\varphi(\tau_i),\psi(\tau_i)]\sqrt{\varphi'^2(\tau_i)+\psi'^2(\tau_i)}\Delta t_i。$$

上式右端和式的极限就是函数$f[\varphi(t),\psi(t)]\sqrt{\varphi'^2(t)+\psi'^2(t)}$在$[\alpha,\beta]$上的定积分，由于这个函数在$[\alpha,\beta]$上连续，所以这个定积分必定存在，因此上式左端的曲线积分$\int_L f(x,y)\mathrm{d}s$也存在，并有

$$\int_L f(x,y)\mathrm{d}s = \int_\alpha^\beta f[\varphi(t),\psi(t)]\sqrt{\varphi'^2(t)+\psi'^2(t)}\mathrm{d}t\ (\alpha<\beta)。$$

公式(9.1)表明，计算对弧长的曲线积分时，只要将x、y、$\mathrm{d}s$依次换为$\varphi(t)$、$\psi(t)$、$\sqrt{\varphi'^2(t)+\psi'^2(t)}\mathrm{d}t$，然后从$\alpha$到$\beta$作定积分就行了。$\sqrt{\varphi'^2(t)+\psi'^2(t)}\mathrm{d}t$就是直角坐标系下的弧长元素$\mathrm{d}s$。

注意　定积分的下限α一定要小于上限β。这是因为小弧段的长度Δs_i总是正的，从而$\Delta t_i \geqslant 0$，所以$\alpha<\beta$。

根据曲线L方程的表达式不同，还有以下计算公式。

若曲线L的方程为$y=\varphi(x)(a\leqslant x\leqslant b)$，则将$x$作为参数可得

$$\int_L f(x,y)\mathrm{d}s = \int_a^b f[x,\varphi(x)]\sqrt{1+\varphi'^2(x)}\mathrm{d}x。\tag{9.2}$$

同理，若曲线L的方程为$x=\psi(y)(c\leqslant y\leqslant d)$，则

$$\int_L f(x,y)\mathrm{d}s = \int_c^d f[\psi(y),y]\sqrt{1+\psi'^2(y)}\mathrm{d}y。\tag{9.3}$$

若曲线L的极坐标方程为$\rho=\rho(\theta)(\alpha\leqslant\theta\leqslant\beta)$，则由$x=\rho(\theta)\cos\theta$、$y=\rho(\theta)\sin\theta$得极坐标系下的弧长元素为

$$\mathrm{d}s = \sqrt{\varphi'^2(t)+\psi'^2(t)}\mathrm{d}t = \sqrt{\rho^2(\theta)+\rho'^2(\theta)}\mathrm{d}\theta,$$

于是

$$\int_L f(x,y)\mathrm{d}s = \int_\alpha^\beta f[\rho(\theta)\cos\theta,\rho(\theta)\sin\theta]\sqrt{\rho^2(\theta)+\rho'^2(\theta)}\mathrm{d}\theta\ (\alpha<\beta)。\tag{9.4}$$

公式(9.1)还可推广到空间曲线Γ上，设Γ的参数方程为$x=\varphi(t)$，$y=\psi(t)$，$z=\omega(t)(\alpha\leqslant t\leqslant\beta)$，则

$$\int_\Gamma f(x,y,z)\mathrm{d}s = \int_c^d f[\varphi(t),\psi(t),\omega(t)]\sqrt{\varphi'^2(t)+\psi'^2(t)+\omega'^2(t)}\mathrm{d}t\ (\alpha<\beta)\tag{9.5}$$

在解题时要根据题目给定的曲线的方程，使用对应的公式进行计算。

例 1　计算$\int_L \sqrt{y}\mathrm{d}s$，其中$L$是抛物线$y=x^2$上的点$O(0,0)$与$B(1,1)$之间的一段弧（见图 9.2）。

解　L的方程为$y=x^2(0\leqslant x\leqslant 1)$，故

$$\int_L \sqrt{y}\,\mathrm{d}s = \int_0^1 \sqrt{x^2}\,\sqrt{1+(x^2)'^2}\,\mathrm{d}x = \int_0^1 x\,\sqrt{1+4x^2}\,\mathrm{d}x$$

$$= \left[\frac{1}{12}(1+4x^2)^{\frac{3}{2}}\right]_0^1 = \frac{1}{12}(5\sqrt{5}-1)。$$

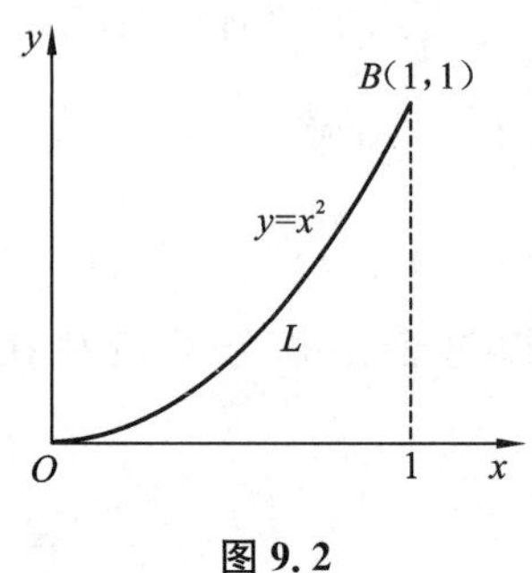

图 9.2

例 2 计算$\int_L xy\,\mathrm{d}s$,其中 L 为圆 $x^2+y^2=R^2(R>0)$ 在第一象限内的圆弧。

解 圆弧 L 的参数方程为 $x=R\cos t, y=R\sin t\left(0\leqslant t\leqslant\frac{\pi}{2}\right)$,则

$$\sqrt{\varphi'^2(t)+\psi'^2(t)}\,\mathrm{d}t = \sqrt{(-R\sin t)^2+(R\cos t)^2}\,\mathrm{d}t = R\mathrm{d}t,$$

故

$$\int_L xy\,\mathrm{d}s = \int_0^{\frac{\pi}{2}} R\cos t \cdot R\sin t \cdot R\mathrm{d}t = \frac{R^3}{2}。$$

例 3 计算$\oint_L \sqrt{x^2+y^2}\,\mathrm{d}s$,其中 L 为圆周 $x^2+y^2=ax(a>0)$(见图 9.3)。

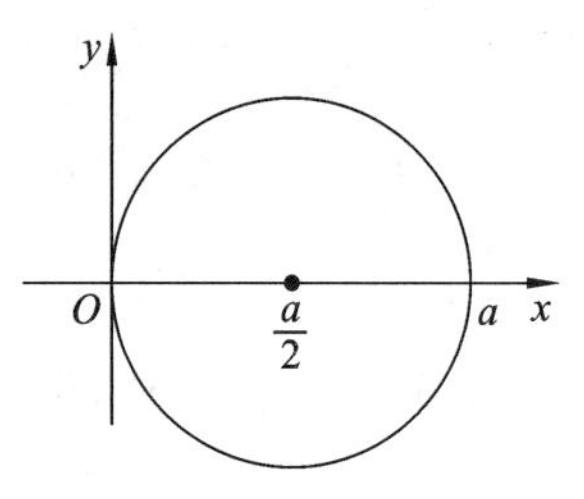

图 9.3

解 L 的极坐标方程为 $\rho=a\cos\theta\left(-\frac{\pi}{2}\leqslant\theta\leqslant\frac{\pi}{2}\right)$,而

$$\sqrt{x^2+y^2} = |\rho| = a\cos\theta, \mathrm{d}s = \sqrt{(a\cos\theta)^2+(-a\sin\theta)^2}\,\mathrm{d}\theta = a\mathrm{d}\theta,$$

于是

$$\oint_L \sqrt{x^2+y^2}\,\mathrm{d}s = \int_{-\frac{\pi}{2}}^{\frac{\pi}{2}} a\cos\theta \cdot a\mathrm{d}\theta = a^2\sin\theta\Big|_{-\frac{\pi}{2}}^{\frac{\pi}{2}} = 2a^2。$$

例 4 计算曲线积分$\int_\Gamma (x^2+y^2+z^2)\,\mathrm{d}s$,其中 Γ 为螺旋线 $x=a\cos t, y=a\sin t, z=kt$ 上相应于 t 从 0 到 2π 的一段弧(见图 9.4)。

解 $\int_\Gamma (x^2+y^2+z^2)\,\mathrm{d}s = \int_0^{2\pi}[(a\cos t)^2+(a\sin t)^2+(kt)^2]\cdot\sqrt{(-a\sin t)^2+(a\cos t)^2+k^2}\,\mathrm{d}t$

$$= \int_0^{2\pi} (a^2 + k^2 t^2) \sqrt{a^2 + k^2} \mathrm{d}t$$

$$= \sqrt{a^2 + k^2} \left[a^2 t + \frac{k^2}{3} t^3 \right]_0^{2\pi}$$

$$= \frac{2\pi}{3} a^2 \sqrt{a^2 + k^2} (3a^2 + 4\pi^2 k^2)。$$

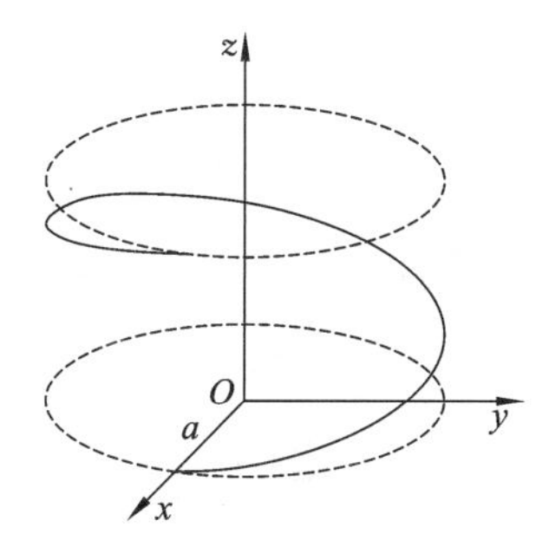

图 9.4

例 5　计算 $\oint_L |y| \mathrm{d}s$，其中 L 为双纽线 $(x^2 + y^2)^2 = a^2(x^2 - y^2)(a > 0)$（见图 9.5）。

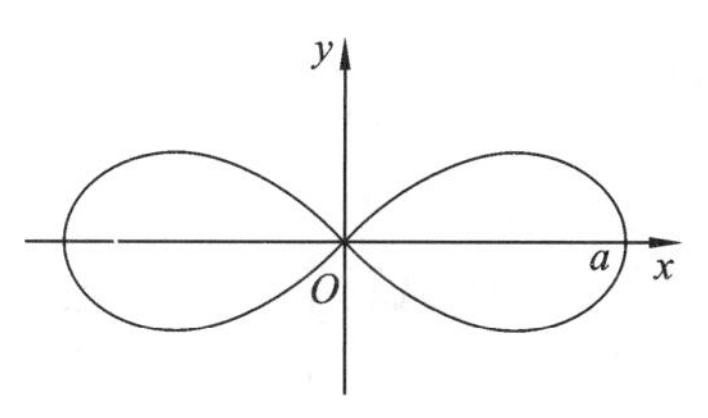

图 9.5

解　由对称性可知，所求积分为双纽线在第一象限内弧段 L_1 上的曲线积分 I_1 的 4 倍。先求双纽线的极坐标方程，由

$$(\rho^2 \cos^2\theta + \rho^2 \sin^2\theta)^2 = a^2(\rho^2 \cos^2\theta - \rho^2 \sin^2\theta)$$

得

$$\rho = a\sqrt{\cos 2\theta},$$

而

$$|y| = y = \rho\sin\theta = a\sqrt{\cos 2\theta}\sin\theta\left(0 \leqslant \theta \leqslant \frac{\pi}{4}\right),$$

$$\mathrm{d}s = \sqrt{\rho^2(\theta) + \rho'^2(\theta)}\mathrm{d}\theta = \sqrt{a^2\cos 2\theta + a^2\frac{\sin^2 2\theta}{\cos 2\theta}}\mathrm{d}\theta = \frac{a}{\sqrt{\cos 2\theta}}\mathrm{d}\theta,$$

所以

$$I = 4I_1 = 4\int_0^{\frac{\pi}{4}} a\sqrt{\cos 2\theta}\sin\theta \cdot \frac{a}{\sqrt{\cos 2\theta}}\mathrm{d}\theta = 4a^2\int_0^{\frac{\pi}{4}} \sin\theta\mathrm{d}\theta = 2a^2(2 - \sqrt{2})。$$

二、对坐标的曲线积分

1. 对坐标的曲线积分的概念与性质

(1) 引例——变力沿有向曲线所做的功

设一质点在 xOy 面上受到变力 $\boldsymbol{F}(x,y)=P(x,y)\boldsymbol{i}+Q(x,y)\boldsymbol{j}$ 的作用,从点 A 沿光滑曲线弧 L 移动到点 B,其中 $P(x,y)$、$Q(x,y)$ 在 L 上连续。现在要求上述移动过程中变力 $\boldsymbol{F}(x,y)$ 所做的功(见图 9.6)。

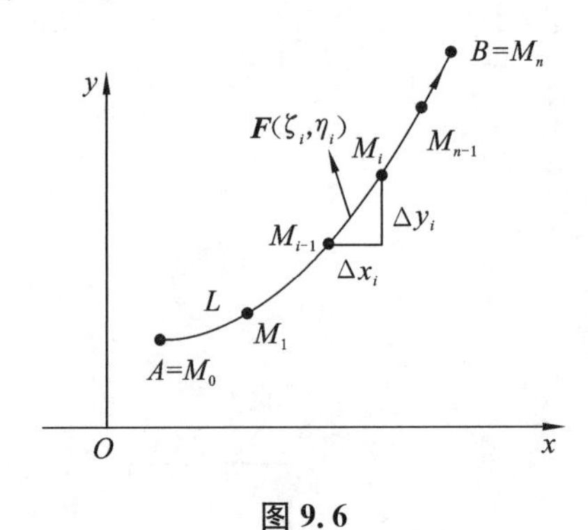

图 9.6

如果 $\boldsymbol{F}$ 是恒力,且质点是从 A 沿直线移动到 B,那么 $\boldsymbol{F}$ 对质点所做的功 W 等于向量 $\boldsymbol{F}$ 与向量 $\overrightarrow{AB}$ 的数量积,即

$$W=\boldsymbol{F}\cdot\overrightarrow{AB}。$$

现在 $\boldsymbol{F}(x,y)$ 是变力,且质点沿曲线 L 移动,故功 W 不能直接用上述公式来计算。但前面解决曲线形构件质量问题的方法也适用于本问题。

第一步(分割):用曲线弧 L 上的点 $A=M_0(x_0,y_0),M_1(x_1,y_1),\cdots,M_{n-1}(x_{n-1},y_{n-1}),M_n(x_n,y_n)=B$ 将 L 分为 n 个小弧段。

第二步(近似求和):在第 i 个有向小弧段 $M_{i-1}M_i$ 上任取一点 (ξ_i,η_i),由于有向小弧段 $M_{i-1}M_i$ 光滑且很短,故可用有向线段

$$\overrightarrow{M_{i-1}M_i}=\Delta x_i\boldsymbol{i}+\Delta y_i\boldsymbol{j}$$

来近似代替它,其中 $\Delta x_i=x_i-x_{i-1},\Delta y_i=y_i-y_{i-1}$。

由此,变力 $\boldsymbol{F}(x,y)$ 沿有向小弧段 $M_{i-1}M_i$ 所做的功 ΔW_i 可近似看作恒力 $\boldsymbol{F}(\xi_i,\eta_i)$ 沿有向线段 $\overrightarrow{M_{i-1}M_i}$ 所做的功,即

$$\Delta W_i\approx\boldsymbol{F}(\xi_i,\eta_i)\cdot\overrightarrow{M_{i-1}M_i}=P(\xi_i,\eta_i)\Delta x_i+Q(\xi_i,\eta_i)\Delta y_i,$$

于是

$$W\approx\sum_{i=1}^{n}[P(\xi_i,\eta_i)\Delta x_i+Q(\xi_i,\eta_i)\Delta y_i]。$$

第三步(取极限):以 λ 表示 n 个小弧段的最大长度,令 $\lambda\to0$ 取上述和式的极限,所得到的极限值就是变力 $\boldsymbol{F}(x,y)$ 沿有向曲线 L 所做的功,即

$$W=\lim_{\lambda\to0}\sum_{i=1}^{n}[P(\xi_i,\eta_i)\Delta x_i+Q(\xi_i,\eta_i)\Delta y_i]。$$

这种和式的极限在研究其他问题时也会遇到,现抽象出下面的定义。

(2) 对坐标的曲线积分的定义

定义 9.2 设 L 为 xOy 面上从点 A 到点 B 的一条光滑有向曲线弧,函数 $P(x,y)$,$Q(x,y)$ 在 L 上有界。在 L 上沿 L 的方向任意插入一点列

$$A=M_0(x_0,y_0),M_1(x_1,y_1),\cdots,M_{n-1}(x_{n-1},y_{n-1}),M_n(x_n,y_n)=B,$$

将 L 分为 n 个有向小弧段 $M_{i-1}M_i(i=1,2,\cdots,n)$。设 $\Delta x_i = x_i - x_{i-1}, \Delta y_i = y_i - y_{i-1}$，点 (ξ_i,η_i) 为第 i 个有向小弧段 $M_{i-1}M_i$ 上任取的一点。若当 n 个小弧段的最大长度 $\lambda \to 0$ 时，$\sum\limits_{i=1}^{n} P(\xi_i,\eta_i)\Delta x_i$ 的极限总存在，则称此极限为函数 $P(x,y)$ 在有向曲线 L 上**对坐标 x 的曲线积分**，记作 $\int_L P(x,y)\mathrm{d}x$。同理，若 $\sum\limits_{i=1}^{n} Q(\xi_i,\eta_i)\Delta y_i$ 的极限总存在，则称此极限为函数 $Q(x,y)$ 在有向曲线 L **上对坐标 y 的曲线积分**，记作 $\int_L Q(x,y)\mathrm{d}y$，即

$$\int_L P(x,y)\mathrm{d}x = \lim_{\lambda\to 0}\sum_{i=1}^{n} P(\xi_i,\eta_i)\Delta x_i,$$

$$\int_L Q(x.\ y)\mathrm{d}y = \lim_{\lambda\to 0}\sum_{i=1}^{n} Q(\xi_i,\eta_i)\Delta y_i,$$

其中，$P(x,y)$，$Q(x,y)$ 叫作**被积函数**，L 叫作**积分弧段**。

上述两个积分也称为**第二类曲线积分**。

在应用上常将上述两个积分合起来写成

$$\int_L P(x,y)\mathrm{d}x + \int_L Q(x,y)\mathrm{d}y = \int_L P(x,y)\mathrm{d}x + Q(x,y)\mathrm{d}y。$$

也可写成向量形式

$$\int_L P(x,y)\mathrm{d}x + \int_L Q(x,y)\mathrm{d}y = \int_L \boldsymbol{F}(x,y)\cdot \mathrm{d}\boldsymbol{r},$$

其中，$\boldsymbol{F}(x,y) = P(x,y)\boldsymbol{i} + Q(x,y)\boldsymbol{j}$，$\mathrm{d}\boldsymbol{r} = \mathrm{d}x\boldsymbol{i} + \mathrm{d}y\boldsymbol{j}$。

当 $P(x,y)$，$Q(x,y)$ 在有向光滑曲线弧 L 上连续时，对坐标的曲线积分 $\int_L P(x,y)\mathrm{d}x$ 与 $\int_L Q(x,y)\mathrm{d}y$ 都存在。以后总假定 $P(x,y)$，$Q(x,y)$ 在 L 上是连续的。

根据这个定义，前面讨论的变力 $\boldsymbol{F}(x,y)$ 从点 A 沿光滑曲线弧 L 移动到点 B 所做的功可表示为

$$W = \int_L P(x,y)\mathrm{d}x + \int_L Q(x,y)\mathrm{d}y。$$

此定义可以类似地推广到积分弧段为空间有向曲线 Γ 的情形，即函数 $P(x,y,z)$，$Q(x,y,z)$，$R(x,y,z)$ 在空间有向曲线 Γ 上对坐标的曲线积分为

$$\int_\Gamma P(x,y,z)\mathrm{d}x = \lim_{\lambda\to 0}\sum_{i=1}^{n} P(\xi_i,\eta_i,\zeta_i)\Delta x_i,$$

$$\int_\Gamma Q(x,y,z)\mathrm{d}y = \lim_{\lambda\to 0}\sum_{i=1}^{n} Q(\xi_i,\eta_i,\zeta_i)\Delta y_i,$$

$$\int_\Gamma R(x,y,z)\mathrm{d}z = \lim_{\lambda\to 0}\sum_{i=1}^{n} R(\xi_i,\eta_i,\zeta_i)\Delta z_i,$$

合起来即为

$$\begin{aligned}&\int_\Gamma P(x,y,z)\mathrm{d}x + \int_\Gamma Q(x,y,z)\mathrm{d}y + \int_\Gamma R(x,y,z)\mathrm{d}z \\ =&\int_\Gamma P(x,y,z)\mathrm{d}x + Q(x,y,z)\mathrm{d}y + R(x,y,z)\mathrm{d}z。\end{aligned}$$

(3) 对坐标的曲线积分的性质

由对坐标的曲线积分的定义可推导出下列性质:

性质 1 $\int_L kP\mathrm{d}x + kQ\mathrm{d}y = k\int_L P\mathrm{d}x + Q\mathrm{d}y$。

性质 2 $\int_L (P_1+P_2)\mathrm{d}x + (Q_1+Q_2)\mathrm{d}y = \int_L P_1\mathrm{d}x + Q_1\mathrm{d}y + \int_L P_2\mathrm{d}x + Q_2\mathrm{d}y$。

性质 3 $\int_{L_1+L_2} P\mathrm{d}x + Q\mathrm{d}y = \int_{L_1} P\mathrm{d}x + Q\mathrm{d}y + \int_{L_2} P\mathrm{d}x + Q\mathrm{d}y$。

性质 4 $\int_{L^-} P\mathrm{d}x + Q\mathrm{d}y = -\int_L P\mathrm{d}x + Q\mathrm{d}y$($L^-$ 是 L 的反向曲线弧)。

性质 4 表明,当积分弧段的方向改变时,对坐标的曲线积分要改变符号。因此,对坐标的曲线积分与方向有关,我们必须注意积分弧段的方向。

2. 对坐标的曲线积分的计算方法

计算对坐标的曲线积分的基本思想也是将其转化为对参变量的定积分。

定理 9.2 设函数 $P(x,y)$,$Q(x,y)$ 在有向曲线弧 L 上连续,L 的参数方程为

$$\begin{cases} x = \varphi(t), \\ y = \psi(t), \end{cases}$$

当参数 t 单调地从 α 变到 β 时,点 $M(x,y)$ 从 L 的起点 A 沿 L 运动到终点 B,$\varphi(t)$、$\psi(t)$ 在以 α 及 β 为端点的闭区间上具有一阶连续导数,且 $\varphi'^2(t)+\psi'^2(t)\neq 0$,则曲线积分 $\int_L P(x,y)\mathrm{d}x + Q(x,y)\mathrm{d}y$ 存在,且

$$\int_L P(x,y)\mathrm{d}x + Q(x,y)\mathrm{d}y = \int_\alpha^\beta \{P[\varphi(t),\psi(t)]\varphi'(t) + Q[\varphi(t),\psi(t)]\psi'(t)\}\mathrm{d}t。 \tag{9.6}$$

证 在 L 上任取一点列

$$A = M_0, M_1, \cdots, M_{n-1}, M_n = B,$$

它们对应一列单调变化的参数值

$$\alpha = t_0 < t_1 < \cdots < t_{n-1} < t_n = \beta,$$

由于

$$\int_L P(x,y)\mathrm{d}x = \lim_{\lambda\to 0}\sum_{i=1}^n P(\xi_i,\eta_i)\Delta x_i,$$

设点(ξ_i,η_i) 对应的参数值为 τ_i,即 $\xi_i=\varphi(\tau_i)$、$\eta_i=\psi(\tau_i)$,其中 τ_i 在 t_{i-1} 与 t_i 之间。

又由于

$$\Delta x_i = x_i - x_{i-1} = \varphi(t_i) - \varphi(t_{i-1}),$$

应用微分中值定理,有

$$\Delta x_i = \varphi'(\tau'_i)\Delta t_i,$$

其中,$\Delta t_i = t_i - t_{i-1}$,$\tau'_i$在 t_{i-1} 与 t_i 之间。于是

$$\int_L P(x,y)\mathrm{d}x = \lim_{\lambda\to 0}\sum_{i=1}^n P[\varphi(\tau_i),\psi(\tau_i)]\varphi'(\tau'_i)\Delta t_i,$$

由于函数 $\varphi'(\tau'_i)$在闭区间$[\alpha,\beta]$ 或$[\beta,\alpha]$ 上连续(从而一致连续),可将 τ_i' 换为 τ_i,即有

$$\int_L P(x,y)\mathrm{d}x = \lim_{\lambda\to 0}\sum_{i=1}^{n} P[\varphi(\tau_i),\psi(\tau_i)]\varphi'(\tau_i)\Delta t_i,$$

上式右端和式的极限就是定积分$\int_\alpha^\beta P[\varphi(t),\psi(t)]\varphi'(t)\mathrm{d}t$，由于函数 $P[\varphi(\tau_i),\psi(\tau_i)]\varphi'(\tau_i)$ 连续，所以这个定积分必定存在，因此上式左端的曲线积分$\int_L P(x,y)\mathrm{d}x$ 也存在，并有

$$\int_L P(x,y)\mathrm{d}x = \int_\alpha^\beta P[\varphi(t),\psi(t)]\varphi'(t)\mathrm{d}t。$$

同理可证

$$\int_L Q(x,y)\mathrm{d}y = \int_\alpha^\beta Q[\varphi(t),\psi(t)]\psi'(t)\mathrm{d}t,$$

把以上两式相加，得

$$\int_L P(x,y)\mathrm{d}x + Q(x,y)\mathrm{d}y = \int_\alpha^\beta \{P[\varphi(t),\psi(t)]\varphi'(t) + Q[\varphi(t),\psi(t)]\psi'(t)\}\mathrm{d}t,$$

这里，下限 α 对应于起点 A，上限 β 对应于终点 B。

公式(9.6)表明，计算对坐标的曲线积分时，只要将 x、y、$\mathrm{d}x$、$\mathrm{d}y$ 依次换为 $\varphi(t)$、$\psi(t)$、$\varphi'(t)\mathrm{d}t$、$\psi'(t)\mathrm{d}t$，然后从 L 的起点 A 所对应的参数 α 到 L 的终点 B 所对应的参数 β 作定积分就行了。

注意　下限 α 对应于 L 的起点 A，上限 β 对应于 L 的终点 B，下限 α 不一定要小于上限 β。

根据曲线 L 方程的表达式不同，还有以下计算公式。

若曲线 L 的方程为 $y=\varphi(x)$，L 的起点 A 与终点 B 分别对应 $x=a$ 与 $x=b$，则

$$\int_L P\mathrm{d}x + Q\mathrm{d}y = \int_a^b \{P[x,\varphi(x)] + Q[x,\varphi(x)]\varphi'(x)\}\mathrm{d}x。\tag{9.7}$$

同理，若曲线弧 L 的方程为 $x=\psi(y)$，L 的起点 A 与终点 B 分别对应 $y=c$ 与 $y=d$，则

$$\int_L P\mathrm{d}x + Q\mathrm{d}y = \int_c^d \{P[\psi(y),y] + Q[\psi(y),y]\psi'(y)\}\mathrm{d}y。\tag{9.8}$$

公式(9.6)可推广到积分弧段为空间有向曲线 Γ 的情形，设 Γ 的参数方程为 $x=\varphi(t)$，$y=\psi(t)$，$z=\omega(t)$，则

$$\begin{aligned}\int_\Gamma P\mathrm{d}x + Q\mathrm{d}y + R\mathrm{d}z = \int_\alpha^\beta \{&P[\varphi(t),\psi(t),\omega(t)]\varphi'(t) + Q[\varphi(t),\psi(t),\omega(t)]\psi'(t)\\ &+ R[\varphi(t),\psi(t),\omega(t)]\omega'(t)\}\mathrm{d}t\end{aligned}\tag{9.9}$$

其中，Γ 的起点对应参数 α，Γ 的终点对应参数 β。

例 6　计算$\int_L y^2\mathrm{d}x$，其中 L 为(见图 9.7)：

(1) 半径为 a，圆心为原点，按逆时针方向绕行的上半圆周；

(2) 从点 $A(a,0)$ 到点 $B(-a,0)$ 的直线段。

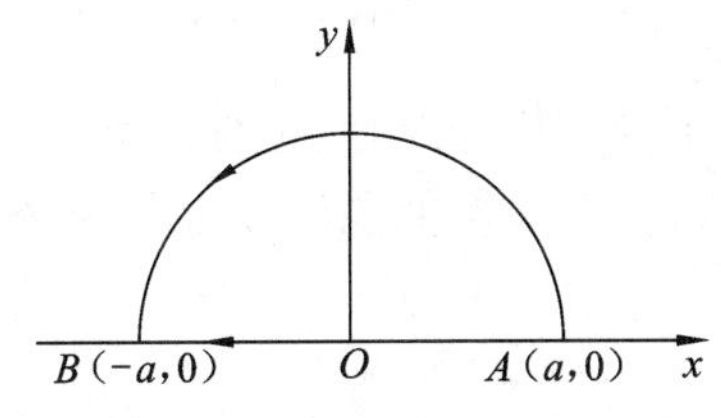

图 9.7

解 (1)L 的参数方程为:$x = a\cos\theta, y = a\sin\theta(0 \leqslant \theta \leqslant \pi)$,$\theta = 0$ 对应于起点 A,$\theta = \pi$ 对应于终点 B,所以

$$\int_L y^2 \mathrm{d}x = \int_0^{\pi} a^2 \sin^2\theta(-a\sin\theta)\mathrm{d}\theta = a^3\int_0^{\pi}(1-\cos^2\theta)\mathrm{d}\cos\theta = -\frac{4}{3}a^3。$$

(2)L 的参数方程为:$y = 0$,x 从 a 变到 $-a$,所以

$$\int_L y^2 \mathrm{d}x = \int_a^{-a} 0 \cdot \mathrm{d}x = 0。$$

从例 6 可以看出,虽然两个曲线积分的被积函数相同,起点和终点也相同,但沿不同路径得出的积分值并不相等。

例 7 计算$\int_L 2xy\mathrm{d}x + x^2\mathrm{d}y$,其中 L 为(见图 9.8):

(1) 抛物线 $y = x^2$ 上从点 $O(0,0)$ 到点 $B(1,1)$ 的一段弧;

(2) 抛物线 $x = y^2$ 上从点 $O(0,0)$ 到点 $B(1,1)$ 的一段弧;

(3) 有向折线 OAB,O,A,B 的坐标分别为$(0,0)$,$(1,0)$,$(1,1)$。

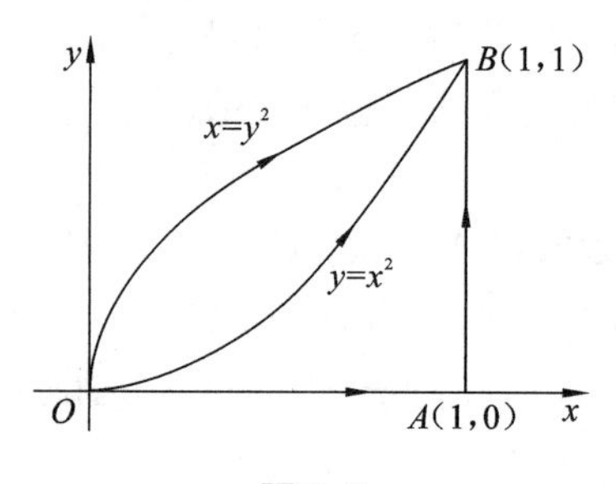

图 9.8

解 (1)L 的方程为:$y = x^2$,x 从 0 变到 1,所以

$$\int_L 2xy\mathrm{d}x + x^2\mathrm{d}y = \int_0^1 (2x \cdot x^2 + 2x^2 \cdot x)\mathrm{d}x = 4\int_0^1 x^3\mathrm{d}x = 1。$$

(2)L 的方程为:$x = y^2$,y 从 0 变到 1,所以

$$\int_L 2xy\mathrm{d}x + x^2\mathrm{d}y = \int_0^1 (2y^2 \cdot y \cdot 2y + y^4)\mathrm{d}y = 5\int_0^1 y^4\mathrm{d}x = 1。$$

(3)$\int_L 2xy\mathrm{d}x + x^2\mathrm{d}y = \int_{OA} 2xy\mathrm{d}x + x^2\mathrm{d}y + \int_{AB} 2xy\mathrm{d}x + x^2\mathrm{d}y$,

在 OA 上,$y = 0$,x 从 0 变到 1,所以

$$\int_{OA} 2xy\mathrm{d}x + x^2\mathrm{d}y = \int_0^1 (2x \cdot 0 + x^2 \cdot 0)\mathrm{d}x = 0。$$

在 AB 上,$x = 1$,y 从 0 变到 1,所以

$$\int_{AB} 2xy\mathrm{d}x + x^2\mathrm{d}y = \int_0^1 (2y \cdot 0 + 1)\mathrm{d}y = 1。$$

所以

$$\int_L 2xy\mathrm{d}x + x^2\mathrm{d}y = 0 + 1 = 1。$$

从例 7 可以看出,虽然沿不同的积分路径,但曲线积分的值可以相等。但是例 6 没有这样的结论。在下一节我们将讨论对坐标的曲线积分与积分路径无关的条件。

例 8　计算$\oint_L xyz\mathrm{d}z$，其中 L 是用平面 $y=z$ 截球面 $x^2+y^2+z^2=1$ 所得的截痕，从 z 轴的正向看沿逆时针方向(见图 9.9)。

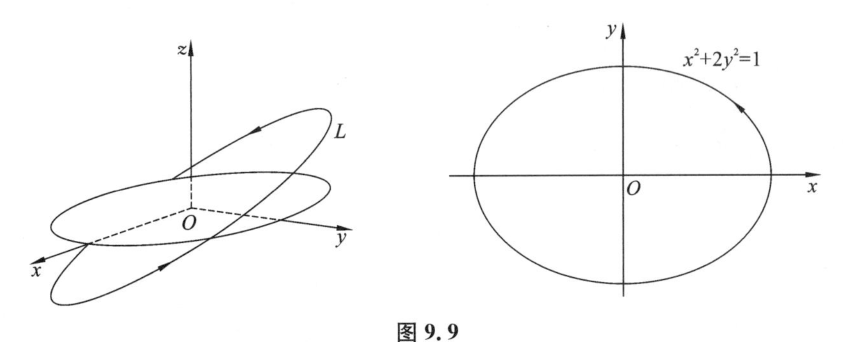

图 9.9

解　L 的方程为：$\begin{cases} y=z, \\ x^2+y^2+z^2=1, \end{cases}$ 它在 xOy 面上的投影为：$x^2+2y^2=1$，从而其参数形式为：$x=\cos\theta, y=z=\dfrac{\sqrt{2}}{2}\sin\theta$，且 θ 从 0 变到 2π，所以

$$\oint_L xyz\mathrm{d}z = \int_0^{2\pi} \cos\theta \cdot \frac{\sqrt{2}}{2}\sin\theta \cdot \frac{\sqrt{2}}{2}\sin\theta \cdot \frac{\sqrt{2}}{2}\cos\theta\mathrm{d}\theta$$
$$= \frac{\sqrt{2}}{4}\int_0^{2\pi} \cos^2\theta\sin^2\theta\mathrm{d}\theta = \frac{\sqrt{2}}{16}\pi。$$

例 9　设有一质点在 $M(x,y)$ 处受到力 $\boldsymbol{F}$ 的作用。力 $\boldsymbol{F}$ 的大小与点 M 到原点的距离成正比，力 $\boldsymbol{F}$ 的方向指向原点。此质点由点 $A(a,0)$ 沿椭圆$\dfrac{x^2}{a^2}+\dfrac{y^2}{b^2}=1$ 按逆时针方向移动到点 $B(0,b)$(见图 9.10)，求力 $\boldsymbol{F}$ 所做的功。

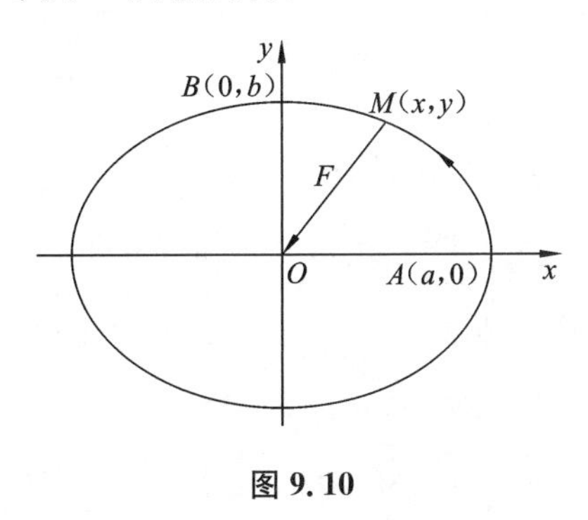

图 9.10

解　$\overrightarrow{OM}=x\boldsymbol{i}+y\boldsymbol{j}$，$|\overrightarrow{OM}|=\sqrt{x^2+y^2}$，由题设知，$\boldsymbol{F}=-k(x\boldsymbol{i}+y\boldsymbol{j})$，其中 $k>0$ 为比例系数，所以 $\boldsymbol{F}$ 所做的功为

$$W=\int_{\widehat{AB}} -kx\mathrm{d}x-ky\mathrm{d}y=-k\int_{\widehat{AB}} x\mathrm{d}x+y\mathrm{d}y。$$

由于弧 AB 的参数方程为：$x=a\cos\theta, y=b\sin\theta$，其中 $\theta=0$ 对应起点 A，$\theta=\dfrac{\pi}{2}$ 对应于终点 B，从而

$$W=-k\int_{0}^{\frac{\pi}{2}}[a\cos\theta\cdot(-a\sin\theta)+b\sin\theta\cdot(b\cos\theta)]d\theta$$

$$=k(a^2-b^2)\int_{0}^{\frac{\pi}{2}}\cos\theta\sin\theta d\theta=\frac{k(a^2-b^2)}{2}。$$

三、两类曲线积分之间的关系

设有向曲线弧 L 的起点为 A，终点为 B，L 的参数方程为：

$$\begin{cases}x=\varphi(t),\\ y=\psi(t),\end{cases}$$

起点 A 对应于参数 α，终点 B 对应于参数 β。这里不妨设 $\alpha<\beta$(当 $\alpha>\beta$ 时有相同结论)，函数 $\varphi(t)$ 和 $\psi(t)$ 在 $[\alpha,\beta]$ 上具有一阶连续的导数，且 $\varphi'^2(t)+\psi'^2(t)\neq 0$，函数 $P(x,y)$，$Q(x,y)$ 在 L 上连续。由对坐标的曲线积分有

$$\int_L P(x,y)dx+Q(x,y)dy=\int_{\alpha}^{\beta}\{P[\varphi(t),\psi(t)]\varphi'(t)+Q[\varphi(t),\psi(t)]\psi'(t)\}dt。$$

我们知道，向量 $\boldsymbol{\tau}=(\varphi'(t),\psi'(t))$ 是曲线弧 L 在点 $M=(\varphi(t),\psi(t))$ 处的一个切向量，它的指向与参数 t 的增长方向一致，当 $\alpha<\beta$ 时，这个指向就是有向曲线弧 L 的方向。指向与有向曲线弧的方向一致的切向量称为该**有向曲线弧的切向量**。于是，有向曲线 L 的切向量为 $\boldsymbol{\tau}=(\varphi'(t),\psi'(t))$，其方向余弦为

$$\cos\alpha=\frac{\varphi'(t)}{\sqrt{\varphi'^2(t)+\psi'^2(t)}},\quad \cos\beta=\frac{\psi'(t)}{\sqrt{\varphi'^2(t)+\psi'^2(t)}}。$$

由对弧长的曲线积分的计算公式，有

$$\int_L[P(x,y)\cos\alpha+Q(x,y)\cos\beta]ds$$

$$=\int_{\alpha}^{\beta}\left\{P[\varphi(t),\psi(t)]\frac{\varphi'(t)}{\sqrt{\varphi'^2(t)+\psi'^2(t)}}+Q[\varphi(t),\psi(t)]\frac{\psi'(t)}{\sqrt{\varphi'^2(t)+\psi'^2(t)}}\right\}\sqrt{\varphi'^2(t)+\psi'^2(t)}dt$$

$$=\int_{\alpha}^{\beta}\{P[\varphi(t),\psi(t)]\varphi'(t)+Q[\varphi(t),\psi(t)]\psi'(t)\}dt。$$

由此可见，平面曲线 L 上的两类曲线积分之间具有如下关系：

$$\int_L Pdx+Qdy=\int_L(P\cos\alpha+Q\cos\beta)ds,$$

其中，$\cos\alpha$、$\cos\beta$ 为有向曲线弧 L 在点 $M(x,y)$ 处的切向量的方向余弦。

类似地，空间曲线 Γ 上的两类曲线积分之间具有如下关系：

$$\int_L Pdx+Qdy+Rdz=\int_L(P\cos\alpha+Q\cos\beta+R\cos\gamma)ds,$$

其中，$\cos\alpha$、$\cos\beta$、$\cos\gamma$ 为有向曲线弧 Γ 在点 $M(x,y,z)$ 处的切向量的方向余弦。

两类曲线积分之间的关系也可用向量的形式表示。例如，空间曲线 Γ 上的两类曲线积分之间的关系可写成

$$\int_{\Gamma}\boldsymbol{A}\cdot d\boldsymbol{r}=\int_{\Gamma}\boldsymbol{A}\cdot\boldsymbol{\tau}ds=\int_{\Gamma}A_{\tau}ds,$$

其中，$\boldsymbol{A}=\{P,Q,R\}$，$\boldsymbol{\tau}=(\cos\alpha,\cos\beta,\cos\gamma)$ 为有向曲线弧 Γ 在点 (x,y,z) 处的单位切向

量,称 $\mathrm{d}\boldsymbol{r}=\boldsymbol{\tau}\cdot\mathrm{d}s=(\mathrm{d}x,\mathrm{d}y,\mathrm{d}z)$为有向曲线元,$\boldsymbol{A}_\tau$ 为向量 $\boldsymbol{A}$ 在向量 $\boldsymbol{\tau}$ 上的投影。

例 10　将对坐标的曲线积分 $\int_L P(x,y)\mathrm{d}x+Q(x,y)\mathrm{d}y$ 化为对弧长的曲线积分,其中 L 为:沿抛物线 $y=x^2$ 上的点 $O(0,0)$ 到 $B(1,1)$之间的一段弧。

解　由于有向曲线 L 的切向量为 $\boldsymbol{\tau}=(1,2x)$,所以

$$\cos\alpha=\frac{1}{\sqrt{1+4x^2}},\quad \cos\beta=\frac{2x}{\sqrt{1+4x^2}},$$

从而

$$\int_L P(x,y)\mathrm{d}x+Q(x,y)\mathrm{d}y=\int_L\frac{1}{\sqrt{1+4x^2}}[P(x,y)+2xQ(x,y)]\mathrm{d}s。$$

习题 9.1(A)

1. 设在 xOy 平面内有一带质量的曲线弧 L,其线密度函数为 $\rho(x,y)$,用对弧长的曲线积分分别表达:

(1) 曲线弧 L 对 x 轴和 y 轴的转动惯量 I_x、I_y;

(2) 曲线弧 L 的质心坐标。

2. 计算下列对弧长的曲线积分。

(1)$\int_L y\mathrm{d}s$,其中 L 为 $y^2=4x$ 从(1,2)到(1,−2)的一段弧;

(2)$\int_L |y|\mathrm{d}s$,其中 L 是第一象限内从点 $A(0,1)$ 到点 $B(1,0)$ 的单位圆弧;

(3)$\oint_L x\mathrm{d}s$,L 是由直线 $y=x$ 与抛物线 $y=x^2$ 所围成区域的整个边界;

(4)$\oint_L \mathrm{e}^{\sqrt{x^2+y^2}}\mathrm{d}s$,$L$ 是由曲线 $r=a$ 与射线 $\theta=0,\theta=\frac{\pi}{4}$ 所围成的边界;

(5)$\int_\Gamma \frac{1}{x^2+y^2+z^2}\mathrm{d}s$,其中 Γ 为空间曲线 $x=\mathrm{e}^t\cos t,y=\mathrm{e}^t\sin t,z=\mathrm{e}^t(0\leqslant t\leqslant 2)$;

(6)$\int_\Gamma x^2yz\mathrm{d}s$,其中 Γ 为折线 $ABCD$,这里 A,B,C,D 依次为点(0,0,0),(0,0,2),(1,0,2),(1,3,2);

(7)$\oint_\Gamma (x^2+y^2+z^2)\mathrm{d}s$,其中 Γ 为抛物面 $2z=x^2+y^2$ 被平面 $z=1$ 所截得的圆周。

3. 一金属线成半圆形 $x=a\cos t,y=a\sin t(0\leqslant t\leqslant\pi)$,其上每一点处的线密度等于该点的纵坐标,求这条金属线的质量。

4. 设 L 为 xOy 平面上从点 $A(a,0)$ 到点 $B(b,0)$ 的一段直线,证明:

$$\int_L P(x,y)\mathrm{d}s=\int_a^b P(x,0)\mathrm{d}x。$$

5. 计算下列对坐标的曲线积分。

(1)$\int_L xy\mathrm{d}x$,其中 L 为抛物线 $y^2=x$ 上从点 $A(1,-1)$ 到点 $B(1,1)$ 的一段弧;

(2)$\int_L xy^2\mathrm{d}x+(x+y)\mathrm{d}y$,其中 L 为抛物线 $y=x^2$ 上从点(0,0)到点(1,1)的一段弧;

(3) $\int_L (2xy-2y)\mathrm{d}x+(x^2-4x)\mathrm{d}y$,其中 L 为正向圆周 $x^2+y^2=9$;

(4) $\int_L (2a-y)\mathrm{d}x-(a-y)\mathrm{d}y$,其中 L 为摆线 $x=a(t-\sin t)$, $y=a(1-\cos t)$ 上从点 $O(0,0)$ 到点 $B(2\pi a,0)$ 的一段弧;

(5) $\int_\Gamma x^3\mathrm{d}x+3zy^2\mathrm{d}y-x^2y\mathrm{d}z$,其中 Γ 为从点 $A(3,2,1)$ 到点 $B(0,0,0)$ 的直线段 AB;

(6) $\oint_\Gamma \mathrm{d}x-\mathrm{d}y+y\mathrm{d}z$,其中 Γ 为有向闭折线 $ABCA$,这里 A,B,C 依次为点 $(1,0,0)$, $(0,1,0)$, $(0,0,1)$;

(7) $\int_\Gamma \sin x\mathrm{d}x+\cos y\mathrm{d}y+xz\mathrm{d}z$,其中 $\Gamma: x=t^3, y=-t^3, z=t$,从点 $(1,-1,1)$ 到点 $(0,0,0)$。

6. 计算曲线积分 $\int_L (x^2+y^2)\mathrm{d}x+2(x+y)\mathrm{d}y$,其中 L 为:

(1) 圆周 $(x-1)^2+y^2=1$ 上从点 $A(1,1)$ 到点 $B(2,0)$ 的一段弧;

(2) 从点 $A(1,1)$ 到点 $B(2,0)$ 的直线段。

7. 计算 $\int_L (x+y)\mathrm{d}x+(x-y)\mathrm{d}y$,其中 L 为:

(1) 从点 $(1,1)$ 到点 $(4,2)$ 的直线段;

(2) 抛物线 $x=y^2$ 上从点 $(1,1)$ 到点 $(4,2)$ 的一段弧;

(3) 先沿直线从点 $(1,1)$ 到点 $(1,2)$,再沿直线从点 $(1,2)$ 到点 $(4,2)$ 的折线;

(4) 曲线 $x=2t^2+t+1$, $y=t^2+1$ 上从点 $(1,1)$ 到点 $(4,2)$ 的一段弧。

8. 在力 $\boldsymbol{F}(x,y)=(x-y)\boldsymbol{i}+(x+y)\boldsymbol{j}$ 的作用下,一质点沿圆周 $x^2+y^2=1$ 从点 $(1,0)$ 移动到点 $(0,1)$,求力所做的功。

习题 9.1(B)

1. (2009 年) 已知曲线 $L: y=x^2(0\leqslant x\leqslant\sqrt{2})$,则 $\int_L x\mathrm{d}s=$ ________。

2. (1998 年) 设 l 为椭圆 $\frac{x^2}{4}+\frac{y^2}{3}=1$,其周长为 a,则 $\oint_l (2xy+3x^2+4y^2)\mathrm{d}s=$ ________。

3. (2010 年) 已知曲线 L 的方程为 $y=1-|x|(-1\leqslant x\leqslant 1)$,起点为 $(-1,0)$,终点为 $(1,0)$,则曲线积分 $\int_L xy\mathrm{d}x+x^2\mathrm{d}y=$ ________。

4. 计算对弧长的曲线积分 $\int_L (\sin x+\sqrt{y})\mathrm{d}s$, $L: y=x^2(-\sqrt{5}\leqslant x\leqslant\sqrt{5})$。

5. 计算曲线积分 $\int_L \sqrt{2x}(y^2+z^2)\mathrm{d}s$, $\Gamma: x=\frac{1}{2}t^2, y=\sin t, z=\cos t\quad(0\leqslant t\leqslant\sqrt{3})$。

6. 计算对弧长的曲线积分 $\int_\Gamma \frac{z^3}{x^2+y^2+z^2}\mathrm{d}s$,其中 Γ 为曲线 $x=t\cos t$, $y=t\sin t$, $z=t(1\leqslant t\leqslant 2)$。

7. 计算对弧长的曲线积分$\oint_L y\mathrm{d}s$，其中 L 为直线 $y=x$ 及曲线 $y=x^3$ 所围成的整个边界。

8. (2008 年) 计算曲线积分$\int_L \sin 2x\mathrm{d}x+2(x^2-1)y\mathrm{d}y$，其中 L 是曲线 $y=\sin x$ 上从点$(0,0)$ 到点$(\pi,0)$ 的一段。

9. (2015 年) 已知曲线 L 的方程为$\begin{cases}z=\sqrt{2-x^2-y^2}\\ z=x\end{cases}$，起点为 $A(0,\sqrt{2},0)$，终点为 $B(0,-\sqrt{2},0)$，计算曲线积分 $I=\int_L(y+z)\mathrm{d}x+(z^2-x^2+y)\mathrm{d}y+x^2y^2\mathrm{d}z$。

10. 将对坐标的曲线积分$\int_L P(x,y)\mathrm{d}x+Q(x,y)\mathrm{d}y$ 化为对弧长的曲线积分，其中 L 为：沿上半圆周 $x^2+y^2=2x$ 上的点 $O(0,0)$ 到 $B(1,1)$。

第二节　格林公式及其应用

1828 年，英国数学家格林在研究位势方程时得到了著名的格林公式，该公式表达了平面闭区域上的二重积分与其边界曲线上的曲线积分之间的关系，本节将介绍格林公式及其应用。

一、格林公式

首先介绍几个相关概念。

设 D 为平面区域，若 D 内任一条曲线所围的部分都属于 D，则称 D 为**单连通区域**。否则称 D 为**复连通区域**。直观地来看，平面单连通区域就是不含有“洞”(包括“点洞”) 的区域(见图 9.11)，而复连通区域就是含有“洞”(包括“点洞”) 的区域(见图 9.12)。例如，平面上的圆形区域$\{(x,y)\mid x^2+y^2<1\}$、上半平面$\{(x,y)\mid y>0\}$都是单连通区域；而圆环区域$\{(x,y)\mid 1<x^2+y^2<2\}$是复连通区域。

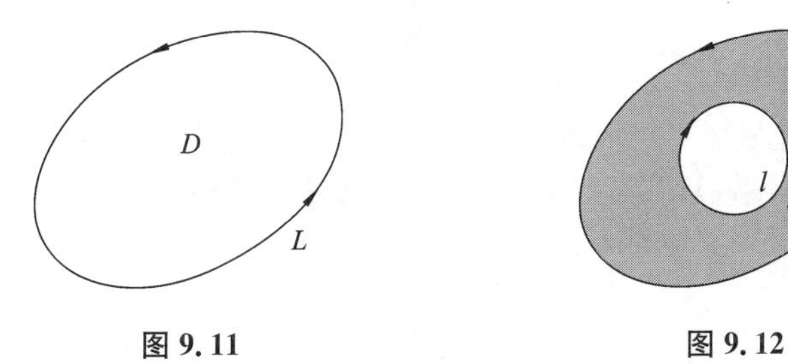

图 9.11　　　图 9.12

我们规定平面区域 D 的边界曲线 L 的正向如下：当观察者沿曲线 L 行走时，如果 D 的内部区域总在他的左侧，则称此人行走的方向为边界曲线 L 的**正向**，反之(即 D 的内部区域总在他的右侧) 则称为 L 的**负向**。由此规定可知，单连通区域边界曲线的正向是逆时针方向(见图 9.11)；复连通区域边界曲线的正向为：外边界 L 为逆时针方向，内边界 l 为顺时针方向(见图 9.12)。

定理 9.3 (格林公式) 设闭区域 D 由分段光滑的曲线 L 围成,函数 $P(x,y)$ 及 $Q(x,y)$ 在 D 上具有一阶连续的偏导数,则有

$$\iint_D \left(\frac{\partial Q}{\partial x}-\frac{\partial P}{\partial y}\right)\mathrm{d}x\mathrm{d}y=\oint_L P\,\mathrm{d}x+Q\mathrm{d}y, \tag{9.10}$$

其中 L 为 D 的边界曲线的正向。

由格林公式我们知道:在平面区域 D 上的二重积分可以通过沿闭区域 D 的边界曲线 L 上的曲线积分来表示。

证　先设 D 既为 X 型区域,又为 Y 型区域,即穿过 D 的内部且平行于坐标轴的直线与 D 的边界曲线 L 的交点恰好为两个(见图 9.13)。

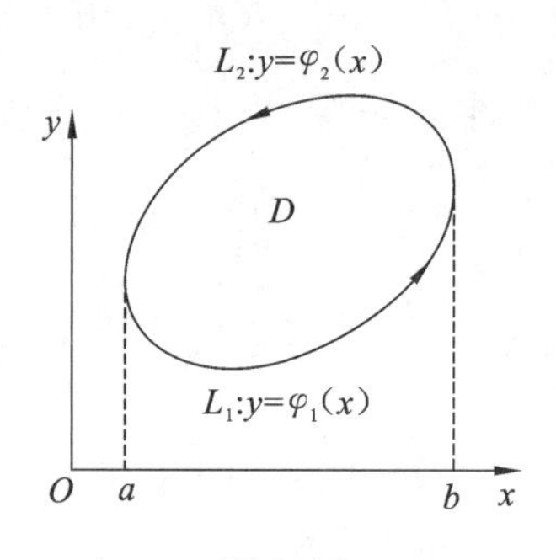

图 9.13

若视 D 为 X 型区域,则 D 可表示为 $\{(x,y)\mid a\leqslant x\leqslant b, y_1(x)\leqslant y\leqslant y_2(x)\}$,由于 $\dfrac{\partial P}{\partial y}$ 连续,所以

$$\iint_D \frac{\partial P}{\partial y}\mathrm{d}x\mathrm{d}y=\int_a^b\mathrm{d}x\int_{\varphi_1(x)}^{\varphi_2(x)}\frac{\partial P(x,y)}{\partial y}\mathrm{d}y=\int_a^b\{P[x_1,\varphi_2(x)]-P[x_1,\varphi_1(x)]\}\mathrm{d}x;$$

又由于

$$\begin{aligned}\oint_L P\,\mathrm{d}x&=\int_{L_1}P\mathrm{d}x+\int_{L_2}P\mathrm{d}x=\int_a^b P[x,\varphi_1(x)]\mathrm{d}x+\int_b^a P[x,\varphi_2(x)]\mathrm{d}x\\&=\int_a^b\{P[x,\varphi_1(x)]-P[x,\varphi_2(x)]\}\mathrm{d}x,\end{aligned}$$

所以

$$-\iint_D \frac{\partial P}{\partial y}\mathrm{d}x\mathrm{d}y=\oint_L P\,\mathrm{d}x。$$

若视 D 为 Y 型区域,则 D 可表示为 $\{(x,y)\mid c\leqslant x\leqslant d, x_1(y)\leqslant x\leqslant x_2(y)\}$,同理有

$$\iint_D \frac{\partial Q}{\partial x}\mathrm{d}x\mathrm{d}y=\oint_L Q\mathrm{d}y,$$

故有

$$\iint_D \left(\frac{\partial Q}{\partial x}-\frac{\partial P}{\partial y}\right)\mathrm{d}x\mathrm{d}y=\oint_L P\,\mathrm{d}x+Q\mathrm{d}y。$$

若 D 不满足上述条件,则可添加一些辅助线将 D 划分为有限的几部分,使每一部分都满足上述条件。例如,对图 9.14 添加辅助线 ABC,将 D 分为三部分,则

$$\iint_{D_1}\left(\frac{\partial Q}{\partial x}-\frac{\partial P}{\partial y}\right)\mathrm{d}x\mathrm{d}y=\oint_{AMCBA}P\,\mathrm{d}x+Q\mathrm{d}y,$$

$$\iint_{D_2}\left(\frac{\partial Q}{\partial x}-\frac{\partial P}{\partial y}\right)\mathrm{d}x\mathrm{d}y=\oint_{ABPA}P\mathrm{d}x+Q\mathrm{d}y,$$

$$\iint_{D_3}\left(\frac{\partial Q}{\partial x}-\frac{\partial P}{\partial y}\right)\mathrm{d}x\mathrm{d}y=\oint_{BCNB}P\mathrm{d}x+Q\mathrm{d}y,$$

把这三个等式相加，注意到沿辅助线来回的曲线积分相互抵消，便得

$$\iint_{D}\left(\frac{\partial Q}{\partial x}-\frac{\partial P}{\partial y}\right)\mathrm{d}x\mathrm{d}y=\oint_{L}P\mathrm{d}x+Q\mathrm{d}y。$$

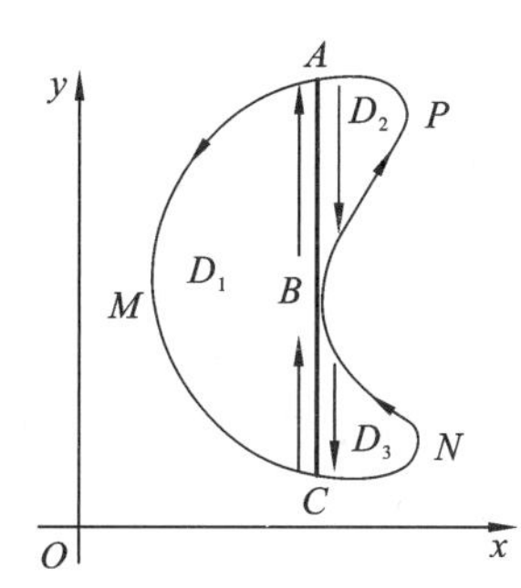

图 9.14

一般地，公式(9.10)对于由分段光滑曲线围成的闭区域都成立。

当D是复连通区域时，公式(9.10)右端中的L应为D的全部边界，且边界的方向对D来说都是正向。

应用格林公式可计算平面区域的面积。

当格林公式(9.10)中的$P=-y$、$Q=x$时，$\frac{\partial Q}{\partial x}-\frac{\partial P}{\partial y}=1-(-1)=2$，则有

$$2\iint_{D}\mathrm{d}x\mathrm{d}y=\oint_{L}x\mathrm{d}y-y\mathrm{d}x。$$

上式左端是闭区域D的面积A的两倍，因此有

$$A=\frac{1}{2}\oint_{L}x\mathrm{d}y-y\mathrm{d}x。$$

此公式可以用来计算平面闭区域的面积。

例 1　求椭圆$\frac{x^2}{a^2}+\frac{y^2}{b^2}=1$的面积$A$。

解　该椭圆可用参数方程表示为：$x=a\cos\theta, y=b\sin\theta(0\leqslant\theta\leqslant 2\pi)$，设$L$为椭圆的正向边界，则

$$A=\frac{1}{2}\oint_{L}x\mathrm{d}y-y\mathrm{d}x=\frac{1}{2}\int_{0}^{2\pi}[a\cos\theta\cdot\mathrm{d}(b\sin\theta)-b\sin\theta\cdot\mathrm{d}(a\cos\theta)]$$

$$=\frac{1}{2}\int_{0}^{2\pi}[a\cos\theta\cdot b\cos\theta-b\sin\theta\cdot(-a\sin\theta)]\mathrm{d}\theta=\frac{1}{2}ab\int_{0}^{2\pi}\mathrm{d}\theta=\pi ab。$$

例 2　计算$I=\oint_{L}(x^3-x^2y)\mathrm{d}x+(xy^2+y^3)\mathrm{d}y$，其中：

(1)L为圆周$x^2+y^2=a^2$，取逆时针方向；

(2)L为以$O(0,0)$，$A(1,0)$，$B(0,1)$为顶点的三角形边界，取逆时针方向。

解 令 $P=x^3-x^2y,Q=xy^2+y^3$,则$\frac{\partial Q}{\partial x}-\frac{\partial P}{\partial y}=y^2+x^2$,由格林公式可得

(1)$I=\iint\limits_{x^2+y^2\leqslant a^2}(x^2+y^2)\mathrm{d}x\mathrm{d}y=\int_0^{2\pi}\mathrm{d}\theta\int_0^a\rho^2\cdot\rho\mathrm{d}\rho=\frac{\pi a^4}{2}$。

(2)$\triangle AOB$ 所围区域 $D=\{(x,y)\mid 0\leqslant x\leqslant 1,0\leqslant y\leqslant 1-x\}$,

$$I=\iint\limits_D(x^2+y^2)\mathrm{d}x\mathrm{d}y=\int_0^1\mathrm{d}x\int_0^{1-x}(x^2+y^2)\mathrm{d}y=\int_0^1\left(x^2y+\frac{1}{3}y^3\right)\Big|_0^{1-x}\mathrm{d}x$$

$$=\int_0^1\left[x^2-x^3+\frac{(1-x)^3}{3}\right]\mathrm{d}x=\frac{1}{6}。$$

例 3 计算$\iint\limits_D \mathrm{e}^{-y^2}\mathrm{d}\sigma$,其中 D 是以 $O(0,0),A(1,1),B(0,1)$ 为顶点的三角形闭区域(见图 9.15)。

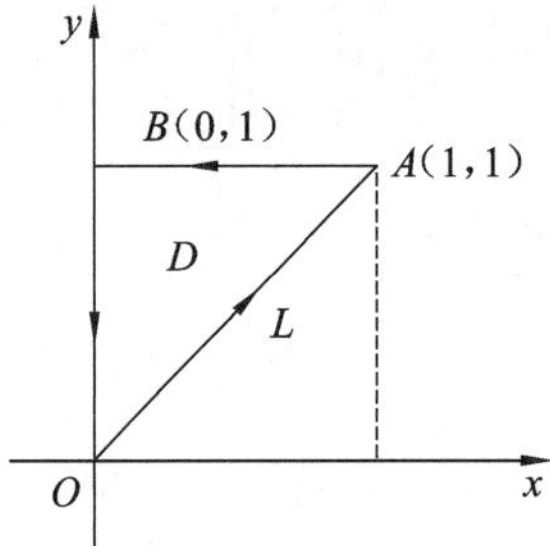

图 9.15

解 令 $P=0,Q=x\mathrm{e}^{-y^2}$,则$\frac{\partial Q}{\partial x}-\frac{\partial P}{\partial y}=\mathrm{e}^{-y^2}$,因此

$$\iint\limits_D \mathrm{e}^{-y^2}\mathrm{d}\sigma=\oint_{OA+AB+BO}x\mathrm{e}^{-y^2}\mathrm{d}y=\int_{OA}x\mathrm{e}^{-y^2}\mathrm{d}y=\int_0^1 x\mathrm{e}^{-x^2}\mathrm{d}x=\frac{1-\mathrm{e}^{-1}}{2}。$$

对于不是闭曲线上的曲线积分,有时也可添加适当的辅助线使它成为闭曲线,再利用格林公式计算。

例 4 计算 $I=\int_L[\mathrm{e}^x\sin y-b(x+y)]\mathrm{d}x+(\mathrm{e}^x\cos y-ax)\mathrm{d}y$,其中 a,b 为正数,L 为曲线 $y=\sqrt{2ax-x^2}$ 上的由点$(2a,0)$ 到$(0,0)$ 的一段弧。

解 如图 9.16,添加一条从点$(0,0)$ 到点$(2a,0)$ 的有向直线$\overrightarrow{OA}$:$y=0(0\leqslant x\leqslant 2a)$,原积分弧段 L 加上$\overrightarrow{OA}$ 形成闭曲线。

又由于 $P=\mathrm{e}^x\sin y-b(x+y),Q=\mathrm{e}^x\cos y-ax$,所以

$$\frac{\partial P}{\partial y}=\mathrm{e}^x\cos y-b,\quad \frac{\partial Q}{\partial x}=\mathrm{e}^x\cos y-a。$$

由格林公式有

$$I=\oint_{L+\overrightarrow{OA}}P\mathrm{d}x+Q\mathrm{d}y-\int_{\overrightarrow{OA}}P\mathrm{d}x+Q\mathrm{d}y$$

$$=\iint\limits_D(\mathrm{e}^x\cos y-a-\mathrm{e}^x\cos y+b)\mathrm{d}x\mathrm{d}y-\int_0^{2a}[(\mathrm{e}^x\sin 0-bx)\cdot 1+(\mathrm{e}^x\cos 0-ax)\cdot 0]\mathrm{d}x$$

$$=(b-a)\iint\limits_D\mathrm{d}x\mathrm{d}y+b\int_0^{2a}x\mathrm{d}x=(b-a)\frac{\pi}{2}a^2+2a^2b。$$

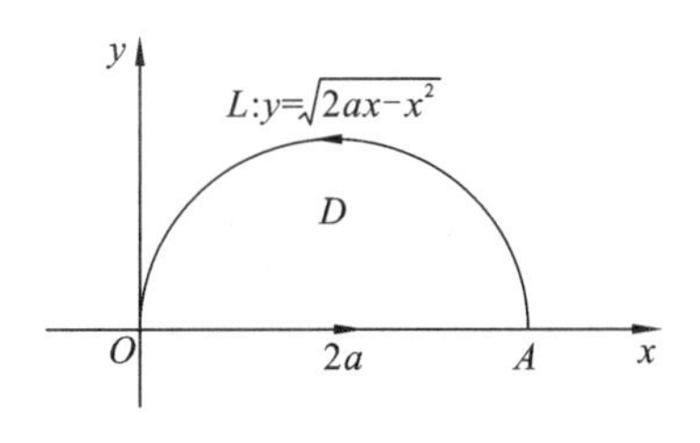

图 9.16

例 5　计算 $I=\oint_L \frac{x\mathrm{d}y-y\mathrm{d}x}{x^2+y^2}$，其中 L 为一条无重点(除首尾两点外，其余点不重合)、分段光滑且不经过原点的连续封闭曲线，L 的方向为逆时针方向。

解　由于 $P=-\frac{y}{x^2+y^2}$，$Q=\frac{x}{x^2+y^2}$，且当 $x^2+y^2\neq 0$ 时，$\frac{\partial Q}{\partial x}=\frac{\partial P}{\partial y}=\frac{y^2-x^2}{y^2+x^2}$。记 L 所围成的闭区域为 D。当 $(0,0)\notin D$ 时，由格林公式有

$$I=\iint_D\left(\frac{\partial Q}{\partial x}-\frac{\partial P}{\partial y}\right)\mathrm{d}x\mathrm{d}y=0;$$

当 $(0,0)\in D$ 时，以 $(0,0)$ 为中心，以充分小的半径 r 作一圆，使整个圆含于 L 所围的区域中(见图 9.17)，则由格林公式有

$$\oint_L \frac{x\mathrm{d}y-y\mathrm{d}x}{x^2+y^2}-\oint_l \frac{x\mathrm{d}y-y\mathrm{d}x}{x^2+y^2}=0$$

即

$$\oint_L \frac{x\mathrm{d}y-y\mathrm{d}x}{x^2+y^2}=\oint_l \frac{x\mathrm{d}y-y\mathrm{d}x}{x^2+y^2}=\frac{1}{r^2}\oint_l x\mathrm{d}y-y\mathrm{d}x=\frac{2\pi r^2}{r^2}=2\pi。$$

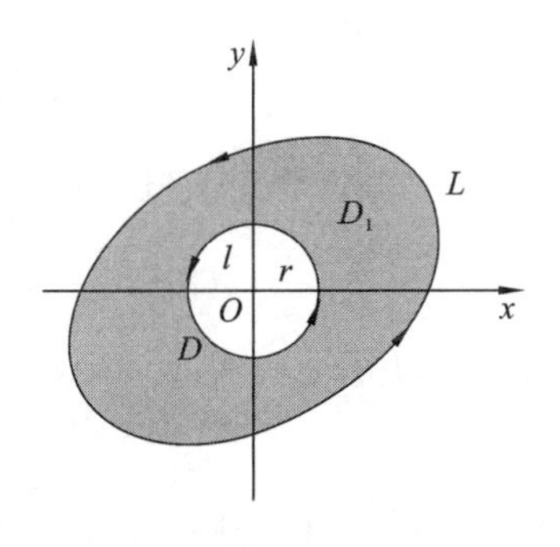

图 9.17

注意　若积分曲线内含有奇点$\left(\frac{\partial Q}{\partial x}\text{ 或 }\frac{\partial P}{\partial y}\text{ 不连续的点}\right)$时，不能直接应用格林公式，必须先用一条适当的曲线挖掉奇点后方可应用格林公式。

二、平面上曲线积分与路径无关的条件

由上一节例 5 知，第二类曲线积分的值不仅与积分弧段的起点和终点有关，还与积分路径有关。当起点和终点相同时，沿着不同路径的曲线积分取值一般来说是不相同的。但在不少问题中，例如在重力场中，由重力使物体运动所做的功只与起点和终点有关，而与所走的路径无关。这些事实说明在一定条件下曲线积分与路径无关。

设 G 为一平面区域,函数 $P(x,y)$ 及 $Q(x,y)$ 在 G 内具有一阶连续的偏导数。若对 G 内任意两点 A 和 B 以及 G 内从点 A 到点 B 的任意两条曲线 L_1 和 L_2(见图 9.18),等式

$$\int_{L_1} P\mathrm{d}x + Q\mathrm{d}y = \int_{L_2} P\mathrm{d}x + Q\mathrm{d}y$$

恒成立,则称**曲线积分** $\int_L P\mathrm{d}x + Q\mathrm{d}y$ **在** G **内与路径无关**,否则便说**与路径有关**。

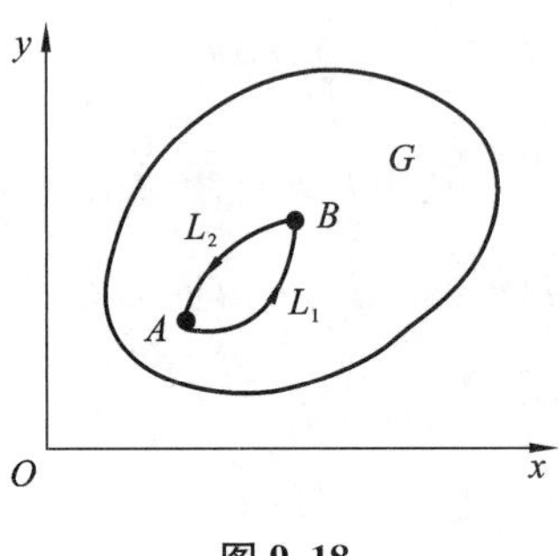

图 9.18

定理 9.4 在区域 G 内,曲线积分 $\int_L P\mathrm{d}x + Q\mathrm{d}y$ 与路径无关的充要条件是:对 G 内任意一条封闭曲线 C,有

$$\oint_C P\mathrm{d}x + Q\mathrm{d}y = 0。$$

证 先证必要性。

设封闭曲线 C 由 L_1 和 L_2^- 组成(见图 9.18)。因为曲线积分 $\int_L P\mathrm{d}x + Q\mathrm{d}y$ 在区域 G 内与路径无关,所以

$$\int_{L_1} P\mathrm{d}x + Q\mathrm{d}y = \int_{L_2} P\mathrm{d}x + Q\mathrm{d}y,$$

因此

$$\oint_C P\mathrm{d}x + Q\mathrm{d}y = \oint_{L_1} P\mathrm{d}x + Q\mathrm{d}y + \oint_{L_2^-} P\mathrm{d}x + Q\mathrm{d}y = \oint_{L_1} P\mathrm{d}x + Q\mathrm{d}y - \oint_{L_2} P\mathrm{d}x + Q\mathrm{d}y = 0。$$

再证充分性。

设 L_1 和 L_2 是连接点 A 和点 B 的任意两条路径。因为对 G 内任意一条封闭曲线 C,恒有

$$\oint_C P\mathrm{d}x + Q\mathrm{d}y = 0,$$

所以

$$\oint_{L_1+L_2^-} P\mathrm{d}x + Q\mathrm{d}y = 0,$$

因此

$$\oint_{L_1} P\mathrm{d}x + Q\mathrm{d}y = -\oint_{L_2^-} P\mathrm{d}x + Q\mathrm{d}y = \oint_{L_2} P\mathrm{d}x + Q\mathrm{d}y。$$

这就说明曲线积分 $\int_L P\mathrm{d}x + Q\mathrm{d}y$ 与路径无关。

定理 9.5 设函数 $P(x,y)$ 及 $Q(x,y)$ 在单连通区域 G 内具有一阶连续的偏导数,则曲线积分 $\int_L P\mathrm{d}x + Q\mathrm{d}y$ 与路径无关的充要条件是

$$\frac{\partial Q}{\partial x}=\frac{\partial P}{\partial y} \tag{9.11}$$

在 G 内恒成立。

证　先证充分性。

设 C 为 G 内的任意封闭曲线。由于 G 是单连通的，所以闭曲线 C 所围成的闭区域 D 全部在 G 内，于是在 D 内(9.11)式也成立。由格林公式有

$$\oint_C P\mathrm{d}x+Q\mathrm{d}y=\iint_D\left(\frac{\partial Q}{\partial x}-\frac{\partial P}{\partial y}\right)\mathrm{d}x\mathrm{d}y=\iint_D 0\mathrm{d}x\mathrm{d}y=0。$$

由定理 9.4 知，$\int_L P\mathrm{d}x+Q\mathrm{d}y$ 与路径无关。

再证必要性。

即要证：若沿 G 内任意闭曲线的曲线积分为零，则(9.11)式在 G 内恒成立。

假设在 G 内存在一点 M_0，使

$$\left(\frac{\partial Q}{\partial x}-\frac{\partial P}{\partial y}\right)\bigg|_{M_0}\neq 0,$$

不妨设

$$\left(\frac{\partial Q}{\partial x}-\frac{\partial P}{\partial y}\right)\bigg|_{M_0}=\eta>0。$$

由于 $\frac{\partial P}{\partial y}$，$\frac{\partial Q}{\partial x}$ 在 G 内连续，由保号性定理知：存在 $U(M_0)\subset G$，使得

$$\frac{\partial Q}{\partial x}-\frac{\partial P}{\partial y}\geqslant\frac{\eta}{2}>0,\forall(x,y)\in U(M_0)。$$

于是在 $U(M_0)$ 内取一个以 M_0 为圆心，以 $r>0$ 为半径的圆 K，记 K 的正向边界曲线为 γ，圆 K 的面积为 σ。在 K 上有

$$\oint_\gamma P\mathrm{d}x+Q\mathrm{d}y=\iint_K\left(\frac{\partial Q}{\partial x}-\frac{\partial P}{\partial y}\right)\mathrm{d}x\mathrm{d}y\geqslant\sigma\cdot\frac{\eta}{2}>0。$$

这与沿 G 内任意闭曲线的曲线积分为零这一已知条件矛盾。故 $\frac{\partial Q}{\partial x}=\frac{\partial P}{\partial y}$ 在 G 内恒成立。

现在回过头来看第九章第一节例 7 中起点与终点相同的三个曲线积分 $\int_L 2xy\mathrm{d}x+x^2\mathrm{d}y$ 相等，这并不偶然。因为这里 $\frac{\partial Q}{\partial x}=\frac{\partial P}{\partial y}=2x$ 在整个 xOy 平面内恒成立，而整个 xOy 平面是单连通区域，因此曲线积分 $\int_L 2xy\mathrm{d}x+x^2\mathrm{d}y$ 与路径无关。

注意　在定理 9.5 中，区域 G 是单连通区域和 $P(x,y)$、$Q(x,y)$ 在 G 内具有一阶连续的偏导数，这两条件缺一不可。例如本节例 5 中，当 L 所围成的区域含有原点时，虽然有 $\frac{\partial Q}{\partial x}=\frac{\partial P}{\partial y}$ 成立，但是 $\oint_L\frac{x\mathrm{d}y-y\mathrm{d}x}{x^2+y^2}\neq 0$，原因在于 P、Q、$\frac{\partial Q}{\partial x}$、$\frac{\partial P}{\partial y}$ 在原点均不连续。

当曲线积分 $\int_L P\mathrm{d}x+Q\mathrm{d}y$ 与路径无关时，只需指明积分曲线的起点 A 和终点 B，这时曲线积分也可记作 $\int_A^B P\mathrm{d}x+Q\mathrm{d}y$。

例 6　计算曲线积分$\int_L (y+1)\mathrm{d}x + x\mathrm{d}y$,其中$L$为抛物线$y^2 = 4x$上从点$O(0,0)$到点$A(1,2)$的一段弧。

解　令$P = y+1, Q = x$,则$\frac{\partial Q}{\partial x} = \frac{\partial P}{\partial y} = 1$,所以曲线积分与路径无关,取折线$\overline{OB}$和$\overline{BA}$(见图 9.19)。

折线$\overline{OB}$:$y = 0, x:0 \to 1$;折线$\overline{BA}$:$x = 1, y:0 \to 2$。则有

$$\int_L (y+1)\mathrm{d}x + x\mathrm{d}y = \int_{\overline{OB}} (y+1)\mathrm{d}x + x\mathrm{d}y + \int_{\overline{BA}} (y+1)\mathrm{d}x + x\mathrm{d}y$$

$$= \int_0^1 (0+1)\mathrm{d}x + \int_0^2 1\mathrm{d}y = 3。$$

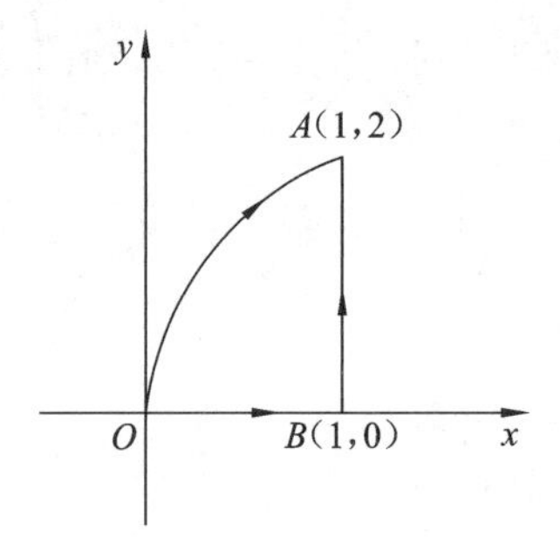

图 9.19

例 7　验证曲线积分$\int_L (x^4 + 4xy^3)\mathrm{d}x + (6x^2y^2 - 5y^4)\mathrm{d}y$在有定义的单连通区域$D$内与路径无关,并求$I = \int_{(-2,-1)}^{(3,0)} (x^4 + 4xy^3)\mathrm{d}x + (6x^2y^2 - 5y^4)\mathrm{d}y$的值。

解　令$P = x^4 + 4xy^3, Q = 6x^2y^2 - 5y^4$, $\frac{\partial Q}{\partial x} = 12xy^2$, $\frac{\partial P}{\partial y} = 12xy^2$,即$\frac{\partial Q}{\partial x} = \frac{\partial P}{\partial y}$,所以曲线积分与路径无关。

取折线$\overline{AC}$和$\overline{CB}$(见图 9.20)。

折线$\overline{AC}$:$y = -1, x: -2 \to 3$;折线$\overline{CB}$:$x = 3, y: -1 \to 0$。则有

$$I = \int_{\overline{AC}} (x^4 + 4xy^3)\mathrm{d}x + (6x^2y^2 - 5y^4)\mathrm{d}y + \int_{\overline{CB}} (x^4 + 4xy^3)\mathrm{d}x + (6x^2y^2 - 5y^4)\mathrm{d}y$$

$$= \int_{-2}^3 (x^4 - 4x)\mathrm{d}x + \int_{-1}^0 (54y^2 - 5y^4)\mathrm{d}y = 62。$$

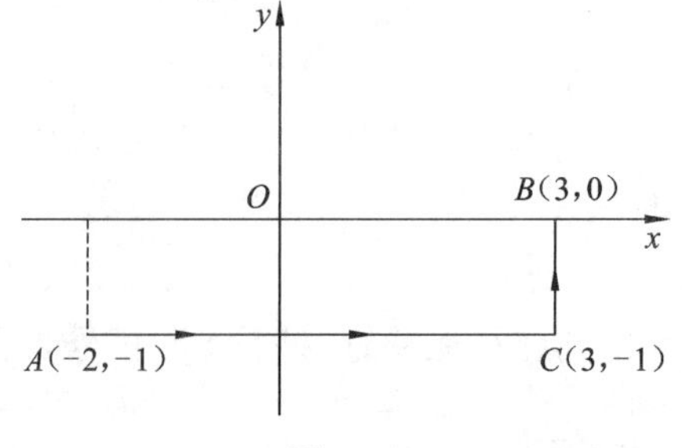

图 9.20

三、二元函数的全微分求积

下面讨论$P(x,y)$及$Q(x,y)$满足什么条件时，表达式$P(x,y)\mathrm{d}x+Q(x,y)\mathrm{d}y$会是某个二元函数$u(x,y)$的全微分，以及当这样的二元函数存在时如何把它求出来。

定理 9.6　设区域G是单连通域，函数$P(x,y)$、$Q(x,y)$在G内具有一阶连续偏导数，则$P(x,y)\mathrm{d}x+Q(x,y)\mathrm{d}y$在$G$内为二元函数$u(x,y)$的全微分的充要条件是

$$\frac{\partial Q}{\partial x}=\frac{\partial P}{\partial y}$$

在G内恒成立。

证　先证必要性。

假设存在着某一函数$u(x,y)$，使得

$$\mathrm{d}u(x,y)=P(x,y)\mathrm{d}x+Q(x,y)\mathrm{d}y,$$

则必有

$$\frac{\partial u}{\partial x}=P(x,y),\quad \frac{\partial u}{\partial y}=Q(x,y),$$

从而

$$\frac{\partial^2 u}{\partial x\partial y}=\frac{\partial P}{\partial y},\quad \frac{\partial^2 u}{\partial y\partial x}=\frac{\partial Q}{\partial x}。$$

由于P、Q在G内具有一阶连续偏导数，即$\frac{\partial Q}{\partial x}$、$\frac{\partial P}{\partial y}$连续，所以$\frac{\partial^2 u}{\partial x\partial y}$、$\frac{\partial^2 u}{\partial y\partial x}$连续，因此$\frac{\partial^2 u}{\partial x\partial y}=\frac{\partial^2 u}{\partial y\partial x}$，即$\frac{\partial Q}{\partial x}=\frac{\partial P}{\partial y}$。

再证充分性。

若等式$\frac{\partial Q}{\partial x}=\frac{\partial P}{\partial y}$在$G$内恒成立，则以$M_0(x_0,y_0)$为起点、$M(x,y)$为终点的曲线积分与路径无关，从而此曲线积分可表示为

$$\int_{(x_0,y_0)}^{(x,y)} P(x,y)\mathrm{d}x+Q(x,y)\mathrm{d}y。$$

当$M_0(x_0,y_0)$固定时，这个积分的值取决于终点$M(x,y)$，因此它是x,y的二元函数，记为$u(x,y)$，即

$$u(x,y)=\int_{(x_0,y_0)}^{(x,y)} P(x,y)\mathrm{d}x+Q(x,y)\mathrm{d}y。\tag{9.12}$$

下面证明$u(x,y)$的全微分就是$P(x,y)\mathrm{d}x+Q(x,y)\mathrm{d}y$，即要证

$$\frac{\partial u}{\partial x}=P(x,y),\ \frac{\partial u}{\partial y}=Q(x,y)。$$

由(9.12)式，得

$$u(x+\Delta x,y)=\int_{(x_0,y_0)}^{(x+\Delta x,y)} P\mathrm{d}x+Q\mathrm{d}y,$$

它与积分路径无关，可以先取从点M_0到点M，然后沿平行于x轴的直线段从点M到点$N(x+\Delta x,y)$作为其右端曲线积分的路径(见图9.21)，

所以有

$$u(x+\Delta x,y)=\int_{(x_0,y_0)}^{(x,y)} P\mathrm{d}x+Q\mathrm{d}y+\int_{(x,y)}^{(x+\Delta x,y)} P\mathrm{d}x+Q\mathrm{d}y$$

$$= u(x,y) + \int_{(x,y)}^{(x+\Delta x,y)} P\mathrm{d}x + Q\mathrm{d}y,$$

所以

$$u(x+\Delta x,y) - u(x,y) = \int_{(x,y)}^{(x+\Delta x,y)} P\mathrm{d}x + Q\mathrm{d}y。$$

由于直线段 MN 的方程为 $y=$ 常数,所以 $\mathrm{d}y=0$,上式可写成

$$u(x+\Delta x,y) - u(x,y) = \int_{x}^{x+\Delta x} P(x,y)\mathrm{d}x,$$

应用定积分中值定理,得

$$u(x+\Delta x,y) - u(x,y) = P(x+\theta\Delta x,y)\Delta x \quad (0 \leqslant \theta \leqslant 1)。$$

由 $P(x,y)$ 连续,有

$$\frac{\partial u}{\partial x} = \lim_{\Delta x \to 0} \frac{u(x+\Delta x,y) - u(x,y)}{\Delta x} = \lim_{\Delta x \to 0} P(x+\theta\Delta x,y) = P(x,y),$$

同理可证

$$\frac{\partial u}{\partial y} = Q(x,y)。$$

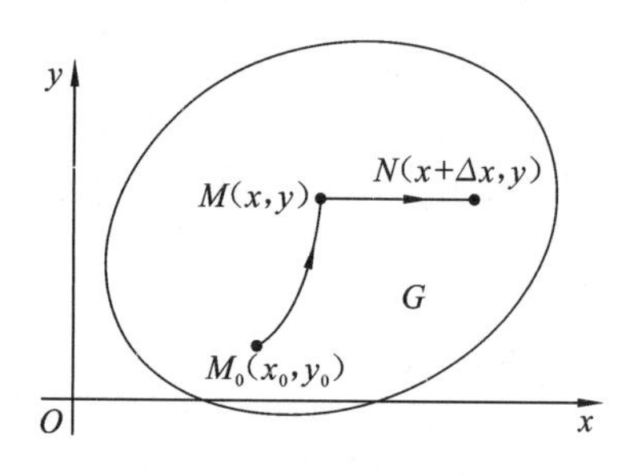

图 9.21

由此可见,当 $P(x,y)$、$Q(x,y)$ 在 G 内具有一阶连续偏导数,且满足 $\frac{\partial Q}{\partial x} = \frac{\partial P}{\partial y}$ 时,$P(x,y)\mathrm{d}x + Q(x,y)\mathrm{d}y$ 是某个函数的全微分,这个函数可用(9.12)式求出。由于(9.12)式中的曲线积分与路径无关,为计算简便起见,可选取平行于坐标轴的直线段连成的折线 M_0RM 或者 M_0SM 作为积分路径(见图 9.22),当然要假定这些折线完全包含在区域 G 内。

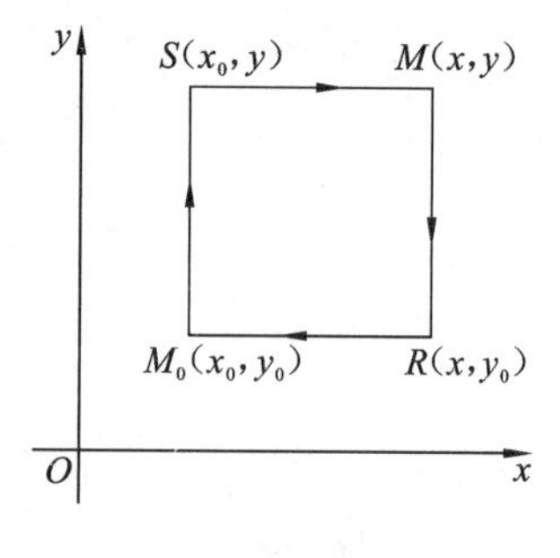

图 9.22

在(9.12)式中若取 M_0RM 为积分路径,由于 M_0R 的方程为 $y=y_0$,RM 的方程为 $x=$ 常数,由第二类曲线积分的计算方法,得

$$u(x,y)=\int_{M_0R}P(x,y)\mathrm{d}x+Q(x,y)\mathrm{d}y+\int_{RM}P(x,y)\mathrm{d}x+Q(x,y)\mathrm{d}y$$
$$=\int_{x_0}^{x}P(x,y_0)\mathrm{d}x+\int_{y_0}^{y}Q(x,y)\mathrm{d}y。$$

同理，在(9.12)式中若取 M_0SM 为积分路径，得

$$u(x,y)=\int_{y_0}^{y}Q(x_0,y)\mathrm{d}y+\int_{x_0}^{x}P(x,y)\mathrm{d}x。$$

如果知道某曲线积分与路径无关，则在遇到该曲线积分沿某一条路径不易积分时，就可以考虑换一条较容易的积分路径。

例 8　计算 $I=\int_L(\mathrm{e}^y+x)\mathrm{d}x+(x\mathrm{e}^x-2y)\mathrm{d}y$，$L$ 为过(0,0)，(0,1)和(1,2)的圆弧。

解　令 $P=\mathrm{e}^y+x$，$Q=x\mathrm{e}^y-2y$，则$\dfrac{\partial Q}{\partial x}=\mathrm{e}^y=\dfrac{\partial P}{\partial y}$，所以 I 与路径无关。如图 9.23 所示，取积分路径为 $OA+AB$，则有

$$I=\int_{OA}P\,\mathrm{d}x+Q\mathrm{d}y+\int_{AB}P\,\mathrm{d}x+Q\mathrm{d}y=\int_0^1(1+x)\mathrm{d}x+\int_0^2(\mathrm{e}^y-2y)\mathrm{d}y=\mathrm{e}^2-\frac{7}{2}。$$

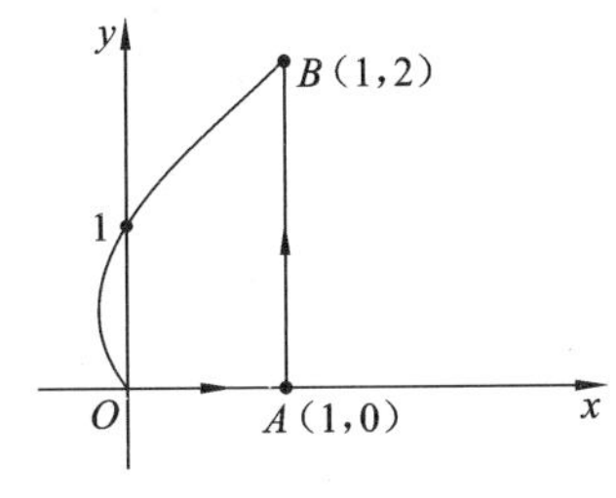

图 9.23

例 9　验证：$\dfrac{x\mathrm{d}y-y\mathrm{d}x}{x^2+y^2}$ 在右半平面内($x>0$)是某个二元函数的全微分，并求此函数。

解　令 $P=\dfrac{-y}{x^2+y^2}$，$Q=\dfrac{x}{x^2+y^2}$，则有

$$\frac{\partial P}{\partial y}=\frac{y^2-x^2}{(x^2+y^2)^2}=\frac{\partial Q}{\partial x}$$

在右半平面内恒成立，从而$\dfrac{x\mathrm{d}y-y\mathrm{d}x}{x^2+y^2}$ 是某个二元函数的全微分。

取积分路线如图 9.24 所示，由上一节公式(9.5)有

$$u(x,y)=\int_{(1,0)}^{(x,y)}\frac{x\mathrm{d}y-y\mathrm{d}x}{x^2+y^2}=\int_{AB}\frac{x\mathrm{d}y-y\mathrm{d}x}{x^2+y^2}+\int_{BC}\frac{x\mathrm{d}y-y\mathrm{d}x}{x^2+y^2}$$
$$=0+\int_0^y\frac{x\mathrm{d}y}{x^2+y^2}=\arctan\frac{y}{x}。$$

注意　点(x_0,y_0)可在相应满足条件的区域内任意选取，这样求出的 $u(x,y)$ 可能相差一个常数。

利用二元函数的全微分求积，还可求解下面一类一阶微分方程。

若常微分方程

$$P(x,y)\mathrm{d}x+Q(x,y)\mathrm{d}y=0 \tag{9.13}$$

的左边是某个函数 $u(x,y)$ 的全微分,即

$$du(x,y)=P(x,y)dx+Q(x,y)dy,$$

则称微分方程(9.13)为**全微分方程**。

若 $du(x,y)=0$,则 $u(x,y)=C$(C 是任意常数)是全微分方程(9.13)的隐式通解。

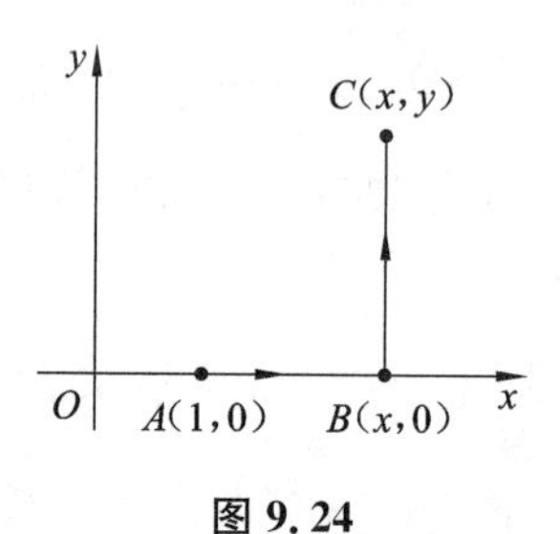

图 9.24

由定理9.5知,当 $P(x,y)$、$Q(x,y)$ 在 G 内具有一阶连续偏导数,且满足 $\frac{\partial Q}{\partial x}=\frac{\partial P}{\partial y}$ 时,全微分方程(9.13)的通解为

$$u(x,y)\equiv\int_{(x_0,y_0)}^{(x,y)}P(x,y)dx+Q(x,y)dy=C。$$

例 10　求解方程 $(3x^2y+8xy^2)dx+(x^3+8x^2y+12ye^y)dy=0$。

解　设 $P=3x^2y+8xy^2$,$Q=x^3+8x^2y+12ye^y$,则

$$\frac{\partial P}{\partial y}=3x^2+16xy=\frac{\partial Q}{\partial x},$$

因此,所给方程是全微分方程。

取积分起点为(0,0),路径如图9.25所示,所以

$$u(x,y)=\int_{OA}Pdx+Qdy+\int_{AB}Pdx+Qdy=0+\int_0^y(x^3+8x^2y+12ye^y)dy$$

$$=[x^3y+4x^2y^2+12(y-1)e^y]_0^y=x^3y+4x^2y^2+12(y-1)e^y+12。$$

于是,方程的通解为

$$x^3y+4x^2y^2+12(y-1)e^y+12=C。$$

下面介绍求解全微分方程的另两种方法。

方法一:设要求的方程通解为 $u(x,y)=C$,其中 $u(x,y)$ 满足

$$\frac{\partial u}{\partial x}=3x^2y+8xy^2,$$

所以

$$u(x,y)=\int(3x^2y+8xy^2)dx+\varphi(y)=x^3y+4x^2y^2+\varphi(y),$$

这里 $\varphi(y)$ 是待定函数,相当于不定积分中的任意常数。两边同时对 y 求导,有

$$\frac{\partial u}{\partial y}=x^3+8x^2y+\varphi'(y)。$$

同时 $\frac{\partial u}{\partial y}=x^3+8x^2y+12ye^y$,比较两式的右端,得

$$\varphi'(y)=12ye^y,$$

故 $$\varphi(y)=\int 12y\mathrm{e}^{y}\mathrm{d}y=12(y-1)\mathrm{e}^{y}+C,$$

从而,所给方程的通解为

$$x^{3}y+4x^{2}y^{2}+12(y-1)\mathrm{e}^{y}=C。$$

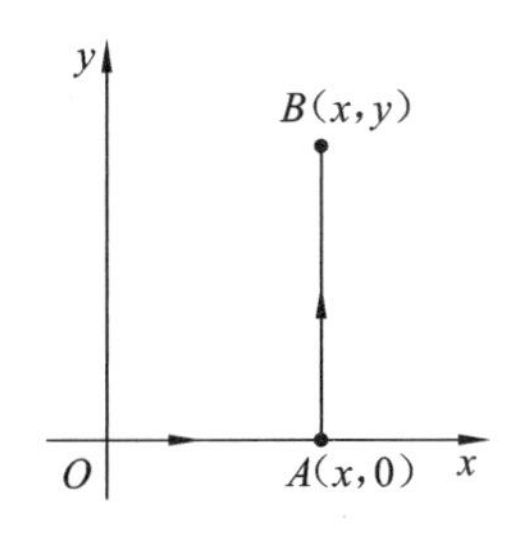

图 9.25

方法二(凑全微分法):

$$\begin{aligned}&(3x^{2}y+8xy^{2})\mathrm{d}x+(x^{3}+8x^{2}y+12y\mathrm{e}^{y})\mathrm{d}y\\=&(3x^{2}y\mathrm{d}x+x^{3}\mathrm{d}y)+(8xy^{2}\mathrm{d}x+8x^{2}y\mathrm{d}y)+12y\mathrm{e}^{y}\mathrm{d}y\\=&\mathrm{d}(x^{3}y)+\mathrm{d}(4x^{2}y^{2})+\mathrm{d}[12(y-1)\mathrm{e}^{y}]\\=&\mathrm{d}[x^{3}y+4x^{2}y^{2}+12(y-1)\mathrm{e}^{y}]\\=&0,\end{aligned}$$

从而,所给方程的通解为

$$x^{3}y+4x^{2}y^{2}+12(y-1)\mathrm{e}^{y}=C。$$

习题 9.2(A)

1. 计算下列曲线积分,并验证格林公式的正确性。

(1)$\oint_{L}(y-x)\mathrm{d}x+(3x+y)\mathrm{d}y$,$L$:$(x-1)^{2}+(y-4)^{2}=9$;

(2)$\oint_{L}(y-x)\mathrm{d}x+(3x+y)\mathrm{d}y$,$L$ 是四个顶点分别为(0,0)、(2,0)、(2,2)和(0,2)的正方形区域的正向边界。

2. 利用曲线积分,计算下列曲线所围成图形的面积。

(1) 星形线 $x=a\cos^{3}t, y=a\sin^{3}t\ (0\leqslant t\leqslant 2\pi)$;

(2) 摆线 $x=a(t-\sin t), y=a(1-\cos t)$ 的一拱与 x 轴所围区域。

3. 利用格林公式计算下列曲线积分。

(1)$\oint_{L}(x+2y)\mathrm{d}x+(x-y)\mathrm{d}y$,其中 L 为椭圆$\dfrac{x^{2}}{4}+\dfrac{y^{2}}{16}=1$ 的正向;

(2)$\oint_{L}xy(1+y)\mathrm{d}x+(\mathrm{e}^{y}+x^{2}y)\mathrm{d}y$,其中 L 是由圆 $x^{2}+y^{2}=4$ 与 $x^{2}+y^{2}=9$ 所围的区域在第一象限的部分,以及 x 轴和 y 轴上的直线段组成的闭曲线取正向。

4. 验证下列曲线积分在有定义的单连通区域 D 内与路径无关,并求其值。

(1)$\int_{(1,0)}^{(2,1)}(2xy-y^4+3)\mathrm{d}x+(x^2-4xy^3)\mathrm{d}y$；

(2)$\int_{(0,0)}^{(2,3)}(2x\cos y-y^2\sin x)\mathrm{d}x+(2y\cos x-x^2\sin y)\mathrm{d}y$。

5. 计算下列曲线积分。

(1)$\int_L(3x^2+y)\mathrm{d}x+(x-3y^2)\mathrm{d}y$,其中 L 为半圆周 $(x-2)^2+y^2=1(x\leqslant 2)$ 上从点 $(2,1)$ 到点 $(2,-1)$ 的一段弧；

(2)$\int_L(x+y)\mathrm{d}x+(x-y)\mathrm{d}y$,其中 L 为从点 $(a,0)$ 沿曲线 $y=\sqrt{a^2-x^2}$ 到点 $(0,a)$；

(3)$\int_L(x^2+3y)\mathrm{d}x+(y^2-x)\mathrm{d}y$,其中 L 为上半圆周 $y=\sqrt{4x-x^2}$ 从点 $(0,0)$ 到点 $(4,0)$；

(4)$\int_L(2xy-x^2)\mathrm{d}x+(x+y^2)\mathrm{d}y$,其中 L:$y=x^2,x=y^2$ 所围正向；

(5)$\int_L x^2y\mathrm{d}x-xy^2\mathrm{d}y$,其中 L:$x^2+y^2=2x$ 所围正向。

6. 证明$\oint_L 2xy\mathrm{d}x+x^2\mathrm{d}y=0$,其中 L 为任意一条分段光滑的闭曲线。

7. 证明:若 $f(u)$ 为连续函数,而 C 为无重点的按段光滑的闭曲线,则

$$\oint_C f(x^2+y^2)(x\mathrm{d}x+y\mathrm{d}y)=0。$$

习题 9.2(B)

1. (2019 年)设函数 $Q(x,y)=\frac{x}{y^2}$,如果对上半平面 $(y>0)$ 内的任意有向光滑封闭曲线 C 都有$\oint_C P(x,y)\mathrm{d}x+Q(x,y)\mathrm{d}y=0$,那么函数 $P(x,y)$ 可取为(　　)。

(A)$y-\frac{x^2}{y^3}$　　(B)$\frac{1}{y}-\frac{x^2}{y^3}$　　(C)$\frac{1}{x}-\frac{1}{y}$　　(D)$x-\frac{1}{y}$

2. (1993 年)设曲线积分$\int_L[f(x)-\mathrm{e}^x]\sin y\mathrm{d}x-f(x)\cos y\mathrm{d}y$ 与路径无关,其中 $f(x)$ 具有一阶连续导数,且 $f(0)=0$,则 $f(x)$ 等于(　　)。

(A)$\frac{\mathrm{e}^{-x}-\mathrm{e}^x}{2}$　　(B)$\frac{\mathrm{e}^x-\mathrm{e}^{-x}}{2}$　　(C)$\frac{\mathrm{e}^x+\mathrm{e}^{-x}}{2}-1$　　(D)$1-\frac{\mathrm{e}^x+\mathrm{e}^{-x}}{2}$

3. 设 L 是以点 $(0,0)$,$(1,0)$,$(1,1)$,$(0,1)$ 为顶点的正方形边界正向一周,利用格林公式计算对坐标的曲线积分$\oint_L y\mathrm{d}x-(\mathrm{e}^{y^2}+x)\mathrm{d}y$。

4. 计算曲线积分 $I=\int_L(y+3x)^2\mathrm{d}x+(3x^2-y^2\sin\sqrt{y})\mathrm{d}y$,其中 L 为曲线 $y=x^2$ 上由点 $A(-1,1)$ 到点 $B(1,1)$ 的一段弧。

5. (2012 年)已知 L 是第一象限中从点 $(0,0)$ 沿圆周 $x^2+y^2=2x$ 到点 $(2,0)$,再沿圆周 $x^2+y^2=4$ 到点 $(0,2)$ 的曲线段,计算曲线积分 $I=\int_L 3x^2y\mathrm{d}x+(x^3+x-2y)\mathrm{d}y$。

6. 设 $f(x)$ 在 $(-\infty,+\infty)$ 内有连续的导数，l 为从点 $A\left(3,\frac{2}{3}\right)$ 到点 $B(1,2)$ 的直线段，计算

$$I=\int_l \frac{1+y^2f(xy)}{y}\mathrm{d}x+\frac{x}{y^2}[y^2f(xy)-1]\mathrm{d}y。$$

7. 验证 $(2x+\sin y)\mathrm{d}x+x\cos y\mathrm{d}y$ 是某一函数的全微分，并求这个函数。

8. 判断下列方程哪些是全微分方程，并求出各方程的通解。

(1) $(3x^2+6xy^2)\mathrm{d}x+(6x^2y+4y^2)\mathrm{d}y=0$；

(2) $\mathrm{e}^y\mathrm{d}x+(x\mathrm{e}^y-2y)\mathrm{d}y=0$；

(3) $y(x-2y)\mathrm{d}x-x^2\mathrm{d}y=0$。

第三节　曲面积分

与曲线积分类似，曲面积分也分为两类，对面积的曲面积分和对坐标的曲面积分。本节将从物理中的质量和流量的问题出发，引出这两类曲面积分的概念，继而讨论它们的性质、计算方法以及两者之间的关系。

一、对面积的曲面积分

1. 对面积的曲面积分的概念与性质

(1) 引例

设物体质量分布在空间直角坐标系上的一块曲面 S 上，其面密度(单位面积的质量)函数为 $\rho(x,y,z)$，且在曲面 S 上连续。现在要计算这物体的质量 M。

我们仍然采用“分割、近似求和、取极限”的方法求质量。

第一步(分割)：将曲面 S 分为 n 个小块 $\Delta S_1,\Delta S_2,\cdots,\Delta S_n$，它们也表示相应小块的面积。

第二步(近似求和)：在第 i 个小块 ΔS_i 上任取一点 (ξ_i,η_i,ζ_i)，用这点处的面密度代替这小块上其他各点处的面密度，则小块的质量可近似为

$$\rho(\xi_i,\eta_i,\zeta_i)\cdot\Delta S_i,$$

从而整个物体的质量 M 近似为

$$\sum_{i=1}^{n}\rho(\xi_i,\eta_i,\zeta_i)\cdot\Delta S_i。$$

第三步(取极限)：用 λ 表示这 n 个小块的最大直径(曲面上任意两点距离的最大者)，取上述和式当 $\lambda\to 0$ 时的极限，便得到整个物体的质量精确值

$$M=\lim_{\lambda\to 0}\sum_{i=1}^{n}\rho(\xi_i,\eta_i,\zeta_i)\cdot\Delta S_i。$$

抽去上例中质量的具体含义，可导出对面积的曲面积分的定义。

(2) 对面积的曲面积分的概念

定义 9.3　设曲面 S 是光滑的(指曲面上各点处都有切平面，且当点在曲面上移动时，切平面也连续移动)，函数 $f(x,y,z)$ 在 S 上有界，把 S 任意分成 n 个小 ΔS_i(ΔS_i 也表

示第 i 个小块的面积)，设点 (ξ_i, η_i, ζ_i) 为 ΔS_i 上任取的一点，作乘积 $f(\xi_i, \eta_i, \zeta_i) \cdot \Delta S_i$，并作和 $\sum\limits_{i=1}^{n} f(\xi_i, \eta_i, \zeta_i) \cdot \Delta S_i$，如果当各小块曲面的直径的最大值 $\lambda \to 0$ 时，和式的极限存在，则称此极限为函数 $f(x, y, z)$ 在曲面 S 上**对面积的曲面积分**或**第一类曲面积分**，记为 $\iint\limits_S f(x, y, z)\mathrm{d}S$，即

$$\iint\limits_S f(x, y, z)\mathrm{d}S = \lim_{\lambda \to 0} \sum_{i=1}^{n} f(\xi_i, \eta_i, \zeta_i) \cdot \Delta S_i,$$

其中，$f(x, y, z)$ 称为被积函数，S 称为积分曲面。

当 S 为封闭曲面时，上述积分记为 $\oiint\limits_S f(x, y, z)\mathrm{d}S$。

当 $f(x, y, z)$ 在光滑曲面 S 上连续时，对面积的曲面积分是存在的。今后总假定 $f(x, y, z)$ 在 S 上连续。

当 $f(x, y, z) \equiv 1$ 时，$\iint\limits_S \mathrm{d}S = S$，其中 S 为曲面面积。

如果 S 是由分片光滑曲面 S_1，S_2 组成，则

$$\iint\limits_{S_1+S_2} f(x, y, z)\mathrm{d}S = \iint\limits_{S_1} f(x, y, z)\mathrm{d}S + \iint\limits_{S_2} f(x, y, z)\mathrm{d}S.$$

由对面积的曲面积分的定义可知，它具有同对弧长的曲线积分相类似的性质，这里不再赘述。

2. 对面积的曲面积分的计算方法

定理 9.7 设曲面 S 的方程为 $z = z(x, y)$，S 在 xOy 面上的投影区域为 D_{xy}（见图 9.26），函数 $z = z(x, y)$ 在 D_{xy} 上具有连续的偏导数，被积函数 $f(x, y, z)$ 在 S 上连续，则

$$\iint\limits_S f(x, y, z)\mathrm{d}S = \iint\limits_{D_{xy}} f[x, y, z(x, y)]\sqrt{1 + z_x'^2(x, y) + z_y'^2(x, y)}\mathrm{d}\sigma. \quad (9.14)$$

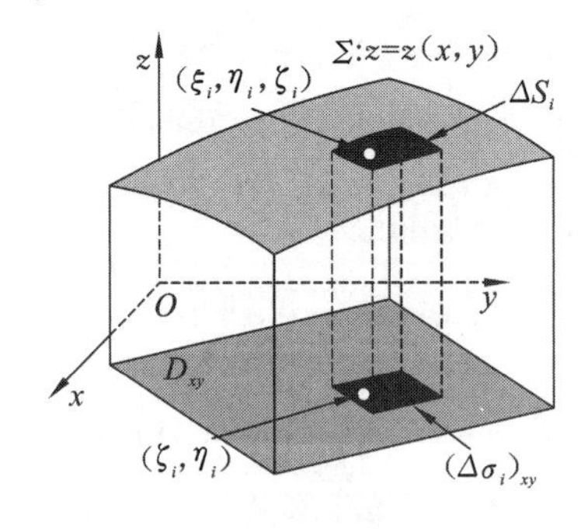

图 9.26

证 设 S 上第 i 小块曲面 ΔS_i（其面积也记作 ΔS_i）在 xOy 面上投影区域为 $(\Delta\sigma_i)_{xy}$ [其面积也记作 $(\Delta\sigma_i)_{xy}$]，则

$$\Delta S_i = \iint\limits_{(\Delta\sigma_i)_{xy}} \sqrt{1 + z_x'^2(x, y) + z_y'^2(x, y)}\mathrm{d}\sigma,$$

利用二重积分的中值定理，上式又可写成

$$\Delta S_i = \sqrt{1+z_x'^2(\xi'_i,\eta'_i)+z_y'^2(\xi'_i,\eta'_i)}\,(\Delta\sigma_i)_{xy},$$

其中(ξ'_i,η'_i)为小闭区域$(\Delta\sigma_i)_{xy}$上的一点。又因(ξ_i,η_i,ζ_i)在曲面S上，从而$\zeta_i = z(\xi_i,\eta_i)$，这里$(\xi_i,\eta_i,0)$也是小闭区域$(\Delta\sigma_i)_{xy}$上的点。由于

$$\iint\limits_S f(x,y,z)\mathrm{d}S = \lim_{\lambda\to 0}\sum_{i=1}^{n} f(\xi_i,\eta_i,\zeta_i)\cdot\Delta S_i,$$

而

$$\sum_{i=1}^{n} f(\xi_i,\eta_i,\zeta_i)\cdot\Delta S_i = \sum_{i=1}^{n} f[\xi_i,\eta_i,z(\xi_i,\eta_i)]\cdot\sqrt{1+z_x'^2(\xi_i',\eta_i')+z_y'^2(\xi_i',\eta_i')}\cdot(\Delta\sigma_i),$$

又因为函数$f[x,y,z(x,y)]$及$\sqrt{1+z_x'^2(x,y)+z_y'^2(x,y)}$都在闭区域$(\Delta\sigma_i)_{xy}$上连续，从而一致连续，可将$(\xi'_i,\eta'_i)$换为$(\xi_i,\eta_i)$，从而有

$$\begin{aligned}\iint\limits_S f(x,y,z)\mathrm{d}S &= \lim_{\lambda\to 0}\sum_{i=1}^{n} f[\xi_i,\eta_i,z(\xi_i,\eta_i)]\sqrt{1+z_x'^2(\xi_i,\eta_i)+z_y'^2(\xi_i,\eta_i)}(\Delta\sigma_i)\\ &= \iint\limits_{D_{xy}} f[x,y,z(x,y)]\sqrt{1+z_x'^2(x,y)+z_y'^2(x,y)}\mathrm{d}\sigma。\end{aligned}$$

定理9.7表明：在计算对面积的曲面积分时，只要把z换为$z(x,y)$，把$\mathrm{d}S$换为$\sqrt{1+z_x'^2+z_y'^2}\mathrm{d}\sigma$，再确定$S$在$xOy$面上的投影区域为$D_{xy}$，这样就把对面积的曲线积分化为二重积分了。

同理，当曲面S的方程为$x = x(y,z)$时，则

$$\iint\limits_S f(x,y,z)\mathrm{d}S = \iint\limits_{D_{yz}} f[x(y,z),y,z]\sqrt{1+x_y'^2+x_z'^2}\mathrm{d}\sigma, \tag{9.15}$$

当曲面S的方程为$y = y(x,z)$时，则

$$\iint\limits_S f(x,y,z)\mathrm{d}S = \iint\limits_{D_{xz}} f[x,y(x,z),z]\sqrt{1+y_x'^2+y_z'^2}\mathrm{d}\sigma。 \tag{9.16}$$

例1　计算曲面积分$\iint\limits_S \frac{\mathrm{d}S}{z}$，其中$S$是球面$x^2+y^2+z^2=a^2$被平面$z=h(0<h<a)$截出的顶部(见图9.27)。

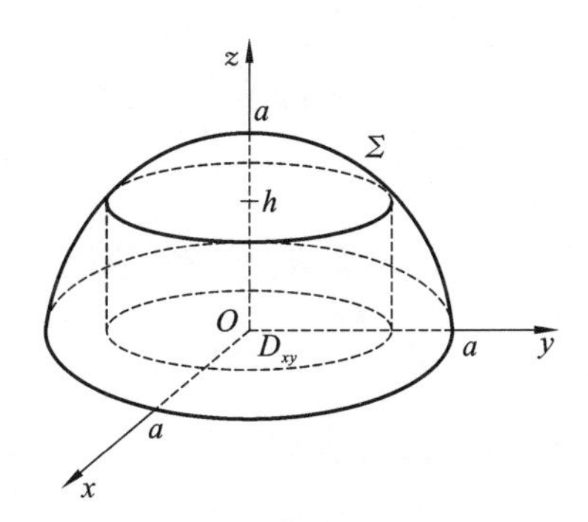

图9.27

解　S的方程为$z=\sqrt{a^2-x^2-y^2}$，它在xOy面上的投影区域为

$$D_{xy} = \{(x,y)\,|\,x^2+y^2\leqslant a^2-h^2\}。$$

又
$$\sqrt{1+z_x'^2(x,y)+z_y'^2(x,y)}=\frac{a}{\sqrt{a^2-x^2-y^2}},$$

所以
$$\iint_{\Sigma}\frac{\mathrm{d}S}{z}=\iint_{D_{xy}}\frac{a\,\mathrm{d}x\mathrm{d}y}{\sqrt{a^2-x^2-y^2}},$$

利用极坐标,得
$$\iint_{\Sigma}\frac{\mathrm{d}S}{z}=\iint_{D_{xy}}\frac{ar\,\mathrm{d}r\,\mathrm{d}\theta}{a^2-r^2}=a\int_0^{2\pi}\mathrm{d}\theta\int_0^{\sqrt{a^2-h^2}}\frac{r\,\mathrm{d}r}{a^2-r^2}$$
$$=2\pi a\left[-\frac{1}{2}\ln(a^2-r^2)\right]_0^{\sqrt{a^2-h^2}}=2\pi a\ln\frac{a}{h}。$$

例 2　计算$\oiint_{S}xyz\,\mathrm{d}S$,其中 S 是由平面 $x=0,y=0,z=0$ 及 $x+y+z=1$ 所围成的四面体的整个边界曲面(见图 9.28)。

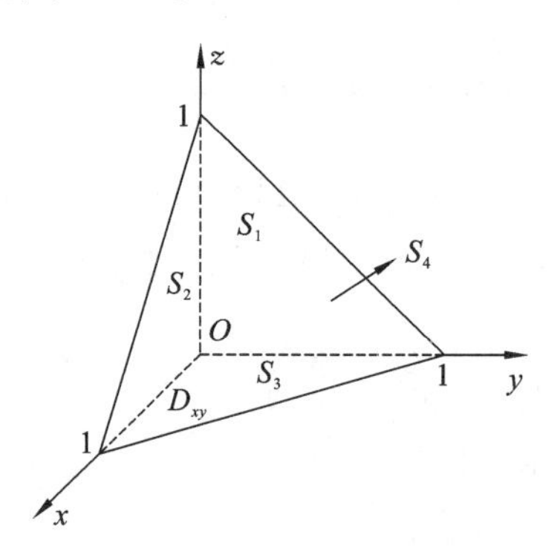

图 9.28

解　整个边界曲面 S 在平面 $x=0,y=0,z=0$ 及 $x+y+z=1$ 上的部分依次记为 S_1,S_2,S_3 及 S_4，于是
$$\oiint_{S}xyz\,\mathrm{d}S=\iint_{S_1}xyz\,\mathrm{d}S+\iint_{S_2}xyz\,\mathrm{d}S+\iint_{S_3}xyz\,\mathrm{d}S+\iint_{S_4}xyz\,\mathrm{d}S。$$

由于在 S_1,S_2,S_3 上,被积函数 $f(x,y,z)=xyz$ 均为零,所以
$$\iint_{S_1}xyz\,\mathrm{d}S=\iint_{S_2}xyz\,\mathrm{d}S=\iint_{S_3}xyz\,\mathrm{d}S=0。$$

在 S_4 上,$z=1-x-y$,所以
$$\sqrt{1+z_x'^2+z_y'^2}=\sqrt{1+(-1)^2+(-1)^2}=\sqrt{3},$$

从而
$$\oiint_{S}xyz\,\mathrm{d}S=\iint_{S_4}xyz\,\mathrm{d}S=\iint_{D_{xy}}\sqrt{3}xy(1-x-y)\mathrm{d}x\mathrm{d}y,$$

其中,D_{xy} 是 S_4 在 xOy 面上的投影区域,即由直线 $x=0,y=0$ 及 $x+y=1$ 所围成的闭区域,因此
$$\oiint_{S}xyz\,\mathrm{d}S=\sqrt{3}\int_0^1x\,\mathrm{d}x\int_0^{1-x}y(1-x-y)\mathrm{d}y=\sqrt{3}\int_0^1\left[(1-x)\frac{y^2}{2}-\frac{y^3}{3}\right]_0^{1-x}\mathrm{d}x$$
$$=\sqrt{3}\int_0^1x\cdot\frac{(1-x)^3}{6}\mathrm{d}x=\frac{\sqrt{3}}{6}\int_0^1(x-3x^2+3x^3-x^4)\mathrm{d}x=\frac{\sqrt{3}}{120}。$$

二、对坐标的曲面积分

1. 对坐标的曲面积分的概念与性质

(1) 有向曲面

一般曲面都是双侧的，以后总假设所考虑的曲面是双侧且光滑的。

设曲面 $z=z(x,y)$，若取法向量 $\boldsymbol{n}$ 朝上(即 $\boldsymbol{n}$ 与 z 轴正向的夹角为锐角)，则曲面取定上侧，否则为下侧；对曲面 $x=x(y,z)$，若法向量 $\boldsymbol{n}$ 的方向与 x 正向夹角为锐角，取定曲面的前侧，否则为后侧；对曲面 $y=y(x,z)$，若法向量 $\boldsymbol{n}$ 的方向与 y 正向夹角为锐角，取定曲面为右侧，否则为左侧。若曲面为闭曲面，则取法向量 $\boldsymbol{n}$ 的指向朝外，此时取定曲面的外侧，否则为内侧。取定了法向量即选定了曲面的侧，这种曲面称为**有向曲面**。

(2) 有向曲面的投影

设 Σ 是有向曲面，在 Σ 上取一小块曲面 ΔS，$(\Delta\sigma)_{xy}$ 为 ΔS 在 xOy 面上的投影区域的面积。假定 ΔS 上任一点的法向量与 z 轴夹角 γ 的余弦 $\cos\gamma$ 同号(即 $\cos\gamma$ 都是正的或者都是负的)，则规定 ΔS 在 xOy 面上的投影 $(\Delta S)_{xy}$ 为

$$(\Delta S)_{xy}=\begin{cases}(\Delta\sigma)_{xy}, & \cos\gamma>0;\\ -(\Delta\sigma)_{xy}, & \cos\gamma<0;\\ 0, & \cos\gamma=0。\end{cases}$$

其中，$\cos\gamma\equiv 0$ 即为 $(\Delta\sigma)_{xy}=0$ 的情形。$(\Delta S)_{xy}$ 实质就是将投影区域的面积附以一定的符号。类似地可以定义 ΔS 在 yOz 面，zOx 面上的投影为

$$(\Delta S)_{yz}=\begin{cases}(\Delta\sigma)_{yz}, & \cos\alpha>0;\\ -(\Delta\sigma)_{yz}, & \cos\alpha<0;\\ 0, & \cos\alpha\equiv 0。\end{cases}\quad (\Delta S)_{zx}=\begin{cases}(\Delta\sigma)_{xz}, & \cos\beta>0;\\ -(\Delta\sigma)_{xz}, & \cos\beta<0;\\ 0, & \cos\beta\equiv 0。\end{cases}$$

其中，α,β 分别为法向量与 x 轴正向和 y 轴正向的夹角。

(3) 引例 —— 流向曲面一侧的流量

设稳定流动(即流速与时间无关)的不可压缩流体(假设密度为 1)的速度场为

$$\boldsymbol{v}(x,y,z)=P(x,y,z)\boldsymbol{i}+Q(x,y,z)\boldsymbol{j}+R(x,y,z)\boldsymbol{k},$$

Σ 为速度场中的一片有向曲面，函数 $P(x,y,z)$、$Q(x,y,z)$、$R(x,y,z)$ 都在 Σ 上连续。现在求单位时间内流向 Σ 指定侧的流体的质量，即流量 Φ。

显然，当流体的流速为常向量 $\boldsymbol{v}$，且曲面 Σ 为一平面时(其面积记为 A)，设平面 Σ 的单位法向量为 $\boldsymbol{n}$，则在单位时间内流过这闭区域的流体组成一底面积为 A，斜高为 $|\boldsymbol{v}|$ 的斜柱体(见图 9.29)。

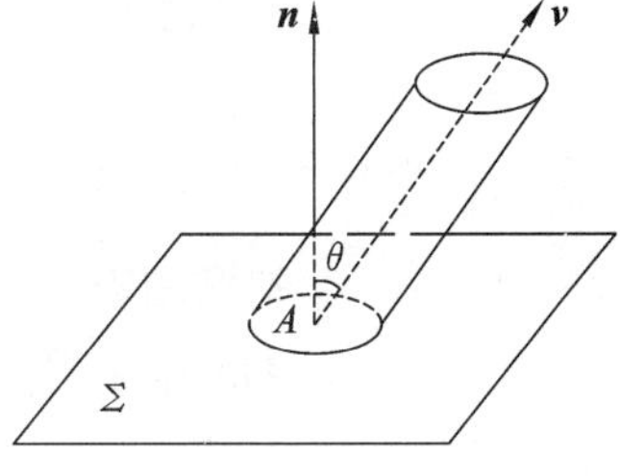

图 9.29

当$(\widehat{\boldsymbol{n},\boldsymbol{v}})=\theta<\frac{\pi}{2}$时,这斜柱体体积为

$$A|\boldsymbol{v}|\cdot\cos\theta=A\boldsymbol{v}\cdot\boldsymbol{n},$$

这就是通过闭区域Σ流向$\boldsymbol{n}$所指一侧的流量Φ;

当$(\widehat{\boldsymbol{n},\boldsymbol{v}})=\theta=\frac{\pi}{2}$时,显然$\Phi=A\boldsymbol{v}\cdot\boldsymbol{n}=0$;

当$(\widehat{\boldsymbol{n},\boldsymbol{v}})=\theta>\frac{\pi}{2}$时,$A\boldsymbol{v}\cdot\boldsymbol{n}<0$,此时流体实际上流向$-\boldsymbol{n}$所指一侧,且流向$-\boldsymbol{n}$所指一侧的流量为$-A\boldsymbol{v}\cdot\boldsymbol{n}$。因此,无论$(\widehat{\boldsymbol{n},\boldsymbol{v}})$为何值,流体通过闭区域$\Sigma$流向$\boldsymbol{n}$所指一侧的流量$\Phi$均为$A\boldsymbol{v}\cdot\boldsymbol{n}$。

如果曲面Σ不是平面,流速ν不是常向量(即随(x,y,z)而变化),则将Σ划分为n个小块ΔS_i(ΔS_i也表示第i个小块的面积),在Σ是光滑的和ν是连续的前提下,只要ΔS_i的直径很小,就可用ΔS_i上任一点(ξ_i,η_i,ζ_i)处的流速

$$\boldsymbol{v}(\xi_i,\eta_i,\zeta_i)=P(\xi_i,\eta_i,\zeta_i)\boldsymbol{i}+Q(\xi_i,\eta_i,\zeta_i)\boldsymbol{j}+R(\xi_i,\eta_i,\zeta_i)\boldsymbol{k}$$

代替ΔS_i上其他各点处的流速,以该点处曲面Σ的单位法向量

$$\boldsymbol{n}_i=\cos\alpha_i\boldsymbol{i}+\cos\beta_i\boldsymbol{j}+\cos\gamma_i\boldsymbol{k}$$

代替ΔS_i上其他各点处的单位法向量(见图9.30)。

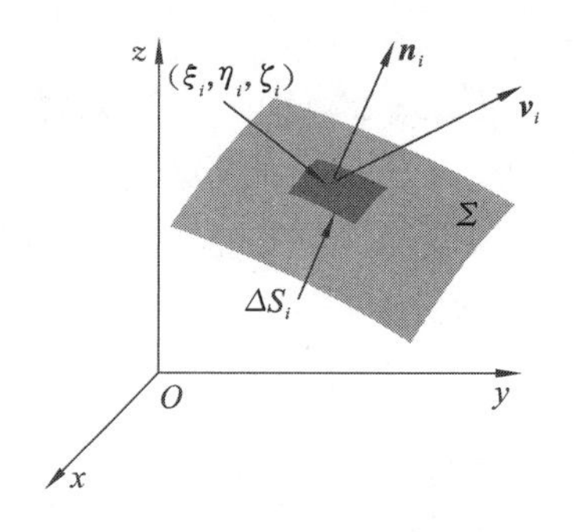

图 9.30

从而流体流向ΔS_i指定侧的流量的近似值为

$$\boldsymbol{v}_i\cdot\boldsymbol{n}_i\Delta S_i\quad(i=1,2,\cdots,n),$$

于是流体流向Σ指定侧的流量为

$$\Phi\approx\sum_{i=1}^{n}\boldsymbol{v}_i\cdot\boldsymbol{n}_i\Delta S_i=\sum_{i=1}^{n}[P(\xi_i,\eta_i,\zeta_i)\cos\alpha_i+Q(\xi_i,\eta_i,\zeta_i)\cos\beta_i+R(\xi_i,\eta_i,\zeta_i)\cos\gamma_i]\Delta S_i,$$

而 $\cos\alpha_i\cdot\Delta S_i\approx(\Delta S_i)_{yz},\quad\cos\beta_i\cdot\Delta S_i\approx(\Delta S_i)_{zx},\quad\cos\gamma_i\cdot\Delta S_i\approx(\Delta S_i)_{xy},$

因此上式可以写成

$$\Phi\approx\sum_{i=1}^{n}[P(\xi_i,\eta_i,\zeta_i)(\Delta S_i)_{yz}+Q(\xi_i,\eta_i,\zeta_i)(\Delta S_i)_{xz}+R(\xi_i,\eta_i,\zeta_i)(\Delta S_i)_{xy}]。$$

令各小块曲面的最大直径$\lambda\to0$,取上述和式的极限便得流量Φ的精确值。

抽去上例中流量的具体含义,可导出对坐标的曲面积分的定义。

(4) 对坐标的曲面积分的定义

定义 9.4　设 Σ 为光滑的有向曲面，函数 $R(x,y,z)$ 在 Σ 上有界，把 Σ 任意分成 n 块小曲面 ΔS_i（其面积也记作 ΔS_i），ΔS_i 在 xOy 面上的投影为 $(\Delta S)_{xy}$，(ξ_i,η_i,ζ_i) 为 ΔS_i 上的任意一点，λ 为各小块曲面的最大直径，若 $\lim\limits_{\lambda\to 0}\sum\limits_{i=1}^{n}R(\xi_i,\eta_i,\zeta_i)(\Delta S_i)_{xy}$ 存在，则称此极限为函数 $R(x,y,z)$ 在有向曲面 Σ 上对**坐标** x,y **的曲面积分**，记作 $\iint\limits_{\Sigma}R(x,y,z)\mathrm{d}x\mathrm{d}y$，即

$$\iint\limits_{\Sigma}R(x,y,z)\mathrm{d}x\mathrm{d}y=\lim_{\lambda\to 0}\sum_{i=1}^{n}R(\xi_i,\eta_i,\zeta_i)(\Delta S_i)_{xy},$$

其中，$R(x,y,z)$ 称为**被积函数**，Σ 称为**积分曲面**。

类似地，可以定义函数 $P(x,y,z)$ 在曲面 Σ 上的**对坐标** y,z **的曲面积分**为

$$\iint\limits_{\Sigma}P(x,y,z)\mathrm{d}y\mathrm{d}z=\lim_{\lambda\to 0}\sum_{i=1}^{n}P(\xi_i,\eta_i,\zeta_i)(\Delta S_i)_{yz};$$

函数 $Q(x,y,z)$ 在曲面 Σ 上的**对坐标** x,z **的曲面积分**为

$$\iint\limits_{\Sigma}Q(x,y,z)\mathrm{d}x\mathrm{d}z=\lim_{\lambda\to 0}\sum_{i=1}^{n}Q(\xi_i,\eta_i,\zeta_i)(\Delta S_i)_{xz}。$$

以上三个曲面积分也称为**第二类曲面积分**。

当 $P(x,y,z)$、$Q(x,y,z)$、$R(x,y,z)$ 在光滑有向曲面 Σ 上连续时，对坐标的曲面积分是存在的。以后总假定 P、Q、R 在 Σ 上连续。

在应用上出现较多的是合并形式

$$\iint\limits_{\Sigma}P\mathrm{d}y\mathrm{d}z+\iint\limits_{\Sigma}Q\mathrm{d}z\mathrm{d}x+\iint\limits_{\Sigma}R\mathrm{d}x\mathrm{d}y。$$

为简便起见，上式也常写成

$$\iint\limits_{\Sigma}P\mathrm{d}y\mathrm{d}z+Q\mathrm{d}z\mathrm{d}x+R\mathrm{d}x\mathrm{d}y。$$

例如，上述流向 Σ 指定侧的流量 Φ 可表示为

$$\Phi=\iint\limits_{\Sigma}P\mathrm{d}y\mathrm{d}z+Q\mathrm{d}z\mathrm{d}x+R\mathrm{d}x\mathrm{d}y。$$

(5) 对坐标的曲面积分的性质

对坐标的曲面积分与对坐标的曲线积分具有相似的性质。

性质 1

$$\begin{aligned}&\iint\limits_{\Sigma_1+\Sigma_2}P\mathrm{d}y\mathrm{d}z+Q\mathrm{d}z\mathrm{d}x+R\mathrm{d}x\mathrm{d}y\\=&\iint\limits_{\Sigma_1}P\mathrm{d}y\mathrm{d}z+Q\mathrm{d}z\mathrm{d}x+R\mathrm{d}x\mathrm{d}y+\iint\limits_{\Sigma_2}P\mathrm{d}y\mathrm{d}z+Q\mathrm{d}z\mathrm{d}x+R\mathrm{d}x\mathrm{d}y。\end{aligned}$$

性质 2　设 Σ 为有向曲面，$-\Sigma$ 表示与 Σ 相反的一侧，则

$$\iint\limits_{-\Sigma}P\mathrm{d}y\mathrm{d}z+Q\mathrm{d}z\mathrm{d}x+R\mathrm{d}x\mathrm{d}y=-\iint\limits_{\Sigma}P\mathrm{d}y\mathrm{d}z+Q\mathrm{d}z\mathrm{d}x+R\mathrm{d}x\mathrm{d}y。$$

因此，对坐标的曲面积分必须注意曲面所取的侧。

2. 对坐标的曲面积分的计算方法

定理 9.8　设 Σ 是由方程 $z=z(x,y)$ 所给出的曲面的上侧，Σ 在 xOy 面上的投影区域为 D_{xy}，函数 $z=z(x,y)$ 在 D_{xy} 内具有一阶连续偏导数，$R(x,y,z)$ 在 Σ 上连续，则

$$\iint_{\Sigma} R(x,y,z)\mathrm{d}x\mathrm{d}y = \iint_{D_{xy}} R[x,y,z(x,y)]\mathrm{d}x\mathrm{d}y。\tag{9.17}$$

证 由于$\iint_{\Sigma} R(x,y,z)\mathrm{d}x\mathrm{d}y = \lim_{\lambda\to 0}\sum_{i=1}^{n} R(\xi_i,\eta_i,\zeta_i)(\Delta S_i)_{xy}$，因为所取曲面为上侧，所以$\cos\gamma > 0$，$(\Delta S_i)_{xy} = (\Delta\sigma_i)_{xy}$，又因$(\xi_i,\eta_i,\zeta_i)$在曲面上，从而$\zeta_i = z(\xi_i,\eta_i)$，于是有

$$\sum_{i=1}^{n} R(\xi_i,\eta_i,\zeta_i)(\Delta S_i)_{xy} = \sum_{i=1}^{n} R[\xi_i,\eta_i,z(\xi_i,\eta_i)](\Delta\sigma_i)_{xy}。$$

令各小块曲面的最大直径$\lambda\to 0$，取上式两端的极限，则有

$$\iint_{\Sigma} R(x,y,z)\mathrm{d}x\mathrm{d}y = \iint_{D_{xy}} R[x,y,z(x,y)]\mathrm{d}x\mathrm{d}y。$$

当所取曲面为下侧时，由于$\cos\gamma < 0$，$(\Delta S_i)_{xy} = -(\Delta\sigma_i)_{xy}$，所以

$$\iint_{\Sigma} R(x,y,z)\mathrm{d}x\mathrm{d}y = -\iint_{D_{xy}} R[x,y,z(x,y)]\mathrm{d}x\mathrm{d}y。$$

定理9.8表明：在计算第二类曲面积分$\iint_{\Sigma} R(x,y,z)\mathrm{d}x\mathrm{d}y$时，只需将曲面$\Sigma$的方程$z = z(x,y)$代入被积函数$R(x,y,z)$中，然后在$\Sigma$的投影区域为$D_{xy}$上计算二重积分即可。但必须注意符号的选择，**上侧取正号，下侧取负号**。

类似地，若曲面Σ方程为$x = x(y,z)$，则有

$$\iint_{\Sigma} P(x,y,z)\mathrm{d}y\mathrm{d}z = \pm\iint_{D_{yz}} P[x(y,z),y,z]\mathrm{d}y\mathrm{d}z,\tag{9.18}$$

其中，"+"对应曲面的前侧($\cos\alpha > 0$)，"−"对应曲面的后侧($\cos\alpha < 0$)，Σ在yOz面上的投影区域为D_{yz}。

若曲面Σ方程为$y = y(x,z)$，则有

$$\iint_{\Sigma} Q(x,y,z)\mathrm{d}x\mathrm{d}z = \pm\iint_{D_{xz}} Q[x,y(x,z),z]\mathrm{d}x\mathrm{d}z,\tag{9.19}$$

其中，"+"对应曲面的右侧($\cos\beta > 0$)，"−"对应曲面的左侧($\cos\beta < 0$)，Σ在zOx面上的投影区域为D_{xz}。

例3 计算$I = \iint_{\Sigma}\sqrt{x^2+y^2+z^2}\,\mathrm{d}x\mathrm{d}y$，其中$\Sigma$是圆柱面$x^2+y^2=4$介于$0\leqslant z\leqslant 1$之间的部分，法向量指向$z$轴(见图9.31)。

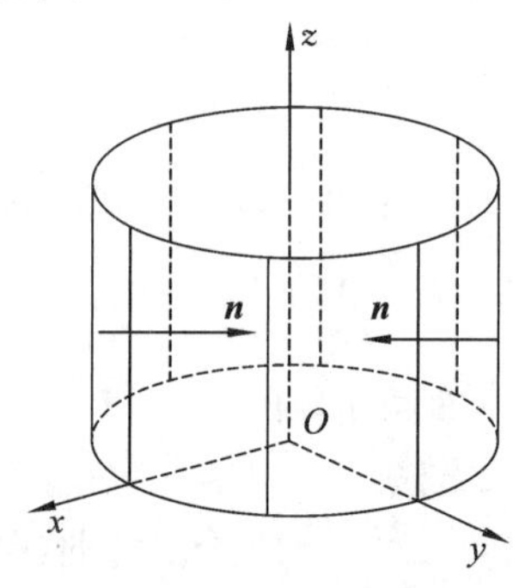

图9.31

解　由于 Σ 在 xOy 面上的投影区域的面积为 0，即 $(\Delta S)_{xy}=0$，所以 $I=0$。

例 4　计算曲面积分 $I=\iint\limits_{\Sigma}x^2\mathrm{d}y\mathrm{d}z+y^2\mathrm{d}z\mathrm{d}x+z^2\mathrm{d}x\mathrm{d}y$，其中 S 为平面 $x+y+z=1$ 位于第一卦限部分的上侧（见图 9.32）。

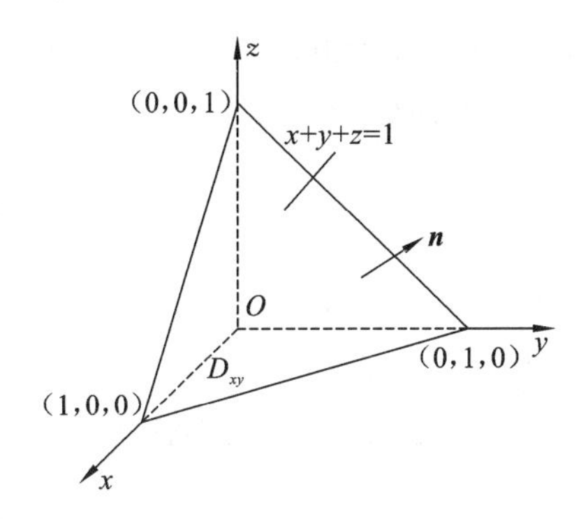

图 9.32

解　平面 S 的方程可写为 $z=1-x-y$，S 在 xOy 面上的投影为 $D_{xy}=\{(x,y)\mid 0\leqslant x\leqslant 1,0\leqslant y\leqslant 1-x\}$，则有

$$\iint\limits_{\Sigma}z^2\mathrm{d}x\mathrm{d}y=\iint\limits_{D_{xy}}(1-x-y)^2\mathrm{d}x\mathrm{d}y=\int_0^1\mathrm{d}x\int_0^{1-x}(1-x-y)^2\mathrm{d}y=\frac{1}{12}。$$

类似可得 $\iint\limits_{\Sigma}x^2\mathrm{d}y\mathrm{d}z=\frac{1}{12}$，$\iint\limits_{\Sigma}y^2\mathrm{d}z\mathrm{d}x=\frac{1}{12}$，故

$$I=\iint\limits_{\Sigma}x^2\mathrm{d}y\mathrm{d}z+y^2\mathrm{d}z\mathrm{d}x+z^2\mathrm{d}x\mathrm{d}y=\frac{1}{12}+\frac{1}{12}+\frac{1}{12}=\frac{1}{4}。$$

例 5　计算 $I=\iint\limits_{\Sigma}(2x+z)\mathrm{d}y\mathrm{d}z+z\mathrm{d}x\mathrm{d}y$，其中 $\Sigma:z=x^2+y^2(0\leqslant z\leqslant 1)$，其法向量与 z 轴正向的夹角为锐角（见图 9.33）。

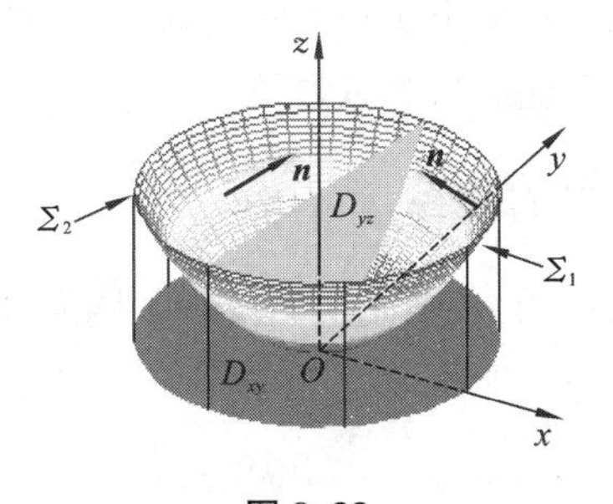

图 9.33

解　将 Σ 分为 Σ_1 和 Σ_2 两部分，其中 $\Sigma_1:x=\sqrt{z-y^2}$，取后侧；$\Sigma_2:x=-\sqrt{z-y^2}$，取前侧。

Σ_1 和 Σ_2 在 yOz 面上的投影区域均为 $D_{yz}:y^2\leqslant z\leqslant 1$。

$$\iint_{\Sigma}(2x+z)\mathrm{d}y\mathrm{d}z=\iint_{\Sigma_1}(2x+z)\mathrm{d}y\mathrm{d}z+\iint_{\Sigma_2}(2x+z)\mathrm{d}y\mathrm{d}z$$

$$=\iint_{\Sigma_1}(2\sqrt{z-y^2}+z)\mathrm{d}y\mathrm{d}z+\iint_{\Sigma_2}(-2\sqrt{z-y^2}+z)\mathrm{d}y\mathrm{d}z。$$

Σ_1 的法向量与 x 轴正向的夹角为钝角,即为后侧,所以计算时取"—";Σ_2 的法向量与 x 轴正向的夹角为锐角,即为前侧,所以计算时取"+",则

$$\iint_{\Sigma}(2x+z)\mathrm{d}y\mathrm{d}z=-\iint_{D_{yz}}(2\sqrt{z-y^2}+z)\mathrm{d}y\mathrm{d}z+\iint_{D_{yz}}(-2\sqrt{z-y^2}+z)\mathrm{d}y\mathrm{d}z$$

$$=-4\iint_{D_{yz}}\sqrt{z-y^2}\mathrm{d}y\mathrm{d}z=-4\int_{-1}^{1}\mathrm{d}y\int_{y^2}^{1}\sqrt{z-y^2}\mathrm{d}z$$

$$=-4\int_{-1}^{1}\frac{2}{3}\left[(z-y^2)^{\frac{3}{2}}\right]_{y^2}^{1}\mathrm{d}y=-\frac{8}{3}\int_{-1}^{1}(1-y^2)^{\frac{3}{2}}\mathrm{d}y$$

$$=-\frac{16}{3}\int_{0}^{1}(1-y^2)^{\frac{3}{2}}\mathrm{d}y=-\frac{16}{3}\int_{0}^{\frac{\pi}{2}}\cos^4\theta\mathrm{d}\theta$$

$$=-\frac{16}{3}\cdot\frac{3}{4}\cdot\frac{1}{2}\cdot\frac{\pi}{2}=-\pi。$$

Σ 在 xOy 面上的投影区域均为 $D_{xy}:x^2+y^2\leqslant 1$,$\Sigma$ 取上侧,

$$\iint_{\Sigma}z\mathrm{d}x\mathrm{d}y=\iint_{D_{xy}}(x^2+y^2)\mathrm{d}x\mathrm{d}y=\int_{0}^{2\pi}\mathrm{d}\theta\int_{0}^{1}r^2r\,\mathrm{d}r=\frac{\pi}{2},$$

所以

$$I=\iint_{\Sigma}(2x+z)\mathrm{d}y\mathrm{d}z+z\mathrm{d}x\mathrm{d}y=-\pi+\frac{\pi}{2}=-\frac{\pi}{2}。$$

注意　当对坐标的曲面积分为组合型时,按照"一投、二代、三定号"的法则,先将单一型的曲面积分化为二重积分,然后再组合。这里,"一投"是指将积分曲面 Σ 投向单一型曲面积分中指定的坐标面;"二代"是指将 Σ 的方程化为投影面上两变量的显函数,再用此函数代替被积函数中的另一变量;"三定号"是指依据 Σ 所取的侧确定二重积分前面的所要取的"+"或"—",其中"+"对应于 Σ 的上侧或前侧或右侧(依次相对于 z 轴、x 轴、y 轴正向而言),"—"对应于 Σ 的下侧或后侧或左侧。

三、两类曲面积分之间的关系

设有向曲面 $\Sigma:z=z(x,y)$ 在 xOy 面上的投影区域为 D_{xy},函数 $z=z(x,y)$ 在 D_{xy} 上具有一阶连续的偏导数,$R(x,y,z)$ 在 Σ 上连续,则由对坐标的曲面积分计算公式有

$$\iint_{\Sigma}R(x,y,z)\mathrm{d}x\mathrm{d}y=\pm\iint_{D_{xy}}R[x,y,z(x,y)]\mathrm{d}x\mathrm{d}y,$$

其中,"+"对应曲面的上侧($\cos\gamma>0$),"—"对应曲面的下侧($\cos\gamma<0$)。
又因为

$$\cos\alpha=\frac{\pm z_x}{\sqrt{1+z_x^2+z_y^2}},\quad \cos\beta=\frac{\pm z_y}{\sqrt{1+z_x^2+z_y^2}},\quad \cos\gamma=\frac{\pm 1}{\sqrt{1+z_x^2+z_y^2}},$$

而

$$\iint_{\Sigma}R(x,y,z)\cos\gamma\mathrm{d}S=\iint_{D_{xy}}R[x,y,z(z,y)]\cos\gamma\sqrt{1+z_y^2+z_x^2}\mathrm{d}x\mathrm{d}y$$

$$=\pm\iint_{D_{xy}} R[x,y,z(x,y)]\mathrm{d}x\mathrm{d}y,$$

所以
$$\iint_{\Sigma} R(x,y,z)\mathrm{d}x\mathrm{d}y=\iint_{\Sigma} R(x,y,z)\cos\gamma\mathrm{d}S。$$

类似地，有

$$\iint_{\Sigma} P(x,y,z)\mathrm{d}y\mathrm{d}z=\iint_{\Sigma} P(x,y,z)\cos\alpha\mathrm{d}S,$$

$$\iint_{\Sigma} Q(x,y,z)\mathrm{d}x\mathrm{d}z=\iint_{\Sigma} Q(x,y,z)\cos\beta\mathrm{d}S。$$

合并以上三式，得两类曲面积分之间的联系如下：

$$\iint_{\Sigma} P\mathrm{d}y\mathrm{d}z+Q\mathrm{d}z\mathrm{d}x+R\mathrm{d}x\mathrm{d}y=\iint_{\Sigma}[P\cos\alpha+Q\cos\beta+R\cos\gamma]\mathrm{d}S,$$

其中，$\cos\alpha,\cos\beta,\cos\gamma$ 是有向曲面 Σ 在点 (x,y,z) 处的法向量的方向余弦。

若记 $\boldsymbol{A}=(P,Q,R)$，$\boldsymbol{n}=(\cos\alpha,\cos\beta,\cos\gamma)$ 为有向曲面 Σ 在点 (x,y,z) 处的单位法向量，$\mathrm{d}\boldsymbol{S}=\boldsymbol{n}\mathrm{d}S=(\mathrm{d}y\mathrm{d}z,\mathrm{d}x\mathrm{d}z,\mathrm{d}x\mathrm{d}y)$ 称为**有向曲面元**，则两类曲面积分之间的联系也可写成如下向量形式：

$$\iint_{\Sigma}\boldsymbol{A}\cdot\mathrm{d}\boldsymbol{S}=\iint_{\Sigma}\boldsymbol{A}\cdot\boldsymbol{n}\mathrm{d}S=\iint_{\Sigma}A_{n}\mathrm{d}S,$$

其中，$A_n=\boldsymbol{A}\cdot\boldsymbol{n}=P\cos\alpha+Q\cos\beta+R\cos\gamma$ 为向量 $\boldsymbol{A}$ 在 $\boldsymbol{n}$ 上的投影。

例 6　利用两类曲面积分的联系计算例 5。

解　因为

$$\cos\alpha=\frac{-2x}{\sqrt{1+4x^2+4y^2}},\quad \cos\beta=\frac{-2y}{\sqrt{1+4x^2+4y^2}},\quad \cos\gamma=\frac{1}{\sqrt{1+4x^2+4y^2}},$$

所以

$$\begin{aligned}
I&=\iint_{\Sigma}(2x+z)\mathrm{d}y\mathrm{d}z+z\mathrm{d}x\mathrm{d}y\\
&=\iint_{\Sigma}[(2x+z)\cos\alpha+z\cos\gamma]\mathrm{d}S\\
&=\iint_{\Sigma}\left[(2x+z)\frac{-2x}{\sqrt{1+4x^2+4y^2}}+z\frac{1}{\sqrt{1+4x^2+4y^2}}\right]\mathrm{d}S\\
&=\iint_{D_{xy}}[(2x+x^2+y^2)(-2x)+(x^2+y^2)]\mathrm{d}x\mathrm{d}y\\
&=-4\iint_{D_{xy}}x^2\mathrm{d}x\mathrm{d}y+\iint_{D_{xy}}(x^2+y^2)\mathrm{d}x\mathrm{d}y\\
&=-2\iint_{D_{xy}}(x^2+y^2)\mathrm{d}x\mathrm{d}y+\iint_{D_{xy}}(x^2+y^2)\mathrm{d}x\mathrm{d}y\\
&=-\iint_{D_{xy}}(x^2+y^2)\mathrm{d}x\mathrm{d}y=-\int_0^{\frac{\pi}{2}}\mathrm{d}\theta\int_0^1 r^2 r\,\mathrm{d}r=-\frac{\pi}{2}。
\end{aligned}$$

例 7　设 $\Sigma: z=\sqrt{1-x^2-y^2}$，$\gamma$ 是其外法线与 z 轴正向夹成的锐角（见图 9.34），计

算 $I=\iint\limits_{\Sigma} z^2\cos\gamma \mathrm{d}S$。

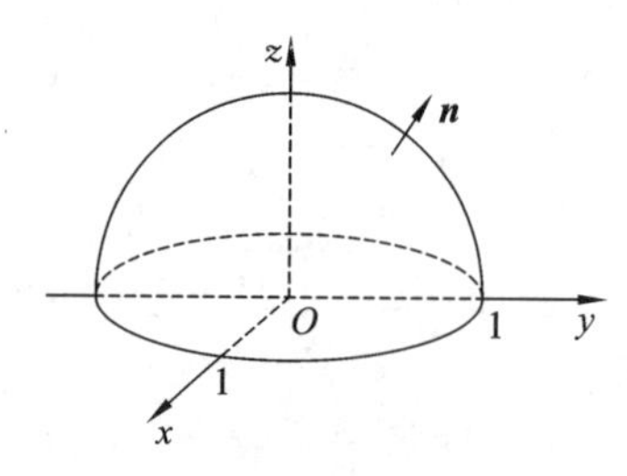

图 9.34

解

$$I=\iint\limits_{\Sigma} z^2\cos\gamma \mathrm{d}S=\iint\limits_{\Sigma} z^2\mathrm{d}x\mathrm{d}y$$
$$=\iint\limits_{D_{xy}}(1-x^2-y^2)\mathrm{d}x\mathrm{d}y=\int_0^{2\pi}\mathrm{d}\theta\int_0^1(1-r^2)r\,\mathrm{d}r=\frac{\pi}{2}。$$

习题 9.3(A)

1. 当 S 是 xOy 面内的一个闭区域时，曲面积分 $\iint\limits_{S} f(x,y,z)\mathrm{d}S$ 与二重积分有什么关系？

2. 计算下列对面积的曲面积分。

(1) $\iint\limits_{S}(x+y+z)\mathrm{d}S$，其中 S 为球面 $x^2+y^2+z^2=a^2$ 上 $z\geqslant h(0<h<a)$ 的部分；

(2) $\iint\limits_{S}\dfrac{\mathrm{d}S}{(1+x+y)^2}$，其中 S 为闭区域 $x+y+z\leqslant 1, x\geqslant 0, y\geqslant 0, z\geqslant 0$ 的边界；

(3) $\iint\limits_{S}(x^2+y^2)\mathrm{d}S$，其中 S 为立体 $\sqrt{x^2+y^2}\leqslant z\leqslant 1$ 的边界；

(4) $\iint\limits_{S}\dfrac{\mathrm{d}S}{x^2+y^2+z^2}$，其中 S 是介于 $z=0$ 和 $z=h$ 之间的圆柱面 $x^2+y^2=R^2$。

3. 求面密度为 $\mu(x,y,z)=\sqrt{x^2+y^2}$ 的圆锥面 $z=1-\sqrt{x^2+y^2}(0\leqslant z\leqslant 1)$ 的质量。

4. 已知曲面壳 $z=3-(x^2+y^2)$ 的面密度为 $\mu=x^2+y^2+z$，求此曲面壳在平面 $z=1$ 以上部分 Σ 的质量 M。

5. 当 Σ 是 xOy 面内的一个闭区域时，曲面积分 $\iint\limits_{\Sigma} R(x,y,z)\mathrm{d}x\mathrm{d}y$ 与二重积分有什么关系？

6. 计算下列对坐标的曲面积分。

(1) $\iint\limits_{\Sigma} xyz\,\mathrm{d}x\mathrm{d}y$，其中 Σ 是球面 $x^2+y^2+z^2=1$ 的外侧在 $x\geqslant 0$ 和 $y\geqslant 0$ 的部分；

(2) $\iint\limits_{\Sigma} x^2\mathrm{d}y\mathrm{d}z+y^2\mathrm{d}x\mathrm{d}z+z^2\mathrm{d}x\mathrm{d}y$，其中 Σ 是长方体 Ω 的整个表面的外侧，

$\Omega=\{(x,y,z)\mid 0\leqslant x\leqslant a,0\leqslant y\leqslant b,0\leqslant z\leqslant c\}$；

(3)$\iint\limits_{\Sigma}(z^2+x)\mathrm{d}y\mathrm{d}z-z\mathrm{d}x\mathrm{d}y$，其中$\Sigma$是$z=\dfrac{1}{2}(x^2+y^2)$介于$z=0$和$z=2$之间部分的下侧。

习题 9.3(B)

1. (2012 年) 设曲面$\Sigma=\{(x,y,z)\mid x+y+z=1,x\geqslant 0,y\geqslant 0,z\geqslant 0\}$，则$\iint\limits_{\Sigma}y^2\mathrm{d}S$ = ________。

2. (2019 年) 设Σ为曲面$x^2+y^2+4z^2=4(z\geqslant 0)$的上侧，则$\iint\limits_{\Sigma}\sqrt{4-x^2-4z^2}\mathrm{d}x\mathrm{d}y$ = ________。

3. 计算曲面积分$I=\oiint\limits_{\Sigma}z^2\mathrm{d}S$，其中$\Sigma$：$x^2+y^2+z^2=a^2$。

4. 计算曲面积分$\iint\limits_{S}|xyz|\mathrm{d}S$，其中$S$为$x^2+y^2=z^2$被平面$z=1$所割的部分。

5. 计算曲面积分$I=\oiint\limits_{\Sigma}xz\mathrm{d}x\mathrm{d}y+xy\mathrm{d}y\mathrm{d}z+yz\mathrm{d}z\mathrm{d}x$，其中$\Sigma$是平面$x=0,y=0,z=0,x+y+z=1$所围成的空间区域的整个边界曲面的外侧。

6. 计算曲面积分$\oiint\limits_{\Sigma}\dfrac{1}{x}\mathrm{d}y\mathrm{d}z+\dfrac{1}{y}\mathrm{d}x\mathrm{d}z+\dfrac{1}{z}\mathrm{d}x\mathrm{d}y$，其中$\Sigma$为球面$x^2+y^2+z^2=a^2$的外侧。

扫码查看
习题参考答案

第四节　高斯公式　*通量与散度

1828 年，俄国数学家奥斯特罗格拉德斯基在研究热传导理论的过程中，证明了关于三重积分与曲面积分之间关系的公式，现在称为高斯-奥斯特罗格拉德斯基公式或高斯公式，它在静电学和流体力学中是一个很重要的结果。

一、高斯公式

定理9.9　设空间区域Ω是由分片光滑的闭曲面Σ围成，函数$P(x,y,z)$、$Q(x,y,z)$、$R(x,y,z)$在Ω上具有一阶连续的偏导数，则

$$\iiint\limits_{\Omega}\left(\frac{\partial P}{\partial x}+\frac{\partial Q}{\partial y}+\frac{\partial R}{\partial z}\right)\mathrm{d}v=\oiint\limits_{\Sigma}(P\mathrm{d}y\mathrm{d}z+Q\mathrm{d}z\mathrm{d}x+R\mathrm{d}x\mathrm{d}y) \tag{9.20}$$

或

$$\iiint\limits_{\Omega}\left(\frac{\partial P}{\partial x}+\frac{\partial Q}{\partial y}+\frac{\partial R}{\partial z}\right)\mathrm{d}v=\oiint\limits_{\Sigma}(P\cos\alpha+Q\cos\beta+R\cos\gamma)\mathrm{d}S, \tag{9.21}$$

其中，Σ是Ω的整个边界曲面的外侧，$\cos\alpha$、$\cos\beta$、$\cos\gamma$是Σ上点(x,y,z)处的法向量的方向余弦，(9.20) 和(9.21) 式称为**高斯公式**。

高斯(Gauss)公式表达了空间闭区域上的三重积分与其边界曲面上的曲面积分之间的关系。

证　设Ω在xOy面上的投影区域为D_{xy},假定穿过Ω内部且平行于z轴的直线与Ω的边界曲面Σ的交点恰好有两个。这样,可设Σ由Σ_1、Σ_2和Σ_3三部分组成(见图9.35),$\Sigma_1:z=z_1(x,y)$取下侧,$\Sigma_2:z=z_2(x,y)$取上侧,且$z_1(x,y)\leqslant z_2(x,y)$,$\Sigma_3$是以$D_{xy}$的边界曲线为准线,母线平行于$z$轴的柱面的一部分,取外侧。

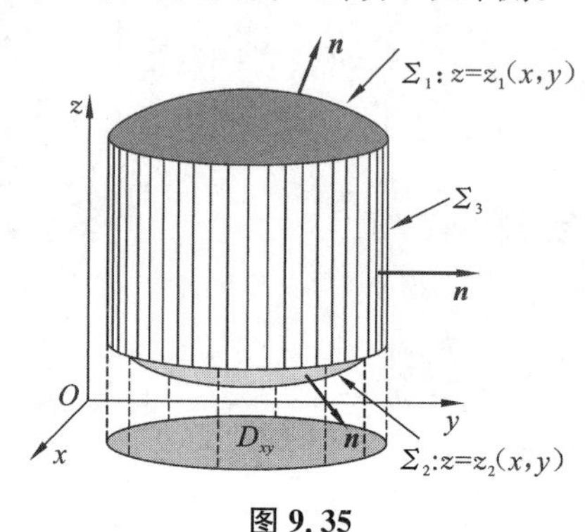

图 9.35

由三重积分的计算法知

$$\iiint\limits_{\Omega}\frac{\partial R}{\partial z}\mathrm{d}v=\iint\limits_{D_{xy}}\left\{\int_{z_1(x,y)}^{z_2(x,y)}\frac{\partial R}{\partial z}\mathrm{d}z\right\}\mathrm{d}x\mathrm{d}y=\iint\limits_{D_{xy}}\{R[x,y,z_2(x,y)]-R[x,y,z_1(x,y)]\}\mathrm{d}x\mathrm{d}y。$$

由曲面积分的计算法知

$$\iint\limits_{\Sigma_1}R(x,y,z)\mathrm{d}x\mathrm{d}y=-\iint\limits_{D_{xy}}R[x,y,z_1(x,y)]\mathrm{d}x\mathrm{d}y,$$

$$\iint\limits_{\Sigma_2}R(x,y,z)\mathrm{d}x\mathrm{d}y=\iint\limits_{D_{xy}}R[x,y,z_2(x,y)]\mathrm{d}x\mathrm{d}y,$$

由于Σ_3上任意一块曲面在xOy面上的投影为零,所以

$$\iint\limits_{\Sigma_3}R(x,y,z)\mathrm{d}x\mathrm{d}y=0。$$

以上三式相加,得

$$\iint\limits_{\Sigma}R(x,y,z)\mathrm{d}x\mathrm{d}y=\iint\limits_{D_{xy}}\{R[x,y,z_2(x,y)]-R[x,y,z_1(x,y)]\}\mathrm{d}x\mathrm{d}y,$$

所以

$$\iiint\limits_{\Omega}\frac{\partial R}{\partial x}\mathrm{d}v=\iint\limits_{\Sigma}R(x,y,z)\mathrm{d}x\mathrm{d}y。\tag{9.22}$$

类似地,若穿过Ω内部且平行于x轴的直线及平行于y轴的直线与Ω的边界曲面Σ的交点也都恰好有两个,则

$$\iiint\limits_{\Omega}\frac{\partial P}{\partial x}\mathrm{d}v=\iint\limits_{\Sigma}P(x,y,z)\mathrm{d}y\mathrm{d}z,\tag{9.23}$$

$$\iiint\limits_{\Omega}\frac{\partial Q}{\partial y}\mathrm{d}v=\iint\limits_{\Sigma}Q(x,y,z)\mathrm{d}z\mathrm{d}x。\tag{9.24}$$

把(9.22)、(9.23)和(9.24)式两端分别相加,即可证得高斯公式。

若Ω不满足定理中的条件,可引进几张辅助曲面,将Ω分为几个有限闭区域,使每个小区域满足所给条件,并注意沿辅助曲面两侧的曲面积分其绝对值相等,符号相反,相加时正好抵消。因此,高斯公式同样适用这样的闭区域。

注意　高斯公式的主要作用是将封闭曲面积分化为三重积分。

例1　计算$I=\oiint\limits_{\Sigma}x^3\mathrm{d}y\mathrm{d}z+y^3\mathrm{d}z\mathrm{d}x+z^3\mathrm{d}x\mathrm{d}y$,其中$\Sigma$为球面$x^2+y^2+z^2=R^2$的外侧。

解　令$P=x^3,Q=y^3,R=z^3$,则

$$\frac{\partial P}{\partial x}+\frac{\partial Q}{\partial y}+\frac{\partial R}{\partial z}=3(x^2+y^2+z^2),$$

利用高斯公式把所给曲面积分化为三重积分,再利用球坐标计算三重积分,得

$$I=\iiint\limits_{\Omega}3(x^2+y^2+z^2)\mathrm{d}x\mathrm{d}y\mathrm{d}z=\int_0^{2\pi}\mathrm{d}\theta\int_0^{\pi}\mathrm{d}\varphi\int_0^R3\rho^2\cdot\rho^2\sin\varphi\mathrm{d}\rho=\frac{12}{5}\pi R^5。$$

例2　计算$I=\oiint\limits_{\Sigma}x(y-z)\mathrm{d}y\mathrm{d}z+(z-x)\mathrm{d}z\mathrm{d}x+(x-y)\mathrm{d}x\mathrm{d}y$,其中$\Sigma$是圆锥面$z^2=x^2+y^2$与平面$z=h>0$围成表面的外侧。

解　令$P=x(y-z),Q=z-x,R=x-y$,则

$$\frac{\partial P}{\partial x}+\frac{\partial Q}{\partial y}+\frac{\partial R}{\partial z}=y-z,$$

利用高斯公式把所给曲面积分化为三重积分,再利用柱坐标计算三重积分,得

$$I=\iiint\limits_{\Omega}(y-z)\mathrm{d}v=\int_0^{2\pi}\mathrm{d}\theta\int_0^h r\mathrm{d}r\int_{\sqrt{r^2}}^h(r\sin\theta-z)\mathrm{d}z=-\frac{\pi h^4}{4}。$$

例3　计算$I=\iint\limits_{\Sigma}x\mathrm{d}y\mathrm{d}z+y\mathrm{d}x\mathrm{d}z+z\mathrm{d}x\mathrm{d}y$,其中$\Sigma$是$x^2+y^2+z^2=a^2,z\geqslant0$的上侧。

解　添加曲面$\Sigma_1:\begin{cases}x^2+y^2\leqslant a^2,\\ z=0,\end{cases}$与$\Sigma$构成封闭曲面。令$P=x,Q=y,R=z$,则$\frac{\partial P}{\partial x}+\frac{\partial Q}{\partial y}+\frac{\partial R}{\partial z}=3$,所以

$$\oiint\limits_{\Sigma_1+\Sigma}x\mathrm{d}y\mathrm{d}z+y\mathrm{d}x\mathrm{d}z+z\mathrm{d}x\mathrm{d}y=\iiint\limits_{\Omega}3\mathrm{d}V=3\cdot\frac{2}{3}\pi a^3=2\pi a^3,$$

而

$$\iint\limits_{\Sigma_1}x\mathrm{d}y\mathrm{d}z+y\mathrm{d}x\mathrm{d}z+z\mathrm{d}x\mathrm{d}y=\iint\limits_{\Sigma}z\mathrm{d}x\mathrm{d}y=0,$$

所以

$$I=2\pi a^3。$$

*二、通量与散度

设稳定流动的不可压缩流体(假设密度为1)的速度场为

$$\boldsymbol{v}(x,y,z)=P(x,y,z)\boldsymbol{i}+Q(x,y,z)\boldsymbol{j}+R(x,y,z)\boldsymbol{k},$$

Σ为速度场中的一片有向曲面,函数$P(x,y,z)$、$Q(x,y,z)$、$R(x,y,z)$都在Σ上具有一阶连续偏导数,$\boldsymbol{n}=(\cos\alpha,\cos\beta,\cos\gamma)$是$\Sigma$上点$(x,y,z)$处的单位法向量,则单位时间内流

体流向指定侧的流量为

$$\Phi = \iint_{\Sigma} P\mathrm{d}y\mathrm{d}z + Q\mathrm{d}x\mathrm{d}z + R\mathrm{d}x\mathrm{d}y = \iint_{\Sigma} (P\cos\alpha + Q\cos\beta + R\cos\gamma)\,\mathrm{d}S$$

$$= \iint_{\Sigma} \boldsymbol{v} \cdot \boldsymbol{n}\mathrm{d}S = \iint_{\Sigma} v_n \mathrm{d}S,$$

其中,$v_n = P\cos\alpha + Q\cos\beta + R\cos\gamma = \boldsymbol{v} \cdot \boldsymbol{n}$ 为 $\boldsymbol{v}$ 在 $\boldsymbol{n}$ 上的投影。

当 Σ 为封闭曲面的外侧时,高斯公式

$$\iiint_{\Omega} \left(\frac{\partial P}{\partial x} + \frac{\partial Q}{\partial y} + \frac{\partial R}{\partial z}\right)\mathrm{d}v = \oiint_{\Sigma} (P\mathrm{d}y\mathrm{d}z + Q\mathrm{d}z\mathrm{d}x + R\mathrm{d}x\mathrm{d}y)$$

的右端表示单位时间内离开闭区域Ω的流体的总质量。由于流体是稳定且不可压缩的,因此在离开Ω的同时,Ω的内部必须有产生流体的"源头"产生同样多的流体来进行补充。所以高斯公式左端可解释为:分布在 Ω 内的"源头" 在单位时间内所产生的流体的总质量。

由于高斯公式可简写为

$$\iiint_{\Omega} \left(\frac{\partial P}{\partial x} + \frac{\partial Q}{\partial y} + \frac{\partial R}{\partial z}\right)\mathrm{d}v = \iint_{\Sigma} v_n \mathrm{d}S,$$

从而有

$$\frac{1}{V}\iiint_{\Omega} \left(\frac{\partial P}{\partial x} + \frac{\partial Q}{\partial y} + \frac{\partial R}{\partial z}\right)\mathrm{d}v = \frac{1}{V}\iint_{\Sigma} v_n \mathrm{d}S \ (V \text{ 为} \Omega \text{ 的体积})。$$

左端为:分布在 Ω 内的"源头" 在单位时间单位体积内所产生的流体质量的平均值。

由积分中值定理有

$$\left.\left(\frac{\partial P}{\partial x} + \frac{\partial Q}{\partial y} + \frac{\partial R}{\partial z}\right)\right|_{(\xi,\eta,\zeta)} = \frac{1}{V}\iint_{\Sigma} v_n \mathrm{d}S = \frac{1}{V},(\xi,\eta,\zeta) \in \Omega,$$

令 $\Omega \to M(x,y,z)$,则有

$$\frac{\partial P}{\partial x} + \frac{\partial Q}{\partial y} + \frac{\partial R}{\partial z} = \lim_{\Omega \to M} \frac{1}{V}\iint_{\Sigma} v_n \mathrm{d}S。$$

称$\dfrac{\partial P}{\partial x} + \dfrac{\partial Q}{\partial y} + \dfrac{\partial R}{\partial z}$为 $\boldsymbol{v}$ 在点M 处的**散度**,记为 $\mathrm{div}\boldsymbol{v}$,即

$$\mathrm{div}\boldsymbol{v} = \frac{\partial P}{\partial x} + \frac{\partial Q}{\partial y} + \frac{\partial R}{\partial z}。$$

$\mathrm{div}\boldsymbol{v}$ 表示在单位时间单位体积内所产生的流体质量 —— 源头强度。如果 $\mathrm{div}\boldsymbol{v}$ 为负,则表示点 M 处流体在消失。

定义 9.5 设有向量场

$$\boldsymbol{A}(x,y,z) = P(x,y,z)\boldsymbol{i} + Q(x,y,z)\boldsymbol{j} + R(x,y,z)\boldsymbol{k},$$

其中函数 P,Q,R 均具有一阶连续偏导数,Σ 为场内的一片有向曲面,$\boldsymbol{n}$ 为Σ 上点(x,y,z)处的单位法向量,则

$$\oiint_{\Sigma} \boldsymbol{A} \cdot \boldsymbol{n}\,\mathrm{d}S$$

称为向量场$\boldsymbol{A}$通过曲面Σ 向着指定侧的**通量**(或**流量**),而$\dfrac{\partial P}{\partial x} + \dfrac{\partial Q}{\partial y} + \dfrac{\partial R}{\partial z}$叫作向量场$\boldsymbol{A}$ 的**散度**,即

$$\mathrm{div}\boldsymbol{A}=\frac{\partial P}{\partial x}+\frac{\partial Q}{\partial y}+\frac{\partial R}{\partial z}。$$

利用向量场的通量和散度，高斯公式可以写成下面的向量形式

$$\iiint_{\Omega}\mathrm{div}\boldsymbol{A}\mathrm{d}v=\iint_{\Sigma}\boldsymbol{A}_n\mathrm{d}S, \tag{9.25}$$

其中，Σ 为 Ω 的边界曲面，$\boldsymbol{A}_n=\boldsymbol{A}\cdot\boldsymbol{n}=P\cos\alpha+Q\cos\beta+R\cos\gamma$ 是向量 $\boldsymbol{A}$ 在曲面 Σ 的外侧法向量上的投影。

高斯公式(9.25)表明：向量场 $\boldsymbol{A}$ 通过闭曲面 Σ 流向外侧的通量等于向量场 $\boldsymbol{A}$ 的散度在闭曲面 Σ 所围闭区域 Ω 上的积分。

例 4　求向量场 $\boldsymbol{A}=yz\boldsymbol{j}+z^2\boldsymbol{k}$ 的散度。

解　令 $P=0,Q=yz,R=z^2$，则

$$\mathrm{div}\boldsymbol{A}=\frac{\partial P}{\partial x}+\frac{\partial Q}{\partial y}+\frac{\partial R}{\partial z}=0+z+2z=3z。$$

设函数 $u(x,y,z)$ 和 $v(x,y,z)$ 在闭区域 Ω 上具有一阶和二阶连续偏导数，$\frac{\partial u}{\partial n}$、$\frac{\partial v}{\partial n}$ 分别表示函数 $u(x,y,z)$、$v(x,y,z)$ 沿 Σ 的外法线方向的方向导数，则可得

$$\iiint_{\Omega}u\Delta v\mathrm{d}x\mathrm{d}y\mathrm{d}z=\oint\!\!\!\oint_{\Sigma}u\frac{\partial v}{\partial n}\mathrm{d}S=\iiint_{\Omega}\left(\frac{\partial u}{\partial x}\frac{\partial v}{\partial x}+\frac{\partial u}{\partial y}\frac{\partial v}{\partial y}+\frac{\partial u}{\partial z}\frac{\partial v}{\partial z}\right)\mathrm{d}x\mathrm{d}y\mathrm{d}z, \tag{9.26}$$

称(9.26)式为**格林**(Green)**第一公式**。

同时可得

$$\iiint_{\Omega}(u\Delta v-v\Delta u)\mathrm{d}x\mathrm{d}y\mathrm{d}z=\oint\!\!\!\oint_{\Sigma}\left(u\frac{\partial v}{\partial n}-v\frac{\partial u}{\partial n}\right)\mathrm{d}S, \tag{9.27}$$

称(9.27)式为**格林**(Green)**第二公式**。其中 Σ 是空间闭区域 Ω 的整个边界曲面，符号 $\Delta=\frac{\partial^2}{\partial x^2}+\frac{\partial^2}{\partial y^2}+\frac{\partial^2}{\partial z^2}$ 称为**拉普拉斯**(Laplace)**算子**。

习题 9.4(A)

1. 利用高斯公式计算曲面积分。

(1) $\oint\!\!\!\oint_{\Sigma}x^2\mathrm{d}y\mathrm{d}z+y^2\mathrm{d}x\mathrm{d}z+z^2\mathrm{d}x\mathrm{d}y$，其中 Σ 为平面 $x=0,y=0,z=0,x=a,y=a,z=a(a>0)$ 所围成的立体的表面的外侧；

(2) $\oint\!\!\!\oint_{\Sigma}(x-y)\mathrm{d}x\mathrm{d}y+x(y-z)\mathrm{d}y\mathrm{d}z$，其中 Σ 为柱面 $x^2+y^2=1$ 及平面 $z=0,z=3$ 所围成的空间闭区域 Ω 的整个边界曲面的外侧；

(3) $\oint\!\!\!\oint_{\Sigma}(y^2-x)\mathrm{d}y\mathrm{d}z+(z^2-y)\mathrm{d}x\mathrm{d}z+(x^2-z)\mathrm{d}x\mathrm{d}y$，其中 Σ 为曲面 $z=2-x^2-y^2$ 与平面 $z=0$ 所围立体的表面外侧；

(4) $\iint_{\Sigma}(x^2\cos\alpha+y^2\cos\beta+z^2\cos\gamma)\mathrm{d}S$，其中 Σ 为锥面 $z^2=x^2+y^2$ 介于 $z=0$ 和 $z=h(h>0)$ 之间的部分的下侧，$\cos\alpha$、$\cos\beta$、$\cos\gamma$ 是 Σ 上点 (x,y,z) 处的单位法向量的方向余弦；

(5)$\iint\limits_{\Sigma} 2zx\mathrm{d}y\mathrm{d}z - 2y\mathrm{d}z\mathrm{d}x + (5z - z^2)\mathrm{d}x\mathrm{d}y$,其中 Σ 为曲线$\begin{cases} z = \mathrm{e}^y, \\ x = 0 \end{cases}$ $(1 \leqslant y \leqslant 2)$绕 z 轴旋转一周所成曲面的外侧。

2. 计算 $I = \iint\limits_{\Sigma} (x^3 z + x)\mathrm{d}y\mathrm{d}z - x^2 yz\mathrm{d}z\mathrm{d}x - x^2 z^2 \mathrm{d}x\mathrm{d}y$,其中 Σ 为曲面 $z = 2 - x^2 - y^2$ $(1 \leqslant z \leqslant 2)$ 的上侧。

3. 求下列向量 $\boldsymbol{A}$ 穿过曲面 Σ 流向指定侧的通量。

(1)$\boldsymbol{A} = z\boldsymbol{i} + y\boldsymbol{j} - x\boldsymbol{k}$,$\Sigma$ 为平面 $2x + 3y + z = 6$,$x = 0$,$y = 0$,$z = 0$ 所围成立体的表面,流向外侧;

(2)$\boldsymbol{A} = yz\boldsymbol{i} + xz\boldsymbol{j} + xy\boldsymbol{k}$,$\Sigma$ 为圆柱 $x^2 + y^2 \leqslant a^2 (0 \leqslant z \leqslant h)$ 的全表面,流向外侧。

4. 求下列向量场的散度。

(1)$\boldsymbol{A} = (x^2 + yz)\boldsymbol{i} + (y^2 + xz)\boldsymbol{j} + (z^2 + xy)\boldsymbol{k}$;

(2)$\boldsymbol{A} = x\mathrm{e}^y \boldsymbol{i} - z\mathrm{e}^{-y}\boldsymbol{j} + y\ln z\boldsymbol{k}$。

习题 9.4(B)

1. (2021 年) 设 Σ 为空间区域 $\{(x,y,z) \mid x^2 + 4y^2 \leqslant 4, 0 \leqslant z \leqslant 2\}$ 表面的外侧,则曲面积分 $\iint\limits_{\Sigma} x^2 \mathrm{d}y\mathrm{d}z + y^2 \mathrm{d}z\mathrm{d}x + z\mathrm{d}x\mathrm{d}y =$ ________。

2. (1993 年) 设数量场 $u = \ln\sqrt{x^2 + y^2 + z^2}$,则 $\mathrm{div}(\mathbf{grad}\,u) =$ ________。

3. (1993 年) 计算曲面积分 $\oiint\limits_{\Sigma} 2xz\mathrm{d}y\mathrm{d}z + yz\mathrm{d}z\mathrm{d}x - z^2 \mathrm{d}x\mathrm{d}y$,其中 Σ 是由曲面 $z = \sqrt{x^2 + y^2}$ 与 $z = \sqrt{2 - x^2 - y^2}$ 所围立体的表面外侧。

4. 计算曲面积分 $I = \iint\limits_{\Sigma} [(x+y)\cos\alpha + (y+z)\cos\beta + (z+x)\cos\gamma]\mathrm{d}S$,其中 $\vec{n}$ 是曲面 $\Sigma: z = x^2 + y^2 (0 \leqslant z \leqslant 1)$ 的下侧单位法向量。

5. (2018 年) 设 Σ 是曲面 $x = \sqrt{1 - 3y^2 - 3z^2}$ 的前侧,计算曲面积分 $I = \iint\limits_{\Sigma} x\mathrm{d}y\mathrm{d}z + (y^3 + 2)\mathrm{d}z\mathrm{d}x + z^3 \mathrm{d}x\mathrm{d}y$。

6. (2023 年) 设空间有界区域 Ω 由柱面 $x^2 + y^2 = 1$ 与平面 $z = 0$ 和 $x + z = 1$ 围成。Σ 为 Ω 的边界曲面的外侧。计算曲面积分 $\oiint\limits_{\Sigma} 2xz\mathrm{d}y\mathrm{d}z + xz\cos y\mathrm{d}z\mathrm{d}x + 3yz\sin x\mathrm{d}x\mathrm{d}y$。

第五节 斯托克斯公式 *环流量与旋度

1854 年,英国数学物理学家斯托克斯(Stokes)把格林公式推广到三维空间,建立了著名的斯托克斯定理。格林公式表达的是平面闭区域上的二重积分与其边界曲线上的曲线积分间的关系，而斯托克斯公式表达了曲面 Σ 上的曲面积分与沿着 Σ 的边界曲线的曲线积分间的关系。

一、斯托克斯公式

为了介绍斯托克斯定理，我们规定，当右手除拇指外的四指依有向曲面 Σ 的边界曲线 Γ 的绕行方向时，拇指所指的方向与 Σ 上法向量的指向相同，Γ 为**有向曲面 Σ 的正向边界曲线**，这一法则称为**右手法则**。

定理 9.10 （斯托克斯定理）设 Γ 为分段光滑的空间有向闭曲线，Σ 是以 Γ 为边界的分片光滑的有向曲面，Γ 的正向与 Σ 的侧面符合右手法则（见图 9.36），函数 P,Q,R 在包含曲面 Σ 在内的一个空间区域内具有一阶连续偏导数，则有

$$\iint_{\Sigma}\left(\frac{\partial R}{\partial y}-\frac{\partial Q}{\partial z}\right)\mathrm{d}y\mathrm{d}z+\left(\frac{\partial P}{\partial z}-\frac{\partial R}{\partial x}\right)\mathrm{d}z\mathrm{d}x+\left(\frac{\partial Q}{\partial x}-\frac{\partial P}{\partial y}\right)\mathrm{d}x\mathrm{d}y=\oint_{\Gamma}P\mathrm{d}x+Q\mathrm{d}y+R\mathrm{d}z, \tag{9.28}$$

(9.28) 式称为**斯托克斯公式**。

证明略。

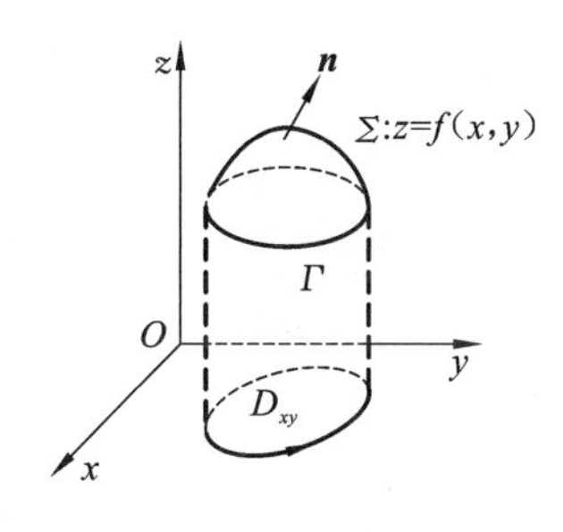

图 9.36

为了便于记忆，利用行列式符号可把斯托克斯公式写成

$$\iint_{\Sigma}\begin{vmatrix}\mathrm{d}y\mathrm{d}z & \mathrm{d}z\mathrm{d}x & \mathrm{d}x\mathrm{d}y\\ \dfrac{\partial}{\partial x} & \dfrac{\partial}{\partial y} & \dfrac{\partial}{\partial z}\\ P & Q & R\end{vmatrix}=\oint_{\Gamma}P\mathrm{d}x+Q\mathrm{d}y+R\mathrm{d}z, \tag{9.29}$$

把其中的行列式按第一行展开，并把$\dfrac{\partial}{\partial y}$ 与 R 的“积” 理解为$\dfrac{\partial R}{\partial y}$，其他类似，于是这个行列式就“等于”

$$\left(\frac{\partial R}{\partial y}-\frac{\partial Q}{\partial z}\right)\mathrm{d}y\mathrm{d}z+\left(\frac{\partial P}{\partial z}-\frac{\partial R}{\partial x}\right)\mathrm{d}z\mathrm{d}x+\left(\frac{\partial Q}{\partial x}-\frac{\partial P}{\partial y}\right)\mathrm{d}x\mathrm{d}y,$$

这恰好是斯托克斯公式左端的被积表达式。

利用两类曲面积分间的联系，可得斯托克斯公式的另一形式

$$\iint_{\Sigma}\begin{vmatrix}\cos\alpha & \cos\beta & \cos\gamma\\ \dfrac{\partial}{\partial x} & \dfrac{\partial}{\partial y} & \dfrac{\partial}{\partial z}\\ P & Q & R\end{vmatrix}\mathrm{d}S=\oint_{\Gamma}P\mathrm{d}x+Q\mathrm{d}y+R\mathrm{d}z,$$

其中,$\boldsymbol{n}=(\cos\alpha,\cos\beta,\cos\gamma)=\left(\frac{-f'_x}{\sqrt{1+f'^2_x+f'^2_y}},\frac{-f'_y}{\sqrt{1+f'^2_x+f'^2_y}},\frac{1}{\sqrt{1+f'^2_x+f'^2_y}}\right)$为有向曲面 Σ 在点(x,y,z)处的单位法向量。

若 Σ 是 xOy 面上的一块平面闭区域,则斯托克斯公式变为格林公式,即格林公式是斯托克斯公式的一种特殊情形。

所以也有类似的结论:空间曲线积分$\int_\Gamma P\mathrm{d}x+Q\mathrm{d}y+R\mathrm{d}z$ 与路径无关的充要条件是

$$\frac{\partial R}{\partial y}=\frac{\partial Q}{\partial z},\frac{\partial P}{\partial z}=\frac{\partial R}{\partial x},\frac{\partial Q}{\partial x}=\frac{\partial P}{\partial y}。$$

例 1 计算 $I=\oint_\Gamma z\mathrm{d}x+x\mathrm{d}y+y\mathrm{d}z$,其中 Γ 是平面 $x+y+z=1$ 被三个坐标面所截成的三角形的整个边界,它的正向与平面三角形 Σ 上侧的法向量符合右手法则(见图 9.37)。

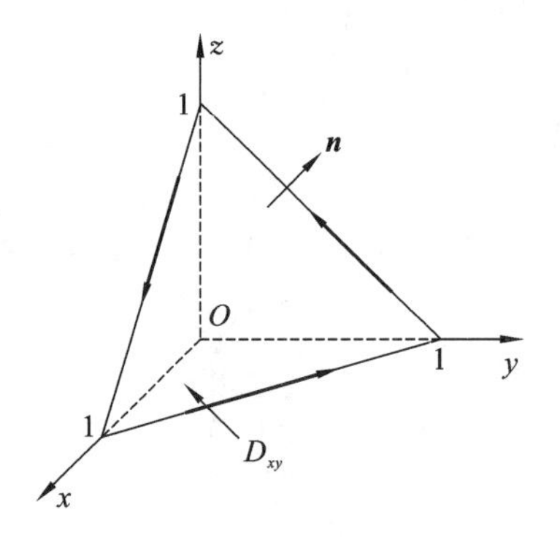

图 9.37

解 令 $P=z,Q=x,R=y$,利用斯托克斯公式有

$$I=\oint_\Gamma z\mathrm{d}x+x\mathrm{d}y+y\mathrm{d}z=\iint_\Sigma 1\cdot\mathrm{d}y\mathrm{d}z+1\cdot\mathrm{d}z\mathrm{d}x+1\cdot\mathrm{d}x\mathrm{d}y,$$

又

$$\iint_\Sigma 1\cdot\mathrm{d}y\mathrm{d}z=\iint_{D_{yz}}\mathrm{d}y\mathrm{d}z=\frac{1}{2}(D_{yz}\text{ 是 }\Sigma\text{ 在 }yOz\text{ 面上的投影区域});$$

$$\iint_\Sigma 1\cdot\mathrm{d}z\mathrm{d}x=\iint_{D_{zx}}\mathrm{d}z\mathrm{d}x=\frac{1}{2}(D_{zx}\text{ 是 }\Sigma\text{ 在 }zOx\text{ 面上的投影区域});$$

$$\iint_\Sigma 1\cdot\mathrm{d}x\mathrm{d}y=\iint_{D_{xy}}\mathrm{d}x\mathrm{d}y=\frac{1}{2}(D_{xy}\text{ 是 }\Sigma\text{ 在 }xOy\text{ 面上的投影区域});$$

故

$$I=\oint_\Gamma z\mathrm{d}x+x\mathrm{d}y+y\mathrm{d}z=\frac{3}{2}。$$

例 2 计算 $I=\oint_\Gamma(y^2-z^2)\mathrm{d}x+(z^2-x^2)\mathrm{d}y+(x^2-y^2)\mathrm{d}z$,其中 Γ 是球面 $x^2+y^2+z^2=1$ 在第一卦限部分的整个边界曲线,从球心看 Γ,它为顺时针方向(见图 9.38)。

解 令 $P=y^2-z^2,Q=z^2-x^2,R=x^2-y^2$,利用斯托克斯公式有

$$I=\oint_\Gamma(y^2-z^2)\mathrm{d}x+(z^2-x^2)\mathrm{d}y+(x^2-y^2)\mathrm{d}z$$

$$=-2\iint\limits_{\Sigma}(y+z)\mathrm{d}y\mathrm{d}z+(z+x)\mathrm{d}z\mathrm{d}x+(x+y)\mathrm{d}x\mathrm{d}y,$$

又
$$\iint\limits_{\Sigma}(x+y)\mathrm{d}x\mathrm{d}y=\iint\limits_{D_{xy}}(x+y)\mathrm{d}x\mathrm{d}y=\int_0^{\frac{\pi}{2}}\mathrm{d}\theta\int_0^1(\rho\cos\theta+\rho\sin\theta)\cdot\rho\mathrm{d}\theta=\frac{2}{3},$$

利用对字母和坐标的轮转性质知

$$\iint\limits_{\Sigma}(y+z)\mathrm{d}y\mathrm{d}z=\iint\limits_{\Sigma}(z+x)\mathrm{d}z\mathrm{d}x=\frac{2}{3},$$

故
$$I=-2\left(\frac{2}{3}+\frac{2}{3}+\frac{2}{3}\right)=-4。$$

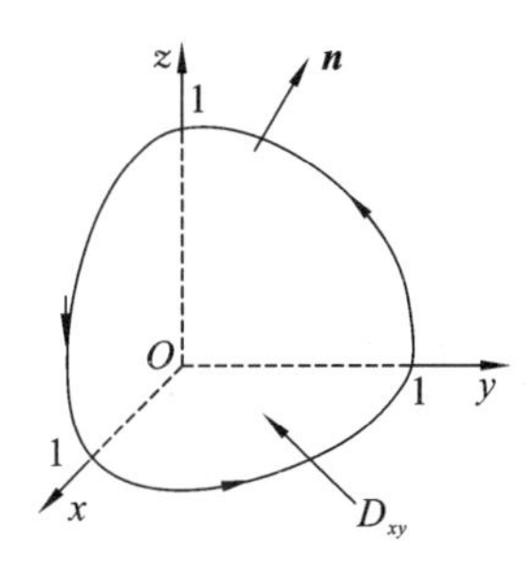

图 9.38

* 二、环流量与旋度

设有向曲面 Σ 在点 (x,y,z) 处的单位法向量为 $\boldsymbol{n}=\cos\alpha\boldsymbol{i}+\cos\beta\boldsymbol{j}+\cos\gamma\boldsymbol{k}$，而 Σ 的正向边界曲线 Γ 在点 (x,y,z) 处的单位切向量为 $\boldsymbol{\tau}=\cos\lambda\boldsymbol{i}+\cos\mu\boldsymbol{j}+\cos\nu\boldsymbol{k}$，注意到弧元素公式及曲面面积及其投影公式

$$\mathrm{d}x=\cos\lambda\mathrm{d}S,\quad \mathrm{d}y=\cos\mu\mathrm{d}S,\quad \mathrm{d}z=\cos\nu\mathrm{d}S,$$
$$\mathrm{d}y\mathrm{d}z=\cos\alpha\mathrm{d}S,\quad \mathrm{d}z\mathrm{d}x=\cos\beta\mathrm{d}S,\quad \mathrm{d}x\mathrm{d}y=\cos\gamma\mathrm{d}S,$$

则斯托克斯公式可改写为

$$\iint\limits_{\Sigma}\left[\left(\frac{\partial R}{\partial y}-\frac{\partial Q}{\partial z}\right)\cos\alpha+\left(\frac{\partial P}{\partial z}-\frac{\partial R}{\partial x}\right)\cos\beta+\left(\frac{\partial Q}{\partial x}-\frac{\partial P}{\partial y}\right)\cos\gamma\right]\mathrm{d}S$$
$$=\oint_{\Gamma}(P\cos\lambda+Q\cos\mu+R\cos\nu)\mathrm{d}S。$$

设有向量场 $\boldsymbol{A}(x,y,z)=P(x,y,z)\boldsymbol{i}+Q(x,y,z)\boldsymbol{j}+R(x,y,z)\boldsymbol{k}$，则向量

$$\left\{\left(\frac{\partial R}{\partial y}-\frac{\partial Q}{\partial z}\right),\left(\frac{\partial P}{\partial z}-\frac{\partial R}{\partial x}\right),\left(\frac{\partial Q}{\partial x}-\frac{\partial P}{\partial y}\right)\right\}$$

称为向量场 $\boldsymbol{A}$ 的**旋度**，记作 $\mathrm{rot}\boldsymbol{A}$，即

$$\mathrm{rot}\boldsymbol{A}=\begin{vmatrix}\boldsymbol{i} & \boldsymbol{j} & \boldsymbol{k}\\ \frac{\partial}{\partial x} & \frac{\partial}{\partial y} & \frac{\partial}{\partial z}\\ P & Q & R\end{vmatrix}=\left(\frac{\partial R}{\partial y}-\frac{\partial Q}{\partial z}\right)\boldsymbol{i}+\left(\frac{\partial P}{\partial z}-\frac{\partial R}{\partial x}\right)\boldsymbol{j}+\left(\frac{\partial Q}{\partial x}-\frac{\partial P}{\partial y}\right)\boldsymbol{k}。$$

从而斯托克斯公式可用向量形式表示为

$$\iint_{\Sigma}\mathrm{rot}\boldsymbol{A}\cdot\boldsymbol{n}\mathrm{d}S=\oint_{\Gamma}\boldsymbol{A}\cdot\boldsymbol{\tau}\mathrm{d}S$$

或

$$\iint_{\Sigma}(\mathrm{rot}\boldsymbol{A})_{n}\,\mathrm{d}S=\oint_{\Gamma}\boldsymbol{A}_{\tau}\mathrm{d}S,$$

其中,

$$(\mathrm{rot}\boldsymbol{A})_{n}=\mathrm{rot}\boldsymbol{A}\cdot\boldsymbol{n}=\left(\frac{\partial R}{\partial y}-\frac{\partial Q}{\partial z}\right)\cos\alpha+\left(\frac{\partial P}{\partial z}-\frac{\partial R}{\partial x}\right)\cos\beta+\left(\frac{\partial Q}{\partial x}-\frac{\partial P}{\partial y}\right)\cos\gamma$$

为 $\mathrm{rot}\boldsymbol{A}$ 在 Σ 的法向量上的投影,而

$$\boldsymbol{A}_{\tau}=\boldsymbol{A}\cdot\boldsymbol{\tau}=P\cos\lambda+Q\cos\mu+R\cos\nu$$

为向量场 $\boldsymbol{A}$ 在 Γ 的切向量上的投影。

沿有向闭曲线 Γ 的曲线积分

$$\oint_{\Gamma}P\mathrm{d}x+Q\mathrm{d}y+R\mathrm{d}z=\oint_{\Gamma}\boldsymbol{A}_{\tau}\mathrm{d}S$$

称为向量场 $\boldsymbol{A}$ 沿有向闭曲线 Γ 的**环流量**。

因此,斯托克斯公式可表述为:向量场 $\boldsymbol{A}$ 沿有向闭曲线 Γ 的环流量等于场 $\boldsymbol{A}$ 的旋度通过 Γ 所张的曲面 Σ 上的通量。这里 Γ 的正向与 Σ 所取的侧符合右手法则。

例 3 求向量场 $\boldsymbol{A}=x^2\sin y\boldsymbol{i}+y^2\sin(xz)\boldsymbol{j}+xy\cos z\boldsymbol{k}$ 的旋度。

解
$$\mathrm{rot}\boldsymbol{A}=\begin{vmatrix}\boldsymbol{i} & \boldsymbol{j} & \boldsymbol{k}\\ \dfrac{\partial}{\partial x} & \dfrac{\partial}{\partial y} & \dfrac{\partial}{\partial z}\\ x^2\sin y & y^2\sin(xz) & xy\cos z\end{vmatrix}$$
$$=(x\cos z-xy^2\cos(xz))\boldsymbol{i}-y\cos z\boldsymbol{j}+(y^2x\cos(xz)-x^2\cos y)\boldsymbol{k}。$$

习题 9.5(A)

1. 利用斯托克斯公式,计算下列曲线积分。

(1) $\oint_{\Gamma}y(z+1)\mathrm{d}x+z(x+1)\mathrm{d}y+x(y+1)\mathrm{d}z$,其中 Γ 为平面 $x+y+z=1$ 被三个坐标面所截成的三角形的整个边界,从原点看去,取顺时针方向;

(2) $\oint_{\Gamma}(y^2-z^2)\mathrm{d}x+(z^2-x^2)\mathrm{d}y+(x^2-y^2)\mathrm{d}z$,其中 Γ 是平面 $x+y+z=\dfrac{3}{2}$ 截立方体 $0<x,y,z<1$ 所得的截痕,从 z 轴的正向看去为逆时针方向;

(3) $\oint_{\Gamma}2y\mathrm{d}x+3x\mathrm{d}y-z^2\mathrm{d}z$,其中 Γ 是圆周 $\begin{cases}x^2+y^2+z^2=9,\\ z=0\end{cases}$ 从 z 轴的正向看去为逆时针方向;

(4) $\oint_{\Gamma}(-y^2)\mathrm{d}x+x\mathrm{d}y+z^2\mathrm{d}z$,其中 Γ 是 $\begin{cases}x^2+y^2=1,\\ y+z=2\end{cases}$ 取逆时针方向。

2. 求向量场 $\boldsymbol{A}$ 的旋度。

(1) $\boldsymbol{A}=(x^2-y)\boldsymbol{i}+4z\boldsymbol{j}+x^2\boldsymbol{k}$;

(2) $\boldsymbol{A}=(2z-3y)\boldsymbol{i}+(3x-z)\boldsymbol{j}+(y-2x)\boldsymbol{k}$;

(3) $\boldsymbol{A}=(x^2+yz)\boldsymbol{i}+(y^2+xz)\boldsymbol{j}+(z^2+xy)\boldsymbol{k}$。

3. 求下列向量场 $\boldsymbol{A}$ 沿闭曲线 Γ(从 z 轴的正向看去 Γ 为逆时针方向)的环流量。

(1)$\boldsymbol{A}=-y\boldsymbol{i}+x\boldsymbol{j}+C\boldsymbol{k}$($C$ 为常数),Γ:$x^2+y^2=1,z=0$;

(2)$\boldsymbol{A}=(x-z)\boldsymbol{i}+(x^3+yz)\boldsymbol{j}-3xy^2\boldsymbol{k}$,$\Gamma$:$z=2-\sqrt{x^2+y^2},z=0$。

习题 9.5(B)

1. (2011 年)设 L 是柱面 $x^2+y^2=1$ 与平面 $z=x+y$ 的交线,从 z 轴正向往 z 轴负向看去为逆时针方向,则曲线积分 $\oint_L xz\mathrm{d}x+x\mathrm{d}y+\dfrac{y^2}{2}\mathrm{d}z=$ ________。

2. (2018 年)设 $\vec{F}(x,y,z)=xy\vec{i}-yz\vec{j}+zx\vec{k}$,则旋度 $\mathrm{rot}\vec{F}(1,1,0)=$ ________。

3. (1997 年)计算曲线积分 $\oint_C(z-y)\mathrm{d}x+(x-z)\mathrm{d}y+(x-y)\mathrm{d}z$,其中 C 是曲线 $\begin{cases}x^2+y^2=1,\\x-y+z=2\end{cases}$,从 z 轴正向往 z 轴负向看,C 的方向是顺时针方向。

4. (2022 年)设 Σ 为 $4x^2+y^2+z^2=1,x\geqslant0,y\geqslant0,z\geqslant0$ 的上侧,Σ 的边界 L 的方向与 Σ 的侧符合右手规则,求 $I=\int_L(yz^2-\cos z)\mathrm{d}x+2xy^2\mathrm{d}y+(2xyz+\sin z)\mathrm{d}z$。

第九章思维导图

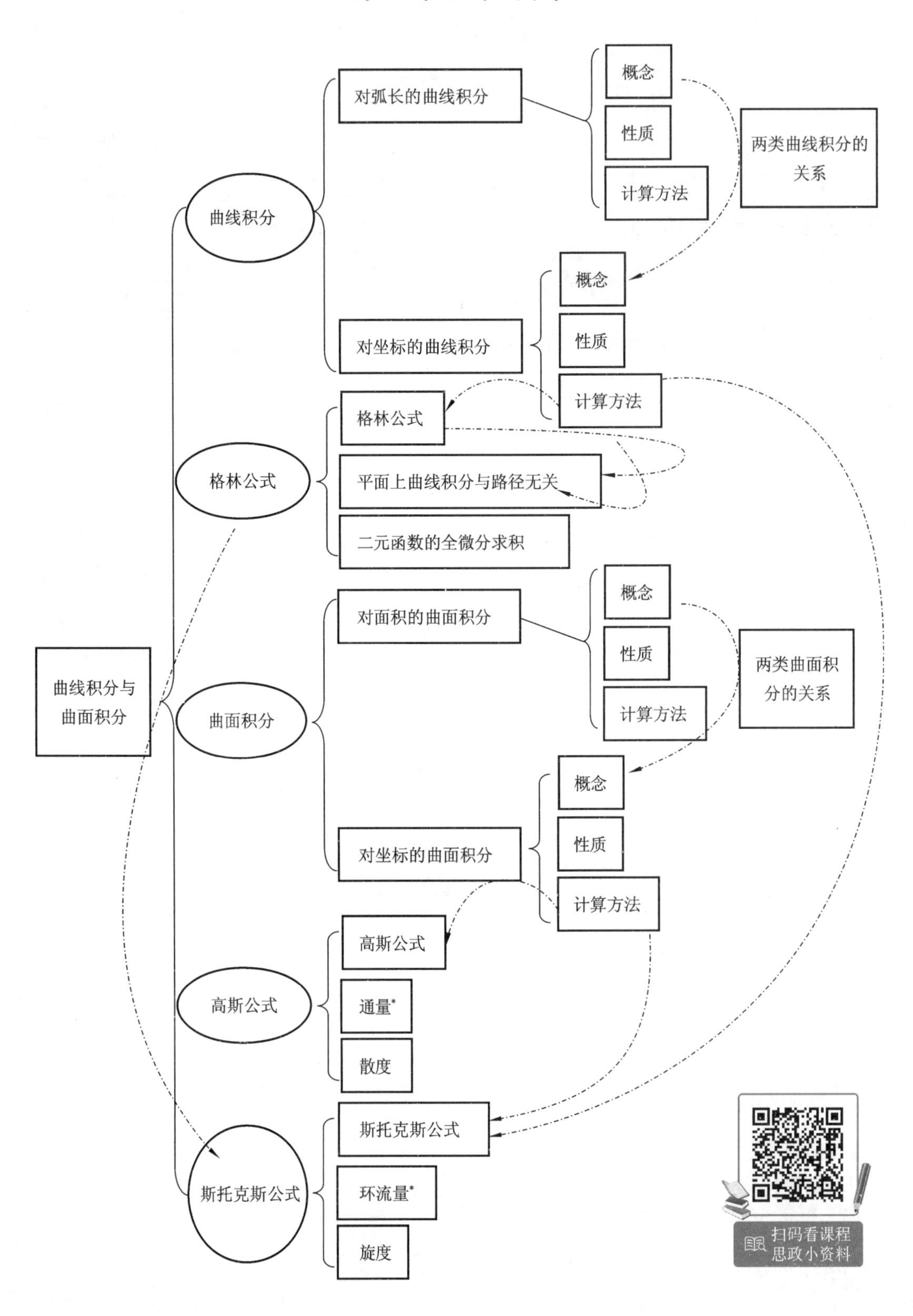

曲线积分与曲面积分
曲线积分
对弧长的曲线积分
概念
性质
计算方法
两类曲线积分的关系
对坐标的曲线积分
概念
性质
计算方法
格林公式
格林公式
平面上曲线积分与路径无关
二元函数的全微分求积
曲面积分
对面积的曲面积分
概念
性质
计算方法
两类曲面积分的关系
对坐标的曲面积分
概念
性质
计算方法
高斯公式
高斯公式
通量*
散度
斯托克斯公式
斯托克斯公式
环流量*
旋度
扫码看课程思政小资料

第九章章节测试

一、选择题。(本大题共 4 小题,每小题 2 分,共计 8 分)

1. 设 L 为双曲线 $xy=1$ 由点 $\left(\frac{1}{2},2\right)$ 到点 $(1,1)$ 的一段弧,则 $\int_L y\mathrm{d}s=$ (　　)。

A. $\int_2^1 y\sqrt{1+\frac{1}{y^4}}\mathrm{d}y$　　B. $\int_1^2 y\sqrt{1+\frac{1}{y^4}}\mathrm{d}y$

C. $\int_{\frac{1}{2}}^2 y\sqrt{1+\frac{1}{x^2}}\mathrm{d}x$　　D. $\int_{\frac{1}{2}}^2 \left(-\frac{1}{x^3}\right)\mathrm{d}x$

2. 设曲线 L 是从点 $A(1,0)$ 到点 $B(-1,2)$ 的直线段,则 $\int_L (x+y)\mathrm{d}s=$ (　　)。

A. $2\sqrt{2}$　　B. 0　　C. 2　　D. $\sqrt{2}$

3. 设 L 是直线 $2x+y=4$ 由点 $(0,4)$ 到 $(2,0)$ 的一段,则 $\int_L y\mathrm{d}x=$ (　　)。

A. $\int_2^0 (4-2x)\mathrm{d}x$　　B. $\int_0^2 (4-2x)\mathrm{d}x$　　C. $\int_4^0 (4-2x)\mathrm{d}x$　　D. $\int_0^4 y\left(-\frac{1}{2}\right)\mathrm{d}y$

4. 设 L 是 $D:1\leqslant x\leqslant 2,2\leqslant y\leqslant 3$ 的正向边界,则 $\oint_L x\mathrm{d}y-2y\mathrm{d}x=$ (　　)。

A. 1　　B. 2　　C. 3　　D. 4

二、填空题。(本大题共 5 小题,每小题 2 分,共计 10 分)

1. 已知曲面 Σ 的面积为 a,则 $\iint_\Sigma 10\mathrm{d}S=$ ________。

2. $\iint_\Sigma f(x,y,z)\mathrm{d}s=\iint_{D_{yz}} f[x(y,z),y,z]$ ________ $\mathrm{d}y\mathrm{d}z$。

3. 设 Σ 为球面 $x^2+y^2+z^2=a^2$ 在平面 xOy 的上方部分,则 $\iint_\Sigma (x^2+y^2+z^2)\mathrm{d}S$ $=$ ________。

4. $\iint_\Sigma 3z\mathrm{d}S=$ ________,其中 Σ 为抛物面 $z=2-(x^2+y^2)$ 在 xOy 面的上方部分。

5. 已知积分 $\oint_L \frac{x\mathrm{d}x-ay\mathrm{d}y}{x^2+y^2-1}$ 与路径无关,其中 L 是 $D=\{(x,y)\mid x^2+y^2<1\}$ 的正向边界,则 $a=$ ________。

三、解答题。(本大题共计 82 分)

1. 计算下列曲线积分。(本题共 8 小题,每小题 5 分,共计 40 分)

(1) $\int_L x\mathrm{d}s$,其中曲线 $L:x=t^3,y=4t(0\leqslant t\leqslant 1)$;

(2) $\int_L (y^2\sin x+x^2y^5)\mathrm{d}s$,其中曲线 $L:x^2+y^2=2$;

(3) $\int_{\Gamma} xyz\,\mathrm{d}s$，其中曲线 $\Gamma: x = a\cos\theta, y = a\sin\theta, z = k\theta (0 \leqslant \theta \leqslant 2\pi)$；

(4) $\oint_{L} \sqrt{y}\,\mathrm{d}s$，其中曲线 L 是 $y = x, y = x^2$ 所围区域的边界；

(5) $\oint_{L} \frac{\mathrm{d}x + \mathrm{d}y}{|x| + |y|}$，其中 L 是以点 $A(1,0), B(0,1), C(-1,0)$ 和 $D(0,-1)$ 为顶点的正方形的正向边界；

(6) $\oint_{L} -2x^3y\,\mathrm{d}x + x^2y^2\,\mathrm{d}y$，其中 L 为 $x^2 + y^2 \geqslant 1$ 与 $x^2 + y^2 \leqslant 2y$ 所围区域 D 的正向边界；

(7) $\int_{L} (2xy^3 - y^3\cos x)\mathrm{d}x + (1 - 2y\sin x + 3x^2y^2)\mathrm{d}y$，其中 L 为抛物线 $2x = \pi y^2$ 上由点 $(0,0)$ 到 $\left(\frac{\pi}{2}, 1\right)$ 的一段弧；

(8) $\oint_{\Gamma} (y - z)\mathrm{d}x + (z - x)\mathrm{d}y + (x - y)\mathrm{d}z$，其中 Γ 为柱面 $x^2 + y^2 = a^2$ 与平面 $\frac{x}{a} + \frac{z}{b} = 1 (a > 0, b > 0)$ 的交线，从 z 轴正向看为逆时针方向。

2. 求一个二元函数 $\varphi(x,y)$，使得曲线积分 $I_1 = \int_{L} 2xy\,\mathrm{d}x - \varphi(x,y)\mathrm{d}y$ 和 $I_2 = \int_{L} \varphi(x,y)\mathrm{d}x + 2xy\,\mathrm{d}y$ 都与积分路径无关，且 $\varphi(1,0) = 1$。(6 分)

3. 计算下列曲面积分。(本题共 3 小题，每小题 6 分，共计 18 分)

(1) $\oiint_{\Sigma} (ax + by + cz + d)^2\,\mathrm{d}S$，其中曲面 $\Sigma: x^2 + y^2 + z^2 = R^2 (R > 0)$；

(2) $\oiint_{\Sigma} \frac{\mathrm{e}^z\,\mathrm{d}x\mathrm{d}y}{\sqrt{x^2 + y^2}}$，其中 Σ 为锥面 $z = \sqrt{x^2 + y^2}$ 及平面 $z = 1, z = 2$ 所围的空间闭区域的整个边界曲面的外侧；

(3) $\iint_{S} \frac{x\,\mathrm{d}y\mathrm{d}z + z^2\,\mathrm{d}x\mathrm{d}y}{x^2 + y^2 + z^2}$，其中 S 为柱面 $x^2 + y^2 = R^2$ 及平面 $z = R, z = -R (R > 0)$ 所围立体表面的外侧。

4. 一个以 $A(1,2), B(2,2), C(2,4)$ 为顶点的三角形物体其线密度为 $\mu = x + y$，求此构件的质量。(6 分)

5. 一质点在变力 $\boldsymbol{F} = -(x^2 + y)\boldsymbol{i} + x\boldsymbol{j} + x^2y\boldsymbol{k}$ 的作用下，沿螺旋线 $x = a\cos t$，$y = a\sin t, z = bt$ 移动相应于 t 从 0 到 π 的一段弧，求变力所做的功。(6 分)

6. 求向量场 $\boldsymbol{A} = \mathrm{e}^{xy}\boldsymbol{i} + \cos(xy)\boldsymbol{j} + \cos(xz^2)\boldsymbol{k}$ 的散度。(6 分)

第九章拓展练习

一、选择题。

1. (2000 年) 设 $S:x^2+y^2+z^2=a^2(z\geqslant 0)$，$S_1$ 是 S 在第一卦限中的部分，则有(　　)。

(A) $\iint\limits_{S} x\,dS=4\iint\limits_{S_1} x\,dS$　　(B) $\iint\limits_{S} y\,dS=4\iint\limits_{S_1} x\,dS$

(C) $\iint\limits_{S} z\,dS=4\iint\limits_{S_1} x\,dS$　　(D) $\iint\limits_{S} xyz\,dS=4\iint\limits_{S_1} xyz\,dS$

2. (1996 年) 已知 $\dfrac{(x+ay)dx+ydy}{(x+y)^2}$ 为某函数的全微分，则 a 等于(　　)。

(A) -1　　(B) 0　　(C) 1　　(D) 2

二、填空题。

1. (2018 年) 设 L 为球面 $x^2+y^2+z^2=1$ 与平面 $x+y+z=0$ 的交线，则 $\oint_L xy\,ds=$ ________。

2. (2014 年) 设 L 是柱面 $x^2+y^2=1$ 与平面 $y+z=0$ 的交线，从 z 轴正向往 z 轴负向看去为逆时针方向，则曲线积分 $\oint_L z\,dx+y\,dz=$ ____________。

三、解答题。

1. 已知曲线 $C:\begin{cases}x^2+y^2+z^2=R^2,\\x+y+z=0,\end{cases}$ 计算对弧长的曲线积分 $\int_C xy\,ds$。

2. (2020 年) 计算 $I=\int_L \dfrac{4x-y}{4x^2+y^2}dx+\dfrac{x+y}{4x^2+y^2}dy$，其中 L 为 $x^2+y^2=2$，方向取逆时针方向。

3. (1992 年) 在变力 $\vec{F}=yz\vec{i}+zx\vec{j}+xy\vec{k}$ 的作用下，质点由原点沿直线运动到椭球面 $\dfrac{x^2}{a^2}+\dfrac{y^2}{b^2}+\dfrac{z^2}{c^2}=1$ 上第一卦限的点 $M(\xi,\eta,\zeta)$，问当 ξ、η、ζ 取何值时，力 $\vec{F}$ 所做的功 W 最大？并求出 W 的最大值。

4. 曲线 $y=x(t-x)(t>0)$ 与 x 轴的两个交点分别为 $O(0,0)$ 和 A，又曲线在 A 点的切线交 y 轴于 B，AB 是 A 到 B 的直线段，求 t 的值，使

$$I(t)=\int_{AB}\left(\frac{\sin y}{x+1}-y+1\right)dx+(x+1+\cos y\cdot\ln(x+1))dy$$

为最小。

5. (1995 年) 设函数 $Q(x,y)$ 在 xOy 平面上具有一阶连续偏导数，曲线积分 $\int_L 2xy\,dx+Q(x,y)dy$ 与路径无关，并且对任意 t 恒有

$$\int_{(0,0)}^{(t,1)} 2xy\mathrm{d}x + Q(x,y)\mathrm{d}y = \int_{(0,0)}^{(1,t)} 2xy\mathrm{d}x + Q(x,y)\mathrm{d}y,$$

求 $Q(x,y)$。

6. (1995 年) 计算曲面积分 $I = \iint\limits_{\Sigma} z\mathrm{d}S$,其中 Σ 为锥面 $z = \sqrt{x^2+y^2}$ 在柱体 $x^2+y^2 \leqslant 2x$ 内的部分。

7. (2016 年) 设有界区域 Ω 由平面 $2x+y+2z=2$ 与三个坐标面围成,Σ 为 Ω 整个表面的外侧,计算曲面积分 $I = \iint\limits_{\Sigma} (x^2+1)\mathrm{d}y\mathrm{d}z - 2y\mathrm{d}z\mathrm{d}x + 3z\mathrm{d}x\mathrm{d}y$。

8. (1999 年) 设 S 为椭球面 $\frac{x^2}{2}+\frac{y^2}{2}+z^2=1$ 的上半部分,点 $P(x,y,z) \in S$,π 为 S 在点 P 处的切平面,$\rho(x,y,z)$ 为点 $O(0,0,0)$ 到平面 π 的距离,求

$$I = \iint\limits_{S} \frac{z}{\rho(x,y,z)}\mathrm{d}S。$$

9. (1990 年) 求曲面积分 $I = \iint\limits_{S} yz\mathrm{d}z\mathrm{d}x + 2\mathrm{d}x\mathrm{d}y$,其中 S 是曲面 $x^2+y^2+z^2=4$ 的外侧在 $z \geqslant 0$ 的部分。

10. (2001 年) 计算 $I = \oint_L (y^2-z^2)\mathrm{d}x + (2z^2-x^2)\mathrm{d}y + (3x^2-y^2)\mathrm{d}z$,其中 L 是平面 $x+y+z=2$ 与柱面 $|x|+|y|=1$ 的交线,从 z 轴正向看去,L 为逆时针方向。

11. 计算曲面积分

$$I = \iint\limits_{\Sigma} [f(x,y,z)+x]\mathrm{d}y\mathrm{d}z + [2f(x,y,z)+y]\mathrm{d}z\mathrm{d}x + [f(x,y,z)+z]\mathrm{d}x\mathrm{d}y$$

其中 $f(x,y,z)$ 为连续函数,Σ 是平面 $x-y+z=\sqrt{3}$ 在第四卦限部分的上侧。

12. (2020 年) 设 Σ 为曲面 $z=\sqrt{x^2+y^2}\,(1 \leqslant x^2+y^2 \leqslant 4)$ 下侧,$f(x)$ 为连续函数,计算曲面积分

$$I = \iint\limits_{\Sigma} [xf(xy)+2x-y]\mathrm{d}y\mathrm{d}z + [yf(xy)+2y+x]\mathrm{d}z\mathrm{d}x + [zf(xy)+z]\mathrm{d}x\mathrm{d}y。$$

第十章　常微分方程简介

函数是研究客观事物运动规律的重要工具，找出函数关系，在实践中具有重要意义。但在大量的实际问题中，往往很难得到所需要的函数关系，却易建立这些变量和它们的导数或微分间的方程，即微分方程。通过求解方程，可以找到未知的函数关系。因此，微分方程是数学联系实际，并应用于实际的重要途径和桥梁。

微分方程在科学技术中有着十分广泛的应用，它的内容丰富，涉及的面也广。本章主要介绍几种常用的微分方程及其解法。

第一节　常微分方程的基本概念

一、常微分方程和偏微分方程

1. 引例

下面通过几何、物理学中的几个具体例子来阐明微分方程的基本概念。

例 1　已知一曲线 $y=f(x)$ 上任意一点处的切线斜率为 $3x^2$，且此曲线经过点 $(1,3)$，求此曲线的方程。

解　根据导数的几何意义得以下方程

$$\frac{\mathrm{d}y}{\mathrm{d}x}=3x^2, \tag{1}$$

此外，未知函数还应满足以下条件：

$$x=1\text{ 时},y=3。 \tag{2}$$

把(1) 式两端积分得

$$y=x^3+C, \tag{3}$$

此处 C 为任意常数，再用条件(2) 代入得 $C=2$，即所求曲线方程为

$$y=x^3+2。 \tag{4}$$

例 2　意大利物理学家伽利略在 17 世纪初已经用实验观察和总结出自由落体的运动规律，用牛顿的运动规律定律可以列出并求解这个方程，如果自由落体在 t 时刻下落的距离为 x，则加速度

$$\frac{\mathrm{d}^2x}{\mathrm{d}t^2}=g, \tag{5}$$

从而解得自由落体运动的规律：$x(t)=\frac{1}{2}gt^2$，它在理论上可以解释伽利略的实验。

2. 基本概念

上述两例中式(1) 和(5) 都含有未知函数的导数，它们都是微分方程，一般地，可归纳

得到以下有关微分方程的概念。

定义 10.1 含有未知函数的导数,同时也可能含有未知函数和自变量的方程称为**微分方程**,其中,未知函数是一元函数的,称为**常微分方程**;未知函数是多元函数的,称为**偏微分方程**。

本章只讨论常微分方程,以后凡不特殊说明,常微分方程就简称为微分方程或方程。

例如:$y'=2x+1$, $\frac{\mathrm{d}^2y}{\mathrm{d}x^2}+x\frac{\mathrm{d}y}{\mathrm{d}x}-y=x^2$, $y'''+3y''+y=0$, $3x^2\mathrm{d}y-2y\mathrm{d}x=0$ 都是常微分方程;而 $x\frac{\partial z}{\partial x}-2y\frac{\partial z}{\partial y}=0$, $2xy\frac{\partial^2 z}{\partial x^2}+3y^2\frac{\partial^2 z}{\partial y^2}=4$ 都是偏微分方程。

定义 10.2 在微分方程中所出现的未知函数的导数或微分的最高阶数,叫作**微分方程的阶**。微分方程的阶数大于 2 的方程,称为**高阶微分方程**。

例如:方程 $x^3y'''+x^2(y'')^2-4xy'=3x^2$ 是三阶微分方程。

一般地,n 阶微分方程具有形式

$$F(x,y,y',\cdots,y^{(n)})=0,$$

这里 $F(x,y,y',\cdots,y^{(n)})$ 是关于 $x,y,y',\cdots,y^{(n)}$ 的已知函数,而且一定含有 $y^{(n)}$,且 y 是以 x 为自变量的函数。

二、线性微分方程和非线性微分方程

定义 10.3 如果方程 $F(x,y,y',\cdots,y^{(n)})=0$ 的左端为未知函数及其各阶导数的一次有理整式,则称它为 ***n* 阶线性微分方程**,否则,称它为**非线性微分方程**。

例如:$y''+3y'+4y=3x$, $y''+5ty'-4y=3t^2$ 都是二阶线性微分方程;而 $\left(\frac{\mathrm{d}y}{\mathrm{d}t}\right)^2+t\frac{\mathrm{d}y}{\mathrm{d}t}+y=0$ 是非线性的,因为方程中出现了 $\frac{\mathrm{d}y}{\mathrm{d}t}$ 的二次项。

n 阶线性微分方程的一般形式为

$$p_0(x)y^{(n)}+p_1(x)y^{(n-1)}+p_2(x)y^{(n-2)}+\cdots+p_{n-1}(x)y'+p_n(x)y=f(x),$$

其中,$p_0(x)\neq 0$, $p_1(x),\cdots,p_n(x)$, $f(x)$ 都是 x 的已知函数。

二阶线性微分方程的一般形式为

$$p_0(x)y''+p_1(x)y'+p_2(x)y=f(x)。$$

例如 $y''+x^2y'+y\sin x=xe^x$。

三、微分方程的解

由前面的例子我们看到,在研究某实际问题时,首先要建立微分方程,然后找出满足微分方程的函数(即解微分方程)。也就是说,要找出这样的函数,把这个函数代入微分方程能使该方程成为恒等式,这个函数就叫作该**微分方程的解**。

例如函数(3) 和(4) 都是微分方程(1) 的解。

如果微分方程的解中含有相互独立的任意常数(即它们不能合并而使得任意常数的个数减少),且任意常数的个数与微分方程的阶数相同,这样的解称为微分方程的通解。

由于通解中含有任意常数，所以它还是不能完全确定地反映某一客观事物的规律性。要完全确定地反映客观事物的规律性，必须确定这些常数的值，为此，要根据问题的实际情况，提出确定这些常数的条件，例如，例 1 中的条件(2) 就是这样的条件，上述这种条件叫作初始条件，确定了通解中的任意常数以后，就能得到微分方程的特解，例如(4) 式是方程(1) 的特解。

求微分方程 $F(x,y,y',\cdots,y^{(n)})=0$ 满足初始条件的特解的问题，叫作微分方程的初值问题。

如求微分方程 $y'=f(x,y)$ 满足初始条件 $y|_{x=x_0}=y_0$ 的解的问题，记为

$$\begin{cases} y'=f(x,y), \\ y|_{x=x_0}=y_0\text{。} \end{cases}$$

定义 10.4　一个 n 阶微分方程的解，如果含有 n 个任意常数，称为这个方程的**通解**，根据初值条件，使通解中任意常数都取得定值的解，称为这个方程的**特解**。

例 3　验证 $y=C_1\cos x+C_2\sin x+x$ 是微分方程 $y''+y=x$ 的解，并求满足初始条件 $y|_{x=0}=1, y'|_{x=0}=3$ 的特解。

解　由于　$y'=-C_1\sin x+C_2\cos x+1, y''=-C_1\cos x-C_2\sin x$，
代入方程得

$$y''+y=-C_1\cos x-C_2\sin x+C_1\cos x+C_2\sin x+x=x,$$

即方程成立。所以 $y=C_1\cos x+C_2\sin x+x$ 为方程 $y''+y=x$ 的解。将条件 $y|_{x=0}=1$，$y'|_{x=0}=3$ 代入 y,y' 可得 $C_1=1, C_2=2$。故所求特解为 $y=\cos x+2\sin x+x$。

下面对微分方程的解做三点说明：

1. 微分方程的解有三种形式，即显式解，如 $y=f(x)$ 或 $x=\varphi(y)$；隐式解，如 $F(x,y)=0$；参数方程解，如 $x=\varphi(t), y=\psi(t)$。

2. 并不是所有的微分方程都存在通解，如微分方程 $|y'|^2+1=0$ 无解；微分方程 $|y'|^2+y^2=0$ 只有解 $y=0$，这两个方程均没有通解。

3. 微分方程的通解并非包含此微分方程的一切解。如微分方程 $y'^2+y^2-1=0$ 的通解是 $y=\sin(x+C)$，但 $y=\pm1$ 也是此方程的解，却不包含在通解中。

习题 10.1(A)

1. 简述微分方程的概念及其分类。

2. 下列为线性微分方程的是(　　)。

(A) $yy''+xy'+x^2y=\sin x$　　(B) $(y')^2+xy=\cos x$

(C) $y''+xy'+xy=\mathrm{e}^x$　　(D) $y''+yy'-y=x$

3. 指出下列各微分方程的阶数。

(1) $x(y')^2-2yy'+x=0$；　　(2) $x^2y''-xy'+y=0$；

(3) $xy'''+2y''+x^2y=0$；　　(4) $(7x-6y)\mathrm{d}x+(x+y)\mathrm{d}y=0$；

(5) $\dfrac{\mathrm{d}^2s}{\mathrm{d}t^2}+\dfrac{\mathrm{d}s}{\mathrm{d}t}+s=0$；　　(6) $y^{(4)}-4y'''+5y=\sin x$。

4. 在下列各题中，验证所给的函数是否为微分方程的解，如果是，指明是通解还是特解。

(1)$xy' = 2y, y = 5x^2$；

(2)$y'' + y = 0, y = 3\sin x - 4\cos x$；

(3)$y'' - 2y' + y = 0, y = x^2 e^x$；

(4)$y'' + y = 2x^2 - 3, y = 2x^2 - 7$；

(5)$(xy - x)y'' + x(y')^2 + yy' - 2y' = 0, y = \ln(xy)$；

5. 若 $y = \cos\omega t$ 是微分方程 $\frac{d^2 y}{dt^2} + 9y = 0$ 的解，求 ω 的值。

6. 一曲线通过点(1,2)，且在该曲线上任一点 $M(x,y)$ 处的切线的斜率为 $2x$，求该曲线的方程。

习题 10.1(B)

1. 在下列各题中，验证所给的函数是否为微分方程的解，如果是，指明是通解还是特解?

(1)$y'' - 2y' + y = 0, y = (C_1 + C_2 x)e^x$(其中 C_1, C_2 为任意实数)；

(2)$y'' - (\lambda_1 + \lambda_2)y' + \lambda_1\lambda_2 y = 0, y = C_1 e^{\lambda_1 x} + C_2 e^{\lambda_2 x}$(其中 C_1, C_2 为任意实数)；

(3)$y'' - 3y' + 2y = 0, y = C_1 e^x + C_2 e^{2x}$(其中 C_1, C_2 为任意实数)；

(4)$(x - 2y)y' = 2x - y, x^2 - xy + y^2 = C$(其中 C 为任意实数)。

2. 已知曲线在点(x,y)处的切线的斜率等于该点横坐标的平方，写出该曲线的方程所满足的微分方程。

3. 设 C_1 与 C_2 为任意常数，求以 $y = \frac{1}{C_1 x + C_2} + 1$ 为通解的微分方程。

4. 一个半球体形状的雪堆，其体积融化率与半球面面积 A 成正比，比例系数 $k > 0$。假设在融化过程中雪堆始终保持半球体形状，已知半径为 r_0 的雪堆在开始融化的 3 小时内，融化了其体积的 $\frac{7}{8}$，问雪堆全部融化需要多少时间?

第二节 一阶微分方程

本节我们研究一类最简单的一阶常微分方程，一阶常微分方程的一般形式为 $y' = f(x,y)$，有时也写成如下的对称形式

$$P(x,y)dx + Q(x,y)dy = 0。$$

下面主要讨论常用的三种一阶微分方程的解法。

一、变量可分离的微分方程

例 1 求微分方程 $y' = 2x$ 的通解。

解 方程两边同时积分，得

$$y = x^2 + C,$$

一般地，方程 $y'=f(x)$ 的通解为 $y=\int f(x)\mathrm{d}x+C$(此处积分后不再加任意常数)。

例 2　求微分方程 $y'=2xy^2$ 的通解。

解　因为 y 是未知的，所以积分 $\int 2xy^2\mathrm{d}x$ 无法进行，方程两边直接积分不能求出通解。

为求通解可将方程变为 $\frac{1}{y^2}\mathrm{d}y=2x\mathrm{d}x$，两边积分得

$$-\frac{1}{y}=x^2+C \quad 或 \quad y=-\frac{1}{x^2+C},$$

可以验证函数 $y=-\frac{1}{x^2+C}$ 是原方程的通解。

上述例子提供了一类微分方程的解法，这类微分方程的一般形式是

$$\frac{\mathrm{d}y}{\mathrm{d}x}=\frac{f(x)}{g(y)}, \tag{10.1}$$

我们把它称为**变量可分离的微分方程**。

根据例 2 我们得到求解变量可分离的微分方程的步骤如下：

第一步　分离变量，将方程写成如下形式：

$$g(y)\mathrm{d}y=f(x)\mathrm{d}x; \tag{10.2}$$

第二步　两边同时积分：

$$\int g(y)\mathrm{d}y=\int f(x)\mathrm{d}x,$$

设积分后得 $G(y)=F(x)+C$；

第三步　求出由 $G(y)=F(x)+C$ 所确定的隐函数 $y=\Phi(x)$ 或 $x=\Psi(y)$。$G(y)=F(x)+C$，$y=\Phi(x)$ 或 $x=\Psi(y)$ 都是方程的通解，其中 $G(y)=F(x)+C$ 称为隐式(通)解。

如果一个一阶微分方程能化为(10.2)式的形式，则这个一阶微分方程就称为变量可分离的微分方程。把变量可分离的微分方程化成(10.2)式的过程称为分离变量，而方程的上述求解方法称为**分离变量法**。

例 3　求微分方程 $\frac{\mathrm{d}y}{\mathrm{d}x}=\mathrm{e}^x y$ 的通解。

解　所给方程是可分离变量的，分离变量后得

$$\frac{\mathrm{d}y}{y}=\mathrm{e}^x\mathrm{d}x,$$

两边积分，得 $\ln|y|=\mathrm{e}^x+C_1$，从而 $|y|=\mathrm{e}^{\mathrm{e}^x+C_1}=\mathrm{e}^{C_1}\cdot\mathrm{e}^{\mathrm{e}^x}=C_2\mathrm{e}^{\mathrm{e}^x}$，这里 $C_2=\mathrm{e}^{C_1}$ 为任意常数，所以

$$y=(\pm C_2)\mathrm{e}^{\mathrm{e}^x}=C_3\mathrm{e}^{\mathrm{e}^x},$$

其中，C_3 为任意非零常数。

注意到 $y=0$ 也是方程的解，令 C 为任意常数，则所给微分方程的通解为

$$y=C\mathrm{e}^{\mathrm{e}^x}。$$

例 4　已知某种放射性元素的衰变率与当时尚未衰变的放射性元素的量成正比，求这种放射性元素的衰变规律。

解　设这种放射性元素的衰变规律是 $Q=Q(t)$。依题意，有

$$\frac{\mathrm{d}Q}{\mathrm{d}t}=-kQ \quad (k\text{ 为比例常数，且 }k>0)。$$

上述方程是可分离变量的微分方程。分离变量，得

$$\frac{\mathrm{d}Q}{Q}=-k\mathrm{d}t,$$

两边同时积分，得

$$Q=\mathrm{e}^{-kt+C_0}=\mathrm{e}^{C_0}\cdot\mathrm{e}^{-kt}=C\cdot\mathrm{e}^{-kt}\,(C=\mathrm{e}^{C_0}),$$

故所求放射性元素的衰变规律是 $Q=C\mathrm{e}^{-kt}$。

*二、齐次方程

1. 齐次方程

如果一个一阶方程具有如下形式：

$$\frac{\mathrm{d}y}{\mathrm{d}x}=f\left(\frac{y}{x}\right) \tag{10.3}$$

就称它为齐次方程。

例如 $\frac{\mathrm{d}y}{\mathrm{d}x}=\frac{xy}{x^2-y^2}$ 是齐次方程，因为它可化为(10.3)式的形式

$$\frac{\mathrm{d}y}{\mathrm{d}x}=\frac{\frac{y}{x}}{1-\left(\frac{y}{x}\right)^2}。$$

在齐次方程$\frac{\mathrm{d}y}{\mathrm{d}x}=f\left(\frac{y}{x}\right)$中，引进新的未知函数

$$u=\frac{y}{x}, \tag{10.4}$$

就可将齐次方程化为可分离变量的微分方程。因为根据(10.4)式可得

$$y=ux,\quad \frac{\mathrm{d}y}{\mathrm{d}x}=u+x\frac{\mathrm{d}u}{\mathrm{d}x},$$

将它们代入(10.3)，便得方程　$u+x\frac{\mathrm{d}u}{\mathrm{d}x}=f(u),$

即　$x\frac{\mathrm{d}u}{\mathrm{d}x}=f(u)-u,$

将上式分离变量，得　$\frac{\mathrm{d}u}{f(u)-u}=\frac{\mathrm{d}x}{x},$

两边同时积分，得　$\int\frac{\mathrm{d}u}{f(u)-u}=\int\frac{\mathrm{d}x}{x}+C,$

求出积分后，再以$\frac{y}{x}$代替 u，便得给定齐次方程的通解。

例 5　求解微分方程$\frac{dy}{dx}=\frac{xy}{x^2-y^2}$。

解　此方程是齐次方程，令 $y=ux$，得

$$u+x\frac{du}{dx}=\frac{u}{1-u^2}\quad 或\quad xdu=\frac{u^3}{1-u^2}dx,$$

分离变量后，得
$$\frac{(1-u^2)du}{u^3}=\frac{dx}{x},$$

两边积分后，得
$$-\frac{1}{2u^2}-\ln|u|=\ln|x|+C_1,$$

代回 $u=\frac{y}{x}$，得原方程的通解

$$y-Ce^{-\frac{x^2}{2y^2}}=0。$$

例 6　解方程 $y^2+x^2\frac{dy}{dx}=xy\frac{dy}{dx}$。

解　原方程可变形成

$$\frac{dy}{dx}=\frac{y^2}{xy-x^2}=\frac{\left(\frac{y}{x}\right)^2}{\frac{y}{x}-1},$$

因此，是齐次方程，令$\frac{y}{x}=u$，则 $y=ux$，$\frac{dy}{dx}=u+x\frac{du}{dx}$，代入上式，得

$$u+x\frac{du}{dx}=\frac{u^2}{u-1},$$

即
$$x\frac{du}{dx}=\frac{u}{u-1},$$

分离变量得
$$\left(1-\frac{1}{u}\right)du=\frac{dx}{x},$$

两边积分，得 $u-\ln|u|+C=\ln|x|$，即 $\ln|ux|=u+C$，

把$\frac{y}{x}$ 代入上式中的 u，便得通解为

$$\ln|y|=\frac{y}{x}+C。$$

2. 可化为齐次方程的微分方程

形如
$$\frac{dy}{dx}=\frac{a_1x+b_1y+c_1}{a_2x+b_2y+c_2}\tag{10.5}$$

（a_1,a_2,b_1,b_2,c_1,c_2 为常数，其中 c_1,c_2 不全为0）的方程，经过适当的变换可化为齐次方程。

(1) 如果$\frac{a_1}{a_2}=\frac{b_1}{b_2}=\lambda$，即 $a_1=\lambda a_2$，$b_1=\lambda b_2$，则方程(10.5) 可化为

$$\frac{dy}{dx}=\frac{\lambda(a_2x+b_2y)+c_1}{a_2x+b_2y+c_2}。\tag{10.6}$$

令 $z=a_2x+b_2y$，则

$$\frac{dz}{dx}=a_2+b_2\frac{dy}{dx},$$

扫码看微课视频

将上述两式代入方程(10.6),得

$$\frac{dz}{dx}=a_2+b_2\frac{\lambda z+c_1}{z+c_2}。$$

这是一个可分离变量方程,解出 z 后再用 $z=a_2x+b_2y$ 回代,即可得原方程(10.5)的解。

(2) 如果 $\frac{a_1}{a_2}\neq\frac{b_1}{b_2}$,作变换 $\begin{cases}x=u+h,\\y=v+k,\end{cases}$ 其中 h,k 是待定的常数。

由 $\begin{cases}dx=du,\\dy=dv\end{cases}$ 知 $\frac{dy}{dx}=\frac{dv}{du}$,方程(10.5)化为

$$\frac{dv}{du}=\frac{a_1u+b_1v+a_1h+b_1k+c_1}{a_2u+b_2v+a_2h+b_2k+c_2},\tag{10.7}$$

为使方程(10.7)转化成齐次方程,可令 $\begin{cases}a_1h+b_1k+c_1=0,\\a_2h+b_2k+c_2=0,\end{cases}$ 由于 $\frac{a_1}{a_2}\neq\frac{b_1}{b_2}$,两条直线相交于一点,从中一定能解出唯一的 h,k,那么方程(10.7)变为

$$\frac{dv}{du}=\frac{a_1u+b_1v}{a_2u+b_2v}。$$

这是一个齐次方程,再按齐次方程的解法求出通解,最后回代 $u=x-h,v=y-k$ 可得原方程(10.5)的通解。

例 7 求解 $\frac{dy}{dx}=\frac{x+2y+1}{2x+4y-1}$。

解 令 $x+2y=z$,两边同时对 x 求导得 $1+2y'=z'$,即 $y'=\frac{z'-1}{2}$,代入原方程,得 $\frac{z'-1}{2}=\frac{z+1}{2z-1}$,化简得 $z'=\frac{4z+1}{2z-1}$,分离变量,得 $\frac{(2z-1)dz}{4z+1}=dx$,两边同时积分,得

$$z-\frac{3}{4}\ln|4z+1|=2x+C_1,$$

将 $x+2y=z$ 代回,并移项,得通解为

$$\frac{8y}{3}-\frac{4x}{3}=\ln|C(4x+8y+1)|。$$

例 8 求解 $\frac{dy}{dx}=\frac{x+y-1}{x-y+1}$。

解 令 $\begin{cases}x=u+h,\\y=v+k,\end{cases}$ $\frac{dy}{dx}=\frac{dv}{du}$,方程变为 $\frac{dv}{du}=\frac{(u+v)+(h+k-1)}{(u-v)+(h-k+1)}$,令 $\begin{cases}h-k+1=0,\\h+k-1=0,\end{cases}$ 解出 $\begin{cases}h=0,\\k=1。\end{cases}$

再求解 $\frac{dv}{du}=\frac{u+v}{u-v}$,这是齐次方程。

令 $v=uz$,两边同时求导,得 $v'_u=z+uz'_u$,代入上面方程,得 $z+uz'_u=\frac{1+z}{1-z}$,化简得 $uz'_u=\frac{1+z^2}{1-z}$,分离变量,得 $\frac{(1-z)dz}{1+z^2}=\frac{du}{u}$,两边同时积分,得

$$\arctan z-\frac{\ln(1+z^2)}{2}=\ln|Cu|,$$

将 $v = uz$，$\begin{cases} x = u, \\ y = v+1 \end{cases}$ 代入上式，得通解为

$$\arctan\frac{y-1}{x} - \frac{\ln\left[1+\frac{(y-1)^2}{x^2}\right]}{2} = \ln|Cx|\ (C \neq 0)。$$

三、一阶线性微分方程

在一阶微分方程中，如果其未知函数和未知函数的导数都是一次的，则称为一阶线性微分方程。

一阶线性微分方程的一般形式为

$$\frac{\mathrm{d}y}{\mathrm{d}x} + P(x)y = Q(x), \tag{10.8}$$

其中，$P(x)$，$Q(x)$ 都是 x 的已知连续函数。

若 $Q(x) = 0$，则(5) 式变成

$$\frac{\mathrm{d}y}{\mathrm{d}x} + P(x)y = 0, \tag{10.9}$$

称它为一阶线性齐次方程。

当 $Q(x) \neq 0$ 时，方程(10.8) 称为一阶线性非齐次方程。

1. 求一阶线性齐次方程的通解

方程(10.9) 是可分离变量的方程，当 $y \neq 0$ 时可改写成

$$\frac{\mathrm{d}y}{y} = -P(x)\mathrm{d}x,$$

两边积分得

$$\ln|y| = -\int P(x)\mathrm{d}x + C_1,$$

故通解为 $y = \pm \mathrm{e}^{-\int P(x)\mathrm{d}x + C_1} = C\mathrm{e}^{-\int P(x)\mathrm{d}x}$，$C$ 为任意常数。

2. 求一阶线性非齐次方程的通解

前面已求得一阶线性齐次方程(10.9) 的通解为

$$y = C\mathrm{e}^{-\int P(x)\mathrm{d}x}, \tag{10.10}$$

其中，C 为任意常数，现在设想一阶线性非齐次方程(10.8) 也有这种形式的解，但其中 C 不是任意常数，而是 x 的函数

$$y = C(x)\mathrm{e}^{-\int P(x)\mathrm{d}x} \tag{10.11}$$

确定出 $C(x)$ 之后，可得非齐次方程的通解。

将(10.11) 式及它的导数

$$y' = C'(x)\mathrm{e}^{-\int P(x)\mathrm{d}x} - C(x)P(x)\mathrm{e}^{-\int P(x)\mathrm{d}x},$$

代入(10.8) 式中，得

$$C'(x)\mathrm{e}^{-\int P(x)\mathrm{d}x} - C(x)P(x)\mathrm{e}^{-\int P(x)\mathrm{d}x} + C(x)P(x)\mathrm{e}^{-\int P(x)\mathrm{d}x} = Q(x),$$

即

$$C'(x)\mathrm{e}^{-\int P(x)\mathrm{d}x} = Q(x),$$

移项得
$$C'(x)=Q(x)\mathrm{e}^{\int P(x)\mathrm{d}x},$$
两边积分得
$$C(x)=\int Q(x)\mathrm{e}^{\int P(x)\mathrm{d}x}+C_1,$$
代入(10.11)式得一阶线性非齐次方程(10.8)的通解为
$$y=C(x)\mathrm{e}^{-\int P(x)\mathrm{d}x}=\mathrm{e}^{-\int P(x)\mathrm{d}x}\left[\int Q(x)\mathrm{e}^{\int P(x)\mathrm{d}x}\mathrm{d}x+C_1\right]。\tag{10.12}$$

上述将相应齐次方程通解中任意常数 C 换为函数 $C(x)$ 求一阶线性非齐次方程通解的方法,称为**常数变易法**。

在实际求解一阶线性方程时,可以把(10.12)式当作通解的公式来使用,但此公式极易记错,所以建议按照上述常数变易法的过程进行求解。

例 9 求微分方程 $y'+2xy=\cos x\mathrm{e}^{-x^2}$ 的通解。

解 对此例,我们可用常数变易法求解,也可直接利用通解公式求解,一般情况下,用通解公式求解要方便些。

因为 $P(x)=2x,Q(x)=\cos x\mathrm{e}^{-x^2}$,所以,由公式得非齐次线性方程的通解为
$$y=\mathrm{e}^{-\int 2x\mathrm{d}x}\left(\int\cos x\mathrm{e}^{-x^2}\mathrm{e}^{\int 2x\mathrm{d}x}\mathrm{d}x+C\right)=\mathrm{e}^{-x^2}\left(\int\cos x\mathrm{e}^{-x^2}\mathrm{e}^{x^2}\mathrm{d}x+C\right)$$
$$=\mathrm{e}^{-x^2}\left(\int\cos x\mathrm{d}x+C\right)=\mathrm{e}^{-x^2}(\sin x+C)。$$

例 10 求方程$\dfrac{\mathrm{d}y}{\mathrm{d}x}-\dfrac{2y}{x+1}=(x+1)^{\frac{5}{2}}$的通解。

解 先求对应的齐次方程的通解
$$\frac{\mathrm{d}y}{\mathrm{d}x}-\frac{2}{x+1}y=0,$$
分离变量
$$\frac{\mathrm{d}y}{y}=\frac{2}{x+1}\mathrm{d}x,$$
两边积分 $\ln|y|=2\ln|x+1|+\ln C$,得
$$y=C(x+1)^2。$$

用常数变易法把 C 换成 $C(x)$。即令 $y=C(x)(x+1)^2$,那么
$$y'=C'(x)(x+1)^2+2C(x)(x+1),$$
代入所给非齐次线性微分方程,得
$$C'(x)=(x+1)^{\frac{1}{2}},$$
两边积分得
$$C(x)=\frac{2}{3}(x+1)^{\frac{3}{2}}+C,$$
回代得通解为
$$y=(x+1)^2\left[\frac{2}{3}(x+1)^{\frac{3}{2}}+C\right]。$$

从以上例题的解题过程可以看出,给定一个微分方程首先要判断它是哪一类方程?是否是一阶?变量是否可分离?是否为齐次方程?是否是线性的?如果是线性的,再区分是齐次的还是非齐次的,最后按照不同方程的不同解法进行求解。此过程也适用于后面的高阶微分方程的求解。

习题 10.2(A)

1. 求下列方程的通解。

(1) $y' = 3x^2(1+y^2)$；

(2) $2(xy+x)y' = y$；

(3) $(y+x^2y)\mathrm{d}y = (xy^2-x)\mathrm{d}x$；

(4) $yy' = 2(xy+x)$；

(5) $y\mathrm{e}^{x+y}\mathrm{d}y = \mathrm{d}x$；

(6) $\dfrac{\mathrm{d}y}{\mathrm{d}x} = \left(\dfrac{y+1}{x+1}\right)^2$；

(7) $\sec^2 x\tan y\mathrm{d}x + \sec^2 y\tan x\mathrm{d}y = 0$；

(8) $\cos x\sin y\mathrm{d}x + \sin x\cos y\mathrm{d}y = 0$。

2. 求下列方程满足给出的初值条件的特解。

(1) $y'+2y=0, y|_{x=0}=100$；

(2) $\mathrm{d}y = x(2y\mathrm{d}x - x\mathrm{d}y), y|_{x=1}=4$；

(3) $y'\sin x = y\ln y, y\Big|_{x=\frac{\pi}{2}} = \mathrm{e}$；

(4) $y' = \mathrm{e}^{2x-y}, y\Big|_{x=0} = 0$。

3. 求下列齐次方程的通解。

(1) $x^2y'+y^2 = xyy'$；

(2) $xy' = y\ln\dfrac{y}{x}$；

(3) $\left(x+y\cos\dfrac{y}{x}\right) = xy'\cos\dfrac{y}{x}$；

(4) $(x^2-2y^2)\mathrm{d}x + xy\mathrm{d}y = 0$；

(5) $x^2y' = 3(x^2+y^2)\arctan\dfrac{y}{x} + xy$；

(6) $x\sin\dfrac{y}{x}\cdot\dfrac{\mathrm{d}y}{\mathrm{d}x} = y\sin\dfrac{y}{x} + x$。

4. 求下列齐次方程满足所给初始条件的特解。

(1) $(y^2-3x^2)\mathrm{d}y + 2xy\mathrm{d}x = 0, y\Big|_{x=0} = 1$；

(2) $y' = \dfrac{x}{y}+\dfrac{y}{x}, y\Big|_{x=1} = 2$；

(3) $(x^2+2xy-y^2)\mathrm{d}x + (y^2+2xy-x^2)\mathrm{d}y = 0, y\Big|_{x=1} = 1$。

5. 求下列各线性方程的通解。

(1) $x\dfrac{\mathrm{d}y}{\mathrm{d}x} - 3y = x^4$；

(2) $(1+x^2)\mathrm{d}y + 2xy\mathrm{d}x = \cot x\mathrm{d}x$；

(3) $y' + y\tan x = \sec x$；

(4) $y' + \dfrac{y}{1-x} = x^2 - x$；

(5) $y' + y\cos x = \mathrm{e}^{-\sin x}$；

(6) $y' + y\tan x = \sin 2x$；

(7) $(x^2-1)y' + 2xy - \cos x = 0$；

(8) $y^2\mathrm{d}x + (3xy-4y^3)\mathrm{d}y = 0$。

6. 求下列各方程满足初值条件的特解。

(1) $\dfrac{\mathrm{d}y}{\mathrm{d}x} - y\tan x = \sec x, y\Big|_{x=0} = 0$；

(2) $\dfrac{\mathrm{d}y}{\mathrm{d}x} + \dfrac{y}{x} = \dfrac{\sin x}{x}, y\Big|_{x=\pi} = 1$；

(3) $\dfrac{\mathrm{d}y}{\mathrm{d}x} + y\cot x = 5\mathrm{e}^{\cos x}, y\Big|_{x=\frac{\pi}{2}} = -4$；

(4) $\dfrac{\mathrm{d}y}{\mathrm{d}x} + 3y = 8, y\Big|_{x=0} = 2$；

(5) $\dfrac{\mathrm{d}y}{\mathrm{d}x} + \dfrac{2-3x^2}{x^3}y = 1, y\Big|_{x=1} = 0$。

7. (2023 年) 设曲线 $L: y = y(x)(x > \mathrm{e})$ 经过点 $(\mathrm{e}^2, 0)$，L 上任一点 $P(x,y)$ 到 y 轴的距离等于该点处的切线在 y 轴上的截距。

(1) 求 $y(x)$;

(2) 在 L 上求一点,使该点处的切线与两坐标轴所围三角形的面积最小,并求此最小面积。

习题 10.2(B)

1. (2008 年) 微分方程 $xy'+y=0$ 满足条件 $y(1)=1$ 的解是 $y=$ ________。

2. (2019 年) 微分方程 $2yy'-y^2-2=0$ 满足条件 $y(0)=1$ 的特解是 $y=$ ________。

3. (1994 年) 微分方程 $y\mathrm{d}x+(x^2-4x)\mathrm{d}y=0$ 的通解为________。

4. (2014 年) 微分方程 $xy'+y(\ln x-\ln y)=0$ 满足条件 $y(1)=\mathrm{e}^3$ 的解为 $y=$ ________。

5. (2004 年) 微分方程 $(y+x^3)\mathrm{d}x-2x\mathrm{d}y=0$ 满足 $y|_{x=1}=\dfrac{6}{5}$ 的特解为________。

6. (2007 年) 求微分方程 $\dfrac{\mathrm{d}y}{\mathrm{d}x}=\dfrac{y}{x}-\dfrac{1}{2}\left(\dfrac{y}{x}\right)^3$ 满足 $y|_{x=1}=1$ 的特解。

7. 求方程 $\dfrac{\mathrm{d}y}{\mathrm{d}x}=\dfrac{1}{x-y}+1$ 的通解。

8. 化下列方程为齐次方程,并求出通解:

(1) $\dfrac{\mathrm{d}y}{\mathrm{d}x}=\dfrac{x-2y+2}{x-2y+1}$; (2) $(x+y)\mathrm{d}x+(3x+3y-4)\mathrm{d}y=0$;

(3) $\dfrac{\mathrm{d}y}{\mathrm{d}x}=\dfrac{3x-y+1}{x+y+1}$; (4) $(3y-7x+7)\mathrm{d}x+(7y-3x+3)\mathrm{d}y=0$。

第三节　可降阶的高阶微分方程

前面讨论了几种一阶微分函数的求解问题,本节开始我们将讨论二阶及二阶以上的微分方程,即所谓高阶微分方程。对于有些高阶微分方程,我们可以通过代换将它化成较低阶的方程来解。

下面介绍三种容易降阶的高阶微分方程的求解方法。

一、$y^{(n)}=f(x)$ 型的微分方程

这种微分方程的右端仅含有自变量 x,容易看出,只要把 $y^{(n-1)}$ 作为新的未知函数,两边积分,就得到一个 $n-1$ 阶的微分方程

$$y^{(n-1)}=\int f(x)\mathrm{d}x+C_1,$$

同理可得

$$y^{(n-2)}=\int\left[\int f(x)\mathrm{d}x+C_1\right]\mathrm{d}x+C_2。$$

依此法继续进行,积分 n 次即可求得通解。

例 1　求微分方程 $y''=\mathrm{e}^{2x}-\cos x$ 的通解。

解　对方程两边接连积分两次,得

$$y'=\frac{1}{2}e^{2x}-\sin x+C_1,y=\frac{1}{4}e^{2x}+\cos x+C_1x+C_2,$$

这就是所求的通解。

例 2　试求 $y''=x$ 的经过 $M(0,1)$ 且在此点与直线 $y=\frac{x}{2}+1$ 相切的积分曲线。

解　由题意,该问题可归结为如下的微分方程的初值问题

$$\begin{cases} y''=x, \\ y\Big|_{x=0}=1, \\ y'\Big|_{x=0}=\frac{1}{2}, \end{cases}$$

对方程 $y''=x$ 两边积分,得

$$y'=\frac{1}{2}x^2+C_1,$$

由条件 $y'\Big|_{x=0}=\frac{1}{2}$ 得,$C_1=\frac{1}{2}$,从而

$$y'=\frac{1}{2}x^2+\frac{1}{2},$$

对上式两边再积分一次,得

$$y=\frac{1}{6}x^3+\frac{1}{2}x+C_2,$$

由条件 $y\Big|_{x=0}=1$ 得,$C_2=1$,故所求曲线为 $y=\frac{x^3}{6}+\frac{x}{2}+1$。

二、$y''=f(x,y')$ 型的微分方程

方程 $y''=f(x,y')$ 的右端不显含未知函数 y,如果我们设 $y'=P(x)$,那么 $y''=\frac{dP}{dx}=P'$,从而原方程就变为 $P'=f(x,P)$。

这是一个关于变量 x,P 的一阶微分方程。如果我们求出它的通解为 $P=\phi(x,C_1)$,又因为 $P=\frac{dy}{dx}$,因此可得到一个一阶微分方程

$$\frac{dy}{dx}=\phi(x,C_1),$$

对它进行积分,便得通解为

$$y=\int\phi(x,C_1)dx+C_2。$$

例 3　求方程 $y''-y'=e^x$ 的通解。

解　令 $y'=p(x)$,则 $y''=\frac{dp}{dx}$,原方程化为

$$\frac{dp}{dx}-p=e^x,$$

这是一阶线性微分方程,可由一阶微分方程的解法得通解

$$p(x)=e^x(x+C_1),$$

故原方程的通解为

$$y=\int e^x(x+C_1)dx = xe^x - e^x + C_1e^x + C_2。$$

例 4 求微分方程$(1+x^2)y''=2xy'$满足初始条件$y\big|_{x=0}=1, y'\big|_{x=0}=3$的特解。

解 设$y'=p(x)$,代入方程并分离变量后,得

$$\frac{dp}{p}=\frac{2x}{1+x^2}dx,$$

两端积分,得
$$\ln|p| = \ln(1+x^2)+C,$$
即
$$p=y'=C_1(1+x^2) \quad (C_1=\pm e^C)。$$

由条件$y'\big|_{x=0}=3$,得$C_1=3$,所以

$$y'=3(1+x^2),$$

两端积分得
$$y=x^3+3x+C_2。$$
又由条件$y\big|_{x=0}=1$,得$C_2=1$,于是所求特解为

$$y=x^3+3x+1。$$

三、$y''=f(y,y')$ 型的微分方程

方程$y''=f(y,y')$的特点是不明显地含自变量x,我们令$y'=p(x)$,利用复合函数的求导法则,把y''转化为对y的导数。即

$$y''=\frac{dp}{dx}=\frac{dp}{dy}\cdot\frac{dy}{dx}=p\cdot\frac{dp}{dy},$$

这样,原方程化成$p\dfrac{dp}{dy}=f(y,p)$。

这是一个关于y,p的一阶微分方程。如果我们求出它的通解为

$$y'=p=\phi(y,C_1),$$

那么分离变量并两端积分,便得原方程的通解为

$$\int\frac{dy}{\phi(y,C_1)}=x+C_2。$$

例 5 求方程$yy''-(y')^2=0$的通解。

解 令$y'=p(x)$,则$y''=\dfrac{dp}{dy}\cdot p$,原方程化为

$$yp\frac{dp}{dy}-p^2=0,$$

分离变量得
$$\frac{dp}{p}=\frac{dy}{y},$$

两边积分得$p=C_1y$,即$\dfrac{dy}{dx}=C_1y$,再分离变量得

$$\frac{1}{y}dy=C_1dx,$$

两边积分得方程的通解
$$y=C_2e^{C_1x}。$$

习题 10.3(A)

1. 求下列微分方程的通解。

(1) $y''=2x+\cos x$；　(2) $x^3y^{(4)}=1$；

(3) $xy''=y'\ln y'$；　(4) $y''-\dfrac{y'}{x}=0$；

(5) $\dfrac{1}{(y')^2}y''=\cot y$；　(6) $y''=y'[1+(y')^2]$；

(7) $xy''+y'=\ln x$；　(8) $yy''-2(y')^2=0$。

2. 求下列各微分方程满足所给初始条件的特解。

(1) $y^3y''+1=0, y|_{x=1}=1, y'|_{x=1}=0$；

(2) $y''-a(y')^2=0, y|_{x=0}=0, y'|_{x=0}=-1$；

(3) $y'''=e^{ax}, y|_{x=1}=y'|_{x=1}=y''|_{x=1}=0$；

(4) $y''=e^{2y}, y|_{x=0}=0, y'|_{x=0}=1$；

(5) $y''+(y')^2=1, y|_{x=0}=y'|_{x=0}=0$。

习题 10.3(B)

1. 求微分方程 $y''=\dfrac{1}{1+x^2}$ 的通解。

2. (2002 年) 微分方程 $yy''+(y')^2=0$ 满足初始条件 $y|_{x=0}=1, y'|_{x=0}=\dfrac{1}{2}$ 的特解是________________。

3. (2000 年) 求微分方程 $xy''+3y'=0$ 的通解。

4. (2007 年) 求微分方程 $y''(x+y'^2)=y'$ 满足初始条件 $y(1)=y'(1)=1$ 的特解。

5. 试求 $xy''=y'+x^2$ 经过点(1,0)且在此点的切线与直线 $y=3x-3$ 垂直的积分曲线。

第四节　线性微分方程解的结构

一个 n 阶微分方程，如果方程中出现的未知函数及未知函数的各阶导数都是一次的，这个方程称为 n 阶线性微分方程，它的一般形式为

$$y^{(n)}+p_1(x)y^{(n-1)}+p_2(x)y^{(n-2)}+\cdots+p_{n-1}(x)y'+p_n(x)y=f(x), \quad (10.13)$$

其中，$p_1(x),\cdots,p_n(x),f(x)$ 都是 x 的连续函数。

若 $f(x)=0$，则方程(10.13)变为

$$y^{(n)}+p_1(x)y^{(n-1)}+p_2(x)y^{(n-2)}+\cdots+p_{n-1}(x)y'+p_n(x)y=0, \quad (10.14)$$

方程(10.14)称为 n 阶线性齐次方程。

当 $n=2$ 时，方程(10.13)和(10.14)分别写成

$$y'' + p_1(x)y' + p_2(x)y = f(x), \tag{10.15}$$

$$y'' + p_1(x)y' + p_2(x)y = 0。 \tag{10.16}$$

下面讨论二阶线性微分方程的解具有的一些性质,事实上,二阶线性微分方程的这些性质,对于 n 阶线性微分方程也成立。

定理 10.1　设 y_1, y_2 是方程(10.16)的两个解,则 $y = C_1y_1 + C_2y_2$ 也是方程(10.16)的解,其中 C_1、C_2 是任意常数。

证　由假设有

$$y''_1 + p_1(x)y'_1 + p_2(x)y_1 = 0, \quad y''_2 + p_1(x)y'_2 + p_2(x)y_2 = 0,$$

将 $y = C_1y_1 + C_2y_2$ 代入(10.16)式有

$$\begin{aligned}&(C_1y_1 + C_2y_2)'' + p_1(C_1y_1 + C_2y_2)' + p_2(C_1y_1 + C_2y_2)\\ &= C_1(y'' + p_1y'_1 + p_2y_1) + C_2(y''_2 + p_1y'_2 + p_2y_2)\\ &= 0。\end{aligned}$$

由此看来,如果 $y_1(x), y_2(x)$ 是方程(10.16)的解,那么 $C_1y_1(x) + C_2y_2(x)$ 就是方程(10.16)含有两个任意常数的解。那么,它是否为方程(10.16)的通解呢?为解决这个问题,需要引入两个函数线性无关的概念。

如果 $y_1(x), y_2(x)$ 中任意一个都不是另一个的常数倍,也就是说 $\dfrac{y_1(x)}{y_2(x)}$ 不恒等于非零常数,则称 $y_1(x)$ 与 $y_2(x)$ 线性无关,否则称 $y_1(x)$ 与 $y_2(x)$ 线性相关。

例如,函数 $y_1 = e^x$ 与 $y_2 = e^{-x}$,它们的比值 $\dfrac{y_1}{y_2} = \dfrac{e^x}{e^{-x}} = e^{2x} \neq$ 常数,所以 y_1 与 y_2 是线性无关的。

在定理 10.1 中,若 y_1, y_2 为方程(10.16)的解,则 $C_1y_1 + C_2y_2$ 也是方程(10.16)的解。但必须注意,并不是任意两个解的线性组合都是方程(10.16)的通解,例如,$y_1 = e^x$, $y_2 = 2e^x$ 都是方程 $y'' - y = 0$ 的解,但 $y = C_1y_1 + C_2y_2 = C_1e^x + 2C_2e^x = (C_1 + 2C_2)e^x$ 实际上只含有一个任意常数 $C = C_1 + 2C_2$,y 就不是二阶方程的通解,那么怎样的解才能构成通解呢?事实上,有下面的定理。

定理 10.2　设 $y_1(x), y_2(x)$ 是方程(10.16)的两个线性无关的解,则 $y = C_1y_1 + C_2y_2$(C_1, C_2 是任意常数)就是方程(10.16)的通解。

例如函数 $y_1 = x$ 与 $y_2 = x^2$ 是方程 $x^2y'' - 2xy' + 2y = 0 (x > 0)$ 的解,易知 y_1 与 y_2 线性无关,所以方程的通解为 $y = C_1x + C_2x^2$。

定理 10.2 不难推广到 n 阶齐次线性方程。

推论　如果 $y_1(x), y_2(x), \cdots, y_n(x)$ 是 n 阶齐次线性方程

$$y^n + a_1(x)y^{n-1} + \cdots + a_{(n-1)}(x)y' + a_n(x)y = 0$$

的 n 个线性无关的解,那么,此方程的通解为

$$y = C_1y_1(x) + C_2y_2(x) + \cdots + C_ny_n(x),$$

其中，$C_1, C_2, \cdots, C_n$ 为任意常数。

下面讨论二阶非齐次线性方程(10.15)的解的情况。我们称方程(10.16)为非齐次方程(10.15)对应的齐次方程。

定理 10.3　设 $y_1(x)$ 是非齐次线性方程(10.15)的一个特解，$y_2(x)$ 是相应的齐次方程(10.16)的通解，则 $y = y_1(x) + y_2(x)$ 是非齐次线性方程(10.15)的通解。

证　因为 $y_1(x)$ 是方程(10.15)的一个特解，即

$$y''_1 + p_2(x)y'_1 + p_2(x)y_1 = f(x),$$

又 $y_2(x)$ 是方程(10.16)的解，即

$$y''_2 + p_1(x)y'_2 + p_2(x)y_2 = 0,$$

对 $y = y_1 + y_2$ 有

$$\begin{aligned} y'' + p_1(x)y + p_2(x)y &= (y_1 + y_2)'' + p_1(x)(y_1 + y_2)' + p_2(x)(y_1 + y_2) \\ &= [y''_1 + p_1(x)y'_1 + p_2(x)y_1] + [y''_2 + p_1(x)y'_2 + p_2(x)y_2] \\ &= f(x) + 0 = f(x), \end{aligned}$$

因此 $y_1 + y_2$ 是方程(10.15)的解，又因 y_2 是方程(10.16)的通解，y_2 中含有两个任意常数，故 $y_1 + y_2$ 也含有两个任意常数，所以它们是非齐次方程(10.15)的通解。

例如，方程 $y'' + y = x^2$ 是二阶非齐次线性微分方程，已知 $y_1 = C_1\cos x + C_2\sin x$ 对应齐次方程 $y'' + y = 0$ 的通解；又容易验证 $y_2 = x^2 - 2$ 是所给方程的一个特解，因此 $y = C_1\cos x + C_2\sin x + x^2 - 2$ 是所给方程的通解。

非齐次线性方程(10.15)的特解有时可用下述定理来帮助求出。

定理 10.4　设 $y_1(x)$，$y_2(x)$ 分别是方程 $y'' + p_1(x)y' + p_2(x)y = f_1(x)$ 和 $y'' + p_1(x)y' + p_2(x)y = f_2(x)$ 的解，则 $y_1(x) + y_2(x)$ 是方程 $y'' + p_1(x)y' + p_2(x)y = f_1(x) + f_2(x)$ 的解。

这一定理通常称为**线性微分方程的解的叠加原理**。

定理 10.3 和定理 10.4 也可推广到 n 阶非齐次线性方程，这里不再讨论。

习题 10.4(A)

1. 判定下列各组函数哪些是线性相关的，哪些是线性无关的。

(1) $e^{px}, e^{qx}\ (p \neq q)$；　(2) $e^{\alpha x}\cos\beta x, e^{\alpha x}\sin\beta x$；

(3) $(\sin x - \cos x)^2, \sin 2x$；　(4) $x, x - 3$；

(5) xe^{ax}, e^{ax}；　(6) $e^x, \sin 2x$；

(7) $\sin 2x, \cos x\sin x$；　(8) $\ln x, x\ln x$。

2. 验证下列函数 $y_1(x)$ 和 $y_2(x)$ 是否为所给方程的解？能否由它们组成通解？并写出通解？

(1) $y'' + y' - 2y = 0, y_1(x) = e^x, y_2(x) = 2e^x$；

(2) $y'' + y = 0, y_1(x) = \cos x, y_2(x) = \sin x$；

(3) $y'' - 4y' + 4y = 0, y_1 = e^{2x}, y_2 = xe^{2x}$。

3. 证明：如果函数 $y_1(x)$ 和 $y_2(x)$ 是方程 $y'' + p(x)y' + q(x)y = f(x)$ 的两个解，那么 $y_1(x) - y_2(x)$ 是方程 $y'' + p(x)y' + q(x)y = 0$ 的解。

习题 10.4(B)

1. (1989 年) 设线性无关的函数 y_1、y_2、y_3 都是二阶非齐次线性方程 $y''+p(x)y'+q(x)y=f(x)$ 的解,C_1、C_2 是任意常数,则该非齐次方程的通解是(　　)。

(A)$C_1y_1+C_2y_2+y_3$　　(B)$C_1y_1+C_2y_2-(C_1+C_2)y_3$

(C)$C_1y_1+C_2y_2-(1-C_1-C_2)y_3$　　(D)$C_1y_1+C_2y_2+(1-C_1-C_2)y_3$

2. (2016 年) 若 $y=(1+x^2)^2-\sqrt{1+x^2}$,$y=(1+x^2)^2+\sqrt{1+x^2}$ 是微分方程 $y'+p(x)y=q(x)$ 的两个解,则 $q(x)=$(　　)。

(A)$3x(1+x^2)$　　(B)$-3x(1+x^2)$

(C)$\dfrac{x}{1+x^2}$　　(D)$-\dfrac{x}{1+x^2}$

3. (2016 年) 以 $y=x^2-e^x$ 和 $y=x^2$ 为特解的一阶非齐次线性微分方程为____________。

4. (2013 年) 已知 $y_1=e^{3x}-xe^{2x}$,$y_2=e^x-xe^{2x}$,$y_3=-xe^{2x}$ 是某二阶常系数非齐次线性微分方程的 3 个解,则该方程的通解为____________。

第五节　常系数齐次线性微分方程

在实际中应用较多的一类高阶微分方程是二阶常系数线性微分方程,我们先讨论它的解法,再把二阶方程的解法推广到 n 阶方程。

二阶常系数线性微分方程的一般形式为

$$y''+py'+qy=f(x), \tag{10.17}$$

其中,p,q 为实数,$f(x)$ 为 x 的已知函数,当 $f(x)\equiv 0$ 时,方程叫作齐次的,当 $f(x)\neq 0$ 时,方程叫作非齐次的,本节我们主要讨论齐次的,即

$$y''+py'+qy=0。 \tag{10.18}$$

上节的定理 10.2 指出,若要得到方程(10.18)的通解,只需求出它的两个线性无关的特解。由于方程(10.18)的左端是关于 y'',y',y 的线性关系式。且系数都为常数,而当 r 为常数,指数函数 e^{rx} 和它的各阶导数都只差一个常数因子,因此我们用 $y=e^{rx}$ 来尝试,看能否取到适当的常数 r,使 $y=e^{rx}$ 满足方程(10.18)。

对 $y=e^{rx}$ 求导,得 $y'=re^{rx}$,$y''=r^2e^{rx}$,把 y,y',y'' 代入方程(10.18)得

$$(r^2+pr+q)e^{rx}=0,$$

由于 $e^{rx}\neq 0$,所以

$$r^2+pr+q=0, \tag{10.19}$$

这是一元二次方程,它有两个根

$$r_{1,2}=\frac{-p\pm\sqrt{p^2-4q}}{2}。$$

因此,只需 r_1 和 r_2 分别为方程(10.19)的根,则 $y=e^{r_1x}$,$y=e^{r_2x}$ 就都是方程(10.18)的特解。代数方程(10.19)称为微分方程的特征方程,它的根称为特征根。

下面就特征方程根的三种情况讨论方程(10.18)的通解。

1. 特征方程有两个不等的实根

当 $p^2-4q>0$ 时。特征方程(10.19)有两个不相等的实根 r_1 和 r_2，这时 $y_1=e^{r_1x}$ 和 $y_2=e^{r_2x}$ 就是方程(10.18)的两个特解，由于$\frac{y_1}{y_2}=\frac{e^{r_1x}}{e^{r_2x}}=e^{(r_1-r_2)x}\neq$常数，所以 y_1,y_2 线性无关，故方程(10.18)的通解为 $y=C_1e^{r_1x}+C_2e^{r_2x}$。

2. 特征方程有两个相等的实根

当 $p^2-4q=0$ 时，则有 $r=r_1=r_2=-\frac{p}{2}$，这时仅得方程(10.18)的一个特解 $y_1=e^{rx}$，要求通解，还需要找一个与 $y_1=e^{rx}$ 线性无关的特解 y_2，既然$\frac{y_2}{y_1}\neq$常数，则必有$\frac{y_2}{y_1}=u(x)$，其中，$u(x)$ 为待定函数。

设 $y_2=u(x)e^{rx}$，则

$$y'_2=e^{rx}[ru(x)+u'(x)],\quad y''_2=e^{rx}[r^2u(x)+2ru'(x)+u''(x)],$$

代入方程(10.18)整理后得

$$e^{rx}[u''(x)+(2r+q)u'(x)+(r^2+pr+q)u(x)]=0。$$

因 $e^{rx}\neq 0$，且 r 为特征方程(10.19)的重根，故 $r^2+pr+q=0$ 及 $2r+p=0$，于是上式成为 $u''(x)=0$，即若 $u(x)=0$ 满足 $u''(x)=0$，则 $y_2=u(x)e^{rx}$ 即为方程(10.18)的另一特解。由 $u''(x)=0$ 可得 $u(x)=D_1x+D_2$，其中，D_1,D_2 为任意常数。取最简单的 $u(x)=x$，于是 $y_2=xe^{rx}$，故方程(10.18)的通解为

$$y=C_1e^{rx}+C_2xe^{rx}=e^{rx}(C_1+C_2x)。$$

3. 特征方程有一对共轭复根

当 $p^2-4q<0$，特征方程(10.19)有两个复根 $r_1=\alpha+i\beta,r_2=\alpha-i\beta$，方程(10.18)有两个特解 $y_1=e^{(\alpha+i\beta)x},y_2=e^{(\alpha-i\beta)x}$，它们是线性无关的，故方程(10.18)的通解为

$$y=C_1e^{(\alpha+i\beta)x}+C_2e^{(\alpha-i\beta)x},$$

这是复合函数形式的解，为了表示成实数函数形式的解，利用欧拉公式

$$e^{\alpha\pm i\beta}=e^{\alpha}(\cos\beta x\pm i\sin\beta x),$$

故有

$$\frac{y_1+y_2}{2}=e^{\alpha x}\cos\beta x,\quad \frac{y_1-y_2}{2i}=e^{\alpha x}\sin\beta x。$$

由定理 10.1 知，$e^{\alpha x}\cos\beta x,e^{\alpha x}\sin\beta x$ 也是方程(10.18)的特解。显然它们是线性无关的，因此方程(10.18)的通解为

$$y=e^{\alpha x}(C_1\cos\beta x+C_2\sin\beta x),$$

综上所述，求二阶常系数齐次线性微分方程

$$y''+py'+qy=0$$

的通解的步骤如下：

第一步：写出微分方程(10.18)的特征方程 $r^2+pr+q=0$；

第二步：求出特征方程(10.19)的两个根；

第三步：根据特征方程(10.19)的两个根的不同情形。按照表 10.1 写出微分方程(10.18)的通解。

表 10.1

特征方程 $r^2+pr+q=0$ 的两个根 r_1 与 r_2	微分方程 $y''+py'+qy=0$ 的通解
两个不相等的实根 $r_1 \neq r_2$	$y=C_1\mathrm{e}^{r_1x}+C_2\mathrm{e}^{r_2x}$
两个相等的实根 $r_1=r_2=r$	$y=(C_1+C_2x)\mathrm{e}^{rx}$
一对共轭复根 $r_{1,2}=\alpha\pm\mathrm{i}\beta$	$y=\mathrm{e}^{\alpha x}(C_1\cos\beta x+C_2\sin\beta x)$

例 1　求微分方程 $y''+3y'-4y=0$ 的通解。

解　所给微分方程的特征方程为

$$r^2+3r-4=0,$$

特征根为 $r_1=-4, r_2=1(r_1\neq r_2)$，所以，方程的通解为

$$y=C_1\mathrm{e}^{-4x}+C_2\mathrm{e}^{x}。$$

例 2　求方程 $\frac{\mathrm{d}^2s}{\mathrm{d}t^2}+2\frac{\mathrm{d}s}{\mathrm{d}t}+s=0$ 满足初始条件 $s\big|_{t=0}=4, s'\big|_{t=0}=-2$ 的特解。

解　所给微分方程的特征方程为 $r^2+2r+1=0$，其根 $r_1=r_2=-1$，因此所求通解为

$$s=(C_1+C_2t)\mathrm{e}^{-t}。$$

将条件 $s\big|_{t=0}=4$ 代入通解，得 $C_1=4$，将上述对 t 求导，得 $s'=(C_2-4-C_2t)\mathrm{e}^{-t}$，再把条件 $s'\big|_{t=0}=-2$ 代入上式，得 $C_2=2$，于是所求特解为

$$s=(4+2t)\mathrm{e}^{-t}。$$

例 3　求微分方程 $y''-4y'+13y=0$ 的通解。

解　所给微分方程的特征方程为

$$r^2-4r+13=0,$$

特征根为 $r_1=2+3\mathrm{i}, r_2=2-3\mathrm{i}$，故方程的通解为

$$y=\mathrm{e}^{2x}(C_1\cos 3x+C_2\sin 3x)。$$

例 4　如图 10.1 所示，弹簧上端固定，下端挂一个质量为 m 的物体，O 点为平衡位置。如果在弹性限度内用力将物体向下一拉，随即松开，物体就会在平衡位置 O 上下作自由振动，忽略物体所受的阻力(如空气阻力等)不计，并且当运动开始，物体的位置为 x_0，初速度为 v_0，求物体的运动规律。

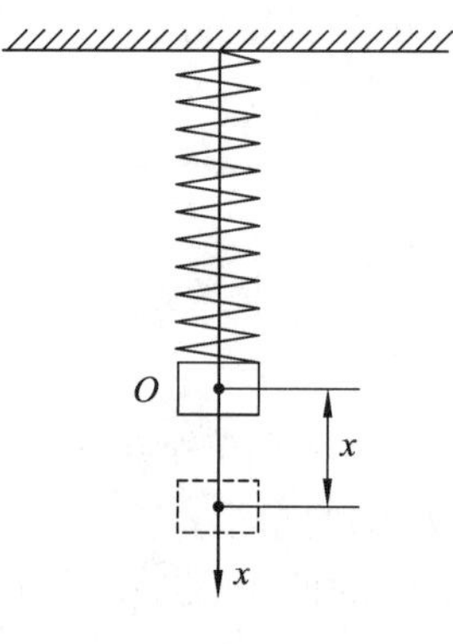

图 10.1

解　设物体的运动规律为 $x=x(t)$，弹性恢复力 $f=-kx$，其中 k 为弹性系数，负号表示力 f 的方向与位移 x 的方向相反。根据牛顿第二定律，得微分方程

$$m\frac{\mathrm{d}^2x}{\mathrm{d}t^2}=-kx。$$

令 $\frac{k}{m}=\omega^2$，则有 $\frac{\mathrm{d}^2x}{\mathrm{d}t^2}+\omega^2x=0$，初始条件为 $x\big|_{t=0}=x_0,x'\big|_{t=0}=v_0$。因为上述微分方程的特征方程为

$$r^2+\omega^2=0,$$

特征根为 $r=\pm\omega\mathrm{i}$，所以，微分方程的通解为

$$x=C_1\cos\omega t+C_2\sin\omega t。$$

将初始条件 $x\big|_{t=0}=x_0,x'\big|_{t=0}=v_0$ 代入以上两式，求得 $C_1=x_0,C_2=\frac{v_0}{\omega}$。于是，所求特解为

$$x=x_0\cos\omega t+\frac{v_0}{\omega}\sin\omega t,$$

利用三角函数中的和角公式，上式可化为

$$x=\sqrt{x_0^2+\frac{v_0^2}{\omega^2}}\sin(\omega t+\varphi)\left(\tan\varphi=\frac{\omega x_0}{v_0}\right),$$

令 $A=\sqrt{x_0^2+\frac{v_0^2}{\omega^2}}$，则

$$x=A\sin(\omega t+\varphi)。$$

上面讨论二阶常系数齐次线性微分方程，所用的方法以及方程的通解的形式，可推广到 n 阶常系数齐次线性微分方程上去，对此我们不再详细讨论，只简单地叙述如下：

n 阶常系数齐次线性微分方程的一般形式是

$$y^{(n)}+p_1y^{(n-1)}+p_2y^{(n-2)}+\cdots+p_{n-1}y'+p_ny=0,\tag{10.20}$$

其中 $p_1,p_2,\cdots,p_{n-1},p_n$ 都是常数，它的特征方程为

$$r^n+p_1r^{n-1}+p_2r^{n-2}+\cdots+p_{n-1}r+p_n=0。\tag{10.21}$$

根据特征方程的根的情况，可写出对应的解如表 10.2。

表 10.2

特征方程的根	微分方程通解中对应项
单实根 r	给出一项：Ce^{rx}
一对单复根 $r_{1,2}=\alpha\pm\mathrm{i}\beta$	给出两项：$e^{\alpha x}(C_1\cos\beta x+C_2\sin\beta x)$
k 重实根 r	给出 k 项：$e^{rx}(C_1+C_2x+\cdots+C_kx^{k-1})$
一对 k 重复根 $r_{1,2}=\alpha\pm\mathrm{i}\beta$	给出 $2k$ 项：$e^{\alpha x}\left[\begin{array}{l}(C_1+C_2x+\cdots+C_kx^{k-1})\cos\beta x\\+(D_1+D_2x+\cdots+D_kx^{k-1})\sin\beta x\end{array}\right]$

由代数学知道，n 次代数方程有 n 个根（重根按重数计算），而特征方程的每一个根都

对应着通解中的一项,且每项各含有一个任意常数,这样就得到 n 阶常系数齐次线性微分方程的通解

$$y=C_1y_1+C_2y_2+\cdots+C_ny_n。$$

例 5 求方程 $y^{(4)}-2y'''+5y''=0$ 的通解。

解 特征方程为 $r^4-2r^3+5r^2=0$,即 $r^2(r^2-2r+5)=0$,它的根是 $r_1=r_2=0$ 和 $r_{3,4}=1\pm 2\mathrm{i}$,因此所求通解为

$$y=C_1+C_2x+\mathrm{e}^x(C_3\cos 2x+C_4\sin 2x)。$$

习题 10.5(A)

1. 求下列方程的通解。

(1) $y''-5y'+6y=0$;　　(2) $2y''+y'-y=0$;

(3) $y''-2y'+y=0$;　　(4) $y''+2y'+5y=0$;

(5) $3y''-2y'-8y=0$;　　(6) $y''+y=0$;

(7) $\dfrac{\mathrm{d}^2s}{\mathrm{d}t^2}-4\dfrac{\mathrm{d}s}{\mathrm{d}t}+4s=0$;　　(8) $y''-2\sqrt{3}y'+3y=0$;

2. 求下列微分方程的解。

(1) $y''-4y'+3y=0,y\big|_{x=0}=6,y'\big|_{x=0}=10$;

(2) $y''-3y'-4y=0,y\big|_{x=0}=0,y'\big|_{x=0}=-5$;

(3) $y''+4y'+29y=0,y\big|_{x=0}=0,y'\big|_{x=0}=15$;

(4) $y''+4y'+y=0,y\big|_{x=0}=2,y'\big|_{x=0}=0$;

(5) $2y''+3y=2\sqrt{6}y',y\big|_{x=0}=0,y'\big|_{x=0}=1$。

习题 10.5(B)

1. (2013 年) 微分方程 $y''-y'+\dfrac{1}{4}y=0$ 的通解为 $y=$ ________。

2. (2017 年) 微分方程 $y''+2y'+3y=0$ 的通解为 $y=$ ________。

3. (2015 年) 设函数 $y=y(x)$ 是微分方程 $y''+y'-2y=0$ 的解,且在 $x=0$ 处 $y(x)$ 取得极值 3,则 $y(x)=$ ________。

4. (2001 年) 设 $y=\mathrm{e}^x(c_1\sin x+c_2\cos x)$($c_1,c_2$ 为任意常数)为某二阶常系数线性齐次微分方程的通解,则该方程为________。

5. (2022 年) 微分方程 $y'''-2y''+5y'=0$ 的通解 $y(x)=$ ________。

6. 求下列微分方程的通解。

(1) $y^{(4)}-y=0$;　　(2) $y^{(4)}+2y''+y=0$。

第六节　二阶常系数非齐次线性微分方程

本节主要讨论二阶常系数非齐次线性微分方程

$$y'' + py' + qy = f(x) \tag{10.22}$$

的解法，其中 p,q 为实数，$f(x)$ 为 x 的已知函数。

一、$f(x) = f_n(x)$，其中 $f_n(x)$ 是 x 的一个 n 次多项式

此种情况下，方程(10.22)可写成

$$y'' + py' + qy = f_n(x)。 \tag{10.23}$$

多项式求导之后还是多项式，只不过次数降低一次。

(1) 当 $q \neq 0$ 时，方程两边次数相同，可设特解为 $\overline{y} = g_n(x)$，$g_n(x)$ 的系数是待定的常数，只需将其代入方程(10.23)，利用多项式相等的条件可确定这些系数。

(2) 当 $q = 0, p \neq 0$ 时，可设特解为 $\overline{y} = g_{n+1}(x)$，其系数也可用待定系数法确定。

(3) 当 $q = 0, p = 0$，可设特解为 $\overline{y} = g_{n+2}(x)$。

例 1　求方程 $y'' + y = 2x^2 - 3$ 的一个特解。

解　因为 $q = 1 \neq 0$，所以方程的特解为 $\overline{y} = Ax^2 + Bx + C$，$A$、$B$、$C$ 为待定系数，将其代入方程得

$$2A + Ax^2 + Bx + C = 2x^2 - 3,$$

化简得

$$Ax^2 + Bx + (2A + C) = 2x^2 - 3,$$

比较两端系数得

$$\begin{cases} A = 2, \\ B = 0, \\ 2A + C = -3, \end{cases}$$

从而得 $A = 2, B = 0, C = -7$，于是，方程的一个特解为

$$\overline{y} = 2x^2 - 7。$$

例 2　求方程 $y'' - 2y' = 4x - 2$ 的通解。

解　此方程对应的齐次方程为 $y'' - 2y' = 0$，特征方程为 $r^2 - 2r = 0$，解得特征根为 $r_1 = 2, r_2 = 0$，所以对应齐次方程的通解为

$$Y = C_1 e^{2x} + C_2。$$

对于原非齐次方程 $q = 0, p = -2, f(x) = 4x - 2$，设特解为 $\overline{y} = Ax^2 + Bx + C$，代入原方程后得

$$2A - 2(2Ax + B) = 4x - 2,$$

化简得

$$-4Ax + (2A - 2B) = 4x - 2,$$

比较两端系数，得

$$\begin{cases}-4A=4,\\ 2A-2B=-2,\end{cases}$$

从而得 $A=-1,B=0,C$ 可取定为 0,非齐次方程的一个特解为 $\overline{y}=-x^2$。原方程通解为

$$y=Y+\overline{y}=C_1\mathrm{e}^{2x}+C_2-x^2。$$

二、$f(x)=f_n(x)\mathrm{e}^{\lambda x}$,其中 $f_n(x)$ 是一个 n 次多项式,λ 为常数

这时,方程(10.22)成为

$$y''+py'+qy=f_n(x)\mathrm{e}^{\lambda x}。\tag{10.24}$$

因为方程(10.24)的右端是一个 n 次多项式与一个指数函数 $\mathrm{e}^{\lambda x}$ 的乘积,由求导规律可推测方程(10.24)的一个特解也是一个多项式 $g(x)$ 与指数函数 $\mathrm{e}^{\lambda x}$ 的乘积,为此设特解为

$$\overline{y}=g(x)\mathrm{e}^{\lambda x}。$$

将特解求导后,代入方程(10.24),得

$$[g''(x)\mathrm{e}^{\lambda x}+2\lambda g'(x)\mathrm{e}^{\lambda x}+\lambda^2 g(x)\mathrm{e}^{\lambda x}]+p[g'(x)\mathrm{e}^{\lambda x}+\lambda g(x)\mathrm{e}^{\lambda x}]+qg(x)\mathrm{e}^{\lambda x}=f_n(x)\mathrm{e}^{\lambda x},$$

整理得

$$g''(x)+(2\lambda+p)g'(x)+(\lambda^2+p\lambda+q)g(x)=f_n(x)。$$

(1) 当 $\lambda^2+q\lambda+q\neq 0$ 时,即 λ 不是方程(10.24)对应的齐次方程的特征根时,$g(x)$ 应是一个 n 次多项式,可设特解为

$$\overline{y}=g_n(x)\mathrm{e}^{\lambda x}。$$

(2) 当 $\lambda^2+p\lambda+q\neq 0$,而 $2\lambda+p\neq 0$ 时,即 λ 是特征方程的根,但不是重根时,$g(x)$ 应是一个 $n+1$ 次多项式,可设特解为

$$\overline{y}=g_{n+1}(x)\mathrm{e}^{\lambda x} \text{ 或 } \overline{y}=xg_n(x)\mathrm{e}^{\lambda x}。$$

(3) 当 $\lambda^2+p\lambda+q=0$ 而且 $2\lambda+p=0$ 时,即 λ 是特征方程的重根时,$g(x)$ 应是一个 $n+2$ 次多项式,可设特解为

$$\overline{y}=g_{n+2}(x)\mathrm{e}^{\lambda x} \text{ 或 } \overline{y}=x^2g_n(x)\mathrm{e}^{\lambda x}。$$

综上所述,方程(10.24)的特解具有形式

$$\overline{y}=\begin{cases}g_n(x)\mathrm{e}^{\lambda x},\lambda \text{ 不是特征方程的根},\\ xg_n(x)\mathrm{e}^{\lambda x},\lambda \text{ 是特征根,但不是重根},\\ x^2g_n(x)\mathrm{e}^{\lambda x},\lambda \text{ 为特征方程的重根},\end{cases}$$

其中,$g_n(x)$ 是一个与 $f_n(x)$ 有相同次数,系数待定的多项式。

上述结论可推广到 n 阶常系数非齐次微分方程,但要注意特征方程含根 λ 的重复次数,即若 λ 是 k 重根,则特解设为 $\overline{y}=x^kg_n(x)\mathrm{e}^{\lambda x}$。

例 3 求微分方程 $y''-5y'+6y=x\mathrm{e}^{2x}$ 的通解。

解 所给方程对应的齐次方程为 $y''-5y'+6y=0$,特征方程为 $r^2-5r+6=0$,解特征方程得 $r_1=2,r_2=3$,于是所给方程对应的齐次方程的通解为

$$Y=C_1e^{2x}+C_2e^{3x}。$$

由于$\lambda=2$是特征方程的单根，所以应设特解$\bar{y}$为$\bar{y}=x(Ax+B)e^{2x}$，把它代入所给方程，得

$$-2Ax+2A-B=x,$$

比较等式两端的系数，得

$$\begin{cases}-2A=1,\\2A-B=0,\end{cases}$$

解得$A=-\frac{1}{2}$，$B=-1$。因此所求特解为$\bar{y}=x\left(-\frac{1}{2}x-1\right)e^{2x}$，从而所求通解为

$$y=C_1e^{2x}+C_2e^{3x}-\frac{1}{2}(x^2+2x)e^{2x}。$$

三、$f(x)=a\cos\omega x+b\sin\omega x$，其中$a,b,\omega$是常数

这时，方程(10.22)成为

$$y''+py'+qy=a\cos\omega x+b\sin\omega x。\tag{10.25}$$

由于$f(x)$这种形式的三角函数的导数，仍属于同一类型。因此，方程(10.25)的特解也应属于同一类型。可用讨论上述两种类型的方法，同样讨论得方程(10.25)的特解形式为

$$\bar{y}=\begin{cases}A\cos\omega x+B\sin\omega x,\ \pm\omega i\text{不是特征根；}\\x(A\cos\omega x+B\sin\omega x),\ \pm\omega i\text{是特征根。}\end{cases}$$

其中A,B是待定系数。

例4　求方程$y''+2y'-3y=4\sin x$的一个特解。

解　因为$\omega=1$，而$\omega i=i$不是特征根，可设特解为

$$\bar{y}=A\cos x+B\sin x,$$

对$\bar{y}$求导数，代入原方程得

$$(-4A+2B)\cos x+(-2A-4B)\sin x=4\sin x,$$

比较两端系数得

$$\begin{cases}-4A+2B=0,\\-2A-4B=4,\end{cases}$$

解得$A=-\frac{2}{5}$，$B=-\frac{4}{5}$，于是，原方程的一个特解为

$$\bar{y}=-\frac{2}{5}\cos x-\frac{4}{5}\sin x。$$

例5　求方程$y''+4y=2\cos^2x$满足初始条件$y\big|_{x=0}=0$，$y'\big|_{x=0}=0$的一个特解。

解　原方程对应的齐次方程为$y''+4y=0$，特征方程为$r^2+4=0$，解得特征根为$r_{1,2}=\pm2i$，于是，齐次方程的通解为

$$y=C_1\cos2x+C_2\sin2x。$$

原方程可写成

$$y''+4y=1+\cos 2x,$$

只要分别求得方程 $y''+4y=1$ 及 $y''+4y=\cos 2x$ 的特解为 $\overline{y}_1$ 和 $\overline{y}_2$,那么 $\overline{y}=\overline{y}_1+\overline{y}_2$ 就是原方程的一个特解。

先求方程 $y''+4y=1$ 的特解 $\overline{y}_1$,设 $\overline{y}_1=A$,代入方程,求得 $A=\frac{1}{4}$,即 $\overline{y}_1=\frac{1}{4}$。

再求方程 $y''+4y=\cos 2x$ 的特解$\overline{y}_2$,因为 2i 是特征根,所以设

$$\overline{y}_2=x(B\cos 2x+C\sin 2x),$$

对$\overline{y}_2$ 求导,代入方程得

$$4C\cos 2x-4B\sin 2x=\cos 2x,$$

比较两端的系数,得 $C=\frac{1}{4}$,$B=0$,因此

$$\overline{y}_2=\frac{1}{4}x\sin 2x。$$

于是,原方程的一个特解为

$$\overline{y}=\frac{1}{4}+\frac{1}{4}x\sin 2x,$$

原方程的通解为

$$y=C_1\cos 2x+C_2\sin 2x+\frac{1}{4}x\sin 2x+\frac{1}{4},$$

对 y 求导数得

$$y'=2C_2\cos 2x-2C_1\sin 2x+\frac{1}{2}x\cos 2x+\frac{1}{4}\sin 2x,$$

将初始条件代入,得$\begin{cases}C_1+\frac{1}{4}=0,\\ 2C_2=0,\end{cases}$解得 $C_1=-\frac{1}{4}$,$C_2=0$,于是原方程满足初始条件的特解为

$$y=-\frac{1}{4}\cos 2x+\frac{1}{4}+\frac{1}{4}x\sin 2x=\frac{1}{4}(1+x\sin 2x-\cos 2x)。$$

习题 10.6(A)

1. 求下列方程的通解。

(1)$2y''+y'-y=2e^x$;　　(2)$y''+a^2y=e^x$;

(3)$2y''+5y'=5x^2-2x-1$;　　(4)$y''+3y'+2y=3xe^{-x}$;

(5)$y''-6y'+9y=(x+1)e^{3x}$;　　(6)$y''+5y'+4y=3-2x$;

2. 求下列微分方程满足已给初始条件的特解。

(1)$y''-3y'+2y=5,y\big|_{x=0}=1,y'\big|_{x=0}=2$;

(2)$y''+y+\sin 2x=0,y\big|_{x=\pi}=1,y'\big|_{x=\pi}=1$;

(3) $y''-y=4xe^{x},y\big|_{x=0}=0,y'\big|_{x=0}=1$。

习题 10.6(B)

1. (2017 年) 微分方程 $y''-4y'+8y=e^{2x}(1+\cos 2x)$ 的特解可设为 $y*=($　　$)$。

(A) $Ae^{2x}+e^{2x}(B\cos 2x+C\sin 2x)$　　(B) $Axe^{2x}+e^{2x}(B\cos 2x+C\sin 2x)$

(C) $Ae^{2x}+xe^{2x}(B\cos 2x+C\sin 2x)$　　(D) $Axe^{2x}+xe^{2x}(B\cos 2x+C\sin 2x)$

2. (2015 年) 已知 $y=\frac{1}{2}e^{2x}+\left(x-\frac{1}{3}\right)e^{x}$ 是二阶常系数非齐次线性微分方程 $y''+ay'+by=ce^{x}$ 的一个特解，则(　　)。

(A) $a=-3,b=2,c=-1$　　(B) $a=3,b=2,c=-1$

(C) $a=-3,b=2,c=1$　　(D) $a=3,b=2,c=1$

3. (1990 年) 求微分方程 $y''+4y'+4y=e^{-2x}$ 的通解。

4. 求下列微分方程的通解。

(1) $y''+y=e^{x}+\cos x$；　　(2) $y''-y=\sin^{2}x$。

5. 设函数 $\phi(x)$ 连续，且满足 $\phi(x)=e^{x}+\int_{0}^{x}(t-x)\phi(t)\mathrm{d}t$，求 $\phi(x)$。

第十章思维导图

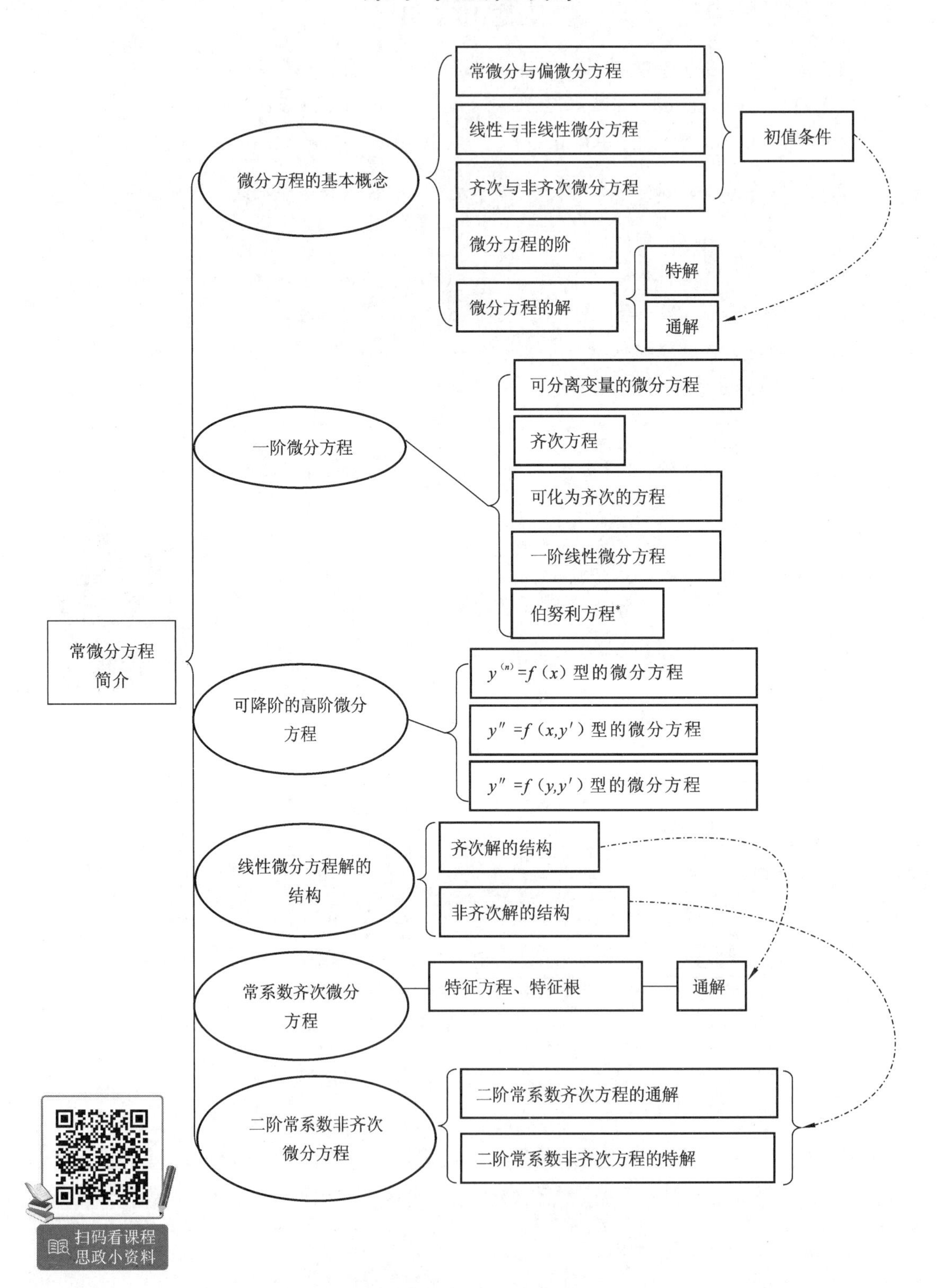
常微分方程简介
微分方程的基本概念
常微分与偏微分方程
线性与非线性微分方程
齐次与非齐次微分方程
初值条件
微分方程的阶
微分方程的解
特解
通解
一阶微分方程
可分离变量的微分方程
齐次方程
可化为齐次的方程
一阶线性微分方程
伯努利方程*
可降阶的高阶微分方程
$y^{(n)}=f(x)$ 型的微分方程
$y''=f(x,y')$ 型的微分方程
$y''=f(y,y')$ 型的微分方程
线性微分方程解的结构
齐次解的结构
非齐次解的结构
常系数齐次微分方程
特征方程、特征根
通解
二阶常系数非齐次微分方程
二阶常系数齐次方程的通解
二阶常系数非齐次方程的特解
扫码看课程
思政小资料

第十章章节测试

一、选择题。(本大题共 9 小题,每小题 2 分,共计 18 分)

1. 有解的微分方程,其解的个数为(　　)。

A. 一个　　B. 一个或两个　　C. 与阶数相同　　D. 无穷多个

2. 设非齐次线性微分方程 $y'+P(x)y=Q(x)$ 有两个不同的解 $y_1(x)$,$y_2(x)$,C 为任意常数,则该方程的通解是(　　)。

A. $C[y_1(x)-y_2(x)]$　　B. $y_1(x)+C[y_1(x)-y_2(x)]$

C. $C[y_1(x)+y_2(x)]$　　D. $y_1(x)+C[y_1(x)+y_2(x)]$

3. 满足函数 $y=C_1\mathrm{e}^x+C_2\mathrm{e}^{-2x}+x\mathrm{e}^x$ 的一个微分方程是(　　)。

A. $y''-y'-2y=3x\mathrm{e}^x$　　B. $y''-y'-2y=3\mathrm{e}^x$

C. $y''+y'-2y=3x\mathrm{e}^x$　　D. $y''+y'-2y=3\mathrm{e}^x$

4. 方程 $y'+y=\mathrm{e}^{-x}$ 的通解是(　　)。

A. e^x+C　　B. $\mathrm{e}^x(x+C)$　　C. $\mathrm{e}^{-x}(x+C)$　　D. $\mathrm{e}^{-x}+C$

5. 方程 $y'+\frac{2}{x}y=x, y\big|_{x=1}=0$ 的特解是(　　)。

A. $\frac{1}{2}(-x^{-2}+x^2)$　　B. $\frac{1}{4}(-x^{-2}+x^2)$

C. $\frac{1}{2}(x^{-2}+x^2)$　　D. $\frac{1}{4}(x^{-2}+x^2)$

6. 方程 $y''-4y'=0$ 的特征根是(　　)。

A. $\lambda_1=1,\lambda_2=4$　　B. $\lambda_1=0,\lambda_2=4$　　C. $\lambda_1=0,\lambda_2=1$　　D. $\lambda_1=2,\lambda_2=4$

7. 方程 $2y''+y'-y=2\mathrm{e}^x$ 的特解可设为(　　)。

A. $A\mathrm{e}^x$　　B. $Ax\mathrm{e}^x$　　C. $Ax^2\mathrm{e}^x$　　D. $Ax^3\mathrm{e}^x$

8. 方程 $y''+2y=\sin\sqrt{2}x$ 有一个特解是(　　)。

A. $x\cos\sqrt{2}x$　　B. $-x\cos\sqrt{2}x$

C. $\frac{\sqrt{2}}{2}x\cos\sqrt{2}x$　　D. $-\frac{\sqrt{2}}{4}x\cos\sqrt{2}x$

9. 下列是一阶常微分方程的是(　　)。

A. $y''-4y'=0$　　B. $y''-y'-2y=3x\mathrm{e}^x$

C. $(x+1)(y^2+1)\mathrm{d}x+y^2x^2\mathrm{d}y=0$　　D. $y''-4y'=0$

二、填空题。(本大题共 5 小题,每小题 2 分,共计 10 分)

1. $xy'''+2x^2(y')^2+x^3y=x^4+1$ 是________阶微分方程。

2. 以 $y=C_1\mathrm{e}^{2x}+C_2\mathrm{e}^{3x}$($C_1$,$C_2$ 为任意常数)为通解的微分方程为________。

3. 一阶线性微分方程 $y'+P(x)y=Q(x)$ 的通解为________________。

4. 微分方程 $xy'+2y=x\ln x$ 满足 $y(1)=-\frac{1}{9}$ 的解为________________。

5. 已知曲线 $y=f(x)$ 过点 $\left(0,\dfrac{1}{2}\right)$，且其上任一点 (x,y) 处的切线斜率为 $x\ln(1+x^2)$，则 $f(x)=$ ________。

三、识别下列各方程所属的类型。(本大题共 7 小题，每小题 2 分，共计 14 分)

1. $x\sqrt{1-y^2}\mathrm{d}x+y\mathrm{d}y=0$；
2. $(x^3+3xy^2)y'=y^3+3x^2y$；
3. $\sqrt{1+y^2}\ln x\mathrm{d}x+\mathrm{d}y+\sqrt{1+y^2}\mathrm{d}x=0$；
4. $y'+\dfrac{x}{1+x^2}y=\dfrac{1}{2x(1+x^2)}$；
5. $\left(2x\sin\dfrac{y}{x}-y\cos\dfrac{y}{x}\right)\mathrm{d}x+x\cos\dfrac{y}{x}\mathrm{d}y=0$；
6. $y'\sec^2x+\tan x+y=1$；
7. $(x+1)(y^2+1)\mathrm{d}x+y^2x^2\mathrm{d}y=0$。

四、求下列微分方程的通解。(本大题共 7 小题，每小题 4 分，共计 28 分)

1. $xy'+y=2\sqrt{xy}$；
2. $xy'\ln x+y=ax(\ln x+1)$；
3. $\dfrac{\mathrm{d}y}{\mathrm{d}x}=\mathrm{e}^{2x-y}$；
4. $\dfrac{\mathrm{d}y}{\mathrm{d}x}=1-x+y^2-xy^2$；
5. $y''-3y'+2y=0$；
6. $y''+2y'+5y=\sin 2x$；
7. $y'''+y''-2y'=x(\mathrm{e}^x+4)$。

五、求下列微分方程满足所给初始条件的特解。(本大题共 4 小题，每小题 6 分，共计 24 分)

1. $y''+4y'+13y=5,\ y\big|_{x=0}=0,\ y'\big|_{x=0}=3$；
2. $y'-\dfrac{x}{1+x^2}y=x+1,\ y\big|_{x=0}=\dfrac{1}{2}$；
3. $y''+2y'+y=\cos x,\ y\big|_{x=0}=0,\ y'\big|_{x=0}=\dfrac{3}{2}$；
4. $y''+6y'+9y=5x\mathrm{e}^{-3x},\ y\big|_{x=0}=0,\ y'\big|_{x=0}=2$。

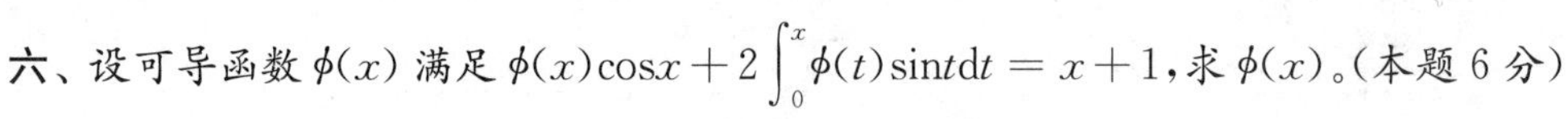
六、设可导函数 $\phi(x)$ 满足 $\phi(x)\cos x+2\int_0^x\phi(t)\sin t\mathrm{d}t=x+1$，求 $\phi(x)$。(本题 6 分)

第十章拓展练习

一、选择题。

1. (2023 年) 若微分方程 $y''+ay'+by=0$ 的解在 $(-\infty,+\infty)$ 上有界，则(   )。

(A) $a<0,b>0$　　(B) $a>0,b>0$

(C) $a=0,b>0$　　(D) $a=0,b<0$

2. (1998 年) 已知函数 $y=y(x)$ 在任意点 x 处的增量 $\Delta y=\dfrac{y}{1+x^2}\Delta x+\alpha$，且当 Δx

$\to 0$ 时，α 是 Δx 的高阶无穷小，$y(0)=\pi$，则 $y(1)=$（　　）。

(A) 2π　　(B) π　　(C) $e^{\frac{\pi}{4}}$　　(D) $\pi e^{\frac{\pi}{4}}$

3.（2008 年）在下列微分方程中，以 $y=C_1e^x+C_2\cos 2x+C_3\sin 2x$（$C_1,C_2,C_3$ 为任意常数）为通解的是（　　）。

(A) $y'''+y''-4y'-4y=0$　　(B) $y'''+y''+4y'+4y=0$

(C) $y'''-y''-4y'+4y=0$　　(D) $y'''-y''+4y'-4y=0$

二、填空题。

1.（2023 年）设某公司在 t 时刻的资产为 $f(t)$，从 0 时刻到 t 时刻的平均资产等于 $\frac{f(t)}{t}-t$，假设 $f(t)$ 连续且 $f(0)=0$，则 $f(t)=$ ________。

2.（2012 年）微分方程 $y\mathrm{d}x+(x-3y^2)\mathrm{d}y=0$ 满足条件 $y|_{x=1}=1$ 的解为 $y=$ ________。

3.（2012 年）若函数 $f(x)$ 满足方程 $f''(x)+f'(x)-2f(x)=0$ 及 $f'(x)+f(x)=2e^x$，则 $f(x)=$ ________。

三、解答题。

1.（2023 年）设曲线 $y=y(x)(x>0)$ 经过点 $(1,2)$，该曲线上任一点 $P(x,y)$ 到 y 轴的距离等于该点处的切线在 y 轴上的截距。

(1) 求 $y(x)$；

(2) 求函数 $f(x)=\int_1^x y(t)\mathrm{d}t$ 在 $(0,+\infty)$ 上的最大值。

2.（1993 年）求微分方程 $x^2y'+xy=y^2$ 满足初始条件 $y\big|_{x=1}=1$ 的特解。

3.（2016 年）已知 $y_1(x)=e^x$，$y_2(x)=u(x)e^x$ 是二阶微分方程 $(2x-1)y''-(2x+1)y'+2y=0$ 的两个解，若 $u(-1)=e$，$u(0)=-1$，求 $u(x)$，并写出该微分方程的通解。

4.（2014 年）已知函数 $y=y(x)$ 满足微分方程 $x^2+y^2y'=1-y'$，且 $y(2)=0$。求 $y(x)$ 的极值。

5.（1989 年）设 $f(x)=\sin x-\int_0^x(x-t)f(t)\mathrm{d}t$，其中 f 为连续函数，求 $f(x)$。

6. 求微分方程 $y'''+y''-2y'=x(e^x+4)$ 的通解。

7.（2011 年）设函数 $y(x)$ 具有二阶导数，且曲线 $l:y=y(x)$ 与直线 $y=x$ 相切于原点。记 α 为曲线 l 在点 (x,y) 处切线的倾角，若 $\frac{\mathrm{d}\alpha}{\mathrm{d}x}=\frac{\mathrm{d}y}{\mathrm{d}x}$，求 $y(x)$ 的表达式。

8.（1999 年）设有微分方程 $y'-2y=\varphi(x)$，其中 $\varphi(x)=\begin{cases}2, & x<1,\\ 0, & x>1,\end{cases}$ 试求出 $(-\infty,+\infty)$ 内的连续函数 $y=y(x)$，使之在 $(-\infty,1)$ 和 $(1,+\infty)$ 内都满足所给方程，且满足条件 $y(0)=0$。

9. (1999 年) 求初值问题$\begin{cases}(y+\sqrt{x^2+y^2})\mathrm{d}x-x\mathrm{d}y=0(x>0),\\ y|_{x=1}=0\end{cases}$的解。

10. (1995 年) 设曲线 L 位于 xOy 平面的第一象限内，L 上任一点 M 处的切线与 y 轴总相交，交点记为 A。已知 $|\overline{MA}|=|\overline{OA}|$，且 L 过点$\left(\dfrac{3}{2},\dfrac{3}{2}\right)$，求 L 的方程。

11. 已知某曲线经过点(1,1)，它的切线在纵轴上的截距等于切点的横坐标，求它的方程。

12. (2003 年) 设函数 $y=y(x)$ 在 $(-\infty,+\infty)$ 内具有二阶导数，且 $y'\neq 0$，$x=x(y)$ 是 $y=y(x)$ 的反函数。

(1) 试将 $x=x(y)$ 所满足的微分方程$\dfrac{\mathrm{d}^2x}{\mathrm{d}y^2}+(y+\sin x)\left(\dfrac{\mathrm{d}x}{\mathrm{d}y}\right)^3=0$ 变换为 $y=y(x)$ 满足的微分方程；

(2) 求变换后的微分方程满足初始条件 $y(0)=0$，$y'(0)=\dfrac{3}{2}$ 的解。

13. (1993 年) 假设：

(1) 函数 $y=f(x)(0\leqslant x<+\infty)$ 满足条件 $f(0)=0$ 和 $0\leqslant f(x)\leqslant \mathrm{e}^x-1$；

(2) 平行于 y 轴的动直线 MN 与曲线 $y=f(x)$ 和 $y=\mathrm{e}^x-1$ 分别相交于点 P_1 和 P_2；

(3) 曲线 $y=f(x)$、直线 MN 与 x 轴所围封闭图形的面积 S 恒等于线段 P_1P_2 的长度。求函数 $y=f(x)$ 的表达式。

14. 设 $F(x)$ 为 $f(x)$ 的原函数，且当 $x\geqslant 0$ 时，$f(x)F(x)=\dfrac{x\mathrm{e}^x}{2(1+x)^2}$，已知 $F(0)=1$，$F(x)>0$，试求 $f(x)$。

四、 已知生产某种产品的总成本 C 由可变成本和固定成本构成。假定可变成本 y 是产量 x 的函数，且 y 关于 x 的变化率等于$\dfrac{x^2+y^2}{2xy}$，固定成本为 1。当 $x=1$ 时 $y=3$，求总成本函数 $C=C(x)$。

五、 某林区实行封山育林，现有木材 10 万立方米，如果在每一时刻 t 木材的变化率与当时木材数成正比。假设第 10 年时该林区的木材为 20 万立方米，若规定，该林区的木材量达到 40 万立方米时才可砍伐，问至少多少年后才能砍伐。

第十一章　无穷级数

我们知道，有限个实数 $u_1,u_2,\cdots,u_n$ 相加，其结果是一个实数；那么无限个实数相加结果是什么样的呢？本章将讨论“无限个实数相加”，即无穷级数所可能出现的情形及其有关特性。无穷级数（简称级数）分为常数项级数和函数项级数，是高等数学的一个重要组成部分。常数项级数是函数项级数的基础，而函数项级数是表示函数（特别是表示非初等函数）的重要数学工具，也是研究函数性质的重要手段。本章运用极限的方法，研究常数项级数和函数项级数的基本理论及其审敛法，进而讨论幂级数的敛散性。它们在自然科学、工程技术、电子科学和数学本身都有着广泛的应用，学习了无穷级数可以让学习者更深入地理解函数；几乎所有的数学用表都是通过函数展开成某种无穷级数（或泰勒公式）取有限项计算的近似值的，这是离我们最近的应用。

第一节　常数项级数的概念与性质

一、常数项级数的概念

人们认识事物数量方面的特征，往往有一个由近似到精确的逼近过程。在这个认识过程中，常会遇到由有限个数量相加转到无限个数量相加的问题。

例如，我国古代重要典籍《庄子》一书中有“一尺之锤，日取其半，万世不竭”的说法。从数学的角度上看，这就是

$$\frac{1}{2}+\frac{1}{4}+\frac{1}{8}+\cdots+\frac{1}{2^n}+\cdots=1,$$

其前 n 项和 $\frac{1}{2}+\frac{1}{4}+\frac{1}{8}+\cdots+\frac{1}{2^n}$ 是有限项相加，是1的近似值。当 n 越大，这个值越精确。当 $n\to\infty$ 时，和式中的项数无限增多，这就出现了“无穷和”的问题。“无穷和”是通过“有限项和”的极限来解决的。这个极限值就是无穷项和式的精确值。

定义 11.1　给定数列 $\{u_n\}$，由该数列的各项所构成的表达式 $u_1+u_2+\cdots+u_n+\cdots$ 称为**常数项级数**，记为 $\sum\limits_{n=1}^{\infty}u_n$，其中第 n 项 u_n 称为该**级数的通项或一般项**。

级数前 n 项之和 $s_n=u_1+u_2+\cdots+u_n$，称为该**级数的前 n 项部分和**。当 n 依次取 1，2，3，… 时，它们构成一个新的数列

$$s_1=u_1,\quad s_2=u_1+u_2,\quad \cdots,\quad s_n=u_1+u_2+\cdots+u_n,\quad \cdots。$$

这个数列 $\{s_n\}$ 称为**级数的部分和数列**。

定义 11.2 若级数 $\sum_{n=1}^{\infty}u_n$ 的部分和数列 $\{s_n\}$ 有极限 s,即 $\lim_{n\to\infty}s_n=s$,则称**无穷级数 $\sum_{n=1}^{\infty}u_n$ 收敛**,这时极限 s 称为该级数的和,并写成

$$s=\sum_{n=1}^{\infty}u_n=u_1+u_2+\cdots+u_n+\cdots;$$

若数列 $\{s_n\}$ 没有极限,则称**无穷级数 $\sum_{n=1}^{\infty}u_n$ 发散**。

显然,当级数 $\sum_{n=1}^{\infty}u_n$ 收敛时,其部分和 s_n 是级数 $\sum_{n=1}^{\infty}u_n$ 的和 s 的近似值,它们之间的差值

$$r_n=s-s_n=u_{n+1}+u_{n+2}+\cdots$$

称为级数 $\sum_{n=1}^{\infty}u_n$ 的**余项**。用近似值 s_n 代替和 s 所产生的误差为 $|r_n|$。

注意 级数 $\sum_{n=1}^{\infty}u_n$ 是否收敛,关键取决于其部分和数列 $\{s_n\}$ 当 $n\to\infty$ 时的极限是否存在。因此,级数 $\sum_{n=1}^{\infty}u_n$ 与数列 $\{s_n\}$ 具有相同的敛散性。

例 1 讨论几何级数(又称等比级数)$\sum_{n=0}^{\infty}aq^n=a+aq+aq^2+\cdots+aq^n+\cdots$ 的敛散性,其中 $a\neq0$。

解 (1) 如果 $|q|=1$,则当 $q=1$ 时,$s_n=na$,$\lim_{n\to\infty}s_n=\lim_{n\to\infty}na=\infty$,因此级数 $\sum_{n=0}^{\infty}aq^n$ 发散;当 $q=-1$ 时,级数 $\sum_{n=0}^{\infty}aq^n$ 成为 $a-a+a-a+\cdots$,由于 s_n 随着 n 为奇数或偶数而等于 a 或零,所以 s_n 的极限不存在,故级数 $\sum_{n=0}^{\infty}aq^n$ 也发散。

(2) 如果 $|q|\neq1$,则部分和

$$s_n=a+aq+aq^2+\cdots+aq^{n-1}=\frac{a-aq^n}{1-q}=\frac{a}{1-q}-\frac{aq^n}{1-q},$$

当 $|q|<1$ 时,因为 $\lim_{n\to\infty}s_n=\frac{a}{1-q}$,所以级数 $\sum_{n=0}^{\infty}aq^n$ 收敛,其和为 $\frac{a}{1-q}$;

当 $|q|>1$ 时,因为 $\lim_{n\to\infty}s_n=\infty$,所以级数 $\sum_{n=0}^{\infty}aq^n$ 发散;

综上所述,几何级数 $\sum_{n=0}^{\infty}aq^n$ 当 $|q|<1$ 时收敛,其和为 $\frac{a}{1-q}$;当 $|q|\geqslant1$ 时发散。

例 2 讨论级数 $1-1+1-\cdots+(-1)^{n+1}+\cdots$ 的敛散性。

解 此级数的部分和为 $s_n=\begin{cases}1, & n=2k-1,\\ 0, & n=2k\end{cases}$ $(k=1,2,\cdots)$,显然这个数列是发散的,因此该级数是发散的。

例 3 判别无穷级数 $\frac{1}{1\times2}+\frac{1}{2\times3}+\frac{1}{3\times4}+\cdots+\frac{1}{n(n+1)}+\cdots$ 的敛散性。

解　由于 $u_n=\dfrac{1}{n(n+1)}=\dfrac{1}{n}-\dfrac{1}{n+1}$，因此

$$s_n=\frac{1}{1\times2}+\frac{1}{2\times3}+\frac{1}{3\times4}+\cdots+\frac{1}{n(n+1)}$$
$$=\left(1-\frac{1}{2}\right)+\left(\frac{1}{2}-\frac{1}{3}\right)+\cdots+\left(\frac{1}{n}-\frac{1}{n+1}\right)=1-\frac{1}{n+1},$$

从而 $\lim\limits_{n\to\infty}s_n=\lim\limits_{n\to\infty}\left(1-\dfrac{1}{n+1}\right)=1$，所以该级数收敛，它的和是 1。

二、收敛级数的基本性质

根据无穷级数收敛、发散以及和的概念，可以得出收敛级数的几个基本性质。

性质 1　如果 $\sum\limits_{n=1}^{\infty}u_n$ 收敛，和为 s，则 $\sum\limits_{n=1}^{\infty}ku_n$ 也收敛，且其和为 ks(其中 k 为常数)。

证　设 $\sum\limits_{n=1}^{\infty}u_n$ 与 $\sum\limits_{n=1}^{\infty}ku_n$ 的部分和分别为 s_n 与 σ_n，则

$$\lim_{n\to\infty}\sigma_n=\lim_{n\to\infty}(ku_1+ku_2+\cdots+ku_n)=k\lim_{n\to\infty}(u_1+u_2+\cdots+u_n)=k\lim_{n\to\infty}s_n=ks。$$

这表明级数 $\sum\limits_{n=1}^{\infty}ku_n$ 收敛，且和为 ks。

推论　如果 $\sum\limits_{n=1}^{\infty}u_n$ 发散，则 $\sum\limits_{n=1}^{\infty}ku_n$ 也发散(其中 k 为非零常数)。

由此可知，级数的每一项同乘一个不为零的常数后，其敛散性不变。

性质 2　如果 $\sum\limits_{n=1}^{\infty}u_n$ 与 $\sum\limits_{n=1}^{\infty}v_n$ 收敛，和分别为 s 与 σ，则 $\sum\limits_{n=1}^{\infty}(u_n\pm v_n)$ 也收敛，且其和为 $s\pm\sigma$。

证　设级数 $\sum\limits_{n=1}^{\infty}u_n$、$\sum\limits_{n=1}^{\infty}v_n$、$\sum\limits_{n=1}^{\infty}(u_n\pm v_n)$ 的部分和分别为 s_n、σ_n、τ_n，则

$$\begin{aligned}\lim_{n\to\infty}\tau_n&=\lim_{n\to\infty}[(u_1\pm v_1)+(u_2\pm v_2)+\cdots+(u_n\pm v_n)]\\&=\lim_{n\to\infty}[(u_1+u_2+\cdots+u_n)\pm(v_1+v_2+\cdots+v_n)]\\&=\lim_{n\to\infty}(s_n\pm\sigma_n)=s\pm\sigma。\end{aligned}$$

这表明级数 $\sum\limits_{n=1}^{\infty}(u_n\pm v_n)$ 收敛，且和为 $s\pm\sigma$。

性质 2 也说成：两个收敛级数可以逐项相加与逐项相减。

性质 3　级数 $\sum\limits_{n=1}^{\infty}u_n$ 中去掉、加上或改变有限项，不会改变级数的敛散性。

证　这里只需证明"在级数的前面部分去掉或加上有限项，不会改变级数的敛散性"，因为其他情形都可看成在级数的前面部分先去掉有限项，然后再加上有限项的结果。

设将级数 $u_1+u_2+\cdots+u_k+u_{k+1}+\cdots+u_{k+n}+\cdots$ 的前 k 项去掉，则得级数

$$u_{k+1}+u_{k+2}+\cdots+u_{k+n}+\cdots,$$

于是新得级数的部分和为

$$\sigma_n=u_{k+1}+u_{k+2}+\cdots+u_{k+n}=s_{k+n}-s_k,$$

其中，s_{k+n} 是原级数的前 $k+n$ 项的和，s_k 是常数，故当 $n\to\infty$ 时，σ_n 与 s_{k+n} 要么都有极限，

要么都没有极限。

类似地,可以证明在级数的前面加上有限项,不会改变级数的敛散性,但会改变和。

例如,级数$\frac{1}{1\times 2}+\frac{1}{2\times 3}+\frac{1}{3\times 4}+\cdots+\frac{1}{n(n+1)}+\cdots$是收敛的,级数$\frac{1}{3\times 4}+\frac{1}{4\times 5}+\cdots+\frac{1}{n(n+1)}+\cdots$也是收敛的,级数$100+\frac{1}{1\times 2}+\frac{1}{2\times 3}+\frac{1}{3\times 4}+\cdots+\frac{1}{n(n+1)}+\cdots$也是收敛的。

性质4　如果级数$\sum_{n=1}^{\infty}u_n$收敛,则对该级数的项任意合并(即加上括号)后所成的级数$(u_1+u_2+\cdots+u_{n_1})+(u_{n_1+1}+\cdots+u_{n_2})+\cdots+(u_{n_{k-1}+1}+\cdots+u_{n_k})+\cdots$仍收敛,且其和不变。

证　设级数$\sum_{n=1}^{\infty}u_n$的前n项部分和为s_n,相应于新级数的前k项部分和为A_k,则

$$A_1=u_1+u_2+\cdots+u_{n_1}=s_{n_1},$$

$$A_2=(u_1+u_2+\cdots+u_{n_1})+(u_{n_1+1}+\cdots+u_{n_2})=s_{n_2},$$

$$\cdots\cdots$$

$$A_k=(u_1+u_2+\cdots+u_{n_1})+(u_{n_1+1}+\cdots+u_{n_2})+\cdots(u_{n_{k-1}+1}+\cdots+u_{n_k})=s_{n_k},$$

$$\cdots\cdots$$

可见,数列$\{A_k\}$是数列$\{s_n\}$的一个子数列。而$\{s_n\}$收敛,故子数列$\{A_k\}$必收敛,且有

$$\lim_{k\to\infty}A_k=\lim_{n\to\infty}s_n,$$

即加括号后所成的新级数收敛,且其和不变。

注意　如果加括号后所成的级数收敛,则不能断定去括号后原来的级数也收敛。例如,级数$(1-1)+(1-1)+\cdots$收敛于零,但级数$1-1+1-1+\cdots$却是发散的。

推论　如果加括号后所成的级数发散,则原来级数也发散。

性质5　(级数收敛的必要条件)如果$\sum_{n=1}^{\infty}u_n$收敛,则它的通项u_n趋于零,即$\lim_{n\to\infty}u_n=0$。

证　设级数$\sum_{n=1}^{\infty}u_n$的部分和为s_n,且$\lim_{n\to\infty}s_n=s$,则

$$\lim_{n\to\infty}u_n=\lim_{n\to\infty}(s_n-s_{n-1})=\lim_{n\to\infty}s_n-\lim_{n\to\infty}s_{n-1}=s-s=0。$$

推论　若级数$\sum_{n=1}^{\infty}u_n$的通项u_n,当$n\to\infty$时不趋于零,则此级数必发散。

注意　级数的一般项趋于零并不是级数收敛的充分条件。

例4　判别级数$\sum_{n=1}^{\infty}(\sqrt{n+1}-\sqrt{n})$的敛散性。

解　因为

$$\begin{aligned}S_n&=\sum_{k=1}^{n}(\sqrt{k+1}-\sqrt{k})\\&=(\sqrt{2}-1)+(\sqrt{3}-\sqrt{2})+(\sqrt{4}-\sqrt{3})+\cdots+(\sqrt{n+1}-\sqrt{n})\\&=\sqrt{n+1}-1\to\infty(n\to\infty),\end{aligned}$$

所以级数$\sum\limits_{n=1}^{\infty}(\sqrt{n+1}-\sqrt{n})$发散。

例 5　证明调和级数$\sum\limits_{n=1}^{\infty}\frac{1}{n}=1+\frac{1}{2}+\frac{1}{3}+\cdots+\frac{1}{n}+\cdots$是发散的。

证　假若级数$\sum\limits_{n=1}^{\infty}\frac{1}{n}$收敛且其和为$s$，$s_n$是它的部分和，显然有$\lim\limits_{n\to\infty}s_n=s$及$\lim\limits_{n\to\infty}s_{2n}=s$，于是$\lim\limits_{n\to\infty}(s_{2n}-s_n)=0$。但另一方面，

$$s_{2n}-s_n=\frac{1}{n+1}+\frac{1}{n+2}+\cdots+\frac{1}{2n}>\frac{1}{2n}+\frac{1}{2n}+\cdots+\frac{1}{2n}=\frac{1}{2},$$

故与$\lim\limits_{n\to\infty}(s_{2n}-s_n)=0$矛盾。这说明级数$\sum\limits_{n=1}^{\infty}\frac{1}{n}$必定发散。

***定理 11.1**　（柯西收敛原理）级数$\sum\limits_{n=1}^{\infty}u_n$收敛的充要条件是：对于任意给定的正数$\varepsilon$，总存在正整数$N$，使得当$n>N$时，对于任意的正整数$p$，都有

$$|u_{n+1}+u_{n+2}+\cdots+u_{n+p}|<\varepsilon。$$

证明略。

该定理在理论上很重要，它表明：级数$\sum\limits_{n=1}^{\infty}u_n$收敛等价于$\sum\limits_{n=1}^{\infty}u_n$的充分远（即$n>N$）的任意片段（即$u_{n+1}+u_{n+2}+\cdots+u_{n+p}$）的绝对值可以任意小。因此，级数$\sum\limits_{n=1}^{\infty}u_n$的敛散性仅与级数充分远的任意片段有关，而与前面有限项无关。这也说明性质 3 的正确性。

习题 11.1(A)

1. 填空题。

(1)$u_n=\frac{(-1)^n}{n+1}(n=1,2,\cdots)$，则$u_1=$________，$u_2=$________；

(2)$1-\frac{1}{4}+\frac{1}{9}-\frac{1}{16}+\cdots$，则$u_n=$________；

(3)$1+\frac{1\times2}{2^2}+\frac{1\times2\times3}{3^3}+\frac{1\times2\times3\times4}{4^4}+\cdots$，则$u_n=$________。

2. 利用级数定义判别下列级数的敛散性，并求出其中收敛级数的和。

(1)$\sum\limits_{n=1}^{\infty}\left(\frac{3}{4}\right)^n$；　(2)$\sum\limits_{n=1}^{\infty}\sin\frac{n\pi}{6}$；　(3)$\sum\limits_{n=1}^{\infty}\ln\left(1+\frac{1}{n}\right)$。

3. 利用级数的性质判断下列级数的敛散性。

(1)$\sum\limits_{n=1}^{\infty}\left(\frac{1}{2^n}-\frac{1}{3^n}\right)$；　(2)$\sum\limits_{n=1}^{\infty}\left(\frac{1}{n}-\frac{1}{3^n}\right)$；

(3)$\sum\limits_{n=1}^{\infty}\frac{n}{3n+1}$；　(4)$\sum\limits_{n=1}^{\infty}n\ln\left(1+\frac{1}{n}\right)$。

4. 判断下列级数的敛散性。

(1)$\frac{3}{4}-\frac{3^2}{4^2}+\frac{3^3}{4^3}-\frac{3^4}{4^4}+\cdots+(-1)^{n-1}\left(\frac{3}{4}\right)^n+\cdots$；

(2) $\frac{1}{3}+\frac{1}{6}+\frac{1}{9}+\cdots+\frac{1}{3n}+\cdots$；

(3) $\left(\frac{2}{3}-\frac{3}{5}\right)+\left(\frac{2}{3^2}-\frac{3}{5^2}\right)+\cdots+\left(\frac{2}{3^n}-\frac{3}{5^n}\right)+\cdots$；

(4) $1+\sqrt{\frac{4}{5}}+\sqrt{\frac{6}{8}}+\sqrt{\frac{8}{11}}+\cdots+\sqrt{\frac{2n}{3n-1}}+\cdots$。

习题 11.1(B)

1. (2023 年) 已知 $a_n < b_n(n=1,2,\cdots)$，若级数 $\sum\limits_{n=1}^{\infty} a_n$ 与 $\sum\limits_{n=1}^{\infty} b_n$ 均收敛，则“$\sum\limits_{n=1}^{\infty} a_n$ 绝对收敛”是“$\sum\limits_{n=1}^{\infty} b_n$ 绝对收敛”的(　　)。

(A) 充分必要条件　　(B) 充分不必要条件

(C) 必要不充分条件　　(D) 既不充分也不必要条件

2. (1991 年) 已知级数 $\sum\limits_{n=1}^{\infty}(-1)^{n-1}a_n=2$，$\sum\limits_{n=1}^{\infty} a_{2n-1}=5$，则级数等于(　　)。

(A) 3　　(B) 7　　(C) 8　　(D) 9

3. (1993 年) 级数 $\sum\limits_{n=0}^{\infty}\frac{(\ln 3)^n}{2^n}$ 的和为________。

4. 判断下列级数的敛散性，若收敛，求出收敛级数的和。

(1) $\sum\limits_{n=1}^{\infty}\left[\frac{1}{2^n}+\frac{(-1)^{n-1}}{3^n}\right]$；　　(2) $\sum\limits_{n=1}^{\infty}\frac{1}{(4n-3)(4n+1)}$；

(3) $\sum\limits_{n=1}^{\infty}\frac{1}{n(n+1)(n+2)}$。

5. 证明：若数列 $\{u_n\}$ 有 $\lim\limits_{n\to\infty}u_n=\infty$，则

(1) 级数 $\sum\limits_{n=1}^{\infty}(u_{n+1}-u_n)$ 发散；

(2) 当 $u_n\neq 0$ 时，级数 $\sum\limits_{n=1}^{\infty}\left(\frac{1}{u_n}-\frac{1}{u_{n+1}}\right)$ 收敛。

第二节　常数项级数的敛散性

一、正项级数及其敛散性

定义 11.3　在级数 $\sum\limits_{n=1}^{\infty} u_n$ 中，若通项 u_n 满足 $u_n \geqslant 0(n=1,2,\cdots)$，则级数 $\sum\limits_{n=1}^{\infty} u_n$ 称为**正项级数**。

正项级数是常数项级数中比较特殊而又非常重要的一类，许多级数的敛散性问题可归结为正项级数的敛散性问题。

1. 正项级数的比较判别法

定理 11.2　正项级数$\sum\limits_{n=1}^{\infty}u_n$收敛的充要条件是它的部分和数列$\{s_n\}$有界。

证　(充分性)由于$u_n\geqslant 0(n=1,2,\cdots)$,故正项级数$\sum\limits_{n=1}^{\infty}u_n$的部分和数列$\{s_n\}$是一个单调递增的数列,即$s_{n+1}=s_n+u_{n+1}\geqslant s_n$。又因数列$\{s_n\}$有界,由极限存在的准则知$\lim\limits_{n\to\infty}s_n$存在,从而$\sum\limits_{n=1}^{\infty}u_n$收敛。

(必要性)若$\sum\limits_{n=1}^{\infty}u_n$收敛,由级数收敛的定义知$\lim\limits_{n\to\infty}s_n$存在,则数列$\{s_n\}$必有界。

根据定理 11.2,我们可以得到正项级数的一个基本的判别法则。

定理 11.3　(比较判别法)设$\sum\limits_{n=1}^{\infty}u_n$和$\sum\limits_{n=1}^{\infty}v_n$都是正项级数,且$u_n\leqslant v_n(n=1,2,\cdots)$,则

(1) 若$\sum\limits_{n=1}^{\infty}v_n$收敛,则$\sum\limits_{n=1}^{\infty}u_n$收敛;

(2) 若$\sum\limits_{n=1}^{\infty}u_n$发散,则$\sum\limits_{n=1}^{\infty}v_n$发散。

证　(1) 设级数$\sum\limits_{n=1}^{\infty}v_n$收敛于和σ,则级数$\sum\limits_{n=1}^{\infty}u_n$的部分和

$$s_n=u_1+u_2+\cdots+u_n\leqslant v_1+v_2+\cdots+v_n\leqslant\sigma\quad(n=1,2,\cdots),$$

即部分和数列$\{s_n\}$有界,由定理 11.2 知级数$\sum\limits_{n=1}^{\infty}u_n$收敛。

(2) 是(1) 的逆否命题,即(2) 也成立。

推论 1　设$\sum\limits_{n=1}^{\infty}u_n$和$\sum\limits_{n=1}^{\infty}v_n$都是正项级数,如果级数$\sum\limits_{n=1}^{\infty}v_n$收敛,且存在正整数$N$,使当$n\geqslant N$时有$u_n\leqslant kv_n(k>0)$成立,则级数$\sum\limits_{n=1}^{\infty}u_n$收敛;如果级数$\sum\limits_{n=1}^{\infty}v_n$发散,且当$n\geqslant N$时有$u_n\geqslant kv_n(k>0)$成立,则级数$\sum\limits_{n=1}^{\infty}u_n$发散。

例 1　讨论p级数$\sum\limits_{n=1}^{\infty}\dfrac{1}{n^p}=1+\dfrac{1}{2^p}+\dfrac{1}{3^p}+\cdots+\dfrac{1}{n^p}+\cdots$的敛散性,其中常数$p>0$。

解　当$p\leqslant 1$时,$\dfrac{1}{n^p}\geqslant\dfrac{1}{n}\quad(n=1,2,\cdots)$,而调和级数$\sum\limits_{n=1}^{\infty}\dfrac{1}{n}$发散,由比较判别法知,$p$级数$\sum\limits_{n=1}^{\infty}\dfrac{1}{n^p}$发散。

当$p>1$时,取$k-1\leqslant x\leqslant k$,则有$\dfrac{1}{k^p}\leqslant\dfrac{1}{x^p}$,所以

$$\frac{1}{k^p}=\int_{k-1}^{k}\frac{1}{k^p}\mathrm{d}x\leqslant\int_{k-1}^{k}\frac{1}{x^p}\mathrm{d}x(k=2,3,\cdots),$$

从而 p 级数的部分和

$$s_n=1+\sum_{k=2}^{n}\frac{1}{k^p}\leqslant 1+\sum_{k=2}^{n}\int_{k-1}^{k}\frac{1}{x^p}\mathrm{d}x=1+\int_{1}^{n}\frac{1}{x^p}\mathrm{d}x=1+\frac{1}{1-p}x^{1-p}\Big|_1^n$$

$$=1+\frac{1}{1-p}\left(1-\frac{1}{n^{p-1}}\right)<1+\frac{1}{1-p},$$

即 $\{s_n\}$ 有上界,由定理 11.2 知,p 级数 $\sum\limits_{n=1}^{\infty}\frac{1}{n^p}$ 收敛。

综上所述,p 级数 $\sum\limits_{n=1}^{\infty}\frac{1}{n^p}$ 当 $p>1$ 时收敛,当 $p\leqslant 1$ 时发散。

例 2　证明级数 $\sum\limits_{n=1}^{\infty}\frac{1}{n^2-n+1}$ 是收敛的。

证　因为当 $n\geqslant 2$ 时,有

$$\frac{1}{n^2-n+1}\leqslant\frac{1}{n^2-n}=\frac{1}{n(n-1)}<\frac{1}{(n-1)^2},$$

而级数 $\sum\limits_{n=1}^{\infty}\frac{1}{(n-1)^2}$ 是收敛的,由比较判别法和例 1 知级数 $\sum\limits_{n=1}^{\infty}\frac{1}{n^2-n+1}$ 是收敛的。

推论 2　(比较判别法的极限形式)设 $\sum\limits_{n=1}^{\infty}u_n$ 和 $\sum\limits_{n=1}^{\infty}v_n$ 都是正项级数,且有 $\lim\limits_{n\to\infty}\frac{u_n}{v_n}=l$。

(1) 若 $0<l<+\infty$,则级数 $\sum\limits_{n=1}^{\infty}u_n$ 和 $\sum\limits_{n=1}^{\infty}v_n$ 同时收敛或同时发散;

(2) 若 $l=0$,且 $\sum\limits_{n=1}^{\infty}v_n$ 收敛,则 $\sum\limits_{n=1}^{\infty}u_n$ 也收敛;

(3) 若 $l=+\infty$,且 $\sum\limits_{n=1}^{\infty}v_n$ 发散,则 $\sum\limits_{n=1}^{\infty}u_n$ 也发散。

证　(1) 由极限定义,对于 $\varepsilon=\frac{l}{2}$,存在正整数 N,使得当 $n>N$ 时,有

$$\left|\frac{u_n}{v_n}-l\right|\leqslant\frac{l}{2},$$

即

$$l-\frac{l}{2}<\frac{u_n}{v_n}<l+\frac{l}{2},$$

故

$$\frac{l}{2}v_n<u_n<\frac{3l}{2}v_n,$$

再由推论 1 可得证。

(2)(3) 类似可证。

极限形式的比较判别法,在两个正项级数的一般项均趋于零的情况下,其实是比较它们的一般项作为无穷小量的阶。定理表明:当 $n\to\infty$ 时,若 u_n 是与 v_n 同阶或是比 v_n 高阶的无穷小,级数 $\sum\limits_{n=1}^{\infty}v_n$ 收敛,则级数 $\sum\limits_{n=1}^{\infty}u_n$ 也收敛;若 u_n 是与 v_n 同阶或是比 v_n 低阶的无穷小,级数 $\sum\limits_{n=1}^{\infty}v_n$ 发散,则级数 $\sum\limits_{n=1}^{\infty}u_n$ 也发散。

例 3　判别级数 $\sum\limits_{n=1}^{\infty}\sin\frac{1}{n}$ 的敛散性。

解　因为$\lim\limits_{n\to\infty}\dfrac{\sin\dfrac{1}{n}}{\dfrac{1}{n}}=1$，而级数$\sum\limits_{n=1}^{\infty}\dfrac{1}{n}$发散，根据比较判别法的极限形式，级数$\sum\limits_{n=1}^{\infty}\sin\dfrac{1}{n}$发散。

例 4　判别级数$\sum\limits_{n=1}^{\infty}\ln\left(1+\dfrac{1}{n^2}\right)$的敛散性。

解　因为$\lim\limits_{n\to\infty}\dfrac{\ln\left(1+\dfrac{1}{n^2}\right)}{\dfrac{1}{n^2}}=1$，而级数$\sum\limits_{n=1}^{\infty}\dfrac{1}{n^2}$收敛，根据比较判别法的极限形式，级数$\sum\limits_{n=1}^{\infty}\ln\left(1+\dfrac{1}{n^2}\right)$收敛。

用比较判别法时，需适当地选取一个已知其收敛性的级数$\sum\limits_{n=1}^{\infty}v_n$作为比较的基准。最常选用作基准级数的是等比级数和$p$级数。

2. 正项级数的比值判别法

将所给正项级数与等比级数比较，便得到更实用的比值判别法和根值判别法。

定理 11.4　(比值判别法 — 达朗贝尔判别法) 若正项级数$\sum\limits_{n=1}^{\infty}u_n$的后项与前项之比值的极限等于$\rho$，即$\lim\limits_{n\to\infty}\dfrac{u_{n+1}}{u_n}=\rho$，则

(1) 当$\rho<1$时，级数收敛；

(2) 当$\rho>1$(或为$+\infty$) 时，级数发散；

(3) 当$\rho=1$时，级数可能收敛也可能发散。

证　(1) 当$\rho<1$，取一个适当小的正数ε，使$\rho+\varepsilon=\gamma<1$，根据极限定义，存在正整数$m$，当$n\geqslant m$时，有

$$\frac{u_{n+1}}{u_n}<\rho+\varepsilon=\gamma,$$

因此

$$u_{m+1}<\gamma u_m,u_{m+2}<\gamma u_{m+1}<\gamma^2u_m,\cdots,u_{m+k}<\gamma u_{m+k-1}<\gamma^ku_m,\cdots。$$

这样，级数$u_{m+1}+u_{m+2}+u_{m+3}+\cdots$各项小于收敛的等比级数$\gamma u_m+\gamma^2u_m+\gamma^3u_m+\cdots$ $(\gamma<1)$的各对应项，所以它也收敛。由于$\sum\limits_{n=1}^{\infty}u_n$只比它多了前$m$项，因此$\sum\limits_{n=1}^{\infty}u_n$也收敛。

(2) 当$\rho>1$，取一个适当小的正数ε，使$\rho-\varepsilon>1$，根据极限定义，当$n\geqslant m$时

$$\frac{u_{n+1}}{u_n}>\rho-\varepsilon>1,$$

即

$$u_{n+1}>u_n,$$

这说明：当$n\geqslant m$时，级数的一般项是逐渐增大的，从而$\lim\limits_{n\to\infty}u_n\neq0$，可知$\sum\limits_{n=1}^{\infty}u_n$发散。

类似可证,当$\lim\limits_{n\to\infty}\frac{u_{n+1}}{u_n}=\infty$,$\sum\limits_{n=1}^{\infty}u_n$发散。

(3) 当$\rho=1$时,由p级数可知结论正确。

例 5 判别级数$\sum\limits_{n=1}^{\infty}\frac{2^n\cdot n!}{n^n}$的敛散性。

解 因为

$$\frac{u_{n+1}}{u_n}=\frac{2^{n+1}\cdot(n+1)!}{(n+1)^{n+1}}\cdot\frac{n^n}{2^n\cdot n!}=2\cdot\left(\frac{n}{n+1}\right)^n=2\cdot\frac{1}{\left(1+\frac{1}{n}\right)^n},$$

所以

$$\lim_{n\to\infty}\frac{u_{n+1}}{u_n}=\lim_{n\to\infty}\frac{2}{\left(1+\frac{1}{n}\right)^n}=\frac{2}{\mathrm{e}}<1,$$

由比值判别法知所给级数收敛。

例 6 判别级数$\frac{1}{10}+\frac{1\cdot2}{10^2}+\frac{1\cdot2\cdot3}{10^3}+\cdots+\frac{n!}{10^n}+\cdots$的敛散性。

解 因为

$$\lim_{n\to\infty}\frac{u_{n+1}}{u_n}=\lim_{n\to\infty}\frac{(n+1)!}{10^{n+1}}\cdot\frac{10^n}{n!}=\lim_{n\to\infty}\frac{n+1}{10}=\infty,$$

由比值判别法知所给级数发散。

3. 正项级数的根值判别法

定理 11.5 (根值判别法—柯西判别法) 设$\sum\limits_{n=1}^{\infty}u_n$是正项级数,如果$\lim\limits_{n\to\infty}\sqrt[n]{u_n}=\rho$,则

(1) 当$\rho<1$时,级数收敛;

(2) 当$\rho>1$(或为$+\infty$)时,级数发散;

(3) 当$\rho=1$时,级数可能收敛也可能发散。

该定理的证明与定理 11.4 相仿,这里从略。

例 7 证明级数$1+\frac{1}{2^2}+\frac{1}{3^3}+\cdots+\frac{1}{n^n}+\cdots$是收敛的。

解 因为$\lim\limits_{n\to\infty}\sqrt[n]{u_n}=\lim\limits_{n\to\infty}\sqrt[n]{\frac{1}{n^n}}=\lim\limits_{n\to\infty}\frac{1}{n}=0$,由根值判别法知所给级数收敛。

例 8 判别级数$\sum\limits_{n=1}^{\infty}\frac{2+(-1)^n}{2^n}$的敛散性。

解 因为$\lim\limits_{n\to\infty}\sqrt[n]{u_n}=\lim\limits_{n\to\infty}\frac{1}{2}\sqrt[n]{2+(-1)^n}=\frac{1}{2}$,由根值审敛法知所给级数收敛。

4. 正项级数的极限判别法

将所给正项级数与p级数比较,便得到在实用上较方便的极限判别法。

定理 11.6 (极限判别法) 设$\sum\limits_{n=1}^{\infty}u_n$为正项级数。

(1) 如果$\lim\limits_{n\to\infty}nu_n=l>0$(或$\lim\limits_{n\to\infty}nu_n=+\infty$),则级数$\sum\limits_{n=1}^{\infty}u_n$发散;

(2) 如果 $p>1$，而 $\lim\limits_{n\to\infty}n^p u_n=l(0\leqslant l<+\infty)$，则级数 $\sum\limits_{n=1}^{\infty}u_n$ 收敛。

证　(1) 在极限形式的比较判别法中，取 $v_n=\dfrac{1}{n}$，由调和级数 $\sum\limits_{n=1}^{\infty}\dfrac{1}{n}$ 发散知结论成立。

(2) 在极限形式的比较判别法中，取 $v_n=\dfrac{1}{n^p}$，当 $p>1$ 时，p 级数 $\sum\limits_{n=1}^{\infty}\dfrac{1}{n^p}$ 收敛，故结论成立。

例 9　判别级数 $\sum\limits_{n=1}^{\infty}\sqrt{n+1}\left(1-\cos\dfrac{\pi}{n}\right)$ 的敛散性。

解　因为

$$\lim_{n\to\infty}n^{\frac{3}{2}}u_n=\lim_{n\to\infty}n^{\frac{3}{2}}\sqrt{n+1}\left(1-\cos\frac{\pi}{n}\right)=\lim_{n\to\infty}n^2\sqrt{\frac{n+1}{n}}\cdot\frac{1}{2}\left(\frac{\pi}{n}\right)^2=\frac{1}{2}\pi^2,$$

根据极限判别法知所给级数收敛。

二、交错级数及其敛散性

定义 11.4　在常数项级数 $\sum\limits_{n=1}^{\infty}u_n$ 中，若通项 u_n 为任意实数，则称 $\sum\limits_{n=1}^{\infty}u_n$ 为**任意项级数**；若级数 $\sum\limits_{n=1}^{\infty}u_n$ 的各项符号正负交错，则称其为**交错级数**。

交错级数的一般形式为：

$$\sum_{n=1}^{\infty}(-1)^{n-1}u_n=u_1-u_2+u_3-u_4+\cdots+(-1)^{n-1}u_n+\cdots$$

或

$$\sum_{n=1}^{\infty}(-1)^{n}u_n=-u_1+u_2-u_3+u_4+\cdots+(-1)^{n}u_n+\cdots,$$

其中，$u_n>0\ (n=1,2,\cdots)$。

例如，$\sum\limits_{n=1}^{\infty}(-1)^{n-1}\dfrac{1}{n}$ 是交错级数，$\sum\limits_{n=1}^{\infty}(-1)^{n-1}\dfrac{1-\cos n\pi}{n}$ 不是交错级数。

对交错级数，我们给出下面的一个重要的判别法。

定理 11.7　(莱布尼茨判别法) 若交错级数 $\sum\limits_{n=1}^{\infty}(-1)^{n-1}u_n$ 满足条件：

(1) $u_n\geqslant u_{n+1}(n=1,2,3,\cdots)$，

(2) $\lim\limits_{n\to\infty}u_n=0$，

则级数 $\sum\limits_{n=1}^{\infty}(-1)^{n-1}u_n$ 收敛，且其和 $s\leqslant u_1$，其余项 r_n 的绝对值 $|r_n|\leqslant u_{n+1}$。

证　设级数 $\sum\limits_{n=1}^{\infty}(-1)^{n-1}u_n$ 前 $2n$ 项部分和为 s_{2n}，则

$$s_{2n}=(u_1-u_2)+(u_3-u_4)+\cdots+(u_{2n-1}-u_{2n})。$$

由 $u_n\geqslant u_{n+1}$ 知上式括号中的差值都是非负的，所以 $\{s_{2n}\}$ 为单调增加的数列，且 $s_{2n}\geqslant 0$。又因

$$s_{2n}=u_1-(u_2-u_3)-(u_4-u_5)-\cdots-(u_{2n-2}-u_{2n-1})-u_{2n}\leqslant u_1,$$

由极限存在的准则知，$\lim\limits_{n\to\infty}s_{2n}$ 存在且不超过 u_1，即 $\lim\limits_{n\to\infty}s_{2n}=s\leqslant u_1$。而前 $2n+1$ 项部分和 $s_{2n+1}=s_{2n}+u_{2n+1}$，且 $\lim\limits_{n\to\infty}u_n=0$，所以 $\lim\limits_{n\to\infty}s_{2n+1}=\lim\limits_{n\to\infty}(s_{2n}+u_{2n+1})=s$。

由于级数的前偶数项的和与奇数项的和有相同极限，所以 $\lim\limits_{n\to\infty}s_n=s$，从而级数 $\sum\limits_{n=1}^{\infty}(-1)^{n-1}u_n$ 是收敛的，且其和 $s\leqslant u_1$。而

$$r_n=\pm(u_{n+1}-u_{n+2}+\cdots),|r_n|=u_{n+1}-u_{n+2}+\cdots,$$

所以 $|r_n|$ 也是交错级数，且满足定理中的条件，故 $|r_n|$ 必收敛，且其和不超过首项 u_{n+1}，即 $|r_n|\leqslant u_{n+1}$。

例 10 证明级数 $\sum\limits_{n=1}^{\infty}(-1)^{n-1}\dfrac{1}{n}$ 收敛，并估计其和及余项。

证 这是一个交错级数。它满足

(1) $u_n=\dfrac{1}{n}>\dfrac{1}{n+1}=u_{n+1}(n=1,2,3,\cdots)$；

(2) $\lim\limits_{n\to\infty}u_n=\lim\limits_{n\to\infty}\dfrac{1}{n}=0$。

由莱布尼茨判别法知，该级数是收敛的，且其和 $s\leqslant u_1=1$，余项 $|r_n|\leqslant u_{n+1}=\dfrac{1}{n+1}$。

三、绝对收敛与条件收敛

对任意项级数 $\sum\limits_{n=1}^{\infty}u_n$ 中的各项 u_n 都取绝对值，得正项级数 $\sum\limits_{n=1}^{\infty}|u_n|$。

定义 11.5 若级数 $\sum\limits_{n=1}^{\infty}|u_n|$ 收敛，则称级数 $\sum\limits_{n=1}^{\infty}u_n$ 为**绝对收敛**；若级数 $\sum\limits_{n=1}^{\infty}u_n$ 收敛，而级数 $\sum\limits_{n=1}^{\infty}|u_n|$ 发散，则称级数 $\sum\limits_{n=1}^{\infty}u_n$ 为**条件收敛**。

例如，级数 $\sum\limits_{n=1}^{\infty}(-1)^{n-1}\dfrac{1}{n^2}$ 是绝对收敛的，而级数 $\sum\limits_{n=1}^{\infty}(-1)^{n-1}\dfrac{1}{n}$ 是条件收敛的。

任意项级数 $\sum\limits_{n=1}^{\infty}u_n$ 的敛散性与正项级数 $\sum\limits_{n=1}^{\infty}|u_n|$ 的敛散性有如下的关系：

定理 11.8 若正项级数 $\sum\limits_{n=1}^{\infty}|u_n|$ 收敛，则任意项级数 $\sum\limits_{n=1}^{\infty}u_n$ 必收敛。

证 令 $v_n=\dfrac{1}{2}(u_n+|u_n|)$，则 $v_n\geqslant 0$，即 $\sum\limits_{n=1}^{\infty}v_n$ 为正项级数，且 $v_n\leqslant|u_n|(n=1,2,\cdots)$。因为级数 $\sum\limits_{n=1}^{\infty}|u_n|$ 收敛，由比较判别法知 $\sum\limits_{n=1}^{\infty}v_n$ 收敛。而 $u_n=2v_n-|u_n|(n=1,2,\cdots)$，且级数 $\sum\limits_{n=1}^{\infty}v_n$，$\sum\limits_{n=1}^{\infty}|u_n|$ 都收敛，由收敛级数的性质知，级数 $\sum\limits_{n=1}^{\infty}u_n$ 收敛。

定理 11.8 说明，对于任意项级数 $\sum\limits_{n=1}^{\infty}u_n$，如果用正项级数的判别法判定级数

$\sum\limits_{n=1}^{\infty}|u_n|$ 收敛，则此级数收敛。这使得一大类级数的敛散性问题转化成正项级数的敛散性问题。

注意　(1) 如果级数 $\sum\limits_{n=1}^{\infty}|u_n|$ 发散，我们不能断定级数 $\sum\limits_{n=1}^{\infty}u_n$ 也发散。但是，如果我们用比值法或根值法判定级数 $\sum\limits_{n=1}^{\infty}|u_n|$ 发散，则可以断定级数 $\sum\limits_{n=1}^{\infty}u_n$ 必定发散。这是因为，此时 $|u_n|$ 不趋向于零，从而 u_n 也不趋向于零，因此级数 $\sum\limits_{n=1}^{\infty}u_n$ 也是发散的。

(2) 该定理的逆命题不成立，即由级数 $\sum\limits_{n=1}^{\infty}u_n$ 收敛推不出级数 $\sum\limits_{n=1}^{\infty}|u_n|$ 收敛。如 $\sum\limits_{n=1}^{\infty}(-1)^{n-1}\frac{1}{n}$ 是收敛的，但级数各项取绝对值后为调和级数，却是发散的。

例 11　判别级数 $\sum\limits_{n=1}^{\infty}\frac{\sin na}{n^2}$ 的收敛性。

解　因为 $\left|\frac{\sin na}{n^2}\right|\leqslant\frac{1}{n^2}$，而级数 $\sum\limits_{n=1}^{\infty}\frac{1}{n^2}$ 是收敛的，所以级数 $\sum\limits_{n=1}^{\infty}\left|\frac{\sin na}{n^2}\right|$ 也收敛，从而级数 $\sum\limits_{n=1}^{\infty}\frac{\sin na}{n^2}$ 绝对收敛。

例 12　判别级数 $\sum\limits_{n=1}^{\infty}(-1)^{n-1}\frac{2^n}{2n+1}$ 的收敛性。

解　因为

$$\lim_{n\to\infty}\left|\frac{u_{n+1}}{u_n}\right|=\lim_{n\to\infty}\frac{2^{n+1}}{2n+3}\cdot\frac{2n+1}{2^n}=2>1,$$

故所给级数是发散的。

习题 11.2(A)

1. 用比较判别法或其极限形式判别下列级数的敛散性。

(1) $\sum\limits_{n=1}^{\infty}\frac{1}{5n}$；　(2) $\sum\limits_{n=1}^{\infty}\frac{1}{\ln(n+1)}$；

(3) $\sum\limits_{n=1}^{\infty}\left(\frac{n}{2n+1}\right)^n$；　(4) $\sum\limits_{n=1}^{\infty}\frac{n}{(n+1)(2n+1)}$；

(5) $\sum\limits_{n=1}^{\infty}\sin\frac{\pi}{2^n}$；　(6) $\sum\limits_{n=1}^{\infty}\frac{1}{\sqrt{n^2+1}}$。

2. 用比值或根值判别法判别下列级数的敛散性。

(1) $\sum\limits_{n=1}^{\infty}\frac{n}{5^n}$；　(2) $\sum\limits_{n=1}^{\infty}\frac{3^n\cdot n!}{n^n}$；

(3) $\sum\limits_{n=1}^{\infty}n\sin\frac{\pi}{3^n}$；　(4) $\sum\limits_{n=1}^{\infty}\left(\frac{n}{3n-1}\right)^{2n-1}$。

3. 判别下列级数的敛散性。

(1) $\sum\limits_{n=1}^{\infty} \frac{1}{2n+1}$；

(2) $\sum\limits_{n=1}^{\infty} \frac{1}{n}(\sqrt{n+1}-\sqrt{n-1})$；

(3) $\sum\limits_{n=1}^{\infty} \frac{n}{1\cdot 3\cdot 5\cdot \cdots \cdot (2n+1)}$；

(4) $\sum\limits_{n=1}^{\infty} \frac{1}{\sqrt[n]{n+2}}$；

(5) $\sum\limits_{n=1}^{\infty} \left(1-\cos\frac{\pi}{n}\right)$；

(6) $\sum\limits_{n=1}^{\infty} \sin\frac{1}{n^p}(p>0)$。

4. 判别下列级数的敛散性，若收敛，试说明是绝对收敛还是条件收敛。

(1) $\sum\limits_{n=1}^{\infty} (-1)^{n-1}\frac{1}{\sqrt{n}}$；

(2) $\sum\limits_{n=1}^{\infty} \frac{(-1)^n}{\sqrt{n}(n+2)}$；

(3) $\sum\limits_{n=1}^{\infty} (-1)^{n-1}(\sqrt{n+1}-\sqrt{n})$；

(4) $\sum\limits_{n=1}^{\infty} (-1)^n\frac{(2n+1)^{2n+1}}{(2n+1)!}$；

(5) $\sum\limits_{n=1}^{\infty} (-1)^{\frac{n(n+1)}{2}}\frac{n}{2^n}$；

(6) $\sum\limits_{n=1}^{\infty} (-1)^{n-1}2^n\sin\frac{\pi}{3^n}$；

(7) $\sum\limits_{n=1}^{\infty} \frac{\sin(n\alpha)}{(n+1)^2}(\alpha\neq 0)$；

(8) $\sum\limits_{n=1}^{\infty} \frac{\cos(n!)}{n\sqrt{n}}$。

习题 11.2(B)

1. (1995 年) 设 $u_n=(-1)^n\ln\left(1+\frac{1}{\sqrt{n}}\right)$，则级数(　　)。

(A) $\sum\limits_{n=1}^{\infty}u_n$ 与 $\sum\limits_{n=1}^{\infty}u_n^2$ 都收敛

(B) $\sum\limits_{n=1}^{\infty}u_n$ 与 $\sum\limits_{n=1}^{\infty}u_n^2$ 都发散

(C) $\sum\limits_{n=1}^{\infty}u_n$ 收敛而 $\sum\limits_{n=1}^{\infty}u_n^2$ 发散

(D) $\sum\limits_{n=1}^{\infty}u_n$ 发散而 $\sum\limits_{n=1}^{\infty}u_n^2$ 收敛

2. (2012 年) 已知级数 $\sum\limits_{n=1}^{\infty}(-1)^n\sqrt{n}\sin\frac{1}{n^\alpha}$ 绝对收敛，级数 $\sum\limits_{n=1}^{\infty}\frac{(-1)^n}{n^{2-\alpha}}$ 条件收敛，则(　　)。

(A) $0<\alpha\leqslant\frac{1}{2}$

(B) $\frac{1}{2}<\alpha\leqslant 1$

(C) $1<\alpha\leqslant\frac{3}{2}$

(D) $\frac{3}{2}<\alpha<2$

3. (1998 年) 设正项数列 $\{a_n\}$ 单调减少，且 $\sum\limits_{n=1}^{\infty}(-1)^na_n$ 发散，试问级数 $\sum\limits_{n=1}^{\infty}\left(\frac{1}{a_n+1}\right)^n$ 是否收敛？并说明理由。

4. 判别级数 $\sum\limits_{n=1}^{\infty}\sin(\pi\sqrt{n^2+1})$ 的收敛性。

5. 设 $x_n=\frac{5^n\cdot n!}{(2n)^n}$，求极限 $\lim\limits_{n\to\infty}x_n$。

6. 判定级数 $\sum\limits_{n=1}^{\infty}\frac{1}{\sqrt[3]{n+1}}\ln\frac{n+2}{n}$ 的收敛性。

7. 设 $a>0$ 是常数，讨论级数 $\sum\limits_{n=1}^{\infty}\frac{a^n\cdot n!}{n^n}$ 的敛散性。

8. 设级数 $\sum\limits_{n=1}^{\infty} a_n^2 (a_n > 0)$ 收敛，证明级数 $\sum\limits_{n=1}^{\infty} \frac{a_n}{n}$ 也收敛。

9. 设 $a_n > 0, b_n > 0, c_n = b_n \frac{a_n}{a_{n+1}} - b_{n+1}$，证明：若存在某自然数 N_0 及常数 k，当 $n > N_0$ 时，有 $c_n \geqslant k > 0$，则级数 $\sum\limits_{n=1}^{\infty} a_n$ 收敛。

第三节　幂级数

一、函数项级数的概念

前面两节讨论的都是常数项级数及其敛散性，本节开始研究各项都是定义在某区间 I 上的函数的级数。

定义 11.6　给定一个定义在区间 I 上的函数列 $\{u_n(x)\}$，由该函数列各项所构成的表达式

$$u_1(x) + u_2(x) + u_3(x) + \cdots + u_n(x) + \cdots$$

称为定义在区间 I 上的**函数项级数**，记为 $\sum\limits_{n=1}^{\infty} u_n(x)$。

当给变量 x 以确定的值 $x = x_0 (x_0 \in I)$ 时，函数项级数 $\sum\limits_{n=1}^{\infty} u_n(x)$ 就变成一个**常数项级数** $\sum\limits_{n=1}^{\infty} u_n(x_0)$。

定义 11.7　对于区间 I 内的某一定点 x_0，若

(1) 常数项级数 $\sum\limits_{n=1}^{\infty} u_n(x_0)$ 收敛，则称点 x_0 是**级数** $\sum\limits_{n=1}^{\infty} u_n(x)$ **的收敛点**；

(2) 常数项级数 $\sum\limits_{n=1}^{\infty} u_n(x_0)$ 发散，则称点 x_0 是**级数** $\sum\limits_{n=1}^{\infty} u_n(x)$ **的发散点**。

函数项级数 $\sum\limits_{n=1}^{\infty} u_n(x)$ 的所有收敛点的全体称为它的**收敛域**；所有发散点的全体称为它的**发散域**。对应于收敛域内的任意一个数 x，函数项级数成为一收敛的常数项级数，因而有一确定的和 s。这样，在收敛域上，函数项级数 $\sum\limits_{n=1}^{\infty} u_n(x)$ 的和是 x 的函数，记为 $s(x)$，我们称 $s(x)$ 为函数项级数 $\sum\limits_{n=1}^{\infty} u_n(x)$ 的和函数，并写成 $s(x) = \sum\limits_{n=1}^{\infty} u_n(x)$。和函数 $s(x)$ 的定义域就是函数项级数 $\sum\limits_{n=1}^{\infty} u_n(x)$ 的收敛域。

函数项级数 $\sum\limits_{n=1}^{\infty} u_n(x)$ 的前 n 项部分和记作 $s_n(x)$，即

$$s_n(x) = u_1(x) + u_2(x) + \cdots + u_n(x),$$

在收敛域上有$\lim\limits_{n\to\infty}s_n(x)=s(x)$。

和函数 $s(x)$ 与部分和 $s_n(x)$ 的差 $s(x)-s_n(x)$ 称为函数项级数$\sum\limits_{n=1}^{\infty}u_n(x)$ 的余项,记为 $r_n(x)$。在收敛域上有$\lim\limits_{n\to\infty}r_n(x)=0$。

例如,函数项级数 $1+x+x^2+\cdots+x^n+\cdots$ 可以看成是公比为 x 的几何级数。当$|x|<1$时,它是收敛的;当$|x|\geqslant 1$时,它是发散的。因此它的收敛域为$(-1,1)$,在收敛域内有和函数

$$\frac{1}{1-x}=1+x+x^2+x^3+\cdots+x^n+\cdots。$$

二、幂级数及其敛散性

定义 11.8 当函数项级数的各项都是幂函数,即 $u_n(x)=a_nx^n(n=0,1,2,\cdots)$ 时,级数

$$a_0+a_1x+a_2x^2+\cdots+a_nx^n+\cdots \tag{11.1}$$

称为**幂级数**,记为$\sum\limits_{n=0}^{\infty}a_nx^n$,其中常数 $a_n(n=0,1,2,\cdots)$ 称为**幂级数的系数**。

幂级数是函数项级数中简单而常见的一类,其一般形式为

$$\sum_{n=0}^{\infty}a_n(x-x_0)^n=a_0+a_1(x-x_0)+a_2(x-x_0)^2+\cdots+a_n(x-x_0)^n+\cdots, \tag{11.2}$$

作变换 $t=x-x_0$,幂级数(11.2)就转换成幂级数(11.1),故在以下的讨论中,只研究幂级数(11.1)的敛散性及其在收敛域上的性质。

定理 11.9 (阿贝尔定理)

(1) 若幂级数$\sum\limits_{n=0}^{\infty}a_nx^n$ 在$x_0\neq 0$处收敛,则对满足$|x|<|x_0|$的一切 x,该幂级数都绝对收敛;

(2) 若幂级数$\sum\limits_{n=0}^{\infty}a_nx^n$ 在x_1 处收敛,则对满足$|x|>|x_1|$的一切 x,该幂级数都发散。

定理 11.10 若幂级数$\sum\limits_{n=0}^{\infty}a_nx^n$ 的系数满足$\lim\limits_{n\to\infty}\left|\frac{a_{n+1}}{a_n}\right|=\rho$,则

(1) 若$0<\rho<+\infty$,则当$|x|<\frac{1}{\rho}$时,幂级数$\sum\limits_{n=0}^{\infty}a_nx^n$ 绝对收敛;当$|x|>\frac{1}{\rho}$时,幂级数$\sum\limits_{n=0}^{\infty}a_nx^n$ 发散;

(2) 若 $\rho=0$,则对任意 x,幂级数$\sum\limits_{n=0}^{\infty}a_nx^n$ 绝对收敛;

(3) 若 $\rho=+\infty$,则幂级数$\sum\limits_{n=0}^{\infty}a_nx^n$ 仅在 $x=0$ 处收敛。

证　作正项级数$\sum\limits_{n=0}^{\infty}|a_nx^n|$,则

$$\lim_{n\to\infty}\left|\frac{a_{n+1}x^{n+1}}{a_nx^n}\right|=\lim_{n\to\infty}\left|\frac{a_{n+1}}{a_n}\right|\cdot|x|=\rho|x|。$$

(1) 若$0<\rho<+\infty$,当$|x|<\frac{1}{\rho}$时,则$\rho|x|<1$,故幂级数$\sum\limits_{n=0}^{\infty}a_nx^n$绝对收敛;当$|x|>\frac{1}{\rho}$时,有$\rho|x|>1$,故幂级数$\sum\limits_{n=0}^{\infty}a_nx^n$发散;

(2) 若$\rho=0$,则$\rho|x|=0<1$,故幂级数$\sum\limits_{n=0}^{\infty}a_nx^n$对任意的$x$都绝对收敛;

(3) 若$\rho=+\infty$,则当$x=0$时,有$\rho|x|=0$,故幂级数$\sum\limits_{n=0}^{\infty}a_nx^n$收敛;当$x\neq0$时,有$\rho|x|=+\infty$,幂级数$\sum\limits_{n=0}^{\infty}a_nx^n$发散。

该定理说明,当$0<\rho<+\infty$时,幂级数在开区间$\left(-\frac{1}{\rho},\frac{1}{\rho}\right)$上绝对收敛,在$\left(-\infty,-\frac{1}{\rho}\right)\cup\left(\frac{1}{\rho},+\infty\right)$上发散,在点$x=\pm\frac{1}{\rho}$处的敛散性有待讨论。

若令$R=\frac{1}{\rho}$,称R为幂级数$\sum\limits_{n=0}^{\infty}a_nx^n$的**收敛半径**,开区间$(-R,R)$称为幂级数的**收敛开区间**,且规定当$\rho=0$时$R=+\infty$,$\rho=+\infty$时$R=0$,于是定理11.10可改写为以下形式:

定理 11.11　若幂级数$\sum\limits_{n=0}^{\infty}a_nx^n$的系数满足$\lim\limits_{n\to\infty}\left|\frac{a_{n+1}}{a_n}\right|=\rho$,则其收敛半径为

$$R=\begin{cases}\frac{1}{\rho}, & 0<\rho<+\infty;\\ +\infty, & \rho=0;\\ 0, & \rho=+\infty。\end{cases}$$

例 1　求幂级数$\sum\limits_{n=1}^{\infty}(-1)^{n-1}\frac{x^n}{n}=x-\frac{x^2}{2}+\frac{x^3}{3}-\cdots+(-1)^{n-1}\frac{x^n}{n}+\cdots$的收敛半径与收敛域。

解　因为$\rho=\lim\limits_{n\to\infty}\left|\frac{a_{n+1}}{a_n}\right|=\lim\limits_{n\to\infty}\frac{n}{n+1}=1$,所以收敛半径$R=\frac{1}{\rho}=1$。

当$x=1$时,幂级数成为$\sum\limits_{n=1}^{\infty}(-1)^{n-1}\frac{1}{n}$,是收敛的;

当$x=-1$时,幂级数成为$\sum\limits_{n=1}^{\infty}\left(-\frac{1}{n}\right)$,是发散的。

因此,收敛域为$(-1,1]$。

例 2　求幂级数$\sum\limits_{n=0}^{\infty}\frac{1}{n!}x^n=1+x+\frac{1}{2!}x^2+\frac{1}{3!}x^3+\cdots+\frac{1}{n!}x^n+\cdots$的收敛域。

解　因为

$$\rho=\lim_{n\to\infty}\left|\frac{a_{n+1}}{a_n}\right|=\lim_{n\to\infty}\frac{n!}{(n+1)!}=0,$$

所以收敛半径 $R=+\infty$,从而收敛域为 $(-\infty,+\infty)$。

例 3　求幂级数 $\sum\limits_{n=1}^{\infty}\frac{(x-1)^n}{2^n n}$ 的收敛域。

解　令 $t=x-1$,上述级数变为 $\sum\limits_{n=1}^{\infty}\frac{t^n}{2^n n}$。因为 $\rho=\lim\limits_{n\to\infty}\left|\frac{a_{n+1}}{a_n}\right|=\lim\limits_{n\to\infty}\frac{2^n\cdot n}{2^{n+1}\cdot(n+1)}=\frac{1}{2}$,所以收敛半径 $R=2$。

当 $t=2$ 时,级数成为 $\sum\limits_{n=1}^{\infty}\frac{1}{n}$,此级数发散;当 $t=-2$ 时,级数成为 $\sum\limits_{n=1}^{\infty}\frac{(-1)^n}{n}$,此级数收敛。因此级数 $\sum\limits_{n=1}^{\infty}\frac{t^n}{2^n n}$ 的收敛域为 $-2\leqslant t<2$,即 $-1\leqslant x<3$,所以原级数的收敛域为 $[-1,3)$。

例 4　求幂级数 $\sum\limits_{n=1}^{\infty}\frac{2n-1}{2^n}x^{2n-2}$ 的收敛域。

解　因为该级数中只出现 x 的偶次幂,所以不能直接用定理 11.11 来求 R。可设

$$u_n=\frac{2n-1}{2^n}x^{2n-2},$$

由比值法

$$\lim_{n\to\infty}\left|\frac{u_{n+1}(x)}{u_n(x)}\right|=\lim_{n\to\infty}\left|\frac{\frac{2n+1}{2^{n+1}}x^{2n}}{\frac{2n-1}{2^n}x^{2n-2}}\right|=\frac{x^2}{2}$$

可知当 $\frac{x^2}{2}<1$,即 $|x|<\sqrt{2}$,幂级数绝对收敛;当 $\frac{x^2}{2}>1$,即 $|x|>\sqrt{2}$,幂级数发散,故 $R=\sqrt{2}$;

当 $x=\pm\sqrt{2}$ 时,级数成为 $\sum\limits_{n=1}^{\infty}\frac{2n-1}{2}$,它是发散的,因此该幂级数的收敛域是 $(-\sqrt{2},\sqrt{2})$。

三、幂级数的运算

在解决实际问题时,需要对幂级数进行加、减、乘及求导和积分运算,这就需要了解幂级数的运算性质,下面不加证明地给出幂级数的运算性质。

设幂级数 $\sum\limits_{n=0}^{\infty}a_nx^n$,$\sum\limits_{n=0}^{\infty}b_nx^n$ 分别在区间 $(-R_1,R_1)$ 及 $(-R_2,R_2)$ 内收敛,其和函数分别为 $s_1(x)$ 及 $s_2(x)$,令 $R=\min(R_1,R_2)$,则幂级数的运算在 $(-R,R)$ 上有如下性质:

性质 1　(加减法运算) $\sum\limits_{n=0}^{\infty}(a_n\pm b_n)x^n=\sum\limits_{n=0}^{\infty}a_nx^n\pm\sum\limits_{n=0}^{\infty}b_nx^n=s_1(x)\pm s_2(x)$。

性质 2　(乘法运算) $\left(\sum\limits_{n=0}^{\infty}a_nx^n\right)\cdot\left(\sum\limits_{n=0}^{\infty}b_nx^n\right)=a_0b_0+(a_0b_1+a_1b_0)x+(a_0b_2+a_1b_1+a_2b_0)x^2+\cdots+(a_0b_n+a_1b_{n-1}+\cdots+a_nb_0)x^n+\cdots$。

性质 3　(和函数连续性) 幂级数 $\sum\limits_{n=0}^{\infty}a_nx^n$ 的和函数 $s(x)$ 在其收敛域上连续。

性质 4　（逐项微分运算）幂级数 $\sum_{n=0}^{\infty} a_n x^n$ 的和函数 $s(x)$ 在其收敛区间 $(-R,R)$ 内可导，并且有逐项求导公式

$$s'(x)=\left(\sum_{n=0}^{\infty} a_n x^n\right)'=\sum_{n=0}^{\infty}(a_n x^n)'=\sum_{n=1}^{\infty} n a_n x^{n-1}\ (|x|<R),$$

且逐项求导后所得到的幂级数和原级数有相同的收敛半径。

性质 5　（逐项积分运算）幂级数 $\sum_{n=0}^{\infty} a_n x^n$ 的和函数 $s(x)$ 在其收敛区间 $(-R,R)$ 上可积，并且有逐项积分公式

$$\int_0^x s(x)\mathrm{d}x=\int_0^x\left(\sum_{n=0}^{\infty} a_n x^n\right)\mathrm{d}x=\sum_{n=0}^{\infty}\int_0^x a_n x^n\mathrm{d}x=\sum_{n=0}^{\infty}\frac{a_n}{n+1}x^{n+1}\ (|x|<R),$$

且逐项积分后所得到的幂级数和原级数有相同的收敛半径。

例 5　求幂级数 $\sum_{n=0}^{\infty}\frac{1}{n+1}x^n$ 的和函数。

解　由 $\lim_{n\to\infty}\left|\frac{a_{n+1}}{a_n}\right|=\lim_{n\to\infty}\frac{n+1}{n+2}=1$ 得收敛半径 $R=1$。

当 $x=1$ 时，幂级数成为 $\sum_{n=0}^{\infty}\frac{1}{n+1}$，是发散的；当 $x=-1$ 时，幂级数成为 $\sum_{n=0}^{\infty}\frac{(-1)^n}{n+1}$，是收敛的交错级数。因此，幂级数的收敛域为 $[-1,1)$。

设和函数为 $s(x)$，即 $s(x)=\sum_{n=0}^{\infty}\frac{1}{n+1}x^n, x\in[-1,1)$，显然 $s(0)=1$。因为

$$[xs(x)]'=\sum_{n=0}^{\infty}\left(\frac{1}{n+1}x^{n+1}\right)'=\sum_{n=0}^{\infty}x^n=\frac{1}{1-x},$$

对上式从 0 到 x 积分，得

$$xs(x)=\int_0^x\frac{1}{1-x}\mathrm{d}x=-\ln(1-x),$$

于是，当 $x\neq 0$ 时，有 $s(x)=-\frac{1}{x}\ln(1-x)$。从而

$$s(x)=\begin{cases}-\frac{1}{x}\ln(1-x), & -1\leqslant x<0 \text{ 或 } 0<x<1,\\ 1, & x=0。\end{cases}$$

由本例知，当 $x=-1$ 时，级数成为 $\sum_{n=0}^{\infty}\frac{(-1)^n}{n+1}$，它的和为 $s(-1)=\ln 2$，即 $\sum_{n=0}^{\infty}\frac{(-1)^n}{n+1}=\ln 2$。

习题 11.3(A)

1. 求下列幂级数的收敛区间。

(1) $\sum_{n=1}^{\infty}\frac{n^2}{n!}x^n$；　(2) $\sum_{n=1}^{\infty}(-1)^n\frac{2^n}{\sqrt{n}}x^n$；

(3) $\sum_{n=1}^{\infty}n^n x^n$；　(4) $\sum_{n=1}^{\infty}\frac{x^{2n+1}}{3^n}$；

(5) $\sum_{n=1}^{\infty}\frac{(-1)^n}{2n+1}x^{2n+1}$；　(6) $\sum_{n=1}^{\infty}\frac{(x-5)^n}{\sqrt{n}}$。

2. 求下列幂级数的和函数。

(1) $\sum\limits_{n=0}^{\infty}(-1)^n\dfrac{x^{n+1}}{n+1}$；

(2) $\sum\limits_{n=0}^{\infty}nx^n$；

(3) $\sum\limits_{n=0}^{\infty}\dfrac{x^n}{2^n}$；

(4) $\sum\limits_{n=1}^{\infty}n(n+1)x^n$。

3. 求级数$\sum\limits_{n=2}^{\infty}\dfrac{1}{2^n(n^2-1)}$的和。

习题 11.3(B)

1. (1993 年) 求级数$\sum\limits_{n=0}^{\infty}\dfrac{(-1)^n(n^2-n+1)}{2^n}$的和。

2. (2005 年) 求幂级数$\sum\limits_{n=1}^{\infty}(-1)^{n-1}\left(1+\dfrac{1}{n(2n-1)}\right)x^{2n}$的收敛区间与和函数 $f(x)$。

3. (2016 年) 求幂级数$\sum\limits_{n=0}^{\infty}\dfrac{x^{2n+2}}{(n+1)(2n+1)}$的收敛域及和函数。

第四节　函数的幂级数展开式

一 、函数展开成幂级数

在许多应用中,常常需要用 n 次多项式来表示给定函数 $f(x)$,即要寻找一个幂级数,使这个幂级数的和函数恰好为 $f(x)$,这一问题称为把函数 $f(x)$ 展开成幂级数。

1. 直接展开法

若函数 $f(x)$ 为幂级数 $\sum\limits_{n=0}^{\infty}a_n(x-x_0)^n$ 在(x_0-R,x_0+R)内的和函数,即

$$f(x)=\sum_{n=0}^{\infty}a_n(x-x_0)^n,x\in(x_0-R,x_0+R),\tag{11.3}$$

则称**函数** $f(x)$ **在点** x_0 **处可展开成幂级数**,或称(11.3)式的右端为函数 $f(x)$ 在点 $x=x_0$ 处的**幂级数展开式**。

由幂级数和函数的性质知,若(11.3)式成立,则在 $x=x_0$ 的邻域内,$f(x)$ 有任意阶的导数,且

$$f^{(k)}(x)=\sum_{n=k}^{\infty}n(n-1)\cdots(n-k+1)a_n(x-x_0)^{n-k},$$

由此可以得到

$$f(x_0)=a_0,f'(x_0)=a_1,f''(x_0)=2!a_2,\cdots,f^{(k)}(x_0)=k!a_k,$$

即

$$a_k=\frac{1}{k!}f^{(k)}(x_0)(k=0,1,2,\cdots)。$$

由此可知,若 $f(x)$ 在点 x_0 处可展开成幂级数,则 $f(x)$ 在点 x_0 的邻域内必有任意阶

导数,且其展开式为

$$f(x)=f(x_0)+f'(x_0)(x-x_0)+\frac{f''(x_0)}{2!}(x-x_0)^2+\cdots+\frac{f^{(n)}(x_0)}{n!}(x-x_0)^n+\cdots,\tag{11.4}$$

(11.4) 式称为 $f(x)$ 在点 x_0 处的**泰勒展开式**,(11.4) 式右端的幂级数称为 $f(x)$ 在点 x_0 处的**泰勒级数**。

显然,当 $x=x_0$ 时,$f(x)$ 的泰勒级数收敛于 $f(x_0)$,但除了 $x=x_0$ 外,$f(x)$ 的泰勒级数是否收敛?如果收敛,它是否一定收敛于 $f(x)$?

定理 11.12　设函数 $f(x)$ 在点 x_0 的某一邻域 $U(x_0)$ 内具有各阶导数,则 $f(x)$ 在该邻域内能展开成泰勒级数的充要条件是:$f(x)$ 的泰勒公式中的余项 $R_n(x)$ 当 $n\to 0$ 时的极限为零,即

$$\lim_{n\to\infty}R_n(x)=0\ [x\in U(x_0)]。$$

证　先证必要性。设 $f(x)$ 在 $U(x_0)$ 内能展开为泰勒级数,即

$$f(x)=f(x_0)+f'(x_0)(x-x_0)+\frac{f''(x_0)}{2!}(x-x_0)^2+\cdots+\frac{f^{(n)}(x_0)}{n!}(x-x_0)^n+\cdots,$$

又设 $s_{n+1}(x)$ 是 $f(x)$ 的泰勒级数的前 $n+1$ 项的和,则在 $U(x_0)$ 内

$$s_{n+1}(x)\to f(x)(n\to\infty)。$$

而 $f(x)$ 的 n 阶泰勒公式可写成

$$f(x)=s_{n+1}(x)+R_n(x),$$

于是

$$R_n(x)=f(x)-s_{n+1}(x)\to 0(n\to\infty)。$$

再证充分性。设对一切 $x\in U(x_0)$,$R_n(x)\to 0(n\to\infty)$ 成立,于是

$$s_{n+1}(x)=f(x)-R_n(x)\to f(x),$$

即 $f(x)$ 的泰勒级数在 $U(x_0)$ 内收敛,并且收敛于 $f(x)$。

由此可见,$f(x)$ 与其泰勒级数的和函数 $s(x)$ 在 x_0 的邻域内近似相等,但若 $f(x)$ 是初等函数,则 $f(x)=s(x)$。也就是说,初等函数的幂级数展开式就是泰勒展开式。因而,把初等函数 $f(x)$ 展开成关于 $x-x_0$ 的幂级数的一般步骤如下:

(1) 求出 $f(x)$ 的各阶导数 $f'(x),f''(x),\cdots,f^{(n)}(x),\cdots$;

(2) 代入 x_0,计算出 $f^{(k)}(x_0)(k=1,2,\cdots)$,写出泰勒展开式(11.4);

(3) 求出收敛半径 R 及 $f(x)$ 存在任意阶导数的区间 (x_0-L,x_0+L),令 $r=\min(L,R)$,则展开式(11.4) 在 (x_0-r,x_0+r) 内成立;

(4) 讨论端点 $x=x_0-r$ 与 $x=x_0+r$ 的情况,在级数收敛且 $f(x)$ 有定义的端点,展开式(11.4) 也成立。

在展开式(11.4) 中,若令 $x_0=0$,则 $f(x)$ 的展开式为

$$f(x)=f(0)+f'(0)x+\frac{f''(0)}{2!}x^2+\cdots+\frac{f^{(n)}(0)}{n!}x^n+\cdots(-r<x<r),\tag{11.5}$$

(11.5) 式称为 $f(x)$ 的**麦克劳林展开式**,(11.5) 式右端的幂级数称为 $f(x)$ 的**麦克劳林级数**。

如果 $f(x)$ 能展开成 x 的幂级数,那么这种展式是唯一的,它一定与 $f(x)$ 的麦克劳林级数一致。这是因为,如果 $f(x)$ 在点 $x_0=0$ 的某邻域$(-R,R)$ 内能展开成 x 的幂级数,即

$$f(x)=a_0+a_1x+a_2x^2+\cdots+a_nx^n+\cdots,$$

那么根据幂级数在收敛区间内可以逐项求导,有

$$f'(x)=a_1+2a_2x+3a_3x^2+\cdots+na_nx^{n-1}+\cdots,$$

$$f''(x)=2!a_2+3\cdot 2a_3x+\cdots+n(n-1)a_nx^{n-2}+\cdots,$$

$$\cdots\cdots$$

$$f^{(n)}(x)=n!a_n+(n+1)n(n-1)\cdots 2a_{n+1}x+\cdots,$$

于是得

$$a_0=f(0),\quad a_1=f'(0),\quad a_2=\frac{f''(0)}{2!},\cdots,\quad a_n=\frac{f^{(n)}(0)}{n!},\cdots$$

注意 如果 $f(x)$ 能展开成 x 的幂级数,那么这个幂级数就是 $f(x)$ 的麦克劳林级数。但是,反过来,如果 $f(x)$ 的麦克劳林级数在点 $x_0=0$ 的某邻域内收敛,它却不一定收敛于 $f(x)$。因此,如果 $f(x)$ 在点 $x_0=0$ 处具有各阶导数,则 $f(x)$ 的麦克劳林级数虽然能做出来,但这个级数是否在某个区间内收敛,以及是否收敛于 $f(x)$ 却需要进一步考察。

例 1 将函数 $f(x)=e^x$ 展开成 x 的幂级数。

解 因为 $f^{(n)}(x)=e^x(n=1,2,\cdots)$,所以 $f^{(0)}(0)=e^0=1(n=1,2,\cdots)$,于是得幂级数

$$1+x+\frac{1}{2!}x^2+\cdots+\frac{1}{n!}x^n+\cdots。$$

由于 $\lim\limits_{n\to\infty}\left|\frac{a_{n+1}}{a_n}\right|=\lim\limits_{n\to\infty}\frac{1}{n+1}=0$,所以 $R=+\infty$。

对于任何有限的数 x、ξ(ξ 介于 0 与 x 之间),有

$$|R_n(x)|=\left|\frac{e^{\xi}}{(n+1)!}x^{n+1}\right|<e^{|x|}\cdot\frac{|x|^{n+1}}{(n+1)!},$$

而 $\lim\limits_{n\to\infty}\frac{|x|^{n+1}}{(n+1)!}=0$,所以 $\lim\limits_{n\to\infty}|R_n(x)|=0$,从而得 e^x 的展开式

$$e^x=\sum_{n=0}^{\infty}\frac{x^n}{n!}=1+x+\frac{1}{2!}x^2+\cdots+\frac{1}{n!}x^n+\cdots\quad(-\infty<x<+\infty)。\tag{11.6}$$

例 2 将函数 $f(x)=\sin x$ 展开成 x 的幂级数。

解 因为

$$f^{(n)}(x)=\sin\left(x+n\cdot\frac{\pi}{2}\right)\quad(n=1,2,\cdots),$$

所以 $f^{(n)}(0)$ 依次循环地取 $0,1,0,-1,\cdots(n=0,1,2,\cdots)$,于是得级数

$$x-\frac{x^3}{3!}+\frac{x^5}{5!}-\cdots+(-1)^{n-1}\frac{x^{2n-1}}{(2n-1)!}+\cdots,$$

易得其收敛半径为 $R=+\infty$。

对于任何有限的数 x、ξ(ξ 介于 0 与 x 之间),有

$$|R_n(x)|=\left|\frac{\sin\left[\xi+\frac{(n+1)\pi}{2}\right]}{(n+1)!}x^{n+1}\right|\leqslant\frac{|x|^{n+1}}{(n+1)!}\to 0\ (n\to\infty)。$$

因此得 $\sin x$ 的展开式

$$\begin{aligned}\sin x &= \sum_{n=0}^{\infty}\frac{(-1)^n x^{2n+1}}{(2n+1)!}\\ &= x-\frac{x^3}{3!}+\frac{x^5}{5!}-\cdots+(-1)^n\frac{x^{2n+1}}{(2n+1)!}+\cdots \quad (-\infty < x < +\infty)。\end{aligned} \tag{11.7}$$

同理可得

$$\cos x = \sum_{n=0}^{\infty}\frac{(-1)^n x^{2n}}{(2n)!} = 1-\frac{x^2}{2!}+\frac{x^4}{4!}-\cdots+(-1)^n\frac{x^{2n}}{(2n)!}+\cdots \quad (-\infty < x < +\infty)。 \tag{11.8}$$

例 3　将函数 $f(x)=(1+x)^m$ 展开成 x 的幂级数，其中 m 为任意常数。

解　$f(x)$ 的各阶导数为

$$f'(x)=m(1+x)^{m-1}, f''(x)=m(m-1)(1+x)^{m-2},\cdots,$$
$$f^{(n)}(x)=m(m-1)\cdots(m-n+1)(1+x)^{m-n}(n=1,2,3,\cdots),$$

所以

$$f(0)=1, f'(0)=m, f''(0)=m(m-1),\cdots, f^{(n)}(0)=m(m-1)\cdots(m-n+1)。$$

于是得幂级数

$$1+mx+\frac{m(m-1)}{2!}x^2+\cdots+\frac{m(m-1)\cdots(m-n+1)}{n!}x^n+\cdots。$$

可以证明

$$(1+x)^m = 1+mx+\frac{m(m-1)}{2!}x^2+\cdots+\frac{m(m-1)\cdots(m-n+1)}{n!}x^n+\cdots \quad (-1<x<1), \tag{11.9}$$

在端点处是否成立要看 m 的值而定。

2. 间接展开法

利用泰勒展开式或麦克劳林展开式把初等函数展开成幂级数的方法称为直接展开法。但它需要求出函数的各阶导数，有时计算量很大。其实我们可以用已知的一些函数的展开式，运用幂级数的运算性质（四则运算、逐项微分、积分）及变量替换，将函数展开成幂级数，这种方法称为**间接展开法**。

例 4　将函数 $f(x)=\dfrac{1}{1+x^2}$ 展开成 x 的幂级数。

解　因为

$$\frac{1}{1-t}=1+t+t^2+\cdots+t^n+\cdots(-1<t<1),$$

把 t 换成 $-x^2$，得

$$\frac{1}{1+x^2}=1-x^2+x^4-\cdots+(-1)^n x^{2n}+\cdots(-1<x<1)。$$

注意　收敛半径由 $-1<-x^2<1$ 得 $-1<x<1$。

例 5 将函数 $f(x)=\ln(1+x)$ 展开成 x 的幂级数。

解 因为

$$f'(x)=\frac{1}{1+x}=\sum_{n=0}^{\infty}(-1)^n x^n=1-x+x^2-x^3+\cdots+(-1)^n x^n+\cdots \quad (-1<x<1),$$

所以将上式从 0 到 x 逐项积分,得

$$\ln(1+x)=\int_0^x \frac{1}{1+x}\mathrm{d}x=x-\frac{x^2}{2}+\frac{x^3}{3}-\frac{x^4}{4}+\cdots+(-1)^n\frac{x^{n+1}}{n+1}+\cdots \quad (-1<x\leqslant 1)。$$

(11.10)

上述展开式对 $x=1$ 也成立,这是因为上式右端的幂级数当 $x=1$ 时收敛,而 $\ln(1+x)$ 在 $x=1$ 处有定义且连续。

例 6 将函数 $f(x)=\dfrac{1}{x^2+4x+3}$ 展开成 $(x-1)$ 的幂级数。

解 因为

$$f(x)=\frac{1}{x^2+4x+3}=\frac{1}{(x+1)(x+3)}=\frac{1}{2(1+x)}-\frac{1}{2(3+x)}$$
$$=\frac{1}{4\left(1+\frac{x-1}{2}\right)}-\frac{1}{8\left(1+\frac{x-1}{4}\right)},$$

而

$$\frac{1}{1+\frac{x-1}{2}}=\sum_{n=0}^{\infty}(-1)^n\frac{(x-1)^n}{2^n}\left(-1<\frac{x-1}{2}<1\right),$$
$$\frac{1}{1+\frac{x-1}{4}}=\sum_{n=0}^{\infty}(-1)^n\frac{(x-1)^n}{4^n}\left(-1<\frac{x-1}{4}<1\right),$$

所以

$$f(x)=\frac{1}{4}\sum_{n=0}^{\infty}(-1)^n\frac{(x-1)^n}{2^n}-\frac{1}{8}\sum_{n=0}^{\infty}(-1)^n\frac{(x-1)^n}{4^n}$$
$$=\sum_{n=0}^{\infty}(-1)^n\left(\frac{1}{2^{n+2}}-\frac{1}{2^{2n+3}}\right)(x-1)^n(-1<x<3)。$$

例 7 将函数 $f(x)=\sin x$ 展开成 $\left(x-\dfrac{\pi}{4}\right)$ 的幂级数。

解 因为

$$\sin x=\sin\left[\frac{\pi}{4}+\left(x-\frac{\pi}{4}\right)\right]=\frac{\sqrt{2}}{2}\left[\cos\left(x-\frac{\pi}{4}\right)+\sin\left(x-\frac{\pi}{4}\right)\right],$$

而

$$\cos\left(x-\frac{\pi}{4}\right)=1-\frac{1}{2!}\left(x-\frac{\pi}{4}\right)^2+\frac{1}{4!}\left(x-\frac{\pi}{4}\right)^4-\cdots \quad (-\infty<x<+\infty),$$
$$\sin\left(x-\frac{\pi}{4}\right)=\left(x-\frac{\pi}{4}\right)-\frac{1}{3!}\left(x-\frac{\pi}{4}\right)^3+\frac{1}{5!}\left(x-\frac{\pi}{4}\right)^5-\cdots \quad (-\infty<x<+\infty),$$

所以

$$\sin x=\frac{\sqrt{2}}{2}\left[1+\left(x-\frac{\pi}{4}\right)-\frac{1}{2!}\left(x-\frac{\pi}{4}\right)^2-\frac{1}{3!}\left(x-\frac{\pi}{4}\right)^3+\cdots\right] \quad (-\infty<x<+\infty)。$$

二、函数的幂级数展开式的应用

1. 近似计算

利用函数的幂级数展开式，可以进行近似计算，即在展开式有效的区间上，函数值可以近似地利用这个级数按精确度要求计算出来。

例 8　计算 $\sqrt[5]{240}$ 的近似值，要求误差不超过 0.0001。

解　因为

$$\sqrt[5]{240}=\sqrt[5]{243-3}=3\left(1-\frac{1}{3^4}\right)^{\frac{1}{5}},$$

所以在(11.9) 式中取 $m=\frac{1}{5}, x=-\frac{1}{3^4}$，即得

$$\sqrt[5]{240}=3\left(1-\frac{1}{5}\cdot\frac{1}{3^4}-\frac{1\cdot 4}{5^2\cdot 2!}\cdot\frac{1}{3^8}-\frac{1\cdot 4\cdot 9}{5^3\cdot 3!}\cdot\frac{1}{3^{12}}-\cdots\right)。$$

这个级数收敛很快。取前两项的和作为 $\sqrt[5]{240}$ 的近似值，其误差(也叫作截断误差) 为

$$\begin{aligned}|r_2|&=3\left(\frac{1\cdot 4}{5^2\cdot 2!}\cdot\frac{1}{3^8}+\frac{1\cdot 4\cdot 9}{5^3\cdot 3!}\cdot\frac{1}{3^{12}}+\frac{1\cdot 4\cdot 9\cdot 14}{5^4\cdot 4!}\cdot\frac{1}{3^{16}}+\cdots\right)\\&<3\cdot\frac{1\cdot 4}{5^2\cdot 2!}\cdot\frac{1}{3^8}\left[1+\frac{1}{81}+\left(\frac{1}{81}\right)^2+\cdots\right]=\frac{6}{25}\cdot\frac{1}{3^8}\cdot\frac{1}{1-\frac{1}{81}}\\&=\frac{1}{25\cdot 27\cdot 40}<\frac{1}{20000}。\end{aligned}$$

于是取近似值为 $\sqrt[5]{240}\approx 3\left(1-\frac{1}{5}\cdot\frac{1}{3^4}\right)$。

为了使“四舍五入”引起的误差(叫作舍入误差) 与截断误差之和不超过 10^{-4}，计算时应取五位小数，然后四舍五入，因此最后得 $\sqrt[5]{240}\approx 2.9926$。

例 9　计算 ln2 的近似值，要求误差不超过 0.0001。

解　在(8) 式中，令 $x=1$ 可得

$$\ln 2=1-\frac{1}{2}+\frac{1}{3}-\cdots+(-1)^{n-1}\frac{1}{n}+\cdots,$$

如果取这级数前 n 项和作为 ln2 的近似值，其误差为 $|r_n|\leqslant\frac{1}{n+1}$。

为了保证误差不超过10^{-4}，就需要取级数的前 10000 项进行计算。这样做计算量太大了，我们必须用收敛较快的级数来代替它。

把展开式

$$\ln(1+x)=x-\frac{x^2}{2}+\frac{x^3}{3}-\frac{x^4}{4}+\cdots+(-1)^n\frac{x^{n+1}}{n+1}+\cdots\quad(-1<x\leqslant 1)$$

中的 x 换成 $-x$，得

$$\ln(1-x)=-x-\frac{x^2}{2}-\frac{x^3}{3}-\frac{x^4}{4}-\cdots\quad(-1\leqslant x<1),$$

两式相减，得到不含有偶次幂的展开式

$$\ln\frac{1+x}{1-x}=\ln(1+x)-\ln(1-x)=2\left(x+\frac{1}{3}x^3+\frac{1}{5}x^5+\cdots\right)\ (-1<x<1)。$$

令$\frac{1+x}{1-x}=2$,解出$x=\frac{1}{3}$,以$x=\frac{1}{3}$代入最后一个展开式,得

$$\ln 2=2\left(\frac{1}{3}+\frac{1}{3}\cdot\frac{1}{3^3}+\frac{1}{5}\cdot\frac{1}{3^5}+\frac{1}{7}\cdot\frac{1}{3^7}+\cdots\right)。$$

如果取前四项作为 ln2 的近似值,则误差为

$$|r_4|=2\left(\frac{1}{9}\cdot\frac{1}{3^9}+\frac{1}{11}\cdot\frac{1}{3^{11}}+\frac{1}{13}\cdot\frac{1}{3^{13}}+\cdots\right)<\frac{2}{3^{11}}\left[1+\frac{1}{9}+\left(\frac{1}{9}\right)^2+\cdots\right]$$

$$=\frac{2}{3^{11}}\cdot\frac{1}{1-\frac{1}{9}}=\frac{1}{4\cdot 3^9}<\frac{1}{700000}。$$

于是取

$$\ln 2\approx 2\left(\frac{1}{3}+\frac{1}{3}\cdot\frac{1}{3^3}+\frac{1}{5}\cdot\frac{1}{3^5}+\frac{1}{7}\cdot\frac{1}{3^7}\right);$$

同样地,考虑到舍入误差,计算时应取五位小数,得

$$\frac{1}{3}\approx 0.33333,\quad \frac{1}{3}\cdot\frac{1}{3^3}\approx 0.01235,\quad \frac{1}{5}\cdot\frac{1}{3^5}\approx 0.00082,\quad \frac{1}{7}\cdot\frac{1}{3^7}\approx 0.00007。$$

因此得 $\ln 2\approx 0.6931$。

***2. 欧拉公式**

设有复数项级数

$$(u_1+\mathrm{i}v_1)+(u_2+\mathrm{i}v_2)+\cdots+(u_n+\mathrm{i}v_n)+\cdots,$$

其中,$u_n,v_n(n=1,2,3,\cdots)$为实常数或实函数。如果实部所成的级数$u_1+u_2+\cdots+u_n+\cdots$收敛于和$u$,并且虚部所成的级数$v_1+v_2+\cdots+v_n+\cdots$收敛于和$v$,就说复数项级数收敛,且和为$u+\mathrm{i}v$。

如果级数$\sum\limits_{n=1}^{\infty}(u_n+\mathrm{i}v_n)$的各项的模所构成的级数$\sum\limits_{n=1}^{\infty}\sqrt{u_n^2+v_n^2}$收敛,则称级数$\sum\limits_{n=1}^{\infty}(u_n+\mathrm{i}v_n)$绝对收敛。

考察复数项级数$1+z+\frac{1}{2!}z^2+\cdots+\frac{1}{n!}z^n+\cdots$,可以证明此级数在复平面上是绝对收敛的,在$x$轴上它表示指数函数$\mathrm{e}^x$,在复平面上我们用它来定义复变量指数函数,记为$\mathrm{e}^z=\mathrm{e}^{x+\mathrm{i}y}$,即

$$\mathrm{e}^z=1+z+\frac{1}{2!}z^2+\cdots+\frac{1}{n!}z^n+\cdots。$$

当$x=0$时,$z=\mathrm{i}y$,于是

$$\begin{aligned}\mathrm{e}^{\mathrm{i}y}&=1+\mathrm{i}y+\frac{1}{2!}(\mathrm{i}y)^2+\cdots+\frac{1}{n!}(\mathrm{i}y)^n+\cdots\\&=1+\mathrm{i}y-\frac{1}{2!}y^2-\mathrm{i}\frac{1}{3!}y^3+\frac{1}{4!}y^4+\mathrm{i}\frac{1}{5!}y^5-\cdots\\&=\left(1-\frac{1}{2!}y^2+\frac{1}{4!}y^4-\cdots\right)+\mathrm{i}\left(y-\frac{1}{3!}y^3+\frac{1}{5!}y^5-\cdots\right)\\&=\cos y+\mathrm{i}\sin y。\end{aligned}$$

把y换成x得

$$e^{ix} = \cos x + i\sin x,$$

这就是**欧拉公式**。

复数 z 可以表示为 $z = r(\cos\theta + i\sin\theta) = re^{i\theta}$，其中 $r = |z|$ 是 z 的**模**，$\theta = \arg z$ 是 z 的**辐角**。因为 $e^{ix} = \cos x + i\sin x, e^{-ix} = \cos x - i\sin x$，所以

$$e^{ix} + e^{-ix} = 2\cos x, e^{x} - e^{-ix} = 2i\sin x,$$

即

$$\cos x = \frac{1}{2}(e^{ix} + e^{-ix}), \sin x = \frac{1}{2i}(e^{ix} - e^{-ix})。$$

这两个式子也叫作**欧拉公式**。

习题 11.4(A)

1. 将下列函数展开成 x 的幂级数，并求展开式成立的区间。

(1) xe^{-x^2}；　(2) $\sin^2 x$；　(3) $\frac{x^3}{1-x^2}$；　(4) $\frac{1}{\sqrt{1-x^2}}$。

2. 将 $f(x) = \frac{1}{3-x}$ 分别展开成 $(x-1)$ 和 $(x-2)$ 的幂级数。

3. 将 $f(x) = \frac{1}{x^2+3x+2}$ 展开成 $(x+4)$ 的幂级数。

4. (2023 年) $\sum_{n=0}^{\infty} \frac{x^{2n}}{(2n)!} =$ ______。

习题 11.4(B)

1. (2016 年) 设函数 $f(x) = \arctan x - \frac{x}{1+ax^2}$，且 $f'''(0) = 1$，则 $a =$ ______。

2. (2007 年) 将函数 $f(x) = \frac{1}{x^2-3x-4}$ 展开成 $x-1$ 的幂级数，并指出其收敛区间。

3. (2018 年) 已知 $\cos 2x - \frac{1}{(1+x)^2} = \sum_{n=0}^{\infty} a_n x^n (-1 < x < 1)$，求 a_n。

4. 利用函数的幂级数展开式求下列各式的近似值。

(1) $\sqrt[3]{e}$（误差不超过 0.0001）；　(2) $\ln 5$（误差不超过 0.001）；

(3) $\sqrt[9]{522}$（误差不超过 0.00001）。

5. 利用被积函数的幂级数展开式求定积分 $\frac{2}{\sqrt{\pi}}\int_0^{\frac{1}{2}} e^{-x^2} dx$ 的近似值（误差不超过 0.0001，取 $\frac{1}{\sqrt{\pi}} \approx 0.56419$）。

第五节　傅里叶级数

由三角函数列组成的级数称为三角级数，它们在声学、光学、热力学、电学等领域有着广泛的应用。本节在讨论这类级数敛散性的基础上，主要研究如何将函数展开成三角级数。

一、三角级数及三角函数系的正交性

在自然界和工程技术中,经常会遇到周期运动。最常见而又简单的周期运动是由正弦函数 $y = A\sin(\omega t + \varphi)$ 描述的简谐振动,其中 A 为振幅,φ 为初相角,ω 为角频率。该简谐振动的周期为 $T = \dfrac{2\pi}{\omega}$。

在实际问题中,还会遇到一些较为复杂的周期运动,它们可分解为许多不同频率的简谐振动的叠加

$$f(x) = A_0 + \sum_{n=1}^{\infty} A_n \sin(n\omega t + \varphi_n),$$

其中,A_0、A_n、$\varphi_n (n = 1,2,\cdots)$ 是常数。

将正弦函数 $\sin(n\omega t + \varphi_n)$ 按三角公式展开得

$$\sin(n\omega t + \varphi_n) = \sin\varphi_n \cos n\omega t + \cos\varphi_n \sin n\omega t,$$

所以

$$A_0 + \sum_{n=1}^{\infty} A_n \sin(n\omega t + \varphi_n) = A_0 + \sum_{n=1}^{\infty} (A_n \sin\varphi_n \cos n\omega t + A_n \cos\varphi_n \sin n\omega t)。$$

令 $A_0 = \dfrac{a_0}{2}$,$A_n \sin\varphi_n = a_n$,$A_n \cos\varphi_n = b_n$,$x = \omega t$,上式又可写成

$$\frac{a_0}{2} + \sum_{n=1}^{\infty} (a_n \cos nx + b_n \sin nx)。$$

它就是由三角函数系

$$\{1, \cos x, \sin x, \cos 2x, \sin 2x, \cdots, \cos nx, \sin nx, \cdots\}$$

组成的一般形式的三角级数。

定理 11.13 三角函数系中任意两个不同函数的乘积在 $[-\pi, \pi]$ 上的积分等于 0,即

$$\int_{-\pi}^{\pi} 1 \cdot \cos nx \,\mathrm{d}x = 0 \quad (n = 1,2,\cdots);$$

$$\int_{-\pi}^{\pi} 1 \cdot \sin nx \,\mathrm{d}x = 0 \quad (n = 1,2,\cdots);$$

$$\int_{-\pi}^{\pi} \cos kx \cos nx \,\mathrm{d}x = 0 \quad (k, n = 1,2,\cdots, k \neq n);$$

$$\int_{-\pi}^{\pi} \sin kx \sin nx \,\mathrm{d}x = 0 \quad (k, n = 1,2,\cdots, k \neq n);$$

$$\int_{-\pi}^{\pi} \cos kx \sin nx \,\mathrm{d}x = 0 \quad (k, n = 1,2,\cdots)。$$

这一性质称为**三角函数系的正交性**。

事实上,根据三角函数的周期性,这些等式在任何长度为 2π 的区间上都成立。但在三角函数系中两个相同函数的乘积在 $[-\pi, \pi]$ 上的积分不等于 0,如

$$\int_{-\pi}^{\pi} 1 \cdot 1 \mathrm{d}x = 2\pi,$$

$$\int_{-\pi}^{\pi} \cos^2 nx \,\mathrm{d}x = \pi \quad (n = 1,2,\cdots),$$

$$\int_{-\pi}^{\pi} \sin^2 nx\,dx = \pi \quad (n = 1,2,\cdots)。$$

扫码看微课视频

二、函数展开成傅里叶级数

1. 将周期为 2π 的函数展开成傅里叶级数

设 $f(x)$ 是周期为 2π 的周期函数，且能展开成三角级数

$$f(x) = \frac{a_0}{2} + \sum_{n=1}^{\infty}(a_n \cos nx + b_n \sin nx), \tag{11.11}$$

设该三角级数可逐项积分，则

$$\int_{-\pi}^{\pi} f(x)\,dx = \frac{a_0}{2}\int_{-\pi}^{\pi} dx + \sum_{n=1}^{\infty}\left(a_n\int_{-\pi}^{\pi}\cos nx\,dx + b_n\int_{-\pi}^{\pi}\sin nx\,dx\right) = a_0\pi,$$

所以

$$a_0 = \frac{1}{\pi}\int_{-\pi}^{\pi} f(x)\,dx。\tag{11.12}$$

用 $\cos kx$ 同乘(11.11)式两端，再逐项积分，可得

$$\begin{aligned}\int_{-\pi}^{\pi} f(x)\cos kx\,dx &= \frac{a_0}{2}\int_{-\pi}^{\pi}\cos kx\,dx + \sum_{n=1}^{\infty}\left(a_n\int_{-\pi}^{\pi}\cos kx\cos nx\,dx + b_n\int_{-\pi}^{\pi}\cos kx\sin nx\,dx\right)\\ &= a_n\int_{-\pi}^{\pi}\cos^2 nx\,dx = a_n\pi,\end{aligned}$$

所以

$$a_n = \frac{1}{\pi}\int_{-\pi}^{\pi} f(x)\cos nx\,dx \quad (n = 1,2,\cdots)。\tag{11.13}$$

类似地，用 $\sin kx$ 同乘(11.11)式两端，再逐项积分可得

$$b_n = \frac{1}{\pi}\int_{-\pi}^{\pi} f(x)\sin nx\,dx \quad (n = 1,2,\cdots)。\tag{11.14}$$

如果(11.12)(11.13)(11.14)式中的积分都存在，则系数 a_0、a_n、$b_n(n = 1,2,\cdots)$ 称为函数 $f(x)$ 的傅里叶系数，此时三角级数

$$\frac{a_0}{2} + \sum_{n=1}^{\infty}(a_n\cos nx + b_n\sin nx)$$

称为**傅里叶级数**。

一个在 $(-\infty, +\infty)$ 上以 2π 为周期的函数 $f(x)$，只要它在一个周期上可积，就能用(11.12)(11.13)(11.14)式确定它的傅里叶系数 a_0、a_n、$b_n(n = 1,2,\cdots)$，从而确定它的傅里叶级数。但是，函数 $f(x)$ 的傅里叶级数是否一定收敛？如果收敛，是否一定收敛于函数 $f(x)$？对此类问题，下面关于傅里叶级数的收敛性的定理能给出结论。

定理 11.14 （狄利克雷收敛定理）设以 2π 为周期的函数 $f(x)$ 在 $[-\pi,\pi]$ 上满足狄利克雷条件：

(1) 连续或仅有有限个第一类间断点；

(2) 至多只有有限个极值点。

则 $f(x)$ 的傅里叶级数在 $[-\pi,\pi]$ 上收敛，并且当 x 为 $f(x)$ 的连续点时，$f(x)$ 的傅里叶级数收敛于 $f(x)$；当 x 为 $f(x)$ 的间断点时，$f(x)$ 的傅里叶级数收敛于 $\dfrac{f(x^+) + f(x^-)}{2}$。

证明略。

这个定理告诉我们：若函数 $f(x)$ 满足收敛条件，则 $f(x)$ 的傅里叶级数在连续点收敛于函数值本身，在第一类间断点收敛于它左右极限的算术平均值。

注意　函数展成傅里叶级数的条件比展成幂级数的条件低得多。

例 1　设 $f(x)$ 是周期为 2π 的周期函数，它在 $[-\pi,\pi)$ 上的表达式为

$$f(x)=\begin{cases}-1, & -\pi\leqslant x<0,\\ 1, & 0\leqslant x<\pi,\end{cases}\quad (见图 11.1),$$

将 $f(x)$ 展开成傅里叶级数。

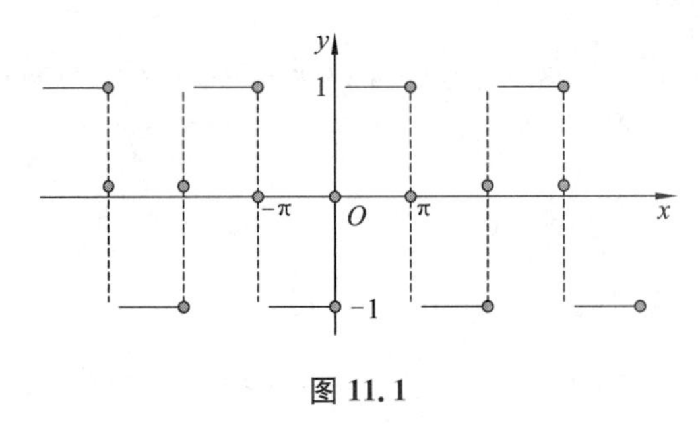

图 11.1

解　易知函数 $f(x)$ 在 $x=k\pi(k=0,\pm1,\pm2,\cdots)$ 处不连续，在其他点处处连续，由收敛定理知 $f(x)$ 的傅里叶级数收敛，当 $x=k\pi$ 时收敛于 $\frac{-1+1}{2}=0$；当 $x\neq k\pi$ 时收敛于 $f(x)$。其傅里叶系数为

$$a_n=\frac{1}{\pi}\int_{-\pi}^{\pi}f(x)\cos nx\mathrm{d}x=\frac{1}{\pi}\int_{-\pi}^{0}(-1)\cos nx\mathrm{d}x+\frac{1}{\pi}\int_{0}^{\pi}1\cdot\cos nx\mathrm{d}x=0\quad(n=0,1,2,\cdots),$$

$$\begin{aligned}b_n&=\frac{1}{\pi}\int_{-\pi}^{\pi}f(x)\sin nx\mathrm{d}x=\frac{1}{\pi}\int_{-\pi}^{0}(-1)\sin nx\mathrm{d}x+\frac{1}{\pi}\int_{0}^{\pi}1\cdot\sin nx\mathrm{d}x\\&=\frac{1}{\pi}\left[\frac{\cos nx}{n}\right]_{-\pi}^{0}+\frac{1}{\pi}\left[-\frac{\cos nx}{n}\right]_{0}^{\pi}=\frac{2}{n\pi}[1-\cos n\pi]=\frac{2}{n\pi}[1-(-1)^n]\\&=\begin{cases}\frac{4}{n\pi},n=1,3,5,\cdots,\\0,n=2,4,6,\cdots。\end{cases}\end{aligned}$$

所以 $f(x)$ 的傅里叶级数展开式为

$$f(x)=\frac{4}{\pi}\left[\sin x+\frac{\sin 3x}{3}+\cdots+\frac{\sin(2k-1)x}{2k-1}+\cdots\right](-\infty<x<+\infty,x\neq0,\pm\pi,\pm2\pi,\cdots)。$$

对于只定义在 $(-\pi,\pi]$ 或 $[-\pi,\pi)$ 上的函数 $f(x)$，可在 $(-\pi,\pi]$ 以外的区间按函数在 $(-\pi,\pi]$ 上的对应关系作周期延拓，得到定义在 $(-\infty,+\infty)$ 上的以 2π 为周期的函数 $F(x)$。先将 $F(x)$ 展开成傅里叶级数，再将 x 限制在 $f(x)$ 的定义域内，便得到 $f(x)$ 的傅里叶级数展开式。

例 2　将函数 $f(x)=\begin{cases}-x, & -\pi\leqslant x<0,\\ x, & 0\leqslant x\leqslant\pi\end{cases}$ 展开成傅里叶级数。

解　将函数 $f(x)$ 延拓成以 2π 为周期的函数 $F(x)$（见图 11.2），显然 $F(x)$ 处处连

续，其傅里叶系数为

$$a_0=\frac{1}{\pi}\int_{-\pi}^{\pi}F(x)\mathrm{d}x=\frac{1}{\pi}\int_{-\pi}^{\pi}f(x)\mathrm{d}x=\frac{2}{\pi}\int_0^{\pi}x\mathrm{d}x=\frac{2}{\pi}\left[\frac{x^2}{2}\right]_0^{\pi}=\pi,$$

$$a_n=\frac{1}{\pi}\int_{-\pi}^{\pi}F(x)\cos nx\mathrm{d}x=\frac{1}{\pi}\int_{-\pi}^{\pi}f(x)\cos nx\mathrm{d}x=\frac{2}{\pi}\int_0^{\pi}x\cos nx\mathrm{d}x$$

$$=\frac{2}{\pi}\left[\frac{x\sin nx}{n}+\frac{\cos nx}{n^2}\right]_0^{\pi}=\frac{2}{n^2\pi}(\cos n\pi-1)$$

$$=\begin{cases}-\dfrac{3}{(2k-1)^2\pi}, & n=2k-1,\\ 0, & n=2k\end{cases}\quad(k=1,2,\cdots),$$

$$b_n=\frac{1}{\pi}\int_{-\pi}^{\pi}F(x)\sin nx\mathrm{d}x=\frac{1}{\pi}\int_{-\pi}^{\pi}f(x)\sin nx\mathrm{d}x=0,$$

所以 $f(x)$ 的傅里叶级数展开式为

$$f(x)=\frac{\pi}{2}-\frac{4}{\pi}\left(\cos x+\frac{1}{3^2}\cos 3x+\frac{1}{5^2}\cos 5x+\cdots\right)。$$

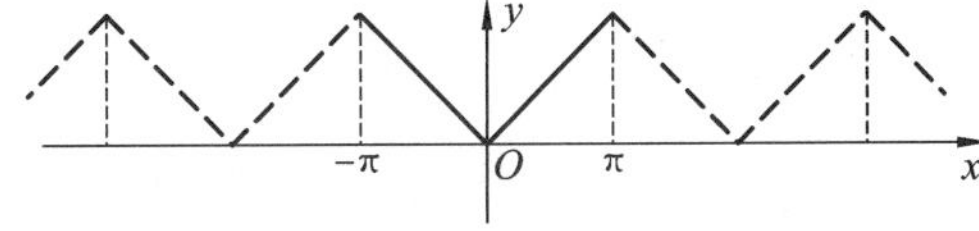

图 11.2

由定积分的对称奇偶性知，若 $f(x)$ 是 $(-\pi,\pi)$ 上的奇函数，则有 $a_n=0(n=0,1,2,\cdots)$，$b_n=\frac{2}{\pi}\int_0^{\pi}f(x)\sin nx\mathrm{d}x(n=1,2,\cdots)$，如例 1，这时 $f(x)$ 的傅里叶级数为

$$f(x)=\sum_{n=1}^{\infty}b_n\sin nx。$$

可见，奇函数的傅里叶级数中只含有正弦项，称为**正弦级数**。

类似地，若 $f(x)$ 是 $(-\pi,\pi)$ 上的偶函数，则有

$$b_n=0(n=1,2,\cdots),a_n=\frac{2}{\pi}\int_0^{\pi}f(x)\cos nx\mathrm{d}x(n=0,1,2,\cdots),$$

如例 2，这时 $f(x)$ 的傅里叶级数为

$$f(x)=\frac{a_0}{2}+\sum_{n=1}^{\infty}a_n\cos nx,$$

偶函数的傅里叶级数中只含有余弦项，称为**余弦级数**。

在实际应用中，常常需要把定义在 $[0,\pi]$ 上且满足收敛定理条件的函数 $f(x)$ 展开成正弦级数或余弦级数。这时，可在开区间 $(-\pi,0)$ 上补充函数 $f(x)$ 的定义，得到定义在 $(-\pi,\pi]$ 上的函数 $F(x)$，使它成为 $(-\pi,\pi)$ 上的奇函数（或偶函数），按这种方式拓广函数定义域的过程称为奇延拓（或偶延拓）；然后将延拓后的函数展开成傅里叶级数，这个级数必定是正弦级数（或余弦级数）；再限制 x 在 $[0,\pi]$ 上，此时 $F(x)\equiv f(x)$，这样便得到

$f(x)$ 的正弦级数(或余弦级数)的展开式。

注意 一个定义在$[0,\pi]$上且满足收敛定理条件的函数 $f(x)$ 展开成傅里叶级数的形式不唯一,它既可以展开成正弦级数,又可以展开成余弦级数。

例 3 将函数 $f(x)=x+1(0\leqslant x\leqslant\pi)$ 分别展开成正弦级数和余弦级数。

解 先求正弦级数,为此,对 $f(x)$ 进行奇延拓,如图 11.3 所示,此时有

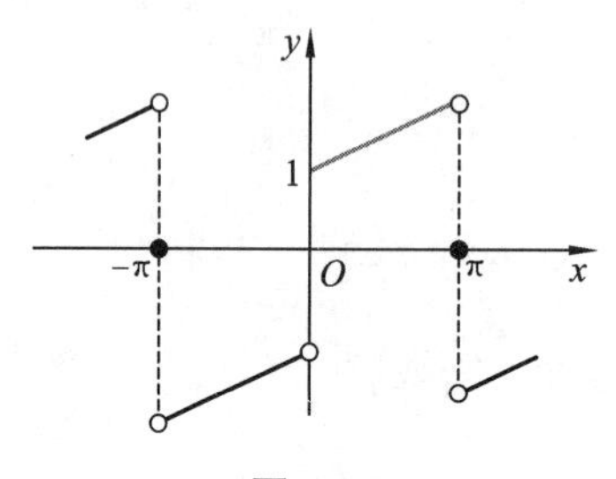

图 11.3

$$a_n=0(n=0,1,2,\cdots),$$

$$\begin{aligned}b_n&=\frac{2}{\pi}\int_0^{\pi}f(x)\sin nx\,\mathrm{d}x=\frac{2}{\pi}\int_0^{\pi}(x+1)\sin nx\,\mathrm{d}x\\&=\frac{2}{\pi}\left[-\frac{x\cos nx}{n}+\frac{\sin nx}{n^2}-\frac{\cos nx}{n}\right]\Bigg|_0^{\pi}\\&=\frac{2}{n\pi}(1-\pi\cos n\pi-\cos n\pi)\\&=\begin{cases}\dfrac{2}{\pi}\cdot\dfrac{\pi+2}{2k-1}, & n=2k-1,\\ -\dfrac{1}{k}, & n=2k\end{cases}\quad(k=1,2,\cdots),\end{aligned}$$

所以 $f(x)$ 的正弦级数为

$$x+1=\frac{2}{\pi}\left[(\pi+2)\sin x-\frac{\pi}{2}\sin 2x+\frac{\pi+2}{3}\sin 3x-\frac{\pi}{4}\sin 4x+\cdots\right](0<x<\pi),$$

在端点 $x=0,\pi$ 处,级数的和为 0,与给定函数 $f(x)=x+1$ 的值不同。

再求余弦级数,为此,对 $f(x)$ 进行偶延拓,如图 11.4 所示,此时有

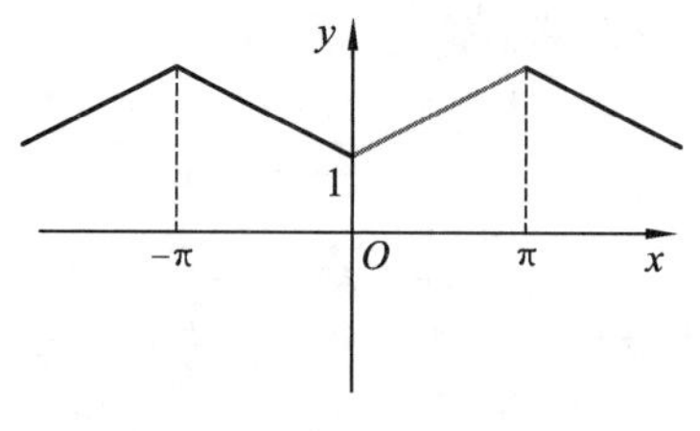

图 11.4

$$b_n=0\quad(n=1,2,\cdots),$$

$$a_0=\frac{2}{\pi}\int_0^{\pi}(x+1)\mathrm{d}x=\frac{2}{\pi}\left(\frac{x^2}{2}+x\right)\Bigg|_0^{\pi}=\pi+2,$$

$$a_n=\frac{2}{\pi}\int_0^{\pi}(x+1)\cos nx\,dx$$

$$=\frac{2}{\pi}\left[-\frac{x\sin nx}{n}+\frac{\cos nx}{n^2}+\frac{\sin nx}{n}\right]\Bigg|_0^{\pi}=\frac{2}{n^2\pi}(\cos n\pi-1)$$

$$=\begin{cases}-\dfrac{4}{(2k-1)^2\pi}, & n=2k-1,\\ 0, & n=2k,\end{cases}\quad(k=1,2,\cdots),$$

所以 $f(x)$ 的余弦级数为

$$x+1=\frac{\pi}{2}+1-\frac{4}{\pi}\sum_{k=1}^{\infty}\frac{1}{(2k-1)^2}\cos(2k-1)x$$

$$=\frac{\pi}{2}+1-\frac{4}{\pi}\left[\cos x+\frac{1}{3^2}\cos 3x+\frac{1}{5^2}\cos 5x+\cdots\right]\quad(0\leqslant x\leqslant\pi)。$$

2. 将周期为 $2l$ 的函数展开成傅里叶级数

设 $f(x)$ 是周期为 $2l$ 的函数，在$[-l,l]$上满足收敛定理的条件。令 $z=\frac{\pi x}{l}$，则 $x\in[-l,l]$ 变成 $z\in[-\pi,\pi]$。再令 $F(z)=f(x)=f\left(\frac{lz}{\pi}\right)$，则

$$F(z+2\pi)=f\left(\frac{l(z+2\pi)}{\pi}\right)=f\left(\frac{lz}{\pi}+2l\right)=f\left(\frac{lz}{\pi}\right)=F(z),$$

所以 $F(z)$ 是周期为 2π 的函数，且在$[-\pi,\pi]$上满足收敛定理的条件，所以 $F(z)$ 的傅里叶级数为

$$F(z)=\frac{a_0}{2}+\sum_{n=1}^{\infty}(a_n\cos nz+b_n\sin nz),$$

其中，

$$a_n=\frac{1}{\pi}\int_{-\pi}^{\pi}F(z)\cos nz\,dz\quad(n=0,1,2,\cdots),$$

$$b_n=\frac{1}{\pi}\int_{-\pi}^{\pi}F(z)\sin nz\,dz\quad(n=1,2,3,\cdots)。$$

将 $z=\frac{\pi x}{l}$ 代入以上三式，即得 $f(x)$ 的傅里叶级数为

$$f(x)=\frac{a_0}{2}+\sum_{n=1}^{\infty}\left(a_n\cos\frac{n\pi x}{l}+b_n\sin\frac{n\pi x}{l}\right)\quad(x\in C),$$

其中，

$$a_n=\frac{1}{l}\int_{-l}^{l}f(x)\cos\frac{n\pi x}{l}dx\quad(n=0,1,2,\cdots),$$

$$b_n=\frac{1}{l}\int_{-l}^{l}f(x)\sin\frac{n\pi x}{l}dx\quad(n=1,2,\cdots),$$

$$C=\left\{x\,\middle|\,\frac{1}{2}[f(x^-)+f(x^+)]\right\}。$$

如果 $f(x)$ 为奇函数，则有

$$f(x)=\sum_{n=1}^{\infty}b_n\sin\frac{n\pi x}{l}\quad(x\in C),$$

其中,

$$b_n = \frac{2}{l}\int_0^l f(x)\sin\frac{n\pi x}{l}dx \quad (n=1,2,\cdots)。$$

如果 $f(x)$ 为偶函数,则有

$$f(x) = \frac{a_0}{2} + \sum_{n=1}^{\infty} a_n \cos\frac{n\pi x}{l} \quad (x \in C),$$

其中,

$$a_n = \frac{2}{l}\int_0^l f(x)\cos\frac{n\pi x}{l}dx \quad (n=0,1,2,\cdots)。$$

例 4　设 $f(x)$ 是周期为 2 的函数,它在 $[-1,1]$ 上的表达式是 $f(x)=x$(见图 11.5),求 $f(x)$ 的傅里叶级数展开式。

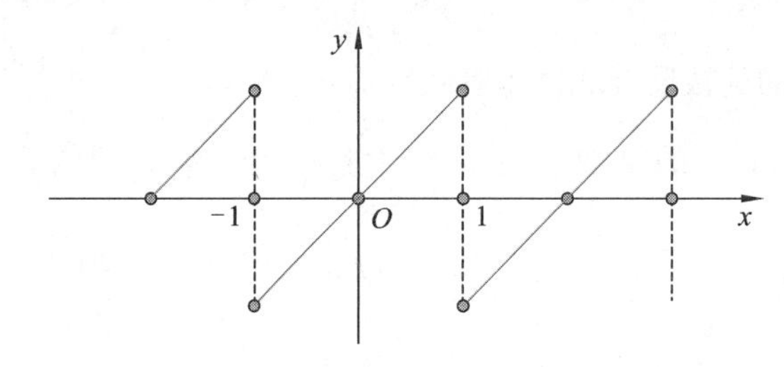

图 11.5

解　令 $x=\frac{z}{\pi}$,则 $F(z)$ 在 $[-\pi,\pi]$ 上的表达式为

$$F(z) = \frac{z}{\pi}, \quad z \in [-\pi,\pi],$$

因 $F(z)$ 是奇函数,故 $a_n = 0(n=0,1,2,\cdots)$,

$$b_n = \frac{2}{\pi}\int_0^{\pi} F(z)\sin nz\,dz = \frac{2}{\pi}\int_0^{\pi}\frac{z}{\pi}\sin nz\,dz = (-1)^{n+1}\frac{2}{n\pi} \quad (n=1,2,\cdots),$$

所以 $F(z)$ 的展开式为

$$F(z) = \frac{2}{\pi}\sum_{n=1}^{\infty}(-1)^{n+1}\frac{\sin nz}{n} \quad (z \neq (2k+1)\pi, k \in \mathbf{Z}),$$

将 $z=\pi x$ 代入,即得

$$f(x) = \frac{2}{\pi}\sum_{n=1}^{\infty}(-1)^{n+1}\frac{\sin n\pi x}{n} \quad (x \neq 2k+1, k \in \mathbf{Z})。$$

当 $f(x)$ 定义在任意有限区间 $[a,b]$ 上时,将 $f(x)$ 展开成傅里叶级数的方法有以下两种:

方法一　令 $x = z+\frac{b+a}{2}$,即 $z = x-\frac{b+a}{2}$,则

$$F(z) = f(x) = f\left(z+\frac{b+a}{2}\right), \quad z \in \left[-\frac{b-a}{2},\frac{b-a}{2}\right]。$$

将 $F(z)$ 作周期延拓,可得 $F(z)$ 的傅里叶级数,再将此级数限制在区间 $\left[-\frac{b-a}{2},\frac{b-a}{2}\right]$ 上,把 $z=x-\frac{b+a}{2}$ 代入,便得 $f(x)$ 在 $[a,b]$ 上的傅里叶级数。

方法二　令 $x=z+a$,即 $z=x-a$,则

$$F(z)=f(x)=f(z+a),\quad z\in[0,b-a],$$

将 $F(z)$ 作奇延拓(或偶延拓),可得 $F(z)$ 在$[0,b-a]$上的正弦级数(或余弦级数),再把 $z=x-a$ 代入,便得 $f(x)$ 在$[a,b]$上的正弦级数(或余弦级数)。

例 5　将函数 $f(x)=10-x(5<x<15)$ 展成傅里叶级数。

解　令 $z=x-10$,则

$$F(z)=f(x)=f(z+10)=-z\quad(-5<z<5),$$

将 $F(z)$ 延拓为周期为 10 的周期函数,它满足收敛定理条件,由于 $F(z)$ 是奇函数,故

$$a_n=0\quad(n=0,1,2,\cdots),$$

$$b_n=\frac{2}{5}\int_0^5 -z\sin\frac{n\pi z}{5}\mathrm{d}z=(-1)^n\frac{10}{n\pi}\quad(n=1,2,\cdots),$$

即

$$F(z)=\frac{10}{\pi}\sum_{n=1}^{\infty}\frac{(-1)^n}{n}\sin\frac{n\pi z}{5}\quad(-5<z<5),$$

所以

$$10-x=\frac{10}{\pi}\sum_{n=1}^{\infty}\frac{(-1)^n}{n}\sin\frac{n\pi x}{5}\quad(5<x<15)。$$

习题 11.5(A)

1. 将下列函数展开成傅里叶级数。

(1) $f(x)=x^2,-\pi<x\leqslant\pi$;

(2) $f(x)=\dfrac{\pi-x}{2},-\pi\leqslant x\leqslant\pi$;

(3) $f(x)=\begin{cases}x, & -\pi<x\leqslant 0;\\ 2x, & 0<x\leqslant\pi。\end{cases}$

2. 将函数 $f(x)=2x^2,-\pi<x\leqslant\pi$ 分别展开成正弦级数和余弦级数。

3. 求下列周期函数的傅里叶级数。

(1) $f(x)=|x|,-\pi<x\leqslant\pi$;

(2) $f(x)=1-|x|,-1<x\leqslant 1$。

4. 将函数 $f(x)=x^2,0\leqslant x\leqslant 2$ 分别展开成正弦级数和余弦级数。

习题 11.5(B)

1. (2023 年) 设 $f(x)$ 是周期为 2 的周期函数,且 $f(x)=1-x,x\in[0,1]$。若 $f(x)=\dfrac{a_0}{2}+\sum\limits_{n=1}^{\infty}a_n\cos n\pi x$,则 $\sum\limits_{n=1}^{\infty}a_{2n}=$ ________。

2. (2003 年) 设 $x^2=\sum\limits_{n=0}^{\infty}a_n\cos nx(-\pi\leqslant x\leqslant\pi)$,则 $a_2=$ ________。

3. (1993 年) 设函数 $f(x)=\pi x+x^2(-\pi<x<\pi)$ 的傅里叶级数展开式为 $\dfrac{a_0}{2}+$

$\sum_{n=1}^{\infty}(a_n\cos nx+b_n\sin nx)$，则其中系数 b_3 的值为________。

4. (1992 年) 设函数 $f(x)=\begin{cases}-1, & -\pi<x\leqslant 0,\\ 1+x^2, & 0<x\leqslant\pi,\end{cases}$ 则其以 2π 为周期的傅里叶级数在点 $x=\pi$ 处收敛于________。

5. 将 $f(x)=x(0\leqslant x\leqslant 1)$ 展开成正弦级数。

6. (1995 年) 将函数 $f(x)=x-1(0\leqslant x\leqslant 2)$ 展开成周期为 4 的余弦级数。

7. (2008 年) 将 $f(x)=1-x^2(0\leqslant x\leqslant\pi)$ 展开成余弦级数，并求 $\sum_{n=1}^{\infty}\frac{(-1)^{n+1}}{n^2}$ 的值。

第十一章思维导图

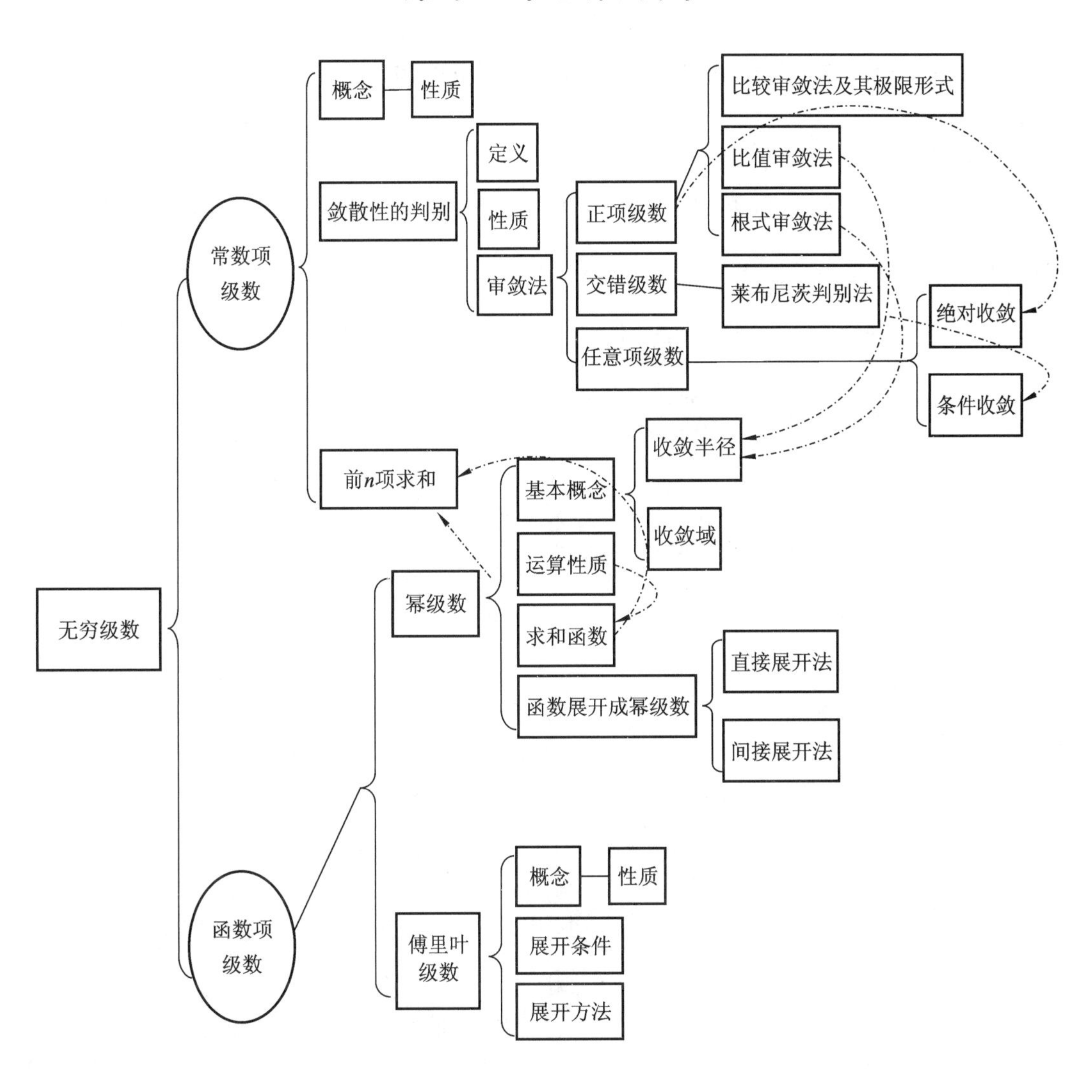

无穷级数
常数项
级数
概念
性质
敛散性的判别
定义
性质
审敛法
正项级数
比较审敛法及其极限形式
比值审敛法
根式审敛法
交错级数
莱布尼茨判别法
任意项级数
绝对收敛
条件收敛
前n项求和
函数项
级数
幂级数
基本概念
收敛半径
收敛域
运算性质
求和函数
函数展开成幂级数
直接展开法
间接展开法
傅里叶
级数
概念
性质
展开条件
展开方法

第十一章章节测试

一、选择题。(本大题共 10 小题,每小题 2 分,共计 20 分)

1. $\lim\limits_{n\to\infty}u_n=0$ 是级数 $\sum\limits_{n=1}^{\infty}u_n(x)$ 收敛的(　　)。

A. 充分条件　　B. 必要条件　　C. 充要条件　　D. 无关条件

2. 正项级数 $\sum\limits_{n=1}^{\infty}u_n(x)$ 的前 n 项部分和数列 $\{s_n\}$ 有界是 $\sum\limits_{n=1}^{\infty}u_n(x)$ 收敛的(　　)。

A. 充分条件　　B. 必要条件　　C. 充要条件　　D. 无关条件

3. 若级数 $\sum\limits_{n=1}^{\infty}u_n$ 收敛,则下列级数中收敛的是(　　)。

A. $\sum\limits_{n=1}^{\infty}|u_n|$　　B. $\sum\limits_{n=1}^{\infty}u_n{}^2$　　C. $\sum\limits_{n=1}^{\infty}(u_n-1)$　　D. $\sum\limits_{n=1}^{\infty}10u_n$

4. 下列级数中,绝对收敛的是(　　)。

A. $\sum\limits_{n=1}^{\infty}\dfrac{1}{\sqrt{6n+1}}$　　B. $\sum\limits_{n=1}^{\infty}(-1)^{n-1}\left(\dfrac{5}{4}\right)^n$

C. $\sum\limits_{n=1}^{\infty}(-1)^{n-1}\dfrac{1}{\sqrt[3]{n^4}}$　　D. $\sum\limits_{n=1}^{\infty}\dfrac{n-1}{n}$

5. 若 $\sum\limits_{n=1}^{\infty}u_n$ 为正项级数,且 $\lim\limits_{n\to\infty}nu_n=l(0<l<+\infty)$,$l$ 为常数,则 $\sum\limits_{n=1}^{\infty}u_n$(　　)。

A. 发散　　B. 收敛　　C. 可能发散　　D. 不能判定

6. 级数 $\sum\limits_{n=1}^{\infty}(-1)^{n-1}\left(1-\cos\dfrac{\alpha}{n}\right)$(常数 $\alpha>0$)(　　)。

A. 发散　　B. 条件收敛

C. 绝对收敛　　D. 敛散性与 α 有关

7. 设 $0\leqslant a_n<\dfrac{1}{n}(n=1,2,\cdots)$,则下列级数中肯定收敛的是(　　)。

A. $\sum\limits_{n=1}^{\infty}a_n$　　B. $\sum\limits_{n=1}^{\infty}(-1)^n a_n$

C. $\sum\limits_{n=1}^{\infty}\sqrt{a_n}$　　D. $\sum\limits_{n=1}^{\infty}(-1)^n a_n{}^2$

8. 若 $\sum\limits_{n=1}^{\infty}(a_{2n-1}+a_{2n})$ 收敛,则必有(　　)。

A. $\sum\limits_{n=1}^{\infty}a_n$ 收敛　　B. $\sum\limits_{n=1}^{\infty}a_n$ 未必收敛

C. $\sum\limits_{n=1}^{\infty}a_n$ 发散　　D. $\lim\limits_{n\to\infty}a_n=0$

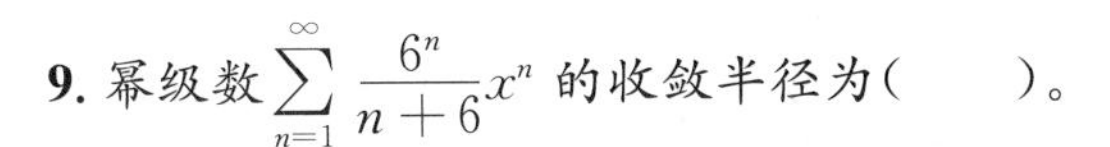

9. 幂级数$\sum_{n=1}^{\infty}\frac{6^n}{n+6}x^n$的收敛半径为(　　)。

A. 1　　B. 6　　C. $\frac{1}{6}$　　D. ∞

10. 幂级数$\sum_{n=1}^{\infty}\left(\frac{-x}{6}\right)^n$在$(-6,6)$内的和函数是(　　)。

A. $\frac{-x}{6+x}$　　B. $\frac{1}{6+x}$　　C. $\frac{6}{6-x}$　　D. $\frac{1}{1+6x}$

二、填空题。(本大题共 2 题,每小题 2 分,共计 4 分)

1. 若级数$\sum_{n=1}^{\infty}u_n$绝对收敛,则级数$\sum_{n=1}^{\infty}u_n$必定________;若级数$\sum_{n=1}^{\infty}u_n$条件收敛,则级数$\sum_{n=1}^{\infty}|u_n|$必定________。

2. (2019 年)幂级数$\sum_{n=0}^{\infty}\frac{(-1)^n}{(2n)!}x^n$在$(0,+\infty)$内的和函数$S(x)=$__________。

三、解答题。(本大题共计 76 分)

1. 判别下列正项级数的敛散性。(本题共 4 小题,每小题 6 分,共计 24 分)

(1) $\sum_{n=2}^{\infty}\frac{1}{\ln n}$;　　(2) $\sum_{n=1}^{\infty}\frac{2+(-1)^n}{3^n}$;

(3) $\sum_{n=1}^{\infty}\frac{n}{2^n+1}$;　　(4) $\sum_{n=1}^{\infty}n!\left(\frac{x}{n}\right)^n(x>0)$。

2. 判别下列级数的敛散性,若收敛,试说明是绝对收敛还是条件收敛。(本题共 2 小题,每小题 6 分,共计 12 分)

(1) $\sum_{n=1}^{\infty}\frac{(-1)^{n+1}}{\ln(n+1)}$;　　(2) $\sum_{n=1}^{\infty}(-1)^{n-1}\frac{n+1}{n^3+1}$。

3. 求下列幂级数的收敛域。(本题共 2 小题,每小题 6 分,共计 12 分)

(1) $\sum_{n=1}^{\infty}\frac{x^n}{2^n}$;　　(2) $\sum_{n=1}^{\infty}\frac{n!}{n+1}x^n$。

4. 将下列函数展开成幂级数。(本题共 2 小题,每小题 6 分,共计 12 分)

(1) $\frac{x}{2+x}$;　　(2) $x^2e^{-x^2}$。

5. 将下列函数在指定区间上展开成傅里叶级数。(本题共 2 小题,每小题 8 分,共计 16 分)

(1) $f(x)=3x^2+1\quad(-\pi\leqslant x<\pi)$;

(2) $f(x)=\begin{cases}1, & 0\leqslant x\leqslant h,\\ 0, & h<x\leqslant\pi。\end{cases}$

第十一章拓展练习

一、选择题。

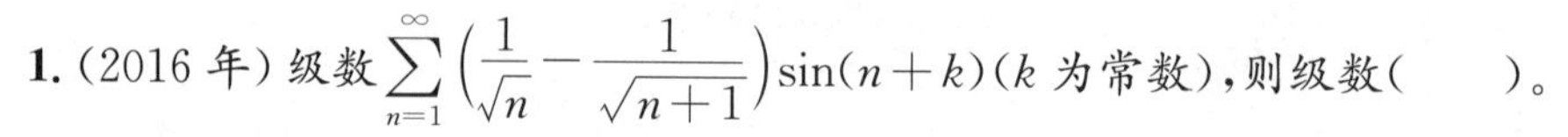

1.（2016 年）级数 $\sum_{n=1}^{\infty}\left(\frac{1}{\sqrt{n}}-\frac{1}{\sqrt{n+1}}\right)\sin(n+k)$（$k$ 为常数），则级数（　　）。

(A) 绝对收敛　　(B) 条件收敛

(C) 发散　　(D) 收敛性与 k 有关

2.（2017 年）若级数 $\sum_{n=2}^{\infty}\left[\sin\frac{1}{n}-k\ln\left(1-\frac{1}{n}\right)\right]$ 收敛，则 $k=$（　　）。

(A)1　　(B)2　　(C)-1　　(D)2

3.（2019 年）设 $\{u_n\}$ 单调增加的有界数列，则下列级数中收敛的是（　　）。

(A) $\sum_{n=1}^{\infty}\frac{u_n}{n}$　　(B) $\sum_{n=1}^{\infty}(-1)^n\frac{1}{u_n}$

(C) $\sum_{n=1}^{\infty}\left(1-\frac{u_n}{n}\right)$　　(D) $\sum_{n=1}^{\infty}(u_{n+1}^2-u_n^2)$

4.（2020 年）设幂级数 $\sum_{n=1}^{\infty}na_n(x-2)^n$ 的收敛区间为 $(-2,6)$，则 $\sum_{n=1}^{\infty}a_n(x+1)^{2n}$ 的收敛区间为（　　）。

(A)$(-2,6)$　　(B)$(-3,1)$　　(C)$(-5,3)$　　(D)$(-17,15)$

5.（2018 年）级数 $\sum_{n=0}^{\infty}(-1)^n\frac{2n+3}{(2n+1)!}=$（　　）。

(A)$\sin1+\cos1$　　(B)$2\sin1+\cos1$

(C)$2\sin1+2\cos1$　　(D)$2\sin1+2\cos1$

6.（2015 年）下列级数中发散的是（　　）。

(A) $\sum_{n=1}^{\infty}\frac{n}{3^n}$　　(B) $\sum_{n=1}^{\infty}\frac{1}{\sqrt{n}}\ln\left(1+\frac{1}{n}\right)$

(C) $\sum_{n=2}^{\infty}\frac{(-1)^n+1}{\ln n}$　　(D) $\sum_{n=1}^{\infty}\frac{n!}{n^n}$

7.（2013 年）设函数 $f(x)=\left|x-\frac{1}{2}\right|$，$b_n=2\int_0^1 f(x)\sin n\pi x\mathrm{d}x(n=1,2,\cdots)$，令 $S(x)=\sum_{n=1}^{\infty}b_n\sin n\pi x$，则 $S\left(-\frac{9}{4}\right)=$（　　）。

(A) $\frac{3}{4}$　　(B) $\frac{1}{4}$　　(C) $-\frac{1}{4}$　　(D) $-\frac{3}{4}$

二、填空题。

1.（2017 年）幂级数 $\sum_{n=1}^{\infty}(-1)^{n-1}nx^{n-1}$ 在区间 $(-1,1)$ 内的和函数 $S(x)=$ ________。

2. (1999 年) 设 $f(x)=\begin{cases} x, & 0\leqslant x\leqslant \dfrac{1}{2}, \\ 2-2x, & \dfrac{1}{2}<x<1, \end{cases}$ $S(x)=\dfrac{a_0}{2}+\sum\limits_{n=1}^{\infty}a_n\cos n\pi x,-\infty<x<+\infty$,其中 $a_n=2\int_0^1 f(x)\cos n\pi x(n=0,1,2,\cdots)$,则 $S\left(-\dfrac{5}{2}\right)=$ ________。

三、解答题。

1. 设有两条抛物线 $y=nx^2+\dfrac{1}{n}$ 和 $y=(n+1)x^2+\dfrac{1}{n+1}$,记它们交点的横坐标的绝对值为 a_n,求这两条抛物线所围成的平面图形的面积 S_n 和级数 $\sum\limits_{n=1}^{\infty}\dfrac{S_n}{a_n}$ 的值。

2. (2020 年) 设数列 $\{a_n\}$ 满足 $a_1=1,(n+1)a_{n+1}=\left(n+\dfrac{1}{2}\right)a_n$,证明:当 $|x|<1$ 时,幂级数 $\sum\limits_{n=1}^{\infty}a_nx^n$ 收敛,并求其和函数。

3. (2003 年) 将函数 $f(x)=\arctan\dfrac{1-2x}{1+2x}$ 展开成 x 的幂级数,并求级数 $\sum\limits_{n=0}^{\infty}\dfrac{(-1)^n}{2n+1}$ 的值。

4. 将 $f(x)=\dfrac{\pi-x}{2}(0\leqslant x\leqslant\pi)$ 展开成正弦级数。

5. (1991 年) 将函数 $f(x)=2+|x|(-1\leqslant x\leqslant 1)$ 展开成以 2 为周期的傅里叶级数,并由此求级数 $\sum\limits_{n=1}^{\infty}\dfrac{1}{n^2}$ 的值。

6. (2020 年) 设函数 $y=f(x)$ 满足 $y''+2y'+5y=0$,且 $f(0)=1,f'(0)=-1$。

(1) 求 $f(x)$ 的表达式;　　(2) 设 $a_n=\int_{n\pi}^{+\infty}f(x)\mathrm{d}x$,求 $\sum\limits_{n=1}^{\infty}a_n$。

四、证明题。

1. (2014 年) 若数列 $\{a_n\},\{b_n\}$ 满足 $0<a_n<\dfrac{\pi}{2},0<b_n<\dfrac{\pi}{2},\cos a_n-a_n=\cos b_n$,且级数 $\sum\limits_{n=1}^{\infty}b_n$ 收敛。证明:(1) $\lim\limits_{n\to\infty}a_n=0$;(2) 级数 $\sum\limits_{n=1}^{\infty}\dfrac{a_n}{b_n}$ 收敛。

2. (1997 年) 设 $a_1=2,a_{n+1}=\dfrac{1}{2}\left(a_n+\dfrac{1}{a_n}\right)(n=1,2,\cdots)$,证明:

(1) $\lim\limits_{n\to\infty}a_n$ 存在;(2) 级数 $\sum\limits_{n=1}^{\infty}\left(\dfrac{a_n}{a_{n+1}}-1\right)$ 收敛。

3. (2016 年) 已知函数 $f(x)$ 可导,且 $f(0)=1,0<f'(x)<\dfrac{1}{2}$,设数列 $\{x_n\}$ 满足 $x_{n+1}=f(x_n),(n=1,2,\cdots)$。证明:

(1) 级数 $\sum\limits_{n=1}^{\infty}(x_{n+1}-x_n)$ 绝对收敛;　　(2) $\lim\limits_{n\to+\infty}x_n$ 存在,且 $0<\lim\limits_{n\to+\infty}x_n<2$。

附录　MATLAB 软件求解高等数学问题

一、空间解析几何与向量代数

空间解析几何与向量代数是后续章节如多元函数微分学、重积分与曲线积分、曲面积分的基础。利用 MATLAB 软件进行计算可以帮助初学者加深理解该部分内容。

1. 向量的基本计算

例 1　计算向量 $\boldsymbol{a}=2\boldsymbol{i}+3\boldsymbol{j}-5\boldsymbol{k}$ 的模、方向余弦和方向角。

解　根据计算公式输入以下命令：

```
a=[2,3,-5];
M=sqrt(sum(a.^2))  %计算模。
Cx=2/M;
Cy=3/M;
Cz=- 5/M;
C=[Cx,Cy,Cz]   %计算方向余弦。
Ax=acos(Cx);
Ay=acos(Cy);
Az=acos(Cz);
A=[Ax,Ay,Az]*180/pi  %计算方向角,并转换为角度单位。
```

运行结果如下：

```
M=
  6.1644
C=
  0.3244  0.4867  -0.8111
A=
  71.0682  60.8784  144.2042
```

例 2　已知向量 $\boldsymbol{a}=(2,1,-1)$，$\boldsymbol{b}=(1,-1,2)$，计算 $\boldsymbol{a}\cdot\boldsymbol{b}$，$\boldsymbol{a}\times\boldsymbol{b}$。

计算向量的数量积使用 dot( )命令，计算向量的向量积使用 cross( )命令。

解　输入命令：

```
a=[2,1,-1];b=[1,-1,2];
dot(a,b)
```

运行结果如下：

```
ans =
   -1
cross(a,b)
```

运行结果如下：

```
ans=
  1  -5  -3
```

2. 点到平面的距离

例 3　求点(2,1,1)到平面 $x+y-z+1=0$ 的距离。

解　输入命令：

```
a=[2,1,1];S=[1,1,-1];
d=abs(sum(a.*S)+ 1)/sqrt(sum(S.^2))
```

运行结果如下：

```
d=
1.7321
```

3. 夹角的计算

例 4　求直线 $L_1:\frac{x-1}{1}=\frac{y}{-4}=\frac{z+3}{1}$ 和 $L_2:\frac{x}{2}=\frac{y+2}{-2}=\frac{z}{-1}$ 的夹角。

解　输入命令：

```
l1=[ 1-4 1]
l2=[2-2 -1];
c=acos(abs(sum(l1.*l2))/(sqrt(sum(l1.^2))*sqrt(sum(l2.^2))))  %计算夹角
```

运行结果如下：

```
c=
   0.7854
```

例 5　求直线 $L_1:\frac{x-1}{1}=\frac{y-2}{-4}=\frac{z-3}{1}$ 和平面 $x+y+z=1$ 夹角的正弦值。

解　输入命令：

```
l1=[1 -4 1];
s=[1 1 1];
c=abs(sum(l1.*s))/(sqrt(sum(l1.^2))*sqrt(sum(s.^2)))
```

运行结果如下：

```
c=
   0.2722
```

4. 绘制空间曲线和空间曲面

绘制空间曲线使用 plot3( )命令，绘制空间曲面可以使用 mesh( )和 surf( )，二者调用方式基本相同，区别在于 mesh( )绘制的是网格形式的图象，而 surf( )绘制的是曲面形式的图象。

例 6　绘制螺旋线 $\begin{cases}x=\cos t,\\ y=\sin t,\ t\in[0,12\pi]。\\ z=t,\end{cases}$

解　输入命令：

```
t=0:0.05:12*pi
```

```
x=cos(t);
y=sin(t);
z=t;
plot3(x,y,z)
```

运行结果如图 1 所示。

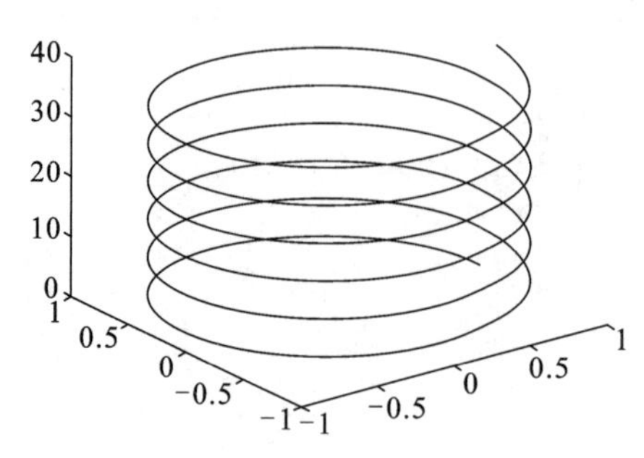

图 1　螺旋线

例 7　绘制二次曲面 $x^2-y^2=z$。

解　输入命令:

```
x=- 3:3;
y=- 3:3;
[X,Y]=meshgrid(x,y);  %生成网格点的 x,y 坐标
Z=X.^2-Y.^2;
mesh(X,Y,Z)
```

运行结果如图 2 所示。

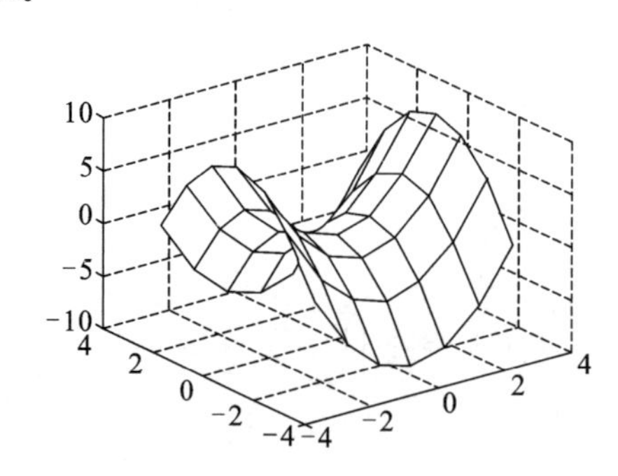

图 2　二次曲面(网格形式)

例 8　绘制二次曲面 $x^2+\frac{y^2}{2}=z$。

解　输入命令:

```
x=-3:3;
y=-3:3;
[X,Y]=meshgrid(x,y)
Z=X.^2+0.5*Y.^2;
surf(X,Y,Z)
```

运行结果如图 3 所示。

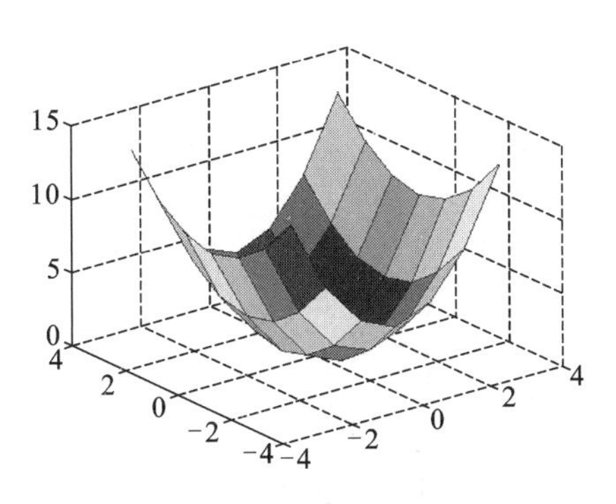

图 3　二次曲面(曲面形式)

二、多元函数微分学

1. 多元函数的极限

使用 MATLAB 求解多元函数极限与求解一元函数的极限类似,使用 limit( )这个命令。但是在多元函数求解极限时需要根据不同的变量进行分步计算。

例 9　求$\lim\limits_{\substack{x\to\infty \\ y\to a}}\left(1+\dfrac{1}{x}\right)^{\frac{x^2}{x+y}}$的极限。

解　输入命令:

```
syms x y a
f=(1+1/x)^(x^2/(x+y));
fx=limit(f,'x',inf);
fxy=limit(fx,'y',a)
```

运行结果如下:

```
fxy=
 exp(1)
```

2. 多元函数的偏导

例 10　求函数 $z=e^{xy}\sin(2x+y)$的偏导数。

解　输入命令:

```
syms x y
f=exp(x*y)*sin(2*x+y)
fx=diff(f,'x')       %对 x 的偏导数。
fy=diff(f,'y')       %对 y 的偏导数。
```

运行结果如下:

```
fx=
2*cos(2*x+y)*exp(x*y)+y*sin(2*x+y)*exp(x*y)
fy=
cos(2*x+y)*exp(x*y)+x*sin(2*x+y)*exp(x*y)
```

例 11　已知 $z=u^v$, $u=\sin t$, $v=\cos t$,求$\dfrac{dz}{dt}$。

解　输入命令:

```
syms u v z t
u=sin(t);
v=cos(t);
z=u^v;
dx=diff(z,'t')
```

运行结果如下:

```
dx=
cos(t)^2*sin(t)^(cos(t)-1)-log(sin(t))*sin(t)*sin(t)^cos(t)
```

需要注意的是,本例题的 MATLAB 程序中语句z=u^v 的顺序需要在 u=sin(t)和 v=cos(t)这两个语句的后面,否则求出的答案有误。

例 12 设 $z=\mathrm{e}^{u^2+v^2}$,$u=x^2$,$v=xy$,求$\frac{\partial z}{\partial x},\frac{\partial z}{\partial y}$。

解 输入命令:

```
syms u v x y
u=x^2;
v=x*y
z=exp(u^2+v^2);
fx=diff(z,'x')     %对 x 的偏导数。
fy=diff(z,'y')     %对 y 的偏导数。
```

运行结果如下:

```
fx=
exp(x^4+x^2*y^2)*(4*x^3+2*x*y^2)
fy=
2*x^2*y*exp(x^4+x^2*y^2)
```

例 13 设方程 $\mathrm{e}^z=xyz$ 确定了隐函数 $z=z(x,y)$,求$\frac{\partial z}{\partial x},\frac{\partial z}{\partial y}$。

解 输入命令:

```
syms u v x y z
F=exp(z)- x* y* z;
Fx=diff(F,'x');
Fy=diff(F,'y');
Fz=diff(F,'z');
Zx=- Fx/Fz     %根据隐函数求导法则求出 z 对 x 的偏导。
Zy=- Fy/Fz     %根据隐函数求导法则求出 z 对 y 的偏导。
```

运行结果如下:

```
Zx=
(y*z)/(exp(z)-x*y)
Zy=
(x*z)/(exp(z)-x*y)
```

三、重积分

例 14　计算 $I=\iint\limits_D xy\mathrm{d}\sigma$,其中 D 由抛物线 $y^2=x$ 及直线 $y=x-2$ 组成。

在本例中将 D 看作 y 型区域,将其改成累次积分后,可以使用如下方式进行求解。

解　输入命令:

```
syms x y
f=x*y;
upper=y+2;
lower=y^2;
I=int(int(f,x,lower,upper),y,-1,2)
```

运行结果如下:

```
I=
45/8
```

例 15　计算 $\iiint\limits_\Omega x\mathrm{d}x\mathrm{d}y\mathrm{d}z$,其中 Ω 为三个坐标面及平面 $x+2y+z=1$ 围成的闭区域。

本例中将 Ω 投影到 xOy 坐标面,并且改成累次积分后可由下面的方式进行计算。

解　输入命令:

```
syms x y z
f=x;
zupper=1-x-2*y;
zlower=0;
yupper=(1-x)/2;
ylower=0;
I=int(int(int(f,z,zlower,zupper),y,ylower,yupper),x,0,1)
```

运行结果如下:

```
I=
1/48
```

四、曲线与曲面积分

1. 对弧长的曲线积分

例 16　计算 $\int_L \sqrt{y}\mathrm{d}s$,其中 L 是抛物线 $y=x^2$ 上的点 $O(0,0)$ 与 $B(1,1)$ 之间的一段弧。

根据对弧长的曲线积分的计算方法,可由下面的方式得出结果。

解　输入命令:

```
syms x y
y=x^2;
f=sqrt(y);
ds=sqrt(1+(diff(y,'x'))^2)
I=int(f* ds,'x',0,1)
```

运行结果如下:

```
I=
```

```
(5*5^(1/2))/12-1/12
```

2. 对坐标的曲线积分

例 17　计算$\int_L 2xy\mathrm{d}x + x^2\mathrm{d}y$,其中 L 是抛物线 $y = x^2$ 上的点 $O(0,0)$ 与 $B(1,1)$ 之间的一段弧。

解　输入命令:

```
syms x y
y=x^2;
I=int(2*x*y+x^2*diff(y,'x'),'x',0,1)
```

运行结果如下:

```
I=
1
```

3. 对面积的曲面积分

例 18　计算$\oiint_S xyz\mathrm{d}S$,其中 S 是由 $x = 0, y = 0, z = 0, x + y + z = 1$ 围成。

解　输入命令:

```
syms x y z
z=1-x-y;
I=int(int(x*y*z*sqrt(1+diff(z,'x')^2+diff(z,'y')^2),'y',0,1-x),
'x',0,1)
```

运行结果如下:

```
I=
3^(1/2)/120
```

4. 对坐标的曲面积分

例 19　计算$\iint_\Sigma xyz\mathrm{d}x\mathrm{d}y$,其中 Σ 是球面 $x^2 + y^2 + z^2 = 1$ 第一卦限部分的外侧。

解　输入命令:

```
syms x y z
z=sqrt(1-x^2-y^2);
I=int(int(x*y*z,'y',0,sqrt(1-x^2)),'x',0,1)
```

运行结果如下:

```
I=
1/15
```

五、常微分方程

在 MATLAB 中主要使用 dsolve()命令进行常微分方程的求解,但需要注意的是微分方程的表达式输入形式,y'写作 Dy,y''写作 $D2y$,y'''写作 $D3y$,依次类推。

例 20　求微分方程$\frac{\mathrm{d}y}{\mathrm{d}x}=\mathrm{e}^x y$ 的通解。

解　输入命令:

```
syms x y
dsolve('Dy=exp(x)*y',x)
```

运行结果如下：

```
ans=
C2*exp(exp(x))
```

例 21 求微分方程$(1+x^2)y''=2xy'$满足初始条件$y\big|_{x=0}=1, y'\big|_{x=0}=3$的特解。

解 输入命令：

```
syms x y
dsolve('(1+x^2)*D2y=2*x*Dy','y(0)=1,Dy(0)=3','x')
```

运行结果如下：

```
ans=
x*(x^2+3)+ 1
```

例 22 求微分方程组$\begin{cases}\dfrac{dy}{dt}=2y+3x,\\ \dfrac{dx}{dt}=y-2x\end{cases}$满足初始条件$y\big|_{t=0}=1, x\big|_{t=0}=2$的特解。

解 输入命令：

```
syms x y
[X,Y]=dsolve('Dy=2*y+3*x,Dx=y-2*x','y(0)=1,x(0)=2')
```

运行结果如下：

```
X=
-exp(-7^(1/2)*t)*(exp(2*7^(1/2)*t)*((3*7^(1/2))/14-1)-(7^(1/2)*
(2*7^(1/2)+3))/14)
Y=
-exp(-7^(1/2)*t)*(2*exp(2*7^(1/2)*t)*((3*7^(1/2))/14-1)+ 7^(1/2) -
(7^(1/2)*(2*7^(1/2)+3))/7+7^(1/2)*exp(2*7^(1/2)*t)*((3*7^(1/2))/14-1)+
3/2)
```

六、无穷级数

1. 级数求和

例 23 求幂级数$\sum\limits_{n=0}^{\infty}(-1)^n\dfrac{x^{n+1}}{n+1}$的和函数。

解 输入命令：

```
syms x n
f=(-1)^n*x^(n+1)/(n+1);
s=symsum(f,n,0,inf)
```

运行结果如下：

```
s=
piecewise([x <=-1,-Inf], [abs(x) <=1 and x ~ =- 1, log(x+1)])      %
用 piecewise 实现分段函数。
```

2. 函数的幂级数展开

在MATLAB中对幂级数进行泰勒展开使用命令函数taylor()来实现。

例 24 求函数xe^{-x^2}的麦克劳林展开。

解　输入命令：

```
syms x
f=x*exp(-x^2);
taylor(f)
```

运行结果如下：

```
ans=
x^5/2-x^3+x
```

另外，在 taylor 命令中可以使用 order 控制展开阶数。将本例改为如下情况：

```
syms x
f=x*exp(-x^2);
taylor(f,x,'order',10)
```

则答案为：

```
ans=
x^9/24-x^7/6+x^5/2-x^3+x
```

例 25　求函数 $f(x)=\dfrac{1}{x^2+3x+2}$展开成$(x+4)$的幂级数。

解　输入命令：

```
syms x
f=1/(x^2+3*x+2);
taylor(f,x,-4)
```

运行结果如下：

```
ans=
(5*x)/36+(19*(x+4)^2)/216+(65*(x+4)^3)/1296+(211*(x+4)^4)/7776+(665*(x+4)^5)/46656+13/18
```

3. 傅里叶展开

例 26　设函数 $f(x)$周期为 2π，在$(0,2\pi)$内 $f(x)=x^2$，求该函数的傅里叶级数。

解　输入命令：

```
syms x n
f=x^2;
a0=int(f,x,0,2*pi)/pi
an=int(f*cos(n*x),x,0,2*pi)/pi
bn=int(f*sin(n*x),x,0,2*pi)/pi
```

运行结果如下：

```
a0=
(8*pi^2)/3
an=
(4*pi^2*n^2*sin(2*pi*n)-2*sin(2*pi*n)+4*pi*n*cos(2*pi*n))/(pi*n^3)
bn=
(2*(2*pi^2*n^2*(2*sin(pi*n)^2-1)-2*sin(pi*n)^2+2*pi*n*sin(2*pi*n)))/(pi*n^3)
```